Public
Private
Partnerships

Reference Guide Version 3

The World Bank Group 저
황성택 · 김혜정 공역

박영story

들어가며

현대 사회에서 공공-민간 파트너십(PPP-Public-Private Partnerships)은 지속 가능한 발전과 효율적인 공공 서비스 제공을 위한 중요한 수단으로 자리 잡고 있습니다. 민관협력사업(PPP)의 개념은 20세기 중반부터 시작되어, 1980년대와 1990년대에 들어서면서 더욱 주목받게 되었습니다. 당시 많은 국가들이 공공 부문의 재정적 압박과 서비스 제공의 비효율성을 해결하기 위해 민간 부문과의 협력을 모색하게 되었고, 이는 다양한 형태의 민관협력사업(PPP) 모델로 발전하게 되었습니다. 이러한 역사적 배경 속에서 민관협력사업(PPP)은 단순한 계약 관계를 넘어, 공공과 민간이 공동의 목표를 위해 협력하는 복합적인 구조로 자리 잡게 되었습니다.

이번에 번역한 세계은행의 PPP 가이드는 이러한 파트너십의 개념과 용어를 정리하고, 다양한 국제 금융 기구들이 모여 민관협력사업(PPP)의 이론과 실제를 체계적으로 설명한 자료입니다. 이 책에서는 민관협력사업(PPP)이 단일한 정의로 설명될 수 없는 복잡한 개념임을 강조하며, 각국의 정치적, 경제적, 사회적 환경에 따라 그 적용 방식과 조건이 달라지기 때문에 유연한 접근이 필요하다는 점을 명확히 하고 있습니다.

여기서 다루어지는 내용은 언제 어디서나 동일하게 적용될 수 있는 보편적인 절대 규칙이 아닙니다. 오히려, 다양한 국제 사례를 통해 독자들이 현재의 상황을 이해하고, 각자의 환경에 맞는 최적의 민관협력사업(PPP) 모델을 찾는 데 도움이 되는 기준선을 제시하고자 합니다.

이 책은 민관협력사업(PPP)의 기본 개념부터 시작하여, 관련 용어와 유용한 참고 문헌을 선별하여 소개합니다. 이를 통해 독자들은 민관협력사업(PPP)의 복잡성을 이해하고, 성공적인 민관 협력 사업을 위한 실질적인 통찰을 얻을 수 있을 것입니다. 또한, 다양한 사례를 통해 각국의 경험을 비교하고, 이를 바탕으로 자신이 속한 환경에서의 적용 가능성을 탐색할 수 있는 기회를 제공하고자 합니다.

마지막으로, 민관협력사업(PPP)에 대한 이해를 돕기 위해 역자의 끊임없는 질문에도 상세한 설명으로 도움을 주신 각계의 전문가 여러분들과 번역 작업에 함께 참여해 주신 동료 교수님들에게도 다시 한번 감사의 말씀을 올립니다. 이 번역서가 여러분들의 이해를 도와 민관협력사업(PPP)의 새로운 가능성을 여는 데 기여하기를 바랍니다.

감사합니다.

차례

Module 1 PPP 기본사항

Module 2

PPP 프레임워크 구축

Box

Table

Figure

PUBLIC-PRIVATE PARTNERSHIPS
n \'pə-blik 'pri-vət 'pärt-nər-ship

민간 당사자와 정부 기관 간의 장기 계약으로, 공공자산이나 서비스를 제공하며, 민간 당사자가 상당한 위험과 관리의 책임을 지고, 보수는 성과에 따라 결정되는 계약을 말한다.

Introduction

민관협력사업에 대한 국제적으로 통용되는 단일 정의는 없다. 본 참조 가이드에서는 PPP에 대한 폭넓은 관점을 바탕으로 다음과 같이 정의한다.

공공 자산 또는 서비스를 제공하기 위해 민간 당사자와 정부 기관 간의 장기 계약으로, 민간 당사자가 상당한 위험과 관리의 책임을 부담하고 그 성과에 따라 보수가 연동되는 계약을 말한다.

- 신규 및 기존 자산과 관련된 모든 서비스를 제공하는 PPP
- 서비스 사용자가 전적으로 민간 당사자에게 비용을 지불하는 PPP와 정부 기관이 일부 또는 전부를 지불하는 PPP
- 서비스 제공에 있어서 공익성이 있고 프로젝트가 PPP 계약의 장기적인 특성과 연결된 장기 자산을 포함하는 경우, 여러 분야와 다양한 서비스에 대한 계약을 포함한다.

설계, 건설, 자금 조달, 운영, 유지 관리 등 민간 당사자에게 이전되는 프로젝트 기능은 계약마다 다를 수 있지만, 모든 경우에 민간 당사자는 프로젝트 성과에 대한 책임이 있으며 상당한 위험과 관리 책임을 부담한다. PPP 계약은 일반적으로 각 위험을 가장 잘 관리하고 처리할 수 있는 당사자에게 위험을 할당하게 되는데 민간 당사자에게 위험을 이전하는 것이 목표는 아니지만, 관리의 책임을 완전히 이전하고 사익과 공익을 일치시키기 위한 수단으로 사용되게 된다. *Section 1.1-PPP란 무엇인가? '민관협력사업' 정의*에 따라 PPP를 구성하는 계약 유형의 범위와 이를 설명하는 데 사용되는 다양한 용어에 대한 자세한 정보를 제공한다. 본 참조 가이드 전체에서 "인프라"라는 용어는 PPP가 사용되는 다양한 분야과 서비스를 포괄하기 위해 사용된다. 이러한 맥락에서 "인프라"는 경제, 사회 및 정부 활동을 가능하게 하는 데 필요한 "기본적인 물리적 및 조직적 구조"를 포괄한다(옥스퍼드 영어 사전 정의 사용). *Section 1.1.3-PPP의 사용: 분야 및 서비스*에서는 PPP가 사용되는 분야와 서비스의 범위에 대해 자세히 설명한다.

최소 PPP에는 인프라 서비스 제공을 위한 장기적인 약속, 즉 인프라 설계 및 건설, 기존 자산의 갱신, 장기적인 자산 유지 관리 제공이 포함된다. 민간 사업자가 서비스 품질과 성능을 보장할 수 있고 조달 기관이 동일한 품질과 성능을 제공할 수 있는 경우, 대부분의 PPP에는 인프라의 전체 운영 및 추가 서비스가 포함되는데 이러한 추가 서비스 또한 장기간에 걸쳐 실행되어야 한다.

실무자들은 프로젝트를 신중하게 선택하고 PPP를 잘 구성함으로써 민간 파트너의 수익 목표를 공공의 이익을 지원하는 공공 서비스 목표와 일치시킬 수 있으며, 이를 통해 비용 효율성과 사회적 복지를 최적화하는 데 프로젝트를 설계하고 실행할 수 있다.

전 세계적으로 정부, 민간 부문, 국제 개발 기관, 학계 등 다양한 분야의 실무자들이 PPP에 대한 풍부한 지식을 쌓아왔다. 가이드북은 독자들의 지식을 찾아가는 데 도움을 줄 것이며 이어서 PPP와 관련된 주요 주제를 소개하고 다양한 옵션을 제시하며, 독자들이 더 많은 정보를 얻을 수 있도록 사례와 참고 자료를 안내하고 있다. 공공 자산과 서비스를 제공하기 위해 민간 부문과 협력하는 데 관심이 있는 정부가 점점 더 늘어나고 있는데 본 가이드북은 이들을 지원하기 위한 것으로 정부 관계자와 기타 이해관계자가 이러한 질문에 답하는 데 도움을 주는 것을 목표로 한다.

- PPP란 무엇이며 왜 사용하는가?
- PPP가 명시된 목표를 효율적이고 효과적으로 달성하려면 어떤 종류의 정책, 법적, 제도적 체계가 필요한가?
- PPP 프로젝트를 개발하고 실행하기 위한 프로세스는 무엇인가?

본 가이드북은 독자들이 주요 PPP 주제에 대해 스스로 정보를 얻을 수 있도록 가장 관련성이 높은 사례, 참고 자료 및 리소스를 제공하고자 한다. 참고로 툴킷이나 단계별 가이드북이 아니기 때문에 독자들은 특정 국가나 분야의 PPP 현황에 대한 설명자료를 기대해서는 안 되며, PPP에 대해 더 자세히 알고자 하는 사람은 **APMG PPP Certification Guide**(APMG 2016)가 유용한 자료가될 것이다. 잘 구성된 PPP 매뉴얼과 자료의 예로는 **South Africa PPP Manual**(ZA 2004a), **Caribbean PPP Toolkit**(Caribbean 2017), 그리고 세계은행 부문별 툴킷(WB 2016f) - 예를 들어 도로 분야 자료(WB 2009a)가 있다.

참조 가이드의 포함 내용: 세 가지 모듈

- Module 1: PPP 기본사항. 민관협력사업(PPP)의 정의, 인프라 자산과 서비스를 제공하는 데 사용되는 방법, 장점과 위험성 등 민관협력사업에 대한 개요를 제공한다.
- Module 2: PPP **프레임워크 구축**. 효과적인 법과 제도적 PPP 프레임워크의 요소, 즉 PPP를 식별하고 실행하는 방법을 함께 정의하고 PPP 프로그램의 우수한 지배 구조를 촉진하는 정책, 프로세스, 제도 및 규칙에 대해 설명한다.
- Module 3: PPP **프로젝트 실행**. 후보 프로젝트를 처음 식별하는 것부터 시작하여 프로젝트 생애 주기 동안 PPP 계약 및 관리하는 것까지 PPP 프로젝트를 개발하고 구현하는 각 파트별 지침을 제공한다.

참조 가이드를 사용해야 하는 대상

본 참조 가이드는 PPP에 대한 지식을 증진하고자 하는 정부 관계자를 대상으로 하며, 반면 시민사회단체, 민간 부문 참여자, 대학 또는 기타 독자들도 이 참조 가이드의 다양한 분야에 따라 유용하게 활용할 수 있다. 앞서 언급했듯이, 참조 가이드는 논문과 참고 문헌의 성격을 동시에 가지고 있는데, PPP 분야를 처음 접하는 독자에게는 주요 PPP 주제에 대한 구조화된 소개를 제공하고, 특정 분야에서 추가적인 참고 자료를 찾고 있는 전문가 모두에게 유용할 수 있다.

참고 자료의 사용

참고 문헌은 굵은 글씨로 강조 표시를 하고 괄호 안에 저자와 연도를 표시한다(예: (Delmon 2016) 또는 (OECD 2015b)). 여기서 'b'는 같은 저자가 같은 해에 출판한 다른 저작물을 구분하는 데 사용된다. 편의상 쉼표 뒤에 참고 문헌 내의 위치를 추가할 수 있는데(예: (Delmon 2016, chapter 15)) 모든 참고 문헌은 이 책의 마지막에 있는 참고 문헌 목록에서 찾을 수 있다.

PPP 참조 가이드는 민관 인프라 자문기구의 자금 지원을 받아 세계 유수의 다자개발기구가 개발한 PPP를 위한 종합적인 사이트인 PPP 지식 연구소에서도 온라인으로 이용할 수 있다. PPP 지식 연구소를 통해 사용자는 온라인으로 참조 가이드의 내용을 읽고 검색할 수 있으며, 모든 참고 문헌에 대한 하이퍼링크가 포함된 최신 버전의 책을 PDF 형식으로 다운로드할 수 있다.

각 장의 주요 참고 문헌은 해당 장의 마지막에 전체 인용문과 함께 기재된다. "주요 참고 문헌" 표의 예는 다음에 나와 있는데 경우에 따라 주요 참고 문헌은 전체 주제 내에서 주제 영역별로 정리되어 있다. 해당 주제에서 가장 중요한 참고 문헌을 빠르게 파악하고 싶은 독자는 이러한 주요 참고 문헌을 바로 참조할 수 있다.

PPP 참조 가이드 각 파트 및 대상 독자

Module	Who Should Read It?
Module 1: PPP 기본사항	• PPP가 무엇인지, 인프라 자산과 서비스를 제공하는 데 어떻게 사용될 수 있는지에 대해 더 알고 싶은 누구나 • 정부 내외부의 이해관계자에게 PPP 프로그램의 이점과 위험을 명확히 설명하는 데 도움이 되는 자료를 찾고 있는 PPP 실무자
Module 2: PPP 프레임워크 구축	• PPP 실행방식을 규율하는 정책, 법률 및 제도적 틀의 개발 또는 개선하는 과정에 있거나 이를 고려 중인 정부 관계자 • 재무부 공무원 또는 PPP 프로그램의 공공 재정관리와 관련된 기타 관계자
Module 3: PPP 프로젝트 실행	• PPP 프로세스의 개발 또는 개선을 담당하는 정부 관계자 • PPP 프로젝트의 개발, 평가 또는 실행을 담당하거나, 글로벌 경험에서 팁을 얻고자 하는 PPP 실무자를 포함하여 PPP 프로세스 지원을 위해 자문가를 고용해야 하는 책임자 • PPP의 운영방식에 대해 더 자세히 알고 싶은 기타 관계자

Key References: 예시

참고 문헌(Reference)	설명(Description)
Yescombe, E.R. 2007. *Public-Private Partnerships Principles of Policy and Finance.* Oxford: Butterworth-Heinemann.	이 책은 PPP 정책 및 프로젝트 설계와 실행의 주요 측면에 대한 실무자 지침을 포함해 PPP에 대한 포괄적인 개요와 제5장에서는 PPP 프로젝트의 공공 부문 평가에 대한 지침을 제공한다.
Farquharson, Edward, Clemencia Torres de Mästle, E. R. Yescombe, and Javier Encinas. 2011. *How to Engage with the Private Sector in Public-Private Partnerships in Emerging Markets.* Washington, DC: World Bank.	공공 부문 실무자를 위한 이 가이드는 시장성 있는 프로젝트를 개발하고 적절한 민간 파트너를 유치하여 PPP를 성공적으로 개발 및 실행하는 방법을 설명한다. 제4장은 PPP 프로젝트 선택에 관한 가이드라인을 제공한다.

Module

1

PPP 기본사항

1.1 PPP란 무엇인가? '민관협력사업' 정의

1.2 인프라 문제와 PPP의 지원방법

1.3 PPP의 자금 조달 방법

첫 번째 모듈에서는 PPP에 대한 개요와 공익적 목적이 있는 장기적 자산 성격이 포함되는 프로젝트 및 서비스 제공을 위한 PPP 계약에 대해 논의한다. *Section 1.1 - PPP란 무엇인가? '민관협력사업' 정의*에서는 다양한 계약 유형과 이를 설명하는 데 사용되는 용어를 간략하게 설명한다. 또한 이 파트에서는 본 참조 가이드의 정의 및 지침 자료가 일반적으로 적용되지 않는 파트너십 유형도 소개된다. 이들 중 일부는 PPP와 유사하지만 일부는 매우 다른 특성을 갖고 있다.

*Section 1.2 - 인프라 문제와 PPP의 지원방법*에서는 PPP 조달이 가져다주는 기회와 실무자들이 직면할 수 있는 어려움에 대해 논의한다. PPP는 공공 인프라에 필요한 추가 투자를 이끌어내는 방법일 뿐만 아니라 인프라 계획과 프로젝트 선정에 대한 메커니즘이 제시된다. 또한 프로젝트 관리를 강화하고 적절한 유지 관리를 보장하여 잘 짜인 PPP는 투자에 필요한 민간 자본, 민간 부문의 전문지식, 그리고 사용자 서비스 질을 향상시킬 수 있는 상업적 인센티브를 제공한다.

따라서 민간 부문 자금 조달은 PPP에서 두 가지 핵심기능을 제공한다.

첫째, 공공 부문 자금을 보완하여 재정적 제약으로 인해 폐기되었을 프로젝트들이 실행될 수 있게 한다.

둘째, 민간과 공공의 이익을 일치시키는 보상 체계를 구축한다.

*Section 1.3 - PPP의 자금 조달 방법*에서는 PPP에 활용되는 다양한 금융 구조와 정부가 금융환경에 맞게 계약조항을 조정하고, 시장개발을 지원하며, 위험을 완화하고, 신용을 강화할 수 있는 방법을 설명한다.

1.1

PPP란 무엇인가?
'민관협력사업' 정의

민관파트너십(Public-Private Partnership, PPP)이란,

공공 자산 또는 서비스를 제공하기 위해 민간 당사자와 정부 기관 간의 장기 계약으로, 민간 당사자가 상당한 위험과 관리의 책임을 부담하고 그 성과에 따라 보수가 연동되는 계약을 말한다.

본 섹션에서는 이 정의를 보다 상세히 설명하며 PPP 계약 유형(*Section 1.1.1 -PPP 계약 유형 및 용어*)과 이를 설명하는 데 사용되는 용어를 다룬다. 또한 본 참조 가이드의 정의와 지침 자료가 일반적으로 적용되지 않는 공공 및 민간 부문 간의 파트너십 유형을 명확히 설명한다(*Section 1.1.2 -PPP가 아닌 것: 기타 민간 참여 유형*).

1.1.1 PPP 계약 유형 및 용어

본 섹션에서는 본 참조 가이드에서 사용하는 PPP의 정의에 따라 PPP 계약 유형의 범위와 전 세계적으로 PPP를 설명하는 데 사용되는 몇 가지 일반적인 용어에 대해 자세히 설명한다.

대부분의 PPP 프로젝트의 계약 기간은 20년에서 30년 사이며, 그보다 짧은 기간의 프로젝트도 있고 30년 이상 지속되는 프로젝트도 있다. 계약 기간은 항상 민간 기업이 서비스 제공 관련 비용에 대한 고려 사항을 프로젝트의 설계 단계에 반영하여 충분한 보상받을 수 있을 만큼 길어야 한다. 여기에는 초기 투자 비용과 향후 유지 관리 및 운영 비용 간의 균형을 최적화할 수 있도록 유지 관리 고려 사항 또한 포함되어야 한다. 전체 수명 기간 동안의 비용과 전체 수명 기간 동안의 이익을 고려하는 '총 수명' 접근 방식은 서비스 제공의 효율성을 극대화한다. 이는 공공 서비스 제공을 위해 PPP를 사용하는 근거의 핵심이라고 할 수 있다. 정확한 계약 기간은 프로젝트의 유형과 정책적 고려 사항에 따라 달라지는데 정책 입안자는 프로젝트가 제공하는 서비스에 대한 수요가 계약 기간 내내 지속될 것이라는 확신이 있어야 하고, 민간 당사자는 계약 기간 동안 서비스 제공의 책임을 질 수 있어야 하며, 조달 기관 또한 계약 기간 동안에 프로젝트에 전념할 수 있어야 한다. 금융의 조달 가능 여부와 조건도 PPP 계약 기간에 영향을 미칠 수 있다.

PPP 계약 유형

참조 가이드 전체에서 PPP는 첫째, 관련된 자산의 유형, 둘째, 민간 당사자가 담당하는 기능, 셋째, 민간 당사자에 대한 지불 방식이라는 세 가지 광범위한 매개변수의 관점에서 설명된다.

많은 PPP는 그린필드 프로젝트라고 불리는 새로운 자산을 포함한다. 즉 기존의 시설이나 구조물이 없는 새로운 부지에서 시작되는 프로젝트를 의미한다. 예를 들어, 영국의 PPP 프로그램인 민간 금융 이니셔티브(PFI) 프로그램에서는 학교와 병원, 국방시설에 이르는 새로운 공공 자산의 자금 조달, 건설 및 관리에 대해 민간 기업이 참여했다. PPP는 기존 자산의 개선 및 관리 책임을 민간 기업이나 재개발 프로젝트에 넘기는 데에도 사용할 수 있다. 어떠한 경우든 PPP의 주요 특징은 제공되는 자산이나 서비스가 입력이 아닌 출력, 즉 어떻게 수행할 것인지가 아니라 무엇이 필요한지를 정의한다는 점이다.

PPP 계약의 핵심적인 특징은 다양한 프로젝트 단계 또는 기능들을 하나로 묶는다는 점인데, 그럼에도 불구하고 민간 당사자가 책임지는 기능은 다양하며 관련된 자산 및 서비스 유형에 따라 달라진다. 일반적인 기능은 다음과 같다.

- **설계**(엔지니어링 작업이라고도 함) - 초기 개념 및 결과는 물론 요구 사항부터 시공 가능한 설계 사양까지 프로젝트를 개발하는 작업을 포함한다.
- **건설 또는 복구** - 새로운 인프라 자산에 PPP를 사용하는 경우, 일반적으로 민간 당사자가 자산을 건설하고 모든 장비를 설치한다. 기존 자산과 관련된 PPP의 경우, 민간 당사자가 자산을 복구하거나 확장할 책임이 있을 수 있다.
- **재원조달** - PPP에 자산의 건설 또는 복구가 포함되는 경우, 민간 당사자는 일반적으로 *Section 1.3 - PPP의 자금 조달 방법*에 자세히 설명된 대로 필요한 자본 지출의 전부 또는 일부를 조달해야 한다.
- **유지 관리** - PPP는 계약 기간 동안 특정 기준에 따라 인프라 자산을 유지 관리할 책임을 민간 당사자에게 부여한다. 이는 PPP 계약의 기본적인 특징이라고 할 수 있다.
- **운영** - PPP에 대한 민간 당사자의 운영 책임은 기본자산 및 관련 서비스의 특성에 따라 크게 달라질 수 있는데 예를 들어, 민간 당사자는 다음을 책임질 수 있다.
  - 기술적 운영 및 정부 수탁자에게 대규모 서비스 제공(예: 대규모 수처리 플랜트)
  - 기술적 운영 및 사용자에게 직접 서비스 제공(예: 상수도 시스템 PPP)
  - 서비스를 제공하되, 정부 기관은 사용자에게 공공 서비스를 제공할 책임이 있음(예: 청소 서비스가 포함된 학교 건물에 대한 PPP).

Table 1.1 인프라 계약 명칭

계약 명칭 (Contract Nomenclature)	개요 설명 및 참조 (Overview Description and Reference)	자산유형 (Type of Asset)	이전되는 기능 (Functions Transferred)	결제 출처 (Payment Source)
설계-건설-재원조달-운영-유지 관리(**DBFOM**); 설계-건설-재원조달-운영(**DBFO**); 설계-건설-관리-재원조달(**DCMF**)	이 명칭에서 PPP 계약 유형의 범위는 민간 부문으로 이전되는 기능에 따라 설명된다. 유지 관리 기능은 설명에서 생략될 수 있다(따라서 이러한 모든 기능을 이전하는 계약은 DBFOM 대신 운영의 일부로 유지 관리에 대한 책임이 내포된 DBFO로 설명된다). 유사한 맥락에서의 대안 설명으로는 설계-건설-관리-재원조달(DCMF)로, 이는 DBFOM 계약에 해당한다.	신규 인프라	계약 명칭에 명시됨	정부 또는 서비스 사용자
건설-운영-양도(**BOT**), 건설-소유-운영-양도(**BOOT**), 건설-양도-운영(**BTO**)	이러한 방식은 새로운 자산의 법적 소유권과 관리 권한을 나타낸다. BOT(건설-운영-양도) 프로젝트에서는 민간 기업이 계약 종료 시까지 프로젝트 자산을 소유한다. BOOT(건설-소유-운영-양도)는 **Yescombe**(Yescombe 2007)가 설명한 바와 같이 BOT와 같은 의미로 자주 사용된다. 반면, BTO(건설-양도-운영) 계약에서는 건설이 완료되면 자산 소유권이 이전되는데 **Delmon**(Delmon 2015, 20-21)이 설명한 바와 같이, 소유권의 권리는 주로 계약 종료 시 자산 인수인계가 어떻게 관리되는지에 영향을 미친다.	신규 인프라	일반적으로 설계, 건설, 금융, 유지 관리 및 일부 또는 모든 운영이 포함된다. 일부 정의에 따르면, BOT 또는 BTO는 민간 금융을 포함하지 않을 수 있지만, BOOT는 항상 민간 금융을 포함한다.	정부 또는 서비스 사용자

계약 명칭 (Contract Nomenclature)	개요 설명 및 참조 (Overview Description and Reference)	자산유형 (Type of Asset)	이전되는 기능 (Functions Transferred)	결제 출처 (Payment Source)
복구-운영-양도 (ROT)	앞에서 설명한 명칭 중 어느 것이든 민간 당사자가 기존 자산을 복구, 업그레이드 또는 확장할 책임이 있는 경우 건설(Build) 대신 복구(Rehabilitate)를 사용할 수 있다.	기존 인프라	앞과 같지만, 건설이 아닌 복구	앞과 동일
양허 (Concession)	양허는 **Delmon**(Delmon 2010, Box 1 on page 9)에 설명된 다양한 유형의 계약에 사용된다. 일부 관할권에서는 양허가 특정 유형의 계약을 의미할 수 있지만, 다른 관할권에서는 더 넓은 의미로 사용된다. PPP 맥락에서 양허는 주로 사용자가 비용을 부담하는 PPP를 설명하는 데 사용된다. 예를 들어, 브라질에서는 양허법이 사용자 부담 PPP에만 적용되며, 정부의 일부 지불이 필요한 계약은 PPP 법에 의해 규제된다. 반면에 양허는 때때로 다양한 PPP 유형을 설명하는 포괄적인 용어로 사용되기도 하는데, 예를 들어 칠레의 최근 PPP는 양허법에 따라 시행되었으며, 여기에는 전액 정부가 지불하는 계약도 포함된다.	신규 또는 기존 인프라	설계, 복구, 확장 또는 건설, 자금 조달, 유지 관리 및 운영(일반적으로 사용자에게 서비스 제공)	일반적으로 사용자가 지불한다. 일부 국가에서는 양허의 재정적 실행 가능성에 따라 민간 당사자가 정부에 수수료를 지불하거나 보조금을 받을 수 있다.

계약 명칭 (Contract Nomenclature)	개요 설명 및 참조 (Overview Description and Reference)	자산유형 (Type of Asset)	이전되는 기능 (Functions Transferred)	결제 출처 (Payment Source)
민간금융 이니셔티브 **(PFI)**	영국은 PPP 개념을 민간 금융 이니셔티브(Private Finance Initiative, PFI)라는 용어로 도입한 최초의 국가 중 하나이다. 이는 일반적으로 새로운 인프라를 금융 지원하고, 건설하며, 관리하는 방법으로서의 PPP를 설명하는 데 사용된다.	신규 인프라	설계, 건설, 자금 조달, 유지 관리(일부 운영이 포함될 수 있지만 사용자에게 직접 서비스를 제공하지 않는 경우가 많다)	정부 지불
운영 및 유지 관리 **(O&M)**	기존 자산에 대한 운영 및 유지 관리(O&M) 계약은 성과 기반 및 장기적이며 상당한 민간 투자가 포함되는 경우 PPP의 정의에 포함될 수 있다(때때로 성과 기반 유지 관리 계약이라고도 불린다).	기존 인프라	운영 및 유지 관리	정부 지불
아페르마주 (Affermage)	아페르마주 계약은 양허 계약과 유사하지만, 일반적으로 정부가 자본 지출에 대한 책임을 지는 특징을 갖고 있다. 아페르마주는 특정 관할권에서 특별한 의미를 가질 수 있다. 세계은행의 물 규제에 대한 설명 노트(Groom et al. 2006, 36-42)에서는 임대 계약과 양허 계약을 설명하고 있다. 이러한 계약은 계약 기간에 따라 PPP의 정의에 포함될 수도 있고 포함되지 않을 수도 있다.	기존	유지 관리 및 운영, 사용자에게 서비스 제공	사용자 지불(민간은 일반적으로 자본 지출을 충당하기 위해 사용자 수수료의 일부를 정부에 송금한다)
관리계약 (Management Contract)	정부는 자산 소유권을 유지하며, 자본 지출은 공공 부문의 책임이고, 운영 및 유지 관리는 민간 부문에서 처리된다. 이러한 유형의 계약은 3-5년의 기간을 가진다.	기존	운영 및 유지 관리	계약자에게 부여된 관리 수수료

계약 명칭 (Contract Nomenclature)	개요 설명 및 참조 (Overview Description and Reference)	자산유형 (Type of Asset)	이전되는 기능 (Functions Transferred)	결제 출처 (Payment Source)
프랜차이즈 (Franchise)	프랜차이즈는 때때로 **Yescombe** (Yescombe 2007)에서 설명된 양허(concession), 임대(lease), 아페르마주(affermage) 계약과 유사한 방식으로 사용된다.	기존 또는 신규	설계, 건설 및 자금 조달을 포함할 수 있으며, 또는 이미 존재하는 자산을 관리하고 운영하는 것에만 국한될 수 있다.	사용자 또는 정부 지불

이러한 서비스를 제공하기 위해 민간 당사자는 일반적으로 PPP 회사, 즉 특별목적법인(**Special Purpose Vehicle**, **SPV**)을 설립한다. 전용 SPV는 민간 서비스 제공과 관련된 모든 자산과 부채를 분리할 수 있도록 한다. 즉, SPV를 설립함으로써 해당 프로젝트에만 관련된 자산과 부채를 따로 관리하게 되어, 다른 사업에 영향을 주지 않도록 할 수 있으며, 이는 재무 위험을 줄이고 투자자나 채권자에게 더 명확한 재무상태를 보여줄 수 있다.

PPP 지불 메커니즘은 세 번째 특징이다. 민간 당사자는 서비스 사용자로부터 요금을 징수하거나 정부로부터 요금을 지급받을 수 있다. 또한 이 두 가지를 결합하여 요금을 지급받을 수 있으며, 성과에 따라 지불이 결정된다는 공통적인 특징이 있다. 지불 구조의 옵션은 민간 당사자의 기능에 따라 달라질 수 있다.

- 유료 도로와 같은 사용자 부담 PPP에서는 민간 사업자가 사용자에게 서비스를 제공하고 그 서비스에 대해 사용자에게 요금을 부과하여 수익을 창출한다. 이러한 요금(또는 요금제, 통행료)은 정부의 지급으로 보완될 수 있다. 예를 들어, 요금이 제한될 때 저소득 사용자에게 제공되는 서비스에 대한 보완 지급이나, 건설 완료 후 또는 건설 이정표의 특정 목표 달성 시 투자에 대한 보조금이 있을 수 있다. 이러한 지급은 정해진 품질 수준에서 서비스가 제공되는 것에 조건이 붙을 수 있으며 사용자 부담 PPP가 생성하는 사회적 수익은 자산

을 직접 사용하는 사람들뿐만 아니라 더 많은 사람들에게도 혜택을 줄 수 있다. 예를 들어, PPP 프로젝트 근처의 부동산 가치가 해당 지역의 경제 활동 증가로 인해 상승한다면 이 경우 비사용자는 재산세가 조정되지 않는 한 부동산 가치가 오르는 혜택을 무료로 누리게 된다.

- 정부 부담 PPP에서는 정부가 민간 측의 유일한 수익원이다. 정부의 지급은 자산이나 서비스가 계약상 정의된 품질로 제공되는 것에 따라 달라질 수 있다(가용성 지급). 예를 들어, 정부가 정기적으로 가용성 지급을 하는 무료 고속도로가 있을 수 있다. 사용자에게 제공된 서비스에 대한 양적 기반 지급도 있을 수 있는데 예를 들어, 효과적으로 제공된 병원 치료(높은 품질로 제공되는)에 대한 지급이 있다.

이러한 특성들은 다양한 방식으로 결합되어 광범위한 PPP 계약을 생성해낼 수 있다. 인프라 서비스에 있어서 공공의 제공 또는 민간의 제공, 또는 혼합모델 등을 통해서 역할이 달라지는 연속체가 되는 다양한 인프라 서비스는 민간 부문에 점점 더 많은 책임과 위험을 이전하는 형태이다.

지불 구조는 민간 당사자의 순 보수가 성과와 연계되도록 설계되어야 한다. 민간 당사자가 조달 기관이 의도한 성과 수준에서 서비스가 제공될 수 있도록 올바른 기준을 갖기 위해서는, 비용을 제외한 보수가 성과 목표에 접근할 때 증가해야 한다. 또한, 의도한 성과 수준에서 지속적인 편차가 발생할 경우 계약 해지가 이루어져야 하며, 계약 해지 시 부과되는 금액은 민간 당사자가 프로젝트를 중단하는 것이 결코 쉬운 해결책이 되지 않도록 설계되어야 한다.

PPP는 민간 부문이 인프라에 참여하는 유일한 방법은 아니다. 이러한 유사한 방식들은 *Section 1.1.2-PPP가 아닌 것: 기타 민간 참여 유형*에서 더 자세히 설명한다.

PPP 용어

본 참조 가이드에서는 특정 국가나 관할권의 용어와 관계없이 광범위한 계약 유형을 설명하기 위해 PPP라는 용어를 사용하는데 PPP 계약은 위의 매개변수를 사용하여 분류할 수 있지만, 이러한 다양한 계약 유형을 명명하고 설명하기 위한 일관된 국제 표준은 없다. 이렇게 다양한 용어는 국제적인 경험을 비교할 때 혼란을 야기할 수 있다.

일부 정부는 PPP 정책이나 법률에서 PPP를 특정 범위의 계약 유형을 의미하도록 정의한다(*Section 2.1-PPP 정책* 참조). 다른 용어들이 때때로 PPP의 동의어로 사용되거나 법률 또는 일반 용어에서 특정 유형의 PPP를 지칭하기도 한다.

- 브라질 법은 사용자 부담 프로젝트와 정부 부담 프로젝트를 구분한다. 사용자에 의해 전액 지급되는 PPP 프로젝트는 양허법(Concessions Law)에 의해 규정되고, 그 외 다른 PPP 프로젝트는 PPP 법에 의해 규정된다. 따라서 후자의 경우만 일반적으로 PPP로 언급되는데, 프랑스에서는 PPP라는 용어가 PPP 법에 따라 시행되는 정부 부담 계약으로 제한되며, 사용자 부담 계약은 양허(Concessions)라고 불린다.
- 영국에서 정부 부담 PPP는 새로운 자산에 대해 민간 금융 이니셔티브(*Private Finance Initiative, PFI*) 프로젝트로 알려져 있으며, 기존 자산(예: 병원이나 철도)에 대한 PPP는 때때로 프랜차이즈(*franchises*)라고 불린다.
- 일부 관할권에서는 특정 유형의 PPP를 지칭하기 위해 '양허(concession)'라는 용어를 사용하는데 예를 들어, 브라질에서는 양허가 사용자 부담 PPP를 의미한다. 칠레에서는 모든 PPP가 양허라고 불리며, 국가의 양허법(Concessions Law) 아래에서 시행된다.
- PPP에 참여하는 과정은 때때로 민영화(*privatization*)라고 하거나, 결과적으로 생성된 자산을 민간(*private*)이라고 부르기도 한다. 그러나 본 참조 가이드에서는 PPP와 민영화 간의 구분을 명확히 하고 있으며, 이에 대한 자세한 내용은 다음 섹션에서 설명된다.

일부의 경우, PPP는 민간 당사자에게 이전되는 기능에 따라 설명된다. 예를 들어, 설계-건설-재원조달-운영-유지 관리(Design-Build-Finance-Operate-Maintain, DBFOM) 계약은 이러한 모든 기능을 민간 당사자에게 할당하는 반면, 건설-운영-양도(Build-Operate-Transfer, BOT)와 같은 다른 명칭은 자산의 법적 소유권과 통제에 중점을 둔다.

자산은 공공 파트너 또는 민간 파트너의 소유일 수 있으며, 이는 특정 국가의 법적 제약에 따라 결정되는데 PPP에서 중요한 요소는 자산의 법적 소유자가 누구인지가 아니라, 그 자산을 활용할 경제적 권리를 누가 보유하고 있는가이다. SPV는 자산을 담보로 사용하거나 자산 운영에서 발생하는 자금 흐름을 활용할 수 있다. 따라서 BOT(건설-운영-양도)는 건설이 완료된 직후 이전이 이루어지는 BTO(건설-양도-운영)와 크게 다르지 않을 수 있다.

- 프랑스에서는 공공 영역을 정의하는 도메니알리테(domanialité) 규정에 따라 공공 영역은 결코 판매되거나 법원에 의해 압수되거나 소멸시효의 적용을 받을 수 없다. 따라서 공공 토지에 건설된 자산은 공공 당국에 귀속되지만, PPP의 민간 파트너는 이러한 자산에 대한 특정 경제적 권리를 부여받을 수 있다.
- 다른 국가에서는 공공 토지가 민간 운영자에게 임대될 수 있으며, 이들은 해당 토지에 자산을 건설하고 소유할 수 있다. 계약 종료 시 소유권이 정부로 이전되는데, 소유권은 회계 및 통계 목적에서는 중요하지 않다. 국제 공공 부문 회계 기준(International Public Sector Accounting Standards, IPSAS)은 자산이 정부의 재무제표에 통합되어야 하는지를 결정할 때 소유자가 아닌 인프라 사용을 통제하는 주체에 초점을 맞춘다. 즉, 소유가 아닌 누가 그 자산을 사용하는지를 기준으로 삼는다.

Figure 1.1 PPP 계약유형의 예

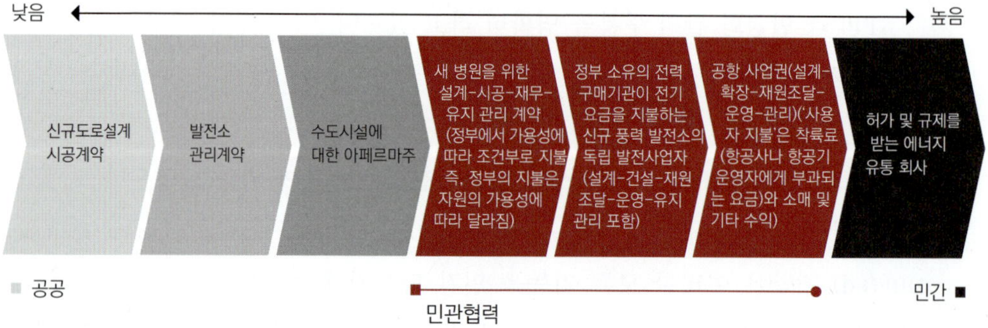

- 2016년 유로스탯의 PPP 통계 처리 가이드 **2016 Eurostat Guide to the Statistical Treatment of PPPs**(EPEC 2016)에 따르면 자산 소유권은 통계 분류에 영향을 미치지 않지만, PPP 계약 만료 후 자산 소유권은 영향을 미칠 수 있다고 명시되어 있다.

*Table 1.1 - 인프라 계약 명칭*에서는 일반적인 PPP 용어와 각 용어가 앞에서 설명한 자산 유형, 기능 및 지불 구조별 설명과 어떻게 연관되는지 설명한다.

다음 자료들은 PPP 계약 유형 및 명칭에 대한 더 많은 정보를 제공한다.

- Delmon의 "인프라에서 PPP 옵션 이해하기"라는 논문 **Delmon's paper on understanding options for PPPs in infrastructure**(Delmon 2010)은 가장 상세한 논의를 제공한다. Delmon은 PPP를 다음과 같은 다섯 가지 요소에 따라 분류한다: (1) PPP가 새로운 사업 또는 기존 자산인지 여부; (2) 민간 당사자의 건설 책임; (3) 민간 자금의 수준; (4) 프로젝트 회사의 서비스 제공 의무의 성격(대량 공급 또는 소매 수준); (5) 수익원.
- **Yescombe**의 "공공-민간 파트너십이란 무엇인가" "**What are Public-Private Partnerships**"(Yescombe 2007) 장에서도 PPP 구조의 범위와 이를 분류하는 방법에 대해 설명한다.
- **Farquharson** 외는 "공공-민간 파트너 선박의 정의" "**Defining Public-Private Partnerships**"(Farquharson et al. 2011, 9-14) 장에서 PPP가 민영화 및 관리 계약과 어떻게 다른지에 초점을 맞추고, 사용자 요금 및 가용성 기반 PPP에 대해 설명한다.
- 세계은행의 물 부문 규제 주요 주제에 대한 설명 노트 **The World Bank explanatory notes on key topics in water sector regulation**(Groom et al. 2006, Note 4)는 물 부문에서 기존 자산을 관리하기 위한 일반적인 계약 유형을 설명한다: 양허 계약(concession), 임대 계약(lease 또는 affermage), 그리고 관리 계약(management contracts).
- 세계은행의 인프라 분야 공공-민간 파트너십(PPP) 자원 센터 웹사이트 **The**

World Bank's PPP in Infrastructure Resource Center website(PPPIRC)는 민간 부문의 참여 정도에 따라 다양한 PPP 유형의 스펙트럼을 설명한다.

*Section 3.3 - PPP 프로젝트 구조화*에서는 PPP 계약 구조에 대한 지침과 하이퍼링크를 제공하며, 정부가 특정 프로젝트에 어떤 구조를 사용할지 결정하는 방법에 대해 설명한다.

1.1.2 PPP가 아닌 것: 기타 민간 참여 유형

PPP의 본질과 주요 특징을 정의하는 것 외에도, PPP가 아닌 것이 무엇인지 명확히 하는 것도 유용하다. 이는 PPP 모델의 다양한 특징이 어떻게 효율적이고 경제적이며 지속 가능한 프로젝트를 생성하는 데 기여하는지, 그리고 표준 PPP 모델에서 벗어나는 것이 왜 프로젝트 실패를 초래할 수 있는지를 이해하는 데 도움이 된다. 이는 PPP 모델의 변형으로 개발된 프로젝트와 계약이 유용하지 않다는 것을 의미하지는 않는다. 반대로, 특정 상황에서는 매우 유용할 수 있다. 그러나 종종 PPP로 구조화된 프로젝트와 계약이 실패할 때, 그 원인은 PPP의 정의적 특성에서 벗어난 것에서 찾을 수 있기 때문이다. 이는 런던의 지하철 교통 인프라 업그레이드 PPP의 실패에 대한 영국 국립회계 감사청의 보고서에서 확인할 수 있다. **UK Audit Office's report on the failure of a PPP to upgrade London's underground transportation infrastructure**(NAO 2009a).

공공 자산 및 서비스 제공을 위한 기타 계약 유형

정부는 민간 기업과 다양한 계약을 체결한다. 이러한 계약 유형 중 일부는 장기적이거나 성과 기반 또는 결과 중심과 같은 전형적인 PPP 특성을 공유하지만, 앞에서 정의한 PPP는 아니다.

- 관리 계약은 PPP의 장기적 특성, 상당한 민간 자본 투자, 그리고 인프라 자산에 대한 장기 성과에 대한 높은 책임 수준을 요구하지 않는다. 그러나 일

반적으로 PPP와 유사한 성과 지표와 요구 사항을 포함하는데 성과를 기반으로 한 보상은 주로 지급(보상)과 벌칙(처벌) 시스템을 통해 이루어진다. 성과 기반으로 운영되기 때문에 민간 부문이 투자할 의사가 없거나 정부가 장기적인 약속을 할 의사가 없는 경우에 PPP의 역할을 할 수 없다. 예를 들어, 세계은행의 물 규제에 대한 설명 노트 **World Bank's explanatory notes on water regulation**(Groom et al. 2006, 36-42)에서는 물 부문에서 관리 계약이 어떻게 사용되는지를 설명하고 있다. 운영 유지 관리(O&M)와 성과 기반 유지 관리 계약도 단기간이고 민간 운영자가 상당한 투자를 하지 않는 경우 PPP의 정의에서 제외될 수 있다.

- 아페르마주(Affermage) 계약은 정부가 공공 서비스를 민간 회사에 위임하고, 그 대가로 특정한 수수료를 받는 계약이다. 예를 들어, 수자원 분야의 아페르마주(Affermage) 계약에서는 운영자의 보수가 판매된 물의 제곱미터당 고정 금액으로 설정되며, 이 금액은 인플레이션이나 운영자의 성과에 따라 매년 조정될 수 있는데, 아페르마주(Affermage) 계약은 민간 운영자가 인프라에 대한 투자를 하지 않는 특징이 있으며, 이는 민간의 투자에 대한 욕구가 낮거나 정부가 투자할 수 있고 민간 당사자에게 너무 많은 관리 책임을 이전하고 싶지 않을 때 해결책이 되어왔다.
- 설계-시공 또는 턴키 계약은 유사한 산출물 기반 사양을 포함하지만, 유지 관리나 운영이 포함되지 않은 단기 계약이기 때문에 PPP와 같은 장기 성과 인센티브가 창출되지 않는다. 복잡한 인프라의 경우, 설계-시공 계약의 요구 사항이 최적의 설계를 이끌어 내지 못할 수 있다. 이는 계약자가 절차를 간소화하는 코너 커팅(coner-cutting)의 결과를 초래하여 추가적인 유지 관리 및 운영 비용을 초래할 수 있는데, 즉 프로젝트를 수행하는 과정에서 필요한 절차나 기준을 무시하거나 간소화하여 결과적으로 품질을 떨어트리는 경우를 말한다. 그러나 설계-시공 계약은 단기 계약으로, 민간 당사자에게 장기적인 책임이 할당되지 않는다. 이러한 계약은 일반적으로 간단한 프로젝트나 적절한 유지 관리를 통해 성과가 일정 수준을 유지할 것으로 신뢰할 수 있는 프로젝트에 사용되므로, 코너 커팅(coner-cutting)과 같은 절차 간소화가 관련이 없다.
- 금융리스 계약은 공공 자산을 제공하기 위한 장기 계약이다. 그러나 이러한

계약은 PPP보다 민간 당사자에게 훨씬 적은 위험을 이전한다. 이는 정부가 PPP에서 일반적으로 가지는 것보다 더 많은 비율의 위험을 유지하기 때문이다. 금융리스 계약이 민간 당사자에게 관리 및 성과에 대한 중요한 책임을 이전하지 않기 때문에 이 성과를 크게 향상시키거나 효율성 절감 효과를 기대할 수 없다.

본 참조 가이드의 자료는 PPP 계약에 초점을 맞추고 있지만, 본 가이드에서 제공하는 참고 자료는 관련 계약 체결을 고려하는 정부에도 유용할 수 있으며, 반대로 이러한 계약 유형에 관한 일부 참고 자료는 PPP에 적용 가능한 지침을 제공할 수 있다. 그러나 실무자는 위험 분배의 차이가 민간 당사자의 입찰 및 운영방식에 영향을 미칠 수 있다는 점을 고려해야 한다.

"공공-민간 파트너십"의 다른 개념들

"공공-민간 파트너십"이라는 표현은 공공 및 민간 기관 간의 여러 다른 유형의 협력 관계를 설명하는 데 일반적으로 사용되며, 이들 모두는 본 참조 가이드에서 논의하는 계약과는 크게 다르다.

본 가이드에서 다루지 않는 몇 가지 협력 관계의 예는 다음과 같다.

- 혁신을 위한 공공-민간 파트너십: 미국 식품의약국(U.S. Food and Drug Administration, FDA)과 로체스터 대학교는 2011년에 통증 치료 개선을 위한 공공-민간 파트너십인 '진통제 임상시험 혁신, 기회 및 네트워크(Analgesic Clinical Trial Innovations, Opportunities, and Networks, ACTION)'를 출범시켰는데, 이 다년간의 프로젝트는 임상시험 설계의 결함을 파악하여 새로운 진통제 개발을 촉진하고 가속화하는 것을 목표로 하고 있다.
- 환경 보호를 위한 공공-민간 파트너십: 석유 산업은 환경, 교육 및 지역 사회 문제에 대한 협력적 해결책을 찾기 위한 이른바 공공-민간 파트너십의 오랜 역사를 가지고 있다. 이러한 파트너십은 자발적인 활동으로, 석유 및 천연 가스 회사들이 사회와 산업이 운영되는 지역 사회의 중요한 기여자로 인식되도

록 하는 것을 목표로 한다.

- 공공 건강을 위한 공공-민간 파트너십 또는 소외된 질병에 대한 파트너십: 2010년, 카메룬 영토에서 차드-카메룬 파이프라인을 운영하는 석유 회사 COTCO는 파이프라인 회랑을 따라 말라리아(이 지역의 주요 공공 보건 문제)를 통제하기 위한 이른바 공공-민간 파트너십 프로젝트를 시작했다.
- 테러 보험을 위한 공공-민간 파트너십: 9.11 테러 이후, 테러 위험 보험법(Terrorism Risk Insurance Act, TRIA)이 승인되어 보험 시장을 안정시키고 민간 테러 보험이 널리 이용될 수 있도록 하며, 향후 재앙적 손실 발생 시 질서 있는 회복을 제공하기 위한 이른바 공공-민간 파트너십이 만들어졌다. 이 프로그램에 따라 보험사들은 정부가 추가 보장을 제공하기 전에 약 300억 달러의 업계 전반에 걸친 공제액에 해당하는 상당한 손실을 감수해야 한다.
- 의료 사기에 대한 공공-민간 파트너십: 미국 연방 및 주 정부, 민간 의료 보험 기관, 의료 사기 방지 단체 간의 자발적인 협력 파트너십으로, 정보와 모범 사례 등을 공유하여 사기 행위를 효과적으로 식별하고 개선함으로써 사기성 의료비 청구의 지급을 방지하고 사기를 찾아내고 중단시키기 위해 설계되었다.
- 테러리즘에 대한 공공-민간 파트너십: 유엔 글로벌 대테러 전략은 "공공-민간 파트너십"을 장려한다. G8은 테러리즘에 대응하기 위한 국가와 기업 간의 파트너십을 위한 글로벌 포럼을 2006년 모스크바에서 시작하였으며, 이로 인해 G8 국가와 기업 간의 파트너십을 위한 전략이 수립되었다.

본 참조 가이드는 이러한 유형의 계약을 다루고 있지 않다. 이들의 특성과 속성은 가이드에서 언급하는 공공-민간 파트너십(PPP)과 많이 다르다. 특히, 우리가 다루고 있는 PPP에서 볼 수 있는 높은 자본 투자와 강력한 성과 약속 간의 연관성을 나타내지 않는다. 일부 계약은 상당한 자본 투자가 없고, 다른 계약은 성과에 대한 신뢰할 수 있는 약속이 없으며, 단순히 특정 목표를 향해 최선을 다하겠다는 약속만을 포함하고 있다.

1.1.3 PPP의 사용: 분야 및 서비스

PPP는 다양한 분야에서 다양한 종류의 자산과 서비스를 조달하는 데 사용되어 왔다. 모든 경우에서 PPP 프로젝트는 공공 자산 또는 서비스 제공에 기여하며, 수명이 긴 자산을 포함한다.

공공 서비스의 정의는 국가마다, 그리고 시간에 따라 다를 수 있다. 본 참조 가이드에 제시된 자료는 이러한 정의에 중립적이며, 정부가 제공하거나 제공을 보장할 책임이 있다고 간주하는 모든 서비스를 공공 서비스로 간주한다. 장기 자산에 대한 초점은 PPP 계약의 장기적인 성격을 강조하는데 PPP는 일반적으로 고정 자산을 포함하지만, 프로젝트에는 기차, 차량과 같이 목적이나 장소에 특정한 관련 장기 자산도 포함될 수 있다. *Table 1.2 - 분야별 PPP 사례 및 자료*에는 PPP를 통해 조달할 수 있는 자산 및 서비스 유형의 몇 가지 예를 제공하며, PPP에 대한 전세계적인 경험에 대한 심층 분석을 제공하는 몇 가지 참고 자료를 포함하고 있다.

일부 국가는 PPP의 사용을 특정 분야에만 집중하는 경향이 있으며, 이는 *Section 2.1 - PPP 정책*에 설명되어 있다. 이러한 국한된 범위의 이유는 정부의 투자 우선순위를 지원하고자 하거나, 서비스 개선 또는 PPP가 가장 성공할 것으로 예상되는 분야에 우선권을 부여하기 위함일 수 있다.

반대로, 일부 국가는 PPP를 사용할 수 없는 특정 부문이나 서비스(부문 내 서비스)를 정의한다. 이러한 서비스는 종종 핵심 서비스라고 불리며, 즉 정부에 의해 독점적으로 제공되어야 하는 서비스이다. 핵심 서비스의 정의는 각국의 지역적 선호와 인식에 따라 다른데 예를 들어, 영국의 의료 부문에서는 PPP를 통해 병원을 건설하고 유지 관리와 같은 부수적 서비스를 제공했지만, 핵심 의료 서비스는 여전히 공공에서 운영된다(McKee et al. 2006). 반면, 레소토(Lesotho)의 PPP 병원 프로젝트에서는 민간 운영자가 전체 의료 서비스를 제공하였다.

개발도상국에서의 PPP 경험에 대한 분야별 개요를 제공하는 유용한 자료에는 다음과 같은 것들이 포함된다.

- **Farquharson** 외가 2011년(Farquharson et al. 2011)에 출간한 신흥 시장의 PPP에 관한 책은 다양한 사례 연구를 제공한다. 여기에는 멕시코의 그린필드 병원, 남

아프리카의 업그레이드된 병원, 필리핀의 수자원 양허, 가봉의 수자원 및 전기 서비스 양허, 브라질 상파울루의 새로운 지하철 노선, 요르단의 공항 확장, 그리고 인도의 국가 고속도로 PPP 프로그램에 대한 검토가 포함된다.

- **Uongozi Institute's**의 사하라 이남 아프리카에서의 PPP 사례 연구(Yescombe 2017)는 수자원, 도로, 철도, 에너지, 보건 및 숙소 분야의 프로젝트를 제시한다.
- **Caribbean PPP Toolkit**(Caribbean 2017) 카리브해 PPP 메뉴얼에는 다양한 PPP 모델을 활용한 광범위한 분야의 프로젝트에 대한 참고 자료가 포함되어있다.
- **Yong**의 공공-민간 파트너십에 관한 장은 **Yong's chapter on PPPs in Commonwealth countries**(Yong 2010, 87-104) 아프리카, 아시아, 카리브해의 물, 교통, 전력 및 보건 부문에서 11개의 사례 연구를 포함하고 있다.

Table 1.2 분야별 PPP 사례 및 자료

분야 (Sector)	프로젝트 유형 (Project Types)	개요 출처 (Overview Sources)
운송	도로, 터널 및 교량, 철도, 대중교통 시스템, 항구, 공항	**USDOT Case Studies of Transportation PPPs**의 교통 분야 PPP 사례 연구(US 2007)는 영국, 유럽, 호주, 중국, 인도, 이스라엘, 아르헨티나의 교량 및 고속도로에 대한 사례 연구를 포함하여 교통 분야에서의 국제 PPP 경험을 검토한다. Menzies와 Mandri-Perrott의 경량철도 분야 민간 부문 참여에 관한 출판물 **Menzies and Mandri-Perrott's publication on private sector participation in light rail**(Menzies and Mandri-Perrott 2010, Annex 1)은 영국, 말레이시아, 필리핀, 태국, 캐나다, 남아프리카의 12개 경량철도 시스템에 대한 PPP의 상세한 사례 연구를 포함하고 있다.
수자원과 폐기물	대량 수처리 수도 및 하수도 시스템 고형 폐기물 관리 서비스	**Marin**(2009)은 개발도상국의 도시 수자원 공공 서비스에 대한 PPP 경험을 65개 이상의 PPP 사례를 바탕으로 자세히 검토한다. **An IFC report on lessons learned**(IFC 2010)의 보고서는 여러 수자원 PPP에서 얻은 시사점을 제시한다.

분야 (Sector)	프로젝트 유형 (Project Types)	개요 출처 (Overview Sources)
전력	생성자산 유통 시스템	**Eberhard와 Gratwick**(Eberhard and Gratwick 2010)은 사하라 이남 아프리카의 독립 전력 생산자(IPP)에 대한 경험을 설명한다. **Eberhard 외**(Eberhard et al. 2016)는 같은 지역의 다섯 개 국가 사례를 제시하는데, **Eberhard 외**(Eberhard et al. 2014)는 남아프리카공화국의 재생 가능 에너지 IPPs에 초점을 맞췄다. **Maria Vagliasindi**(2013)는 중국, 페루, 브라질, 멕시코에서 PPP로 이어진 전력 부문 개혁을 조사했다. **An IFC report on lessons learned**(2010)는 여러 전력 PPP에서 얻은 시사점을 제시한다.
사회와 정부의 기반 시설	교육-학교 시설 및 서비스, 보건-병원 및 기타 보건시설과 서비스, 교도소, 도시재생 및 사회주택프로젝트	A **Deloitte report on how PPPs can help close the infrastructure gap**(Deloitte 2006, 19-28)는 PPP가 인프라 격차를 해소하는 데 어떻게 도움이 될 수 있는지에 대한 유용한 개요를 제공하며, 특히 사회 인프라 분야에서 다양한 부문에서의 PPP 경험을 다룬다. **IFC's Handshake**(WB 2015c) 출판물은 의료 및 기타 경제 및 사회 인프라 PPP에 대한 사례와 예시를 제시하고 있으며, LaRocque의 교육 서비스 제공을 위한 계약에 관한 논문 **LaRocque's paper on contracting for the delivery of education services**(LaRoque 2005)에는 교육 분야에서의 PPP 사례가 포함되어 있다.

- Farlam의 논문 **A paper by Farlam on PPP experience in Africa**(Farlam 2005)은 아프리카에서의 PPP 경험에 대해 다루며, 교통, 교도소, 통신, 수자원, 전력 및 관광 분야에서의 여덟 개 PPP 프로젝트에서 얻은 시사점을 제시한다.
- 세계은행의 성과 기반 지원 프로젝트 **World Bank's review of lessons learned from Output-Based Aid projects**(Mumssen et al. 2010)에 대한 교훈은 통신, 도로, 에너지, 수자원, 보건 및 교육 부문에서 민간 부문 참여와 성과 기반의 지원 조항이 포함된 인프라 프로젝트에서 축적된 경험을 요약했다. 여기에는 PPP도 포함된다.
- 아시아 개발 은행의 관개 및 배수에 대한 범위 설정 연구 **Asian Development Bank's scoping study on irrigation and drainage**(Varma et al. 2013)는 인도의 정책 프레임워크와 일치하여 민간 부문 참여가 예상될 수 있는 분야를 식별한다.

- 세계은행 그룹의 핸드셰이크 시리즈 **World Bank Group's Handshake** series (WB 2015c)는 매 분기 발행되는 간행물로, 각 간행물은 다른 부문이나 맥락에서의 PPP 활용에 초점을 맞추고 있다.
- **PPIAF website**(PPIAF - Resources)에는 여러 개발도상국의 PPP 프로젝트에 대한 리뷰가 포함되어 있다. 선진 시장에서 PPP가 어떻게 활용되었는지에 대한 더 많은 정보는 유럽 투자은행의 유럽 PPP 보고서 **European Investment Bank's European PPP reports**(DLA Piper 2009)를 참조하면 된다. 더불어 본 보고서는 각국의 경험에 대한 자세한 리뷰와 지역 내 PPP 프로젝트 목록을 제공한다.

Key References: PPP란 무엇인가?

참고 문헌(Reference)	설명(Descrition)
Delmon, Jeffrey. 2010. "Understanding Options for Private-Partnership Partnerships in Infrastructure: Sorting out the forest from the trees: BOT, DBFO, DCMS, Concession, Lease...." Policy Research Working Paper 5173. Washington, DC: World Bank.	다양한 PPP 계약 유형과 명칭을 자세히 설명하며, 비교를 명확히 하고 용이하게 하기 위한 새로운 PPP 계약 분류를 소개한다.
Yescombe, E.R. 2007. *Public-Private Partnerships: Principles of Policy and Finance.* Oxford: Butterworth-Heinemann.	1장: "공공-민간 파트너십(PPP)이란 무엇인가"에서는 PPP 구조의 범위와 이러한 구조가 어떻게 분류되는지를 설명한다.
Farlam, Peter. 2005. *Working Together: Assessing public-private partnerships in Africa.* NEPAD Policy Focus Series. Johannesburg: South African Institute of International Affairs.	아프리카에서의 PPP 경험을 살펴보며, 교통, 교도소, 통신, 수자원, 전력, 관광 분야의 여덟 개 프로젝트에 대한 상세한 사례 연구를 제공한다.

참고 문헌(Reference)	설명(Descrition)
Groom, Eric, Jonathan Halpern, and David Ehrhardt. 2006. "Explanatory Notes on Key Topics in the Regulation of Water and Sanitation Services." Water Supply and Sanitation Sector Board Discussion Paper 6. Washington, DC: World Bank.	노트 4: "규제 및 민간 부문 계약"은 수자원 분야에서의 양허 계약, 임대 계약 및 관리 계약의 일반적인 특징을 설명한다.
Yong, H.K., ed. 2010. *Public-Private Partnerships Policy and Practice: A Reference Guide*. London: Commonwealth Secretariat.	섹션 7은 영연방 개발도상국(Commonwealth developing countries)에서의 PPP 경험을 검토하고 부록 5는 아프리카, 아시아 및 카리브해 지역의 수자원, 교통, 전력 및 보건 분야에서의 11개 PPP 프로젝트 사례 연구를 제시한다.
Dobbs, Richard, Herbert Pohl, Diaan-Yi Lin, Jan Mischke, Nicklas Garemo, Jimmy Hexter, Stefan Matzinger, Robert Palter, and Rushad Nanavatty. 2013. *Infrastructure productivity: How to save $1 trillion a year.* New York: McKinsey Global Institute.	인프라 투자의 부족을 설명하고, 개선된 프로젝트 선정/관리를 통한 효율적인 기존 인프라 사용의 필요성을 제기한다.
Woetzel, Jonathan, Nicklas Garemo, Jan Mischke, Martin Hjerpe, and Robert Palter. 2016. *Bridging Global Infrastructure Gaps.* New York: McKinsey Global Institute.	전 세계의 기반 시설 필요성과 충분하지 못한 자금 및 자원 문제를 완화할 기회를 설명한다.
Farquharson, Edward, Clemencia Torres de Mästle, E. R. Yescombe, and Javier Encinas. 2011. *How to Engage with the Private Sector in Public-Private Partnerships in Emerging Markets.* Washington, DC: World Bank.	2장: "공공-민간 파트너십 정의하기"는 PPP가 민영화 또는 관리 계약과 어떻게 다른지를 다루고 있으며, 사용자 요금 기반 PPP와 가용성 기반 PPP를 설명한다. 책 전반에 걸쳐 여러 사례 연구로 개발도상국에서의 PPP 사례를 제공한다.

참고 문헌(Reference)	설명(Descrition)
Mumssen, Yogita, Lars Johannes, and Geeta Kumar. 2010. *Output-Based Aid: Lessons Learned and Best Practices.* Directions in Development Finance. Washington, DC: World Bank.	성과 기반 지원(output-based aid)에 의해 설계된 인프라 프로젝트에서의 민간 참여 사례를 통신, 도로, 에너지, 수자원, 보건 및 교육 분야에서 검토한다.
DLA Piper. 2009. *European PPP Report 2009*. London: DLA Piper.	유럽의 민관 파트너십(PPP) 현황과 방향에 대한 개요, 국가별 상세 리뷰, 그리고 보고서 연도에 진행 중인 프로젝트 목록과 실행 중인 프로젝트에 대한 내용을 제공한다.
US. 2007. *Case Studies of Transportation Public-Private Partnerships Around the World.* Washington, DC: United States Government, Department of Transportation, Federal Highway Administration.	교통 분야의 민관 파트너십(PPP) 국제 경험을 살펴보며, 영국, 유럽, 호주, 중국, 인도, 이스라엘, 아르헨티나의 교량과 고속도로에 대한 사례 연구가 포함되어 있다.
Menzies, Iain, and Cledan Mandri-Perrott. 2010. "Private Sector Participation in Urban Rail: Getting the structure right." Gridlines Note No. 54. Washington, DC: Public-Private Infrastructure Advisory Facility.	부록 1에서는 영국, 말레이시아, 필리핀, 태국, 캐나다, 남아프리카공화국의 경전철 민관 파트너십(PPP) 프로젝트에 대한 사례 연구를 제공한다.
Marin, Philippe. 2009. *Public-Private Partnerships for Urban Water Utilities: A Review of Experience in Developing Countries.* Trends and Policy Options No. 8. Washington, DC: World Bank.	개발도상국의 수자원 분야에서 65개의 민관 파트너십(PPP)을 검토한 결과, 효율성과 서비스 품질이 일관되게 개선되었다는 사실을 발견했다.
Eberhard, Anton, and Katharine Nawal Gratwick. 2010. *IPPs in Sub- Saharan Africa: Determinants of success.* Washington, DC: World Bank.	사하라 이남 아프리카의 독립 전력 생산자(IPP) 경험을 검토하며, 이 지역의 모든 IPP 프로젝트에 대한 포괄적인 목록과 세부 정보를 포함한다.

참고 문헌(Reference)	설명(Descrition)
Deloitte. 2006. Closing the Infrastructure Gap: The Role of Public-Private Partnerships. New York: Deloitte.	5페이지에서는 다양한 PPP 계약 유형에 대한 간결한 설명을 제공하고 더불어서 교통, 수자원 및 폐기물, 교육, 주택, 병원, 방위 및 교도소 분야에서의 국제 PPP 경험을 간략하게 검토한다.
IFC. 2011. "Health and PPPs." *Handshake, A Journal on Public-Private Partnerships*. Washington, DC: International Finance Corporation.	"Healthcare" 섹션에서는 특히 개발도상국에서의 의료 PPP에 대한 국제 사례를 살펴보고, 성공 사례를 어떻게 재현할 수 있는지에 대한 교훈을 도출한다. 이 섹션은 레소토 병원 PPP를 특징으로 하며, 가나, 인도, 멕시코에서의 사례를 검토했다.
LaRoque, Norman. 2005. "Contracting for the Delivery of Education Services: A Typology and International Examples." Paper presented at the PEPG and World Bank Conference, "Mobilizing the Private Sector for Public Education." Cambridge, MA, October 5-6.	교육 분야에서 민간 부문이 참여하는 다양한 방법을 설명하며, PPP를 통한 참여도 포함된다. 20페이지부터 24페이지까지는 학교에서의 국제 PPP 사례에 초점을 맞추고 있다.
Yescombe, E.R. 2017. *PPPs in Sub-Saharan Africa: Case Studies for Policymakers*. Dar es Salaam, Tanzania: Uongozi Institute.	각 사례에서의 실질적인 정책 문제와 시사점을 조사한 10개의 사례 프로젝트 연구를 제시한다.
Caribbean. 2017. *Caribbean PPP Toolkit*. Washington, DC: World Bank, Inter-American Development Bank and Caribbean Development Bank.	각 파트에서는 PPP 프로젝트 주기에서의 모범 사례를 설명하는 여러 프로젝트 예시와 사례 연구를 제공한다.
APMG. 2016. Accessed March 19, 2017. *PPP Certification Program Guide*. In eight chapters. APMG-International. Website.	PPP 인증 가이드의 1장 2절에서는 PPP의 정의와 존재하는 다양한 해석, 즉 여러 가지 방식으로 이해되고 적용될 수 있는 것에 대해 논의한다.

참고 문헌(Reference)	설명(Descrition)
Reyes-Tagle, Gerardo, and Karl Garbacik. 2016. *Policymakers' Decisions on Public-Private Partnership Use: The Role of Institutions and Fiscal Constraints.* Washington, DC: Inter-American Development Bank.	정부가 PPP(공공-민간 파트너십)를 통해 프로젝트를 진행하기로 결정할 때 어떤 기준이나 요소들을 고려하는지를 분석하거나 평가한다.

1.2

인프라 문제와 PPP의 지원 방법

인프라는 경제 발전, 빈곤 및 불평등 감소, 일자리 창출, 그리고 환경 지속 가능성을 보장하는 데 매우 중요한 역할을 한다. 인프라는 높은 사회적 수익을 창출하며, 복지 향상에도 기여하는데 정부는 공공 서비스와 이를 위한 인프라 제공에 대한 궁극적인 책임을 지고 있다. 인프라 투자는 정부와 시민 간의 사회적 계약의 중요한 부분이기도 하다.

불충분한 인프라는 성장에 제약을 가하고, 특히 개발도상국에서 삶의 질에 영향을 미친다. 인프라 서비스에 대한 수요가 공급을 초과할 때, 서비스 공급의 혼잡이 발생하며, 서비스 제공의 질이 낮아지거나 신뢰할 수 없게 되고, 일부 지역은 아예 서비스가 제공되지 않을 수 있다. 2016년 기준으로, 다음과 같은 추정을 살펴볼 수 있다.

- 24억 명이 넘는 사람들이 개선된 위생 시설을 이용하지 못하고 있음.
- 최소 6억 6,300만 명이 안전한 식수를 공급받지 못하고 있음.
- 세계 농촌 인구의 최소 3분의 1이 사계절 내내 통행 가능한 도로의 혜택을 받지 못하고 있음.

인프라가 노후화되면 실제 경제 성장률이 예측보다 낮아질 수 있다. 왜냐하면 경제 성장 예측을 할 때 보통 인프라가 안정적으로 잘 작동한다고 가정하기 때문이다.

인프라 투자에는 정부가 여러 가지 어려움에 직면하고 있다. 첫째로, 다양한 이해관계자들 간의 대리인 문제로 인해 복합적인 관리체계가 요구된다. 대리인 문제란, 정부의 정치인이나 공무원들이 납세자와 사용자들의 이익을 대변해야 하지만, 때로는 자신의 정치적 이익을 우선시할 수 있다는 것을 의미한다. 인프라 프로젝트는 보통 큰 금액이 들어가기 때문에 부패나 뇌물 수수에 취약하다. 예를 들어, 정치인이나 공무원이 새로운 인프라를 약속하면서 유권자들의 표를 얻으려는 유혹에 빠질 수 있는데 이런 경우, 단기적으로는 프로젝트의 이익이 즉시 나타나지만, 그로 인해 발생하는 문제나 고통은 시간이 지나야 드러나게 된다. 결국, 인센티브 구조의 문제와 대리인 문제를 규제하는 지침의 결함 때문에 인프라 프로젝트는 종종 일정, 예산, 그리고 서비스 제공 목표를 제대로 달성하지 못하게 된다. 즉, 정부가 인프라 프로젝트를 잘 관리하기 위해서는 이러한 복잡한 문제들을 해결해야 한다는 것이다.

둘째, 대부분의 국가들은 기본적인 서비스에 대한 접근을 제공하고 유엔이 정의한 지속 가능한 개발 목표 **the Sustainable Development Goals(UN SDG)**를 달성하기 위해 필요한 인프라에 충분한 지출을 하지 않고 있다. 게다가, 인프라 품질은 종종 기대에 미치지 못한다. 새로운 자산의 건설은 예상보다 더 많은 비용과 시간이 들며, 서비스 제공 또한 원활하지 않다. 마지막으로, 인프라 자산은 종종 제대로 유지 관리가 되지 않아 비용이 증가하고 혜택이 줄어들게 되는데 이러한 문제들은 Castalia의 보고서인 "사하라 이남 아프리카 및 남미의 인프라 서비스 제공 장벽(**Barriers to Infrastructure Service Delivery in Sub-Saharan Africa and South America by Castalia**(Castalia 2014))"에서 더 자세히 논의되고 있다.

PPP가 어떻게 도움이 될 수 있는가

PPP는 이러한 만성적인 문제를 극복하는 데 도움을 줄 수 있으며, 이는 *Figure 1.2 - 인프라 관련 도전과제와 PPP가 도울 수 있는 방법*을 아래 예를 들어 설명한다.

- 적절한 상황에서 PPP는 인프라를 위한 추가적인 자금 및 재원을 확보할 수 있다.
- 잠재적 프로젝트에 대해 민간 투자자들로부터 자금을 유치할 수 있는지를 평

가하는 과정을 실시함으로써 보다 효율적이고 효과적인 프로젝트 선정을 도모할 수 있다.

- 민간 부문의 인센티브는 이행 단계를 포함하여 프로젝트의 전체 수명 주기 동안 계약 기관의 이해관계에 맞춰 조정될 수 있다. 이러한 조율은 민간 사업자의 수익을 사전에 합의된 일련의 성과 지표에 연계하고, 민간 사업자에게 상당한 장기 자본을 투자하도록 요구함으로써 이루어진다.

따라서 PPP 계약에 내재된 인센티브 프레임워크는 효율성 향상을 촉진할 수 있으며, 이러한 인센티브의 향상은 민간 자금의 추가비용보다 초과해야 한다. 정부가 다른 방법으로 서비스를 제공할 수 없다고 판단하여 PPP를 시행하기로 결정한 경우, PPP 방식은 최소한의 서비스가 제공되도록 보장하지만, 효율적인 조건보다 더 높은 비용이 발생되어야 한다(*Section 3.2.4-PPP의 비용 대비 가치 평가* 참조). PPP는 여전히 효과적일 수 있는 반면, 효율적이지는 않을 수 있다.

상대적으로 긴 PPP 역사(민관 파트너십 역사)를 가진 국가들은 PPP가 전통적인 공공 조달보다 상대적으로 건설을 더 잘 관리하며, 이는 민간 당사자가 프로젝트 설계와 실행을 보다 더 잘 통제하는 동시에 비용 초과로 인한 보상을 방지하는 PPP 구조가 만들어낸 인센티브 덕분이다.

PPP 계약의 장기 투자 기간은 여러가지 측면에서 자산 유지 관리에 긍정적인 영향을 미친다.

취약하고 분쟁에 영향을 받는 국가(FCS)에서는 PPP(민관 파트너십)와 유사한 구조가 민간 투자를 유치하고 서비스 제공을 증가시키는 데 도움이 될 수 있다. 이는 *Section 1.2.5-취약하고 분쟁에 영향을 받는 국가의 인프라*에서 더 자세히 논의된다.

PPP가 인프라 제공을 개선할 수 있는 메커니즘을 종종 가치 창출 요소(value drivers)라고 하며, 이는 비용 대비 가치를 극대화하기 위한 도구를 의미한다. 이러한 가치 창출 요소는 *Box 1.2-PPP 가치 창출 요소*에서 설명된 바와 같이, 종종 PPP 정책에 통합된다.

PPP의 한계, 제약사항 및 필요한 보완 조치

PPP가 해결할 수 없는 문제들이 있거나 PPP가 오히려 악화시킬 수 있는 문제들이 있다. 첫째, PPP는 자금 문제를 해결하는 것처럼 보일 수 있지만, 이로 인해 정부의 신중한 재정 관리와는 맞지 않게 더 많은 재정적 책임의 위험에 마주할 수 있다. 특히 PPP가 재무제표에 포함되지 않을 때 이런 문제가 더 심해지는데 PPP는 프로젝트 분석을 개선하고 효율성을 높이는 혁신적인 솔루션 도입에 기여할 수 있지만, 프로젝트 계획과 선택에 대한 책임은 여전히 공공 부문에 있다. 또한 PPP의 불명확한 재정 비용과 경직된 계약 조건은 이러한 작업을 더 어렵게 만들 수 있다. 민간 부문이 인프라를 건설하고 관리하는 데 참여하는 장점, 즉 정기적인 유지 관리를 잘 수행할 수 있는 인센티브는 정부가 어떻게 효과적으로 PPP 계약을 체결하고 조달하는지에 달려 있다.

Box 1.1 지속가능한 개발목표와 PPP

세계 지도자들은 2015년 국제 개발 자금 조달 회의에서 모여 17개의 지속 가능한 개발 목표(Sustainable Development Goals, SDGs)와 관련된 169개의 목표를 채택했다. 지속 가능한 개발을 위한 2030 의제와 아디스 아바바 개발 자금 조달 행동 의제(Financing for Development, FfD)는 SDGs를 위한 프레임워크를 제공한다. 이들은 2015년부터 2030년까지의 기간 동안 빈곤 감소, 식량 안보, 보건 및 교육, 기후 변화 완화, 회복력 있는 인프라 구축, 그리고 경제, 사회, 환경 분야의 다양한 목표를 위한 구체적인 목표를 통해 전 세계 정책 입안자들을 촉구하기 위해 고안되었다. SDGs는 야심 차며, 모든 국가에서 공공 및 민간 투자 수준의 획기적인 변화가 필요하다. 민간 부문 투자와 혁신을 유도하고 상업적 자금 조달과 공공 자금을 결합하기 위한 창의적인 해결책이 필요하다.

정부는 지속 가능한 개발 목표(SDGs)를 사용하여 인프라 투자에 좋은 환경을 만들고, 프로젝트 선택과 설계를 변화시키기 위한 목표를 설정할 수 있다. SDGs를 달성하려면 인프라 투자가 환경, 사회, 경제적으로 지속 가능한 것에 우선순위를 두어야 하는데 민간 기업이 지속 가능한 개발 문제를 해결하기 위한 효율적인 방법을 찾도록 유도해야 한다. 민간 부문이 참여하면 인프라 자산이 늘어나고, 더 강한 회복력을 갖추며, 더 지속 가능한 해결책을 만들고, 인프라 서비스에 대한 접근성을 높이는 데 도움이 된다. 예를 들어, 프로젝트의 요구 사항이나 선정 기준에 지속 가능성을 포함하면 인프라 투자 효과를 높일 수 있고, 또한 SDGs는 인프라 프로젝트에 대한 정치적 지원을 이끌어 내는 데 도움을 줄 수 있다.

IISD 블로그는 인프라가 지속 가능한 개발 목표(SDGs)의 지표에서 명시적이면서도 암묵적인 구성 요소임을 강조한다. 따라서 SDGs는 인프라 개발 정책에 대한 지지를 표현하고 결집하는 데 유용할 수 있다. 특히 목표 9: '회복력 있는 인프라를 구축하고, 포용적이며 지속 가능한 산업화와 혁신을 촉진한다'는 매우 관련성이 높다. 아디스 아바바의 행동 의제는 44항에서 2030 아젠다를 지원하는 데 있어 민관 PPP의 역할을 강조한다. 또한, SDGs는 국가가 공공 서비스 제공을 포함한 개발 우선순위를 설정하는 데 있어 목표와 지표를 명확히 하는 데 도움을 줄 수 있다.

SDGs 목표는 특정 목표의 목적을 반영하면서 다른 목표와 타깃에도 영향을 미친다. 그래서 PPP 프로젝트는 하나의 주요 목표와 여러 개의 부차적인 목표로 다룰 수 있다. 예를 들면, 물 관련 PPP 프로젝트를 고려할 때, 정부의 목표 6(깨끗한 물과 위생을 보장하는 것)과 일치하면 프로젝트가 더 강력해진다. 동시에 이 프로젝트는 유해한 수질 오염으로 인한 사망자와 질병을 줄이는 데 기여할 수 있고(Target 3.9), 처리되지 않은 폐수의 비율을 줄이는 데도 도움이 된다(Target 6.3). 기존의 폐수 처리 시설을 개선하는 것은 자원 사용 효율성을 높이고 환경 친화적인 기술과 산업 프로세스를 채택하는 데 기여할 것이다(Target 9.4).

인프라 정책이 SDGs와 일치함을 보여주는 것은 정부가 다자 개발 은행(Multilateral Development Bank, MDB) 및 기금으로부터 관심과 자금을 유치하는 데 도움이 될 수 있다.

출처: (UN 2015); (Casier 2015)

이러한 한계는 PPP가 모든 인프라 문제를 해결할 수 있는 만능 해결책이 아니라는 것을 의미한다. Figure 1.2에서는 인프라 개선을 위한 중요한 요소들을 보여주는데 성공적인 공공 투자 프로젝트를 위해서는 철저한 분석에 기반한 올바른 공공 의사 결정과 투명하고 책임 있는 관리 체계가 필요하다. 연구에 따르면, 더 나은 관리가 기존 인프라를 효율적으로 활용하고 새로운 프로젝트에 대한 공공 자원을 더 잘 사용할 수 있도록 도와 인프라 부족 문제를 줄일 수 있다. 결국, 정부는 양질의 인프라 프로젝트를 위해 더 많은 자원을 투자해야 할 필요가 있다.

본 섹션에서는 Figure 1.2에 나타난 인프라 프로젝트 실행의 네 가지 문제점과 PPP가 어떻게 도움이 될 수 있는지, 그리고 문제를 악화시킬 수 있는 PPP의 한계 또는 제약사항에 대해 설명한다.

Box 1.2 PPP 가치 창출 요소

PPP 가치 창출 요소는 인프라 제공에서 비용 대비 가치를 개선하는 데 사용할 수 있는 메커니즘이다. 여기에는 다음이 포함된다.

- 전체 생애 비용 산정(Whole-of-life costing) - 한 단일 당사자의 책임하에 초기 설계 및 건설과 지속적인 서비스 제공, 운영, 유지 관리 및 개보수를 완전 통합하는 것으로, 프로젝트 비용을 줄일 수 있다. 완전한 통합은 책임 당사자가 각 프로젝트 단계(설계, 건설, 운영, 유지 관리)를 총 비용을 최소화하고 효율성을 극대화하는 방식으로 완료하도록 유도한다.
- 위험 이전(Risk transfer) - 정부가 인프라를 소유하고 운영할 때 보유하는 위험이 일반적으로 숨겨진 비용을 수반하며, 종종 평가되지 않는 경우가 많다. 이러한 위험의 일부를 더 잘 관리할 수 있는 민간 당사자에게 할당함으로써, 정부의 전체 프로젝트 비용을 줄이고 납세자에게 미치는 위험을 최소화할 수 있다.
- 유지 관리에 대한 선행 약속과 전체 생애 비용의 예측 가능성 및 투명성 - PPP는 민간 운영자가 자산의 생애 동안 적절한 유지 관리를 제공하는 데 필요한 전체 생애 비용에 대해 사전 약속을 요구한다. 이러한 약속은 인프라의 수명 기간 동안 예산 예측 가능성을 강화하고, 프로젝트가 완료된 후 유지 관리를 위한 자금이 부족할 위험을 줄여준다.
- 서비스 제공에 대한 집중 - 계약 기관이 필요할 때와 방식에 따라 서비스를 제공하기 위한 장기 계약을 체결할 수 있게 한다. PPP 기업은 공공 부문에서 흔히 발생하는 다른 목표나 제약을 고려하지 않고 서비스 제공에 집중할 수 있다.

Tip 일반적으로 공공 부문은 예산, 정치적 고려 사항, 규제 등 다양한 제약에 영향을 받는다. 그러나 PPP 기업은 이러한 제약에서 비교적 자유로운데, 이처럼 민간 기업은 서비스 제공에만 집중할 수 있고, 효율적으로 운영할 수 있어야 한다. 이는 서비스의 질을 높이고, 비용을 절감하는 데 기여할 수 있게 된다.

- 혁신 - 계약에서 결과를 명시하고, 입력을 규정하지 않음으로써 민간 파트너가 혁신할 수 있는 폭이 넓어진다. 이러한 계약의 경쟁적 조달은 입찰자들이 사양을 충족하기 위한 혁신적인 솔루션을 개발하도록 유도한다.

Tip 결과 중심의 계약이란 계약에서 특정 결과(예: 서비스 품질, 성과 지표 등)를 명시함으로써, 민간 파트너는 그 결과를 달성하기 위한 방법을 자유롭게 선택할 수 있다. 이는 전통적인 계약 방식에서 요구되는 특정 입력(예: 인력, 장비, 프로세스 등)을 규정하는 것과 대조적으로 민간 파트너는 주어진 결과를 달성하기 위해 창의적이고 혁신적인 방법을 모색할 수 있다.

- 자산 활용 - 추가 서비스 제공을 위한 자산 활용의 최적화로 프로젝트에 대한 여러 수익원을 창출한다. 예를 들어, 버스 터미널의 공간을 사설 판매업체에 활용하거나, 사용되지 않는 공간을 광고에 활용하는 경우가 있다.
- 추가 자금 동원 - 서비스에 대해 사용자에게 요금을 부과함으로써 더 많은 자금을 유치할 수 있으며, 이는 공공 부문보다 민간 운영자가 더 잘하거나 더 쉽게 수행할 수 있는 경우가 있다. 또한, PPP는 정부가 재정 제약에 직면할 때 인프라에 대한 대체 자금 조달원을 제공할 수 있다.

• 책임성 – 정부의 지급은 민간 당사자가 합의된 품질, 수량 및 시간 내에 명시된 결과를 제공하는 조건에 따라 이루어진다. 성과 요구 사항이 충족되지 않을 경우, 민간 부문에 대한 서비스 지급이 감액될 수 있다.

빅토리아 주(Victoria's Practitioner's)의 파트너십 실무 가이드(VIC 2001)는 빅토리아 주의 PPP 프로그램의 기초로 가치를 증가시키는 요인을 명확히 설정했다.
PricewaterhouseCoopers(PWC)의 "PPP 약속"에 대한 논문(PWC 2005, 13-34)과 Deloitte의 PPP에 대한 논문(Deloitte 2006, 5-9)은 PPP의 이러한 이점을 간결하게 설명하고 있다.

Tip 빅토리아 주는 호주에 위치한 주 중 하나로, 주도는 멜버른이다. 빅토리아 주는 PPP를 통해 공공과 민간 부문간의 협력을 통해 효율적이고 효과적인 공공 서비스 제공을 목표로 하고 있다.

1.2.1 자금 부족

인프라 투자는 일반적으로 자금이 부족하기 때문에 대부분의 국가들이 보편적 접근이나 빈곤 퇴치와 같은 전략적 목표를 달성하기 위한 충분한 투자가 이루어지고 있지 않다. 이는 경제적으로 유익한 많은 프로젝트가 실행되고 있지 않음을 시사한다. 이러한 문제는 개발도상국에서 특히 두드러지며, 세계은행 보고서 "인프라 격차 해소" **World Bank report: Closing the Infrastructure Gap**(UN 2016)에서도 언급되어 있다.

다양한 연구들이 이 자금 부족 문제를 확인하고 정량화하려는 시도를 하였는데, 예를 들어 2010년 세계은행의 아프리카 인프라 진단 연구 **World Bank's diagnostic study of infrastructure in Africa**에 따르면 사하라 이남 아프리카는 다음과 같은 지출이 필요하다고 추정했다. 인프라에 매년 930억 달러가 소요되는

데, 이 중 정부 지출, 사용자 요금, 민간 부문 투자 및 기타 외부 출처와 같은 기존 자원을 통해 이미 450억 달러만 충당하고 있어 이로 인해 총 480억 달러의 자금 부족이 발생했다(Foster and Briceño-Garmendia 2010, 6-9, 65-86).

Figure 1.2 인프라 관련 도전과제와 PPP가 도울 수 있는 방법

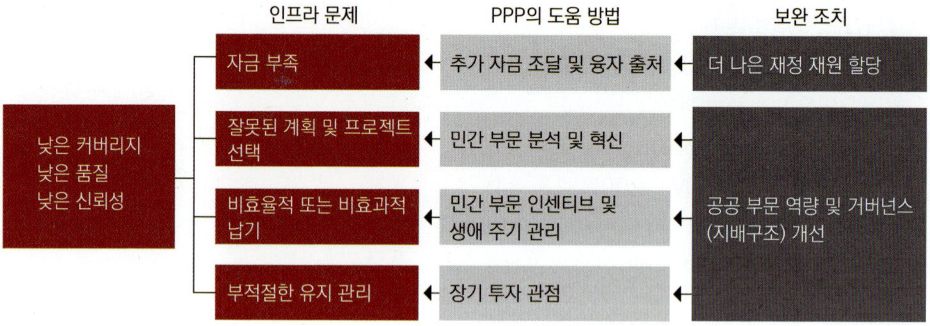

- 2013년 미주개발은행의 인프라 전략 **Inter-American Development Bank's infrastructure strategy**에 따르면 라틴 아메리카의 인프라에 필요한 추가 투자액은 연간 1,000억 달러에 달하며, 이는 장기간에 걸쳐 지역 GDP의 2%에 해당한다(IDB 2014).
- 이러한 자금 격차는 개발도상국에만 국한된 것이 아니며, 2007년 OECD의 '2030년 인프라' 보고서 **2007 OECD report on Infrastructure to 2030**에 따르면 미래에 필요한 인프라 투자 수요와 이를 충족할 수 있는 공공 부문의 기존 재원 간의 격차가 확대되고 있는 것으로 나타났다(OECD 2007a, Chapter 1).
- 인프라 생산성에 관한 2013년 맥킨지 글로벌 연구소 보고서 **2013 McKinsey Global Institute report on infrastructure productivity**(Dobbs et al. 2013)에 따르면 2030년까지 전 세계적으로 57조 달러(2016년 49조 달러로 업데이트)의 인프라 투자가 필요한데, 이는 단순히 예상되는 세계 GDP 성장률을 따라잡기 위한 것이다. 이 투자 금액은 현재 전 세계 인프라 자산의 추정가치보다 더 많은 금액이다.
- 2016년 맥킨지 글로벌 연구소 보고서인 "글로벌 인프라 격차 해소" **2016 McKinsey Global Institute report: Bridging Global Infrastructure Gaps**

(Woetzel et al. 2016)는 전 세계 인프라 필요에 대한 데이터를 업데이트하고 글로벌 경기 침체 이후 인프라 투자 추세를 살펴본다. 이 보고서는 또한 재정 제약에도 불구하고 공공 재정을 증가시킬 수 있는 조치부터 생산성 향상을 통한 지출 적자를 완화할 수 있는 기회에 대해 설명한다.

앞에서 언급한 세계은행 아프리카 인프라 진단 연구 **World Bank Africa infrastructure diagnostic study**(Foster and Briceño - Garmendia 2010, 65-86)에서 지적된 바와 같이, 자금 부족은 인프라 제공의 다른 문제에 대한 징후일 수 있다. 저자들은 자금 부족의 35%인 170억 달러가 불량한 거버넌스, 투자 계획의 부족, 유지 관리에 대한 저투자, 서비스 요금의 과소 책정, 운영 비효율성 등으로 인한 기존 지출의 비효율성에 기인할 수 있다고 발견했다.

Tip 부실한 거버넌스는 일반적으로 조직이나 국가의 관리 및 운영방식이 비효율적이거나 투명성이 부족하여 책임성이 결여된 상태로 이것에는 부패, 권력남용, 의사 결정 과정의 불투명성이 포함될 수 있는데, 결과적으로 불량한 거버넌스는 사회적 신뢰를 저하시킬 수 있으며, 경제적, 정치적, 사회적 문제를 초래할 수 있다.

PPP가 인프라 자금 조달 및 금융에 어떻게 도움이 되는가

많은 정부는 전략적 목표를 달성하기 위해 인프라에 대한 추가 투자가 필요하다는 것을 인식하고 있지만, 재정적 제약이나 높은 부채 비율로 인해 전통적인 공공 조달 방식을 통해 추가 프로젝트를 수행할 수 있는 능력이 제한되기 때문에 PPP에 의존하고 있다. 재정적 여유는 PPP를 사용하는 가장 일반적인 동기 중 하나이지만, 가장 논란이 많은 주제 중 하나이기도 하다. PPP를 통해 정부가 인프라에 더 많은 돈을 쓸 수 있는지는 프로젝트가 어떤 종류인지에 따라 다르다. 사용자 부담 계약은 정부에 장기적인 재정적 여유를 창출하는 반면, 가용성 지급이 포함된 계약은 단기적으로만 재정적 여유를 창출할 수 있다.

정부는 종종 인프라 프로젝트에 대한 민간 자금 조달을 요구하면서, 민간 사업자의 부채를 상환하고 주주에게 보상을 제공하기 위해 충분한 자금(사용자 요금이나 정부 예산에서의 자금)이 필요하다는 점을 간과한다. 일부 개발 분석가들은 인프라에 대해 자금 조달(funding gap) 대신 자금 운용의 격차(financing gap)라는 용어를 사용한다. 민간 자본은 적절한 잠재적 수익을 제공하지 않는 프로젝트에는 유입되지 않을 것이다. 추가적인 민간 자금을 확보하려면 시간이 지남에 따라 증가된 자금 조달이 항상 필요하며, 이는 민간 자금을 회수하고 보상하기 위한 것이다. PPP 운영자는 추가적인 상업적 수익을 창출하는 데 도움을 줄 수 있지만, 사용자 요금과 정부 지급금은 항상 주요 자금 출처가 될 것이다.

Tip funding gap은 필요한 자금과 실제 자금 간의 차이를 나타내고, financing gap은 투자자들이 요구하는 수익률과 실제 수익 간의 차이를 나타낸다.

일반적으로 사용자 요금을 적절히 구성하거나, 자산 가치를 파악하거나, 기존 자산을 매각하여 공공 인프라 프로젝트의 자금 흐름을 늘릴 수 있는 여지가 있다. 자산 매각을 통한 수익금은 새로운 인프라 구축에 필요한 자금 조달에 재활용할 수 있다.

사용자 요금을 징수할 가능성만으로 PPP를 개발하는 이유가 되어서는 안 된다. 요금은 전 세계의 많은 유료 도로에서와 같이 공공 자금으로 조달된 프로젝트에서도 징수될 수 있다. 그럼에도 불구하고 PPP는 때때로 인프라에 대한 자금을 늘리는 데 도움이 될 수 있다. 즉, PPP를 통해 민간부문이 참여함으로써 인프라 프로젝트에서 발생하는 수익이 증가하고, 이는 인프라 서비스의 비용을 충당하는 데 도움이 된다.

- 사용자 요금을 더 잘 시행하면 수익이 증가할 수 있다. 이를 위해 특정 대상에 맞춘 사용자 요금을 도입하거나 요금을 징수할 때 발생하는 누수를 줄이는 것이다. 예를 들어:
  - 모잠비크와 남아프리카 공화국의 N4 고속도로는 PPP 아래에서 유료 도로로 개발되었다. 두 정부 모두 다른 방법으로 투자할 자금이 없었기 때문이다. 단일 국경 간 운영자가 남아프리카 측에서 모잠비크 측으로의 교차 보조를 가능하게 하여 사용자가 부담하는 요금을 저렴하게 유지할 수 있도록 했다. PPP 계약은 운영자에게 도로의 유지 관리를 위한 압력을 가하고, 정부에게는 과적을 방지하도록 요구되었다(Farlam 2005, 9-10), (PPIAF 2009).
  - 포르투갈 리스본의 페르타구스(Fertagus) 교외 철도 서비스는 수익 증가에 기

여하는 PPP의 역할을 잘 보여주는 사례이다. PPP 계획은 운영자가 특정 사용자 요금을 부과할 것을 요구하지 않는다. 다만, 운영자는 승객 1인의 킬로미터당 평균 요금에 대한 상한선만 계약에 명시되어 있을 뿐인데, 이는 운영자가 상한선 내에서 다양한 요금을 설정하는 데 상업적 기준을 자유롭게 사용할 수 있음을 의미한다. 예를 들어, 비 혼잡 시간대 할인, 자주 이용하는 사용자에 대한 패스, 기차와 버스 티켓의 조합, 심지어 실업자를 위한 특별 비 혼잡 시간대 패스 등을 제공할 수 있다. 실제로 이러한 자율은 상업적 전문성과 결합되어 더 많은 사용자 층을 유치하였고, 프로젝트 수익을 증가시켰다.

- **자산 활용도를 높여 새로운 수익원을 창출하는 것**–인프라 자산의 대체 용도로부터 수익을 증가시켜 정부나 사용자에게 인프라의 순비용을 줄일 수 있다. 예를 들어, 공항 내부에 상업 지역을 개발하거나 버스 터미널 내에 상업 공간을 마련하는 것이 있는데 일반적으로 민간 파트너는 자산을 식별하고 활용하며 프로젝트의 경제성을 높일 수 있는 능력이 더 크다.
- **사용자 유틸리티를 극대화하고 비용 회수를 증가시키기 위해 프로젝트를 맞춤화하는 것**–민간 파트너는 자산의 효용을 개선하기 위해 프로젝트 설계를 조정할 수 있다. 사용자가 자산에서 추가적인 가치를 얻게 되면 비용 회수를 위해 기꺼이 기여할 수 있다. 포르투갈의 Fertagus 철도 서비스는 이러한 혁신적인 접근 방식의 좋은 예로 철도 운송 프로젝트와 각 역 인근의 버스 운송 네트워크, 각 역에의 주차 시설을 결합함으로써, PPP 운영자는 이 프로젝트를 수익성 있는 사업으로 전환할 수 있었고, 이전에 필요했던 정부 보조금을 없앨 수 있었다.

Tip 페르타구스(Fertagus)의 사례는 민간-공공 파트너십이 어떻게 사용자 중심의 접근 방식을 통해 프로젝트의 성공을 이끌어낼 수 있는지를 보여준다. 사용자에게 더 많은 가치를 제공함으로써, 비용 회수와 수익성을 동시에 달성할 수 있는 모델을 제시하고 있는데, 이러한 접근은 다른 분야에서도 적용될 수 있으며, 다양한 공공 서비스의 효율성을 높이는 데 기여할 수 있다.

정부는 사용자 요금을 부과하거나, 수익을 효과적으로 징수하거나, 인프라에 대한 혁신적인 대체 용도를 찾을 수 있는 방법을 구현할 수 있는데, 이는 Engel,

Fischer, Galetovic의 논문 **Engel, Fischer, and Galetovic's paper** *PPPs: When and How*(Engel et al. 2009, 7-13)에서 설명되어 있다. PPP는 사용자에게 동일한 서비스 요금을 부과하고 그 요금을 징수하는 경우, PPP는 전통적인 정부 제공 방식에 비해 인프라에 사용할 수 있는 자원을 증가시키지 못한다. 저자들은 정부가 공공 재정 서비스에 대해 사용자에게 실제 비용을 반영한 요금을 부과하는 것이 어려울 수 있다고 언급하고 있다.

PPP 프로젝트에 투자할 수 있는 민간 자금의 가용성이 PPP를 시행하는 이유가 되어서는 안 된다. 결정은 PPP의 비용과 편익, 그리고 가치 평가를 포함해야 하며, 이는 *Section 3.2.4 - PPP의 비용 대비 가치 평가*에서 설명된다. 위험과 책임을 민간 파트너 에게 이전하는 데 드는 비용이 대안적인 실행 방식에 비해 너무 높을 수 있다. 투자자의 관심은 서비스 제공에 미치는 영향과 사회에 대한 가치가 가장 높은 프로젝트에 집중되어야 한다.

Tip 물론 금융 투자자들이 사회에 대한 가치에 관심을 가질 가능성은 있다. 특히, 사회적 책임 투자(SRI)나 환경, 사회, 윤리경영 지배구조(ESG) 기준을 중시하는 투자자들은 사회적 가치와 지속 가능성을 고려하여 투자 결정을 내리는 경향이 있다. 이러한 투자자들은 단순히 재무적 수익뿐만 아니라, 프로젝트가 사회에 미치는 긍정적인 영향도 중요하게 생각한다. 따라서, 서비스 제공에 미치는 영향과 사회적 가치를 높이는 프로젝트에 대한 관심이 증가하고 있는 추세이다.

Box 1.3 자금 조달과 융자

"Funding"과 "Financing"이라는 용어는 종종 동의어로 사용되지만, 이해해야 할 중요한 기술적 차이가 있다.

Financing: 프로젝트 시작 시 자산 건설을 위해 필요한 자금.

Funding: 상환 의무를 충족하고 프로젝트 자금 제공자, 즉 부채 및 자본 보유자에게 보상을 지급하기 위해 필요한 자금.

많은 언어에서 자금 조달과 자금 운용을 위해 같은 단어를 사용한다. 예를 들어, 스페인어와 포르투갈어의 "financiamento", 프랑스어의 "financement"가 있다.

일부 정부는 프로젝트의 총 비용을 프로젝트 기간에 걸쳐 분산시켜 **단기적인 현금 예산의 제약**을 극복하기 위한 자금 조달 구조로 PPP를 사용한다. 현금 기반 회계 시스템을 구현하는 정부는 지출이 발생했을 때만 지출을 인식한다. 따라서 전통적으로 조달한 인프라의 자본 비용은 차입을 통해 자금이 조달되더라도 공사 대금이 지급되는 시점(일반적으로 2~3년)에 모든 비용이 한꺼번에 기록된다.

반면 PPP는 여러 해에 걸쳐 나누어 지출할 수 있다. PPP에 관한 PWC 보고서 **PWC paper on PPP's**(PWC 2005, 17-19)는 PPP의 지불 방식이 전통적으로 자금을 조달하는 프로젝트와 어떻게 다른지 설명한다. 이러한 방식은 단기적으로 현금이 부족한 상황에서도 프로젝트를 빨리 진행할 수 있는데, 모든 투자는 시간이 지나면서 감가상각됨에 따라 PPP의 회계상 이점이 사라질 수도 있다.

마지막으로, PPP는 정부가 공공 부문 차입 제약을 극복하는 데 도움을 줄 수 있다. 정부는 종종 공공 재정 관리 정책이나 다자간 기관과의 계약적 의무로 인해 차입 제약에 직면하게 되는데, 이러한 제약은 상업적으로 실행 가능한, 사용자 부담 방식의 인프라 프로젝트가 공공 부문에서 시행되는 것을 방해할 수 있다. PPP 하에서는 프로젝트가 공공 부문 차입이 아닌 민간 부문에 의해 자금이 조달되므로, 특정 상황에서는 정부가 차입 제약을 극복할 수 있게 해줄 수 있다. 하지만 *Section 2.4-PPP를 위한 공공 재정 관리 프레임워크*에서 언급했듯이, 이러한 프로젝트는 일반적으로 정부의 부채와 재정 상태의 지속 가능성에 영향을 미칠 수 있는 불확실한 우발 부채를 발생시킬 수 있다.

Engel, Fischer, and Galetovic's paper(Engel et al. 2009, 9)의 논문에 따르면 PPP의 대출 제한을 완화하는 정도가 제한의 성격에 따라 달라진다고 하며, PPP는 단기 유동성 제약을 완화하는 데 도움을 줄 수 있으며, 이를 통해 상업적으로 실행 가능한 사용자 지불 기반의 PPP를 구축할 수 있다. 그러나 Engel, Fischer, Galetovic은 정부가 지급 불능으로 간주될 경우 PPP가 도움이 될 가능성이 낮다고 주장한다. 이런 상황에서는 정부가 미래 수익의 잠재적 원천을 포기하는 장기 계약을 신뢰성 있게 체결하기 어려울 수 있기 때문에 투자자들이 PPP를 실행 가능하다고 판단하지 않을 수 있는 것이다. 반면, 칠레의 PPP 경험에 대한 2011년 논문 **2011 paper on Chile's PPP Experience**(Fischer 2011, 17-18, and 27-28)에서는 다자간 기관이 PPP에 참여함으로써 정부의 계약에 대한 신뢰성을 높일 수 있으며, 이는 PPP가 정부가 대출 제한을 극복하는 데 도움을 줄 가능성을 증가시킨다고 설명한다.

PPP를 활용하여 정부가 차입 제약을 극복할 수 있는 정도는 PPP의 회계 처리 방식에 따라 달라진다. *Section 2.4.4 - PPP에 대한 재정 회계 및 보고*에서 설명된 바와 같이, 국제적인 규범과 기준이 계속 발전함에 따라 PPP 자산과 부채는 점점 더 정부의 회계 및 재무 통계에 반영되고 있는데, 만약 이러한 추세가 지속된다면, PPP의 자금 조달은 공공 인프라 프로젝트를 위한 차입과 동일한 회계 제약을 받게 될 것이며, 결론적으로 정부가 PPP를 활용하는 이유는 단순히 자금을 조달하기 위함이 아니라, 프로젝트의 효과성과 효율성을 높이기 위한 목적에 한정될 것이다.

PPP의 함정–공공 재정 관리 통제를 우회하기 위한 PPP의 사용

Tip 아래 내용은 PPP를 활용하여 공공 재정 관리의 통제를 피하려는 시도가 가져올 수 있는 문제점이나 위험성을 다루고 있다. PPP를 통해 정부가 재정적 제약을 회피하려 할 경우, 재정 관리의 투명성과 책임성이 저하될 수 있다는 경고를 담고 있다.

일부 경우에 PPP가 인프라를 위한 재정적 여유를 증가시킬 수 있지만, 실제로 이러한 경우는 제한적이다. 정부가 비용을 지불하는 PPP 프로젝트의 경우, 인프라의 비용은 궁극적으로 공공 재원에서 충당된다. 특정 프로젝트의 경우, PPP에 따른 가용성 지급금의 흐름은 대출 자금으로 조달하는 공공 조달 계획의 상환 일정과 크게 다르지 않다.

실질적인 효율성 향상이 없을 경우, PPP의 명백한 재정적 이점은 회계상의 특이성에서 비롯된다. 즉, 현금 예산의 한계나 공공 부채의 정의와 관련이 있다. 최악의 경우, 이는 예산 문제를 야기할 수 있으며, 최악의 상황에서는 정부가 자신의 공공 차입 및 예산 한계를 회피하기 위해 PPP를 이용하여 새롭거나 개선된 인프라를 제공하라는 정치적 및 기타 압력에 대응하다 보면 지금 당장 더 많이 지출하려는 유혹에 빠질 수 있다.

Tip '회계상의 특이성'이란, 정부가 예산을 세울 때 PPP를 이용하면 실제로 돈을 지출하지 않고도 프로젝트를 진행할 수 있고, 공공 부채를 줄이는 것처럼 보일 수 있다. 즉, 정부가 돈을 빌리거나 예산을 초과하지 않아도 인프라를 개선할 수 있는 것처럼 보일 수 있으므로 정부가 예산을 지키기 위해 신중하게 차입을 하거나 지출을 조절하지 않는다면, 지출을 필요로 하는 여러 가지 상황상 압력으로 예산만 누수되는 상황이 벌어질 수 있다는 것으로 해석할 수 있다.

아브란테스 데 소사의 포르투갈 PPP 경험에 관한 논문 **Abrantes de Sousa's paper on Portugal's PPP experience**(Sousa 2011)는 PPP 프로세스에 대한 부적절한 통제가 포르투갈 정부의 PPP 계약에 대해 상당한 재정적 노출을 감수하게 하였고, 이는 2011년 재정 위기에 기여했음을 설명한다. 아브란테스 데 소사는 PPP 프로그램이 예산 문제를 촉발시켰으며, 기관들이 단순히 예산 제약을 완화하기 위해 PPP를 사용하려는 동기를 강조하고 있다. 영국의 민간 금융 이니셔티브(PFI-대규모 영국 PPP 프로그램) 또한 정부의 의무 비용을 숨긴다는 비판을 받고 있다. 영국 상원 특별 위원회가 PFI에 대해 조사한 결과 **A United Kingdom House of Lords Select Committee inquiry into PFI**(UK 2009, 16-18) 많은 증인들이 PFI를 선택한 이유가 이러한 계약에 따른 정부의 의무가 종종 공공 부채의 일부로 인식되지 않는 경우가 많다는 사실을 꼽았다.

이러한 문제를 인식하고, 공공 부문 회계에서 PPP의 처리 방식은 시간이 지남에 따라 발전해 왔다. 최신 공공 부문 회계 기준은 대부분의 PPP 자산과 부채를 정부의 재무제표에 포함하도록 요구하고 있으며, 이는 *Section 2.4-PPP를 위한 공공 재정 관리 프레임워크*에서 설명된다 그러나 PPP 프로젝트가 승인되는 시점에, 미래의 지불 약정은 예산 및 지출 계획에 포함되지 않을 수 있으며, 이러한 계획은 종종 1년에서 3년 이상을 바라보지 않는다. *Section 2.4-PPP를 위한 공공 재정 관리 프레임워크*는 정부가 PPP의 재정적 영향을 관리하여 이러한 문제를 방지하는 데 도움이 되는 지침을 제공한다.

PPP의 함정-재정 위험

PPP가 추가 재원이 생성될 것으로 예상되는 경우, 예를 들어 사용자에게 서비스 요금을 부과하는 경우, 정부는 일반적으로 특정 프로젝트 위험을 부담하거나 공유한다. 또한 정부는 수요, 환율 또는 특정 비용과 같은 위험 요소에 대한 보증을 제공할 수 있으며, PPP 계약에는 다양한 이유로 계약이 종료될 경우 보상 조항이 포함되는 경우가 많다. 보증이 없더라도 모든 PPP 계약은 암묵적인 우발적 부채를 나타낸다. 예를 들어, SPV(특수목적법인)의 파산 시 프로젝트를 유지해야 할 필요에서 발생하는 부채나, 충족해야 할 공공의 기대에서 발생하는 부채가 있을 수 있다. 또한, 도덕적 해이가 발생할 수 있는데, 이는 민간 투자자들이 정부가 자신의 PPP 프로젝트가 실패하는 것을 감당할 수 없다고 인식할 경우 발생한다. 이 경우, 그들은 PPP 계약의 재협상을 강요하여 요금 조정을 요구하거나 정부가 예상치 못한 사건의 비용을 부담하도록 압박할 수 있다. 이는 계약의 경제적 균형이 위태롭지 않더라도 발생할 수 있다.

이러한 위험을 감수하는 것은 *Section 3.3-PPP 프로젝트 구조화*에서 설명한 바와 같이 적절한 위험 배분에 해당할 수 있다. 그러나 그렇게 하면 정부에 우발부채가 발생하고, 그 비용은 전통적인 정부 투자 프로젝트에서 발생하는 직접 부채와 초기 자본 비용보다 평가하기가 더 어려울 수 있다. 그 결과, 정부는 종종 예상했던 것과 더불어 신중한 재정 관리에 부합하는 것보다 훨씬 더 많은 재정 위험을 감수해야 한다.

재정 위험은 프로젝트 의사 결정에 대한 낙관주의 편향의 영향으로 인해 더욱 커질 수 있다(*Section 1.2.2-부실한 계획 및 프로젝트 선정*). 예를 들어, 낙관적인 예측에 따르면 비용이 들지 않는다고 판단하여 정부가 프로젝트에 대한 수요 보증을 제공하는 데 동의할 수 있다. 또한 계약 당국은 보조금의 필요성을 감추기 위해 수요를 과대평가하고, 실현 가능성이 없는 프로젝트를 밀어붙일 수도 있다.

여러 PPP 프로젝트에 걸쳐 누적된 영향은 상당한 재정적 위험을 초래할 수 있는데, 당초 예상했던 것보다 비용이 더 많이 들거나 혜택이 더 적은 것으로 드러나면서 공공 자원이 비용 대비 가치를 제공하지 못하는 프로젝트에 투입될 수 있다.

이 모든 문제는 재정 투명성이 낮은 상황에서 더욱 악화될 수 있다. 공공 재정 상태에 대한 부분적인 공개는 왜곡을 초래할 수 있다. 예를 들어, 직접적인 의무에 대한 공개만 이루어지고 잠재적 부채는 공개하지 않는 경우에는, 낮은 기본 비용으로 매우 높은 잠재적 의무를 가지고 비용이 많은 드는 프로젝트의 채택으로 유도될 수 있다.

정부 보증에 관한 어윈의 저서 **Irwin's book on government guarantees**(Irwin 2007, Chapters 2 and 3)는 보증이 어떻게 사용되어 왔으며, 어떤 경우에 정부에 큰 손실을 초래했는지 사례를 제시하고 정부가 보증과 관련하여 잘못된 결정을 내리는 몇 가지 이유를 설명한다.

앞에서 언급한 바와 같이, 정부의 명시적인 부채(예: 보증) 외에도, PPP는 암묵적인 부채를 초래할 수 있다. 즉, 도덕적 의무나 정부 개입에 대한 공공의 기대에서 발생하는 비계약적 부채로, 이는 추가적인 재정 위험을 초래한다(Polackova 1998). 부실한 계약과 비효율적인 집행은 정부가 실제로 민간 부문에 위험을 이전하지 못하게 만들 수 있다. 다시 말해, 정부는 프로젝트가 처음 시행될 때 예상했던 것보다 훨씬 더 많은 위험을 감수하게 된다.

콜롬비아, 한국, 멕시코, 영국의 사례에서는 정부가 보증(즉, 문제가 발생된 보증)이나 암묵적 부채의 발생으로 인해 예상치 못한 대규모 지급을 하게 된 PPP 사례를 소개한다.

Box 1.4 과도한 재정 위험 – 콜롬비아, 한국, 멕시코, 영국의 사례

정부는 예상보다 비용이 많이 드는 PPP 프로젝트에 보증을 제공하는 경우가 많다.

- 1990년대에 콜롬비아 정부는 유료 도로와 공항에 대한 수입과 독립 전력 생산업체와 장기 전력 구매 계약을 체결한 전력회사에 대한 지불을 보장했다. 예상보다 낮은 수요와 기타 문제로 인해 정부는 2005년까지 20억 달러를 지불해야 했다.
- 또한 1990년대에 한국 정부는 수도 서울과 인천 신공항을 연결하는 민자 도로에 대해 20년간 예측 수입의 90%를 보장했다. 하지만 도로가 개통된 후 교통 수입은 예측치의 절반에도 미치지 못하므로 인해서 정부는 매년 수천만 달러를 지불해야 했다.

PPP 프로젝트는 정부에 상당한 암묵적 부채를 발생시킨다. PPP 프로젝트가 재정적으로 어려움을 겪을 경우, 정부는 서비스 중단을 피하기 위해 해당 프로젝트를 구제해야 한다는 상당한 압박을 받을 수 있다.

- 1989년과 1994년 사이, 멕시코는 5,500km의 유료 도로에 대해 50개 이상의 양허를 부여하는 야심찬 도로 건설 프로그램을 시작했다. 이 양허는 현금이 아닌 "노동 자본" 형태로 건설에 대한 자본 기여가 이루어졌기 때문에 높은 레버리지를 가지고 있었다. 프로젝트에 대한 부채 금융은 변동 금리로 이루어졌으며, 정부 소유의 많은 지역 은행들이 제공했다. 이들 은행은 당시 정부의 대출 압박을 받을 가능성이 있었다. 그러나 1997년까지 예측보다 낮은 교통량과 금리 상승의 조합으로 인해 정부는 전체 유료 도로 프로그램을 재구성하고 양허를 구제해야 했다. 결국 멕시코는 총 25개의 양허를 정부가 인수하고 77억 달러의 부채를 떠안게 되었다.

- 영국 국가항공교통서비스(NATS)는 민간 항공청으로부터 항공교통 관제 기능을 분리하기 위해 부분적으로 민영화되었다. PPP 계약에 따라 NATS는 항공 교통량에 따라 수수료를 지불해야 했는데, PPP 프로젝트 회사는 투자와 운영을 위해 상당한 부채를 떠안게 되었다. 9.11 테러 이후 항공 교통량이 예측치를 밑돌면서 회사는 부채를 갚지 못할 위험에 처했고, 서비스 중단에 따른 위험을 줄이기 위해 영국 정부는 이 프로젝트 회사에 1억 파운드의 자본금을 투입했다.

출처: (Irwin 2007); (Kim et al. 2011); (Ehrhardt and Irwin 2004)

1.2.2 부실한 계획 및 프로젝트 선정

부족한 자원은 종종 비용 대비 가치를 달성하지 못하는 잘못 선택된 프로젝트에 낭비된다. 그 결과, 자산이 제대로 활용되지 않거나 서비스 품질이 저하될 수 있으며, 이어서 불필요한 높은 비용이 발생할 수 있다. 이러한 구조적인 문제는 다음과 같은 원인에서 비롯된다.

- 불완전한 계획과 조정 - 효과적인 부문 및 협력 부문의 계획과 조정이 필요하며 최상의 프로젝트, 즉 비용 대비 가치를 잘 나타내고 통합된 지역 개발을 가능하게 하며 고객이 원하는 서비스를 제공하는 프로젝트가 일관되게 선택될 수 있도록 해야 한다. 건전한 계획이 없으면, 책임 있는 기관은 구현할 수 있는 잠재적 프로젝트에 대한 전체적인 시각을 갖지 못하고, 최상의 비용 대비 가치를 달성하기 위해 프로젝트를 구현할 수 있는 순서를 알지 못하며, 협력 부문 조정이 약해진다. *Box 1.5 - 뭄바이 상수도 - 부실한 인프라 계획의 사례*는 약한 인프라 계획이 어떻게 프로젝트가 비용 대비 가치를 달성하지 못하게 하는지를 보여준다. 2016년 맥킨지 인프라 투자 보고서 **The 2016 McKinsey report on infrastructure investment**(Woetzel et al. 2016)는 2016년부터 2030년까지 전 세계적으로 인프라 필요를 충족하기 위해 49조 달러가 필요하다고 밝혔다. 2013년 맥킨지 인프라 생산성 보고서 **The 2013 McKinsey Report on infrastructure productivity**(Dobbs et al. 2013)는 모범 사례를 확대 적용하면 그 기간 동안 인프라 비용에서 평균 1조 달러를 절감할 수 있다고 언급한다.
- 결함이 있는 분석 - 프로젝트 선정의 근거가 되는 분석에 결함이 있는 경우

가 많기 때문에 비용 대비 편익이 정당화되는 것처럼 보이는 프로젝트가 실제로는 그렇지 않은 경우가 많다. 편익은 종종 과대평가되어 서비스 수요에 비해 더 크거나 복잡한 프로젝트가 선정되는 반면, 비용은 과소평가되는 경우가 많다. 영국 정부의 프로젝트 평가에 관한 그린북 **United Kingdom Government's Green Book on project assessment**(UK 2011a, 29~30)은 이러한 문제를 구조적 문제로 인식하고 프로젝트 분석에서 낙관주의 편향을 바로잡을 필요성을 강조하고 있다. 영국 재무부의 낙관주의 편향에 대한 보조지침 **UK Treasury supplementary guidance on optimism bias**(UK 2015a)는 2000년대 초부터 시작된 낙관주의 편향의 정도에 대한 증거를 제시했다. 대형 교통 프로젝트에 대한 일련의 글로벌 연구인 **Flyvbjerg**(Flyvbjerg et al. 2002); (Flyvbjerg et al. 2003); (Flyvbjerg 2005); (Flyvbjerg et al. 2005)에서는 비용이 체계적으로 과소평가되고 편익이 과대평가되는 경우가 많다는 사실을 발견했다.

- 258개의 운송 프로젝트를 대상으로 한 연구에 따르면 실제 비용은 계획된 비용보다 평균 28% 더 높았으며, 유럽과 북미 이외 지역의 프로젝트에서는 평균 65% 더 높은 것으로 나타났다.
- 25개의 철도 프로젝트에 대한 연구에서 교통량이 평균적으로 실제 교통량의 두 배 이상으로 과대평가된 것으로 나타났다. 183개의 도로 프로젝트에 대한 교통 예측의 정확성도 매우 변동성이 컸지만, 과대평가하는 경향은 없는 것으로 밝혀졌다.

추정 편향에 대한 추가 증거와 분석은 호주의 유료 도로 과잉 입찰에 관한 보고서 **Australia's report on overbidding for toll roads**(AU 2012)에서 확인할 수 있다.

- 정치적 이익이나 개인적 이익이 프로젝트 선정 과정에 개입하여 비용이 증가하거나 덜 유익한 프로젝트로 자금을 전용하는 경우가 있다. IMF의 공공 인프라 투자에서의 부패 분석 **IMF analysis of corruption in public investment in infrastructure**(Tanzi and Davoodi 1998)에 따르면, 부패는 자본 지출 프로젝트에 대한 편향을 초래하고, 이러한 프로젝트의 규모와 복잡성을 증가시켜 해당 투자 생산성을 감소시키는 경향이 있다고 한다.

인프라 효율성에 관한 IMF 보고서 **IMF report on infrastructure efficiency**(IMF 2015a)는 투자의 양이 아닌 질에 초점을 맞춘 결과, 공공 투자 프로세스의 평균 비효율성이 국가별로 약 30%에 달하며, 공공 투자 관리를 개선하면 추가 필요액의 3분의 2까지 투자 지출을 늘릴 수 있을 것으로 추정했다.

이러한 요인들은 종종 서로 영향을 미친다. 예를 들어, 세계은행의 수자원 부문 부패 방지에 관한 자료집 **World Bank's sourcebook on deterring corruption in the water sector**(WB 2008, Chapter 6)에 설명된 바와 같이 분석이 부실하거나 계획이 부실한 경우 정치적 또는 개인적 이익을 위해 잘못 선택된 프로젝트를 추진할 수 있다. 플라이비예르그의 연구 **Flyvbjerg's studies**(Flyvbjerg 2005)에서도 정치적 또는 조직적 이유로 프로젝트를 추진하기 위해 비용과 편익을 고의적으로 왜곡할 수 있다고 강조한다.

PPP가 어떻게 도움이 되는가-프로젝트 평가 및 설계

적절한 상황에서 PPP는 비용과 수익 예측을 정확하게 하는 것이 재무적 수익에 영향을 미치는 민간 부문 투자자들의 분석과 아이디어를 활용하여 인프라 프로젝트 선택을 개선하는 데 도움이 될 수 있다.

민간 투자자와 대출 기관은 자신의 경험과 이익 중심의 강력한 인센티브를 바탕으로 프로젝트 분석을 수행하여 이익과 비용을 분석한다. 특히 프로젝트 금융 거래에 대한 대출 기관은 *Section 1.3-PPP의 자금 조달 방법*에 설명된 대로 광범위한 프로젝트 실사를 수행한다. 2002년 스탠더드앤드푸어스(S&P)의 연구 **Standard and Poor's study**(Bain and Wilkins 2002)에 따르면 은행이 의뢰한 유료 도로의 교통량 예측은 개발자와 정부 등 다른 기관이 의뢰한 예측보다 덜 낙관적인 경향이 있지만 평균적으로 여전히 편향되어 있는 것으로 나타났다. 민간 당사자의 부채에 대한 보증이 유연한 해지 지급 조건은 대출 기관의 실사 노력이 감소되며, 이는 공공 부문에 대한 가치를 감소시킬 수 있다.

따라서 PPP 입찰 프로세스는 실행 불가능한 프로젝트를 걸러내는 필터 역할을 할 수 있다. **Engel, Fischer, and Galetovic**(Engel et al. 2009)이 설명한 바와 같이, 민간 부문 후원자와 대출기관이 PPP하에서 수익 및 비용 위험을 부담해야 하는 경우, 실행 가능성이 없는 프로젝트는 민간의 관심을 끌지 못할 수 있다. 예를 들어,

인도의 인프라 문제에 대한 맥킨지 보고서 **McKinsey report on infrastructure challenges in India**(Gupta et al. 2009, 25-27)에 따르면 인도 고속도로청(NHAI)의 유료 도로 프로젝트 중 일부는 입찰자의 관심을 끌지 못했는데, 그 이유는 수요 예측이 너무 높았기 때문인 경우도 있고, NHAI의 비용 추정치가 낮고 보수적인 비용 가정에서 프로젝트가 실행 가능하지 않다고 판단했기 때문인 경우도 있었다. 반대로 **Engel, Fischer and Galetovic**(Engel et al. 2009)은 정부가 수요 보증을 제공하는 등 위험을 부담하는 경우, 실행 불가능한 프로젝트가 민간 파트너에게는 여전히 수익성이 있을 수 있어 PPP의 필터링 능력이 떨어질 수 있다고 지적한다.

경험이 풍부한 민간 기업들은 인프라 필요성을 파악하고 이를 충족시키기 위한 혁신적인 아이디어를 제시하는 데 유리한 위치에 있을 수 있다. 민간 기업으로부터의 자발적인 PPP 프로젝트 제안을 수용하는 것은 이러한 아이디어를 활용하는 방법이 될 수 있다. 자발적인 제안은 프로젝트 선정을 개선하는 유용한 아이디어의 원천이 될 수 있지만, 다른 주요 정부 투자와 마찬가지로 동일한 분석 및 경쟁 입찰 절차를 거쳐야 한다. *Section 3.7 - 자발적인(비입찰식) 제안 처리*에서는 일부 정부가 자발적인 제안을 장려하는 정책을 도입하면서도 이를 철저한 분석과 경쟁에 부치고 있는 방법을 설명한다.

PPP의 한계와 함정-부실한 계획과 프로젝트 선정

PPP 과정은 프로젝트 선정을 위한 더 많은 정보와 추가 분석을 제공할 수 있지만, 궁극적으로 정부는 어떤 프로젝트를 실행할지와 어떤 조달 방법을 사용할지를 결정할 책임이 있다. 이로 인해 PPP가 프로젝트 선택을 개선하는 데 기여할 수 있는 범위를 제한된다. 실제로 PPP는 투자의 우선순위를 왜곡할 수도 있다. 우선순위가 낮은 프로젝트가 단순히 진행하기 쉬워서 선택될 수 있는 경우도 있다.

우선, PPP는 계획 개선에 거의 기여하지 않는다. PPP 프로젝트가 정부에서 시작될 경우, 민간 기업은 위에서 설명한 대로 실행 가능성이 낮은 프로젝트를 피하는 방식으로만 대응할 수 있다. 이 경우, 이미 상당한 시간과 자원이 계획 단계에 투자되어 있다. 만약 PPP 아이디어가 민간 투자자에 의해 생성된다면, 그 프로젝트는 정부의 투자 우선순위와 일치하지 않을 수 있으며, 자발적인 제안은 부문 간 또는 지역 경계를 초월한 계획 및 조정의 약점을 악화시킬 수 있다. 또한, 프로젝트 아이디어를 생성하는 과정에서 민간 기업은 재정적으로 수익이 나는 프로젝트에 집중하지만, 정부의 지원이 필요한 경제적으로 유익한 프로젝트는 제안하지 않을 가능성이 높다.

Box 1.5 뭄바이 상수도-부실한 인프라 계획의 사례

뭄바이 대도시 공사의 사례는 물 공급 계획이 잘못되었다는 것을 보여준다. 뭄바이는 물이 부족해서 대부분의 지역에서 하루에 4~6시간만 물이 공급된다, 그래서 공사는 도시 외부에서 물을 가져오는 새로운 방법을 찾고 있었다.

세계은행의 도움을 받은 전문가들은 한 특정 지역(K-East)에서 24시간 물을 공급하기 위해 두 가지 방법을 비교했는데 첫 번째는 새로운 물 공급원을 만드는 것이고, 두 번째는 기존의 물 배급 시스템을 개선하여 누수와 도난을 줄이는 것이었다.

전문가들은 배급 시스템을 개선하는 것이 새로운 물 공급원을 만드는 것보다 비용이 6분의 1 이하로 저렴하다고 추정했다. 이 결과는 뭄바이 대도시 공사가 대규모 프로젝트에만 집중하고, 더 효율적인 방법을 간과하고 있었다는 것을 보여준다. 이것은 뭄바이 대도시 공사의 계획이 대규모 프로젝트에 편향되어 있었음을 시사한다.

출처: (Kulkarni 2008)

PPP 프로그램이 잘 설계되지 않으면, PPP 계약의 경직성으로 인해 부문 계획에 어려움이 발생할 수 있다. 영국 상원에서 PPP 프로그램에 대한 검토에서 설명된 바와 같이(UK 2009, 28-29), PPP 프로젝트는 장기적인 약속을 구성하며, 필요사항이 변경되거나 처음에 잘못 해석한 경우 이를 변경하는 데 비용이 많이 들 수 있다. 전통적인 공공 조달에서의 변화도 추가 비용을 수반하지만, 이러한 비용은 일반적으로 PPP 방식보다 낮다. 이는 장기 계약으로 인한 약속이 없기 때문에 시장과의 접근이 더 용이하고 경쟁 압력이 더 크기 때문이다.

Tip 이는 전통적인 공공 조달 방식에서는 계약이 장기적이지 않기 때문에 변화가 필요할 때 더 쉽게 시장에 접근할 수 있고, 경쟁이 더 활발하게 이루어진다는 의미로 해석된다. 구체적으로 전통적인 방식에서는 계약이 짧거나 유연성이 있어 필요에 따라 조정하기가 상대적으로 용이하지만, 반면, PPP 방식은 장기 계약을 기반으로 하여, 일단 계약이 체결되면 변경하기가 어렵고 비용이 많이 들 수 있다는 점을 강조하고 있다. 따라서, 전통적인 공공 조달 방식에서는 필요에 따라 더 저렴한 비용으로 조정할 수 있는 가능성이 높아진다.

PPP가 프로젝트 사업성 분석에 대해 개선할 수 있는 범위에는 한계가 있다. 첫째, 민간 부문은 낙관주의 편향에서 자유롭지 못하다. 위에서 언급한 스탠더드앤드푸어스(S&P's)의 분석(Bain and Wilkins 2002)에 따르면 대출기관은 보다 현실적인 가정을 하지만 그럼에도 불구하고 여전히 교통량 예측을 과대평가한다. 보다 보수적인 은행이 의뢰한 교통량 예측 조차도 교통량을 거의 20%나 과대평가하고 있다(Bain and Polakovic 2005). 스페인의 경우(Vassallo et al. 2012)에서는 여러 PPP 유료도로 계약을 체결한 민자 도로 사업자의 교통량 예측은 훨씬 더 낙관적인 것으로 나타났는데, 정작 사업자가 창출한 수익은 미지급 부채의 이자를 간신히 충당할 수 있는 수준에 불과했다.

Table 1.3 호주의 PPP와 공공 조달 비교

출처 (Source)	비교 (Comparison)	평균 예산 초과 (초기 비용 추정치)		평균 시간 초과 (초기 시간 추정치)	
		민관협력 (PPP)	공공 (Public)	민관협력 (PPP)	공공 (Public)
Infrastructure Partnerships Australia, 2007 (Duffield and Raisbeck 2007)	최초 승인부터 최종까지	12	35	13	26
	최종 계약까지	1	15	-3	24
Duffield review of PPP performance, 2008 (Duffield 2008)	최초 발표에서 최종까지	24	52	17	15
	예산 승인에서 최종까지	8	20	12	18
	최종 계약까지	4	18	1.4	26

둘째, PPP의 민간 당사자가 교통 위험이나 기타 프로젝트 위험을 부담하지 않는 경우, 철저한 분석에 대한 인센티브는 약해진다. PPP 구조는 정부가 부담하는 비용과 위험을 가려서 정부의 철저한 분석에 대한 인센티브를 약화시킬 수도 있다 (*Section 1.2.1 - 자금 부족* 참조).

Tip 프로젝트의 성공을 위해서는 철저한 분석이 필요하다. PPP구조는 정부가 실제로 부담하는 비용과 위험을 명확히 드러내지 않을 수 있다. 이로 인해 정부는 프로젝트의 진정한 재정적 부담을 이해하지 못하고 결과적으로 프로젝트의 부정적인 영향을 미칠 수 있다는 점을 강조하고 있다.

마지막으로, PPP는 부패의 기회를 제공하여 프로젝트 선정에 편향을 초래할 수 있다. 프로젝트 선정이 분석에 기반하지 않고 부패나 정치적 이득 추구에 의해 영향을 받는 경우, PPP도 영향을 받을 가능성이 높다. 부패 위험을 평가하고 이를 완화하기 위한 지침은 세계은행의 수자원(WB 2008), 전력(WB 2009b), 도로(WB 2009c) **World Bank sourcebooks on governance in the water (WB 2008), electricity(WB 2009b), and roads (WB 2009c) sectors** 거버넌스 부문에 관한 일련의 자료집에서 확인할 수 있다. 적절한 공공 투자관리 시스템의 부재와 PPP만을 위한 병행 선정 프로세스의 존재는 잘못된 관리와 부패의 기회가 추가로 만들어지게 된다. Anand Rajaram 외의 저서인 공공 투자 관리의 힘 **Anand Rajaramet et al's book on the power of Public Investment Management**(Rajaram et al. 2014)은 이 분야의 모범 사례를 제시하며, PPP에 관한 장(Chapter 7)을 포함하고 있다.

본 참조 가이드의 *Module 2-PPP 프레임워크 구축*과, *Module 3-PPP 프로젝트 실행*에 제시된 정책과 프로세스, 그리고 나열된 참조 자료는 정부가 PPP 프로젝트의 효율성을 저해할 수 있는 계획 수립 및 프로젝트 선정 문제를 방지하는 데 도움이 될 수 있다.

1.2.3 취약한 관리

인프라 제공에 민간 부문을 참여시키는 일반적인 근거는 민간 부문이 인프라 건설 프로젝트를 관리하고 자산이 구축된 후 서비스를 제공하는 데 더 효율적이고 효과적이라는 점이다.

정부 기관의 인프라 서비스 제공 품질은 종종 제한된 역량과 관리 인센티브 결여에 의해 제약을 받는다. 공공 부문에서 자격을 갖춘 전문가를 교육하고 유지하며 이끌어가는 것이 더 어려운 경우가 많다. 이는 인프라 구축비용을 증가시키는데 예를 들어, 세계은행의 아프리카 인프라 진단 연구 **World Bank's Africa infrastructure diagnostic study**(IMF and WB 2016, 71-74)에 따르면, 사하라 이남 아프리카의 국영 유틸리티 및 인프라 제공자(정부 소속의 기관이나 정부 소유의 기업)의 비효율성은 연간 약 60억 달러의 비용을 초래한다고 추정했다. 또한 이는 사용자들이 서비스에서 얻는 혜택을 감소시킨다.

PPP와 공공 조달 또는 운영되는 인프라를 비교한 연구들은 PPP가 새로운 인프라 자산의 건설과 인프라 서비스 제공 모두에서 더 나은 결과를 달성할 수 있음을 발견했다. 그러나 이러한 이점을 실현하고, 이를 통해 납세자와 사용자에게 더 낮은 인프라 비용으로 이어지게 하려면 정부가 PPP를 효과적으로 구조화하고 조달하며 실행하는 것이 중요하다. 이는 정부나 민간 부문의 역량이 약해 입찰 절차가 제대로 이루어지지 않거나 계약서가 부실하게 작성되고 재협상이 빈번하게 발생하는 경우 그 효과가 훼손될 수 있다.

PPP가 어떻게 도움이 되는가-새로운 자산의 건설 개선

PPP는 전통적인 공공 조달 방식에 비해 새로운 인프라 자산의 건설 시간과 비용 초과를 줄이는 데 효과적이라는 것이 밝혀졌다.

근거에 따르면, 예산 초과나 지연으로 끝나는 PPP 프로젝트의 비율이 전통적으로 조달된 프로젝트보다 낮은 것으로 나타났는데, 호주에서는 두 가지 연구가 프로젝트 개발 과정을 세분화하여 보다 상세한 비교를 가능하게 했다.

*Table 1.3-호주의 PPP와 공공 조달 비교*에서 나타난 바와 같이, PPP는 프로젝트 비용 초과를 줄이는 데 일관되게 더 나은 성과를 보였다. 프로젝트가 완료되어 운영이 가능한 상태로 전환되는 시기를 비교해 보면, PPP와 전통적으로 조달된 프로젝트 모두 예상보다 더 오랜 시간이 걸렸다. 이러한 연구들은 PPP 계약에 포함된 비용 추정치가 전통적인 조달을 위해 준비된 것보다 더 정확한 경향이 있다는 주장을 뒷받침한다. 그러나 PPP 프로젝트가 반드시 전통적으로 조달된 프로젝트보다 더 경제적이라는 결론은 내리지 못했는데, 연구들은 지연 과정이 서로 다른 단계에서 발생한다고 보고했다. 복합적인 계약 과정으로 인해 PPP는 과정의 초기 단계에서 지연을 겪을 수 있지만, 계약이 체결된 후에는 제시간에 완료되는 경향

이 있는 것으로 공공 조달 프로젝트는 더 빨리 계약될 수 있지만, 평균적으로 전개 과정의 지연으로 인해 이 점이 상쇄된다고 밝혔다.

일부 실무자들은 PPP 조달에 참여하는 정부 기관이 전체 생애 비용과 편익에 초점을 맞춰 전반적인 관행을 개선하고 있다고 한다. 영국 상원의 PPP 프로그램 검토(UK 2009, 19-20)에 따르면 영국의 공공 조달이 개선되면서 PPP와의 격차가 좁혀지고 있는 것으로 나타났다.

영국 국립회계감사청(National Audit Office)이 인터뷰한 건설 회사들은 PPP가 프로젝트 비용에 대해 "더 큰 규정을 부과한다"고 언급했다. 이는 PPP가 일반적으로 비용 변화로 인한 계약 수정이 허용되지 않기 때문이며, 민간 금융 기관이 프로젝트 사양에 대해 더 엄격한 검토를 하기 때문이다. 즉, 민간 기업의 PPP 수익은 프로젝트를 제시간에 예산 내에서 완료하는 데 달려 있어, 공공 조달하에서는 프로젝트 비용의 변화가 계약 당국의 부담으로 돌아오는 경우보다 더 강력한 인센티브를 창출한다. 결과적으로, 민간 기업은 처음부터 비용에 대해 더 신중하고 보수적인 추정을 하게 되어, Section 1.2.2에서 설명된 낙관적 편향(optimism bias)을 줄이는 데 도움이 된다는 것을 의미한다.

Tip 민간 기업은 프로젝트의 성공 여부가 자신의 수익에 직접적인 영향을 미치기에 철저한 검토를 거치기 때문에 공공 조달 프로젝트보다 PPP가 프로젝트 비용관리에 있어 어떻게 더 효과적인지 설명하고 있다.

PPP가 어떻게 도움이 되는가-서비스 제공 및 관리 개선

민간 부문의 참여가 인프라 운영에 미치는 영향에 대한 연구는 상대적으로 적다. 그럼에도 불구하고 민간 부문의 참여가 정부가 운영하는 인프라 서비스에 비해 서비스 제공 및 관리 효율성을 향상시킬 수 있다는 증거를 제공한다.

예를 들어, 2009년 세계은행의 포괄적인 연구 **comprehensive 2009 World Bank study**(Gassner et al. 2009)는 서비스 시설의 양허 또는 완전 민영화를 통해 민간 부문 참여를 도입하는 데 따르는 효과를 분석했다. 이 연구는 71개 개발도상국 및 전환국에서 1,200개 이상의 수도 및 전기 시설의 성과를 평가하기 위해 계량경제학적 분석을 사용했다. 연구 결과, 민간 부문 참여가 도입되었을 때 상당한 효율성 향상이 나타났으며, 이는 물 손실 감소와 직원 효율성 증가를 포함하고 있다. 이러한 효율성 향상은 서비스 제공의 개선과 함께 이루어졌으며, 서비스 범위 확대와 일일 서비스 시간 증가가 포함되었다. 2009년 또 다른 연구인 Marin의 도시 수도 유틸리티에 대한 민간 참여 연구 **Marin of private participation in urban water utilities**(Marin 2009)에서는 전 세계 개발도상국에서 65개의 대규모 수도 PPP 및 유사 계약(관리 계약 포함)의 성과를 분석했다. Marin은 또한 민간 운영자를 도입하는 것이 운영 효율성과 서비스 품질을 일관되게 개선한다는 것을 발견했다.

교통연구위원회(Transportation Research Board)의 고속도로 생애 주기 비용 보고서 **Transportation Research Board's report on highway life-cycle costs**(Flannery et al. 2016)는 고속도로에 대한 생애 주기 비용 분석을 다루고 있으며, 정부 기관과 민관 파트너십(PPP) 입찰자/운영자가 활용하는 접근 방식을 제시하고 있다.

Box 1.6 PPP의 실패 – 1993년 부에노스아이레스의 수자원 양허 사례

1990년대 아르헨티나는 수자원 부문에서 대규모 양허 프로그램을 시행했다. 민간 운영자와의 물 및 위생 양허 계약이 국가의 28%에 해당하는 지방자치단체와 체결되어 인구의 60%를 커버했다. 가장 널리 알려진 계약은 1993년에 프랑스 기업인 수에즈(Suez)가 주도하는 컨소시엄과 체결된 그레이터 부에노스아이레스의 공공 물 및 하수 서비스 양허 계약이었다. 이 양허는 곧 긍정적인 결과를 보여주었다. 노동 생산성이 거의 세 배로 증가하고, 서비스 범위가 확대되었으며, 신뢰성과 반응성이 개선되었고, 서비스 가격은 하락했다. 그러나 초기 문제들도 나타났다. 사용자와 대중에게 정보의 부족, 규제 결정의 투명성 부족, 정부 개입의 즉흥적인 성격 등이 그것이다. 소비자들은 자신의 복지가 보호되고 있다는 확신을 갖지 못했으며, 양허의 지속 가능성에 의문이 제기되었다.

이어서 민간 운영자는 투자를 증가시켰고 접근성을 확장했다는 근거 또한 제시되었다. 수에즈는 200만 명에게 물 접근을, 100만 명에게 위생 접근을 확대했다고 주장한다. 1999년에는 저소득 주거지역에 대한 접근을 제공하기 위한 프로그램을 시작했지만, 곧 아르헨티나 경제 위기로 인해 프로그램이 중단되었다.

2001년 경제 위기 이후 아르헨티나 정부는 물 요금을 동결하여 대부분의 양허 계약이 재협상에 처하게 되었고, 그 중 몇몇은 조기 종료되었다. 부에노스아이레스 양허 계약도 2006년에 종료되었다.

출처: (Crampes and Estache 1996); (Estache et al. 1999); (Alcazar et al. 2000)

PPP의 한계와 함정-PPP 실행 실패 사례

PPP는 위에서 설명한 대로 인프라 제공에서 효율성 개선을 달성할 수 있다. 하지만 효율성 향상을 위한 인센티브를 만들고, 공공과 사용자들이 그 혜택을 누릴 수 있도록 하려면 정부가 PPP 프로젝트를 효과적으로 구조화하고 조달하며 관리해야 한다. 이렇게 해야 경쟁적인 긴장 상태를 유지하고, 실제로 위험을 이전하며, 예상된 성과 개선이 실제로 이루어지도록 보장할 수 있다. 그러나 공공 부문의 역량이 낮아 정부가 PPP를 잘 구조화하고 관리할 자원과 기술이 부족한 경우에는 이러한 목표달성이 어려울 수 있다.

PPP 프로그램은 공공 부문의 역량에 단기적인 부정적인 영향을 미칠 수 있다. 영국 교도소 PPP 프로그램에 대한 NAO 감사 보고서 **a NAO audit report on the British prison PPP program**(NAO 2003a)에 따르면, PPP 교도소장은 일반적으로 경험이 풍부한 교도소장 출신들 중에서 채용되었으며, 이는 이전 공공 부문 직원들의 경험과 기술을 활용할 수 있었다고 설명한다. 다른 PPP 프로그램에서도 같은 효과를 경험했는데, PPP 프로그램을 시행하려면 PPP 계약을 관리할 수 있는 충분한 전문성을 확보하거나 유지하기 위한 적극적인 조치가 필요하다.

PPP를 위한 경쟁적인 조달 프로세스를 구현하는 것은 어려울 수 있다. 본 참조 가이드의 *Module 3-PPP 프로젝트 실행*에서 자세히 설명된 바와 같이, 정부는 적절한 입찰 프로세스하에 잘 구조화된 PPP 프로젝트를 가지고 시장에 접근해야 한다. 이러한 조건이 충족되지 않을 경우, 입찰자들은 단순히 참여하지 않거나, 서로 비교할 수 없는 입찰을 하거나(다양한 가정에 기반하여) 의도적으로 낮은 가격을 제시하여 입찰 후 협상을 통해 불확실성을 해결하려 할 수 있다. 이는 오랜 PPP 경험이 있는 국가에서도 어려운 과제일 수 있다. 예를 들어, 영국 상원에서 발표한 PPP 검토 보고서 **House of Lords' Review of PPPs**(UK 2009, 20-21)는 우선 협상대상자 단계에서의 협상이 많은 PPP 프로젝트에서 어떻게 가격상승으로 이어졌는지를 설명하고 있다.

Guasch의 라틴 아메리카에서의 PPP 경험에 대한 포괄적인 검토 **Guasch's comprehensive review of PPP experience in Latin America**(Guasch 2004)는 경쟁의 이점을 달성하는 데 있어 또 다른 문제, 즉 PPP 계약의 재협상 발생률을 강조

하고 있다. 1985년부터 2000년 사이에 라틴 아메리카와 카리브해에서 체결된 1,000여 건 이상의 양허 계약 샘플을 분석한 결과, 전력 양허의 10%, 교통 양허의 55%, 그리고 수자원 양허의 75%가 재협상되었다고 밝혔다. 이러한 재협상은 양허 계약이 부여된 후 평균 2.2년 후에 이루어졌다.

Guasch는 양허권 획득 직후 재협상이 이처럼 높은 비율로 발생하는 것은 초기 입찰 과정의 결함, 약한 규제, 민간 또는 정부 측의 기회주의가 반영된 것일 수 있다고 말하고 있다. 대부분의 재협상은 운영자에게 유리하게 진행되었으며, 예를 들어 요금 인상이나 투자 의무의 축소 또는 지연으로 이어졌다. 이러한 경우, 비용 절감에서 발생한 효율성 이익이 공공 부문에 전달되지 않았을 수 있다.

아브란테스 데 소사의 포르투갈 PPP 프로그램에 대한 리뷰 **Abrantes de Sousa's review of the PPP program in Portugal**(Sousa 2011, 9-10)에서도 유사한 경향이 설명된다. 아브란테스 데 소사는 정부가 계약을 재협상하려는 명백한 의지가 경쟁 과정을 약화시킨다고 언급하며, 입찰자들이 계약을 따내기 위해 전략적으로 입찰한 후, 경쟁 없이 재협상에 나서는 경향이 있다고 지적한다.

또한, PPP 거래의 효과적인 관리는 프로세스의 시작에 불과하다. PPP가 장기적으로 지속 기능하려면 정부와 민간 당사자가 시간이 지남에 따라 일관된 수준의 헌신과 역량을 발휘해야 한다. 만약 이러한 조건이 충족되지 않을 경우, 정부의 우선순위 변화나 외부 압력 등으로 인해 PPP가 궁극적으로 실패할 수 있다. 이는 *Box 1.6-PPP의 실패-1993년 부에노스아이레스의 수자원 양허 사례*에서 설명된다.

1.2.4 불충분한 유지 관리

인프라 시설은 유지 관리가 부족한 경우가 많았다. 그 이유는 유지 관리가 잘 계획되지 않거나, 계획된 유지 관리가 미뤄졌기 때문이다. 정치적 고려나 개인적인 이익 추구가 인프라 지출을 유지 관리보다 새로운 자산에 더 치우치게 만드는 경우도 있었는데 IMF의 인프라 부패 분석 **IMF analysis of corruption in infrastructure**(Tanzi and Davoodi 1998)에서도 이런 점이 언급되었다.

불충분한 유지 관리는 전체 수명 비용을 증가시키고 혜택을 감소시킨다. 정기적인 유지 관리는 인프라 자산을 서비스 가능한 상태로 유지하는 데 있어 일반적으로 더 저렴한 방법이다. 이는 품질이 떨어져서 주요 보수 작업이 필요해질 때까지 방치하는 것보다는 훨씬 나은 대안이다. 세계은행의 아프리카 인프라 진단 연구 **World Bank's Africa infrastructure diagnostic study**(Foster and Briceño-Garmendia 2010, 15)에 따르면, 아프리카 도로 부문에서 예방적 유지 관리를 하면 매년 26억 달러를 절약할 수 있다고 보고하였고, 남아프리카공화국의 도로 유지 관리 검토 **review of road maintenance by the South African National Roads Agency**(ZA 2004b, 36)에서는, 도로 유지 관리를 3년 미루면 예방적 유지 관리 비용의 6배에 달하는 추가 비용이 들어가고, 5년을 미루면 그 비용은 예방적 비용의 18배까지 늘어난다고 했다.

유지 관리가 제대로 이루어지지 않는 인프라의 성능 저하는 사용자에게 많은 비용을 초래할 수 있는데 예를 들어, 미국 엔지니어 협회의 보고서 **U.S. Engineers' Association report**(ASCE 2009, 1-4)에 따르면, 열악한 도로 상태로 인해 운전자는 매년 670억 달러의 수리비와 증가된 운영 비용을 지출하고 있으며, 누수되는 파이프는 하루에 약 70억 갤런의 깨끗한 식수가 손실되는 것으로 추산된다고 한다. 인프라 보고서 카드 웹사이트 **Infrastructure Report Card** website (ASCE-IRC)는 인프라 품질과 관련된 여러 주요 기준을 논의한다: 유지 관리 수준, 용량, 물리적 상태, 자금 조달, 공공 안전, 회복력, 혁신 등이 있다. 이 웹사이트는 500만 달러 이상의 모든 프로젝트에 수명 주기 비용 분석을 사용하고 서비스 수명이 끝날 때까지 유지 관리 및 운영을 포함한 프로젝트 자금 조달 계획을 수립할 것을 권장하고 있다.

태평양 지역 인프라 시설 **Pacific Region Infrastructure Facility**에 대해서는 해당 지역의 유지 관리를 검토한 후 인프라에 대해 '건설-방치-재건' 접근 방식이 사용되고 있다고 판단했다(PRIF 2013).

PPP가 어떻게 도움이 될 수 있는가-개선된 유지 관리

PPP는 민간 계약자와 정부 모두에게 품질 유지 관리를 우선시하도록 유도함으로써 인프라 자산의 유지 관리를 개선할 수 있다. PPP는 건설 또는 재건과 지속적인 유지 관리를 단일 계약으로 묶는다. 이는 민간 기업이 자산을 처음부터 높은 품질로 건설하도록 유도하여 유지 관리의 필요성을 줄이고(결과적으로 자산의 전체 생애 비용을 낮추게 됨), 이는 2010년 영국 국립회계감사청의 PPP 성과 보고서 **2010 United Kingdom National Audit Office report on PPP performance**(NAO 2010a, 8)에서도 설명하고 있다.

민간 계약자는 적절한 유지 관리를 수행할 강력한 인센티브를 갖게 된다. 수익이 사용자 요금에 의존하는 경우, 운영자는 자산이 성능 요구 사항을 충족하고 사용자들을 끌어들일 수 있도록 할 인센티브가 있는데, 정부가 지불하는 PPP의 경우, 운영자의 수익은 일반적으로 자산의 가용성에 따라 달라지며, 특정 서비스 품질 수준을 충족하는 운영자의 능력에도 의존하게 된다. 이 경우, PPP 계약은 정부가 자산을 지속적으로 유지하기 위해 적절한 자금을 미리 확보하도록 강제하고, 이는 유지 관리 예산을 줄이려는 경향을 극복하고 필요한 유지 관리 및 복구를 지연시키는 것을 방지하는 데 도움이 될 수 있다.

PPP 운영자는 자산을 유지 관리할 인센티브뿐만 아니라 이를 수행할 수단도 갖추고 있다. 생애 주기 접근 방식과 민간 자금 조달이 결합되면, 입찰자는 유지 관리를 위한 할당을 포함하는 재무 모델을 준비하도록 해야 한다. 반면, 정부 기관은 예산 자원의 배정에 의존하게 된다.

Tip 정부 기관은 예산을 편성하고 승인받아야만 자금을 사용할 수 있으며, 이는 정치적 과정이나 예산 우선순위에 따라 달라질 수 있는 반면, PPP 운영자는 민간 자금을 활용하여 자산을 유지 보수할 수 있는 자율성을 가지므로, 더 효율적이고 지속적인 유지 관리가 가능하다는 점을 강조하고 있다.

Box 1.7 성과 기반 도로 계약 – 인프라 유지 관리 개선

성과 기반 도로 계약은 도로 유지 관리의 질을 개선하는 데 성공적인 것으로 입증되었다. 인프라 유지 관리 개선은 많은 국가에서 만연한 문제이다.

예를 들어, 차드(Chad)는 민간 계약자와의 유지 관리 계약 설계가 미흡하고 국내 자금 부족으로 인해 도로 네트워크의 유지 관리가 불량하였다. 2001년에 차드는 441킬로미터의 비포장 도로(국가 도로 네트워크의 7%)에 대해 성과 기반 유지 관리 계약을 체결하였다. 이 계약은 미리 정의된 기준에 따라 유지 관리된 도로 킬로미터당 일시불 수수료를 지급하는 방식이었는데 이후 이 도로들은 성과 기준을 충족하고 심지어 초과 달성하기도 하였다.

아르헨티나도 도로망에서 민간 부문 성과 계약에 대한 경험이 있다. 성과 기반 계약을 통해 정부와 합의한 특정 기준까지 도로의 유지 관리 및 신뢰성을 개선했으며, 성과 기반 계약을 통해 아르헨티나 정부는 도로 복구를 위한 추가 자본 지출을 약 30% 절감할 수 있었다.

출처: (Hartwig et al. 2005); (Liautaud 2001)

PPP 관련 계약 및 일부 유형에서는 개선된 유지 관리의 직접적 보상을 제공한다. 예를 들어, 프라우엔도르퍼와 리베르거 **Frauendorfer and Liemberger** (Frauendorfer and Liemberger 2010, 34-37)는 수자원 효율성 향상을 위한 성과 기반 계약을 설명한다. 인프라 분야에서는 PPP의 많은 특성을 공유하고 도로 부문의 유지 관리 개선에 효과적인 것으로 입증된 성과 기반 유지 관리 계약의 예를 제공한다.

PPP의 한계 – 효과적인 계약 설계 및 규제의 필요성

일부 상황에서는 PPP가 유지 관리를 개선하기 위한 인센티브를 창출하는 능력이 제한될 수 있는데 이러한 경우는 다음과 같다.

- 사용자 부담 PPP의 경우, PPP 회사가 독점적 공급자인 경우, 제공자 또는 정부 부담 PPP의 경우, 품질 및 안전 표준을 신중하게 지정하지 않거나 모니터링 및 시행되지 않는 경우이다.

  Engel, Fischer, Galetovic(Engel et al. 2009)은 유지 관리 개선의 잠재적 이익을 달성하는 데 있어 효과적인 모니터링의 중요성에 대해 언급하고 있다.
- 계약자가 프로젝트에 대한 지분이나 기타 재정적 지분이 많지 않은 경우, 즉 비용이 많이 드는 유지 관리에 지출하기보다는 차라리 계약을 포기하는 것이 낫다는 의미이다. 이러한 위험은 *Section 1.3.2 - 정부를 위한 고려 사항*에서 과도한 레버리지 프로젝트의 위험에 대해 자세히 설명한다.
- 계약이 끝날 무렵, 계약자가 더 이상의 유지 관리 투자로 인한 이득을 얻지 못할 것이라는 사실을 알게 되면 계약은 종료된다. 잘 설계된 계약서에는 양허의 마지막 단계에서 반환을 처리하는 구체적인 조항이 필요하다.

2008년 OECD 보고서는 PPP 프로젝트에서 유지 관리에 대해 논의하며, 경쟁 입찰이 없으면 PPP 운영자에게 위험과 책임을 효과적으로 이전하는 것이 어려울 것이라고 주장한다(OECD 2008a). 이러한 한계는 계약 설계를 잘함으로써 완화될 수 있으며, 이에 대한 자세한 내용은 *Section 3.4-PPP 계약 설계*에서 설명된다.

1.2.5 취약하고 분쟁에 영향을 받는 국가의 인프라

국가는 다양한 이유로 취약국 및 분쟁 영향을 받는 국가(FCS)로 분류된다. OECD의 취약국에 대한 효과적인 국제 참여를 위한 원칙 **OECD Principles for Good International Engagement in Fragile States**(OECD 2007c)는 FCS가 "취약한 거버넌스, 제한된 행정 능력, 만성적인 인도주의적 위기, 지속적인 사회적 긴장, 폭력 또는 내전의 유산"과 같은 개발 도전에 직면해 있다고 설명한다. 분쟁 영향을 받는 국가는 분쟁 후의 국가와 다르며, 취약성은 제도의 강도와 법치 집행 능력에 따라 다양한 형태로 나타난다. 브루킹스 연구소의 다국적 참여를 통한 경제 성장 지원에 관한 논문 **the Brookings paper on multinational engagement to support economic growth**(Nelson 2014, 10)에서 설명된 바와 같이, 부패와 연고주의의 고리는 공공 부문과 민간 부문 간의 신뢰를 저해한다.

이러한 조건들은 민간 부문이 참여하기를 꺼리거나 심지어 참여할 수 없는 불확실하고 고위험의 비즈니스 환경을 만들어낸다. FCS의 70% 이상이 세계은행 그룹의 기업 환경 평가 **World Bank Group's Doing Business rankings**(DB) 순위에서 하위 4위에 해당한다. 또한, 필수 인프라 시설은 보통 부족하고 열악한 상태이며, 공공 서비스에 대한 접근은 제한적이고 서비스 제공의 질도 낮다.

취약한 상황에서의 서비스 제공에 관한 OECD 보고서 **OECD report on service delivery in fragile situations**(OECD 2008b, 21)에 따르면 서비스 제공을 위한 정부 역량의 부족은 취약성을 강화하고 분쟁을 악화시키거나 새롭게 만들 수 있는 빈곤의 악순환을 초래한다.

이로 인해 민간 부문 투자자/대출 기관의 투자금 회수 기간이 길어지면서 공공 부문 리스크에 장기간 노출되며 PPP에 어려움이 발생한다. 즉, 기존의 PPP 모델은 이러한 상황에 적합하지 않으며 다음과 같은 문제점이 있다.

- 보다 전통적인 정부 지급 모델이 필요할 수 있다.
- 일반 PPP 모델을 크게 수정하거나 기반을 마련해야 한다.
- PPP보다 더 제한된 목표로 민간 부문 서비스 제공의 차별화된 형태를 만드는 것이 개발의 임시 단계로 추진될 수 있다.

더 가능성이 높은 것은, 세 가지 해결책의 혼합을 전체 개혁 프로그램의 일환으로 고려해야 한다는 것이다. 또한, 민간 자금이 고위험 프리미엄으로 조달되는 상황에서는, 해당 FCS(취약 국가) 내에서 위험이 감소할 때 리파이낸싱을 촉발할 수 있는 메커니즘을 계약에 포함하는 것이 중요하다. 프로젝트 부채의 리파이낸싱에 대한 논의는 *Section 1.3.2 - 정부를 위한 고려 사항*에서 더 자세히 다룬다.

공공 서비스의 민간 제공은 이러한 불안정성의 원인을 완화하고 경제 성장을 촉진할 경제적 기회를 창출할 수 있다. 민간 투자가 제한적이거나 장기적인 계약이 불가능한 경우에도 서비스 제공에 대한 민간의 참여—운영 관리 및 서비스 제공—는 평화, 안정, 성장, 빈곤 완화 및 공동 번영의 선순환이 형성될 수 있는 조건을 만드는 데 매우 중요한 역할을 할 수 있다.

국가마다 제도적 발전, 거버넌스 또는 이미 구축된 역량의 정도가 다르기 때문에, 민간 부문의 참여는 각 국가의 특정 상황에 맞게 조정되어야 한다. 다양한 형태의 민간 참여가 활용될 수 있으며, 자본 요구 사항이 낮고 단기적인 전망을 가진 관리 계약, 아페르마주(affermage), 임대 계약 및 운영 및 유지 관리(O&M) 계약과 같은 형태가 특히 적합하다. APMG PPP 인증 가이드 **APMG PPP Certification Guide**(APMG 2016, Section 3.2)는 이러한 솔루션 각각에 대해 논의하고 있다. 외화를 창출하는 비즈니스 기회인 항만 및 공항은 질 높은 투자자를 유치할 가능성이 더 높으며, 통신 및 에너지 프로젝트, 특히 발전 부문에서도 마찬가지이다.

민간 부문 유치의 가장 일반적인 성공 요인은 다음과 같다.

- 뇌물 수수와 부패가 없는 개방적이고 투명한 조달 프로세스
- 정부의 변화 및/또는 자산 수용 또는 양허권 박탈과 같은 경우, 국제 법원에

서 구제받을 수 있는 권리
- 수익 및 관세 징수 기능
- 외화 수익을 분리하고 해외로 송금할 수 있는 능력
- 현지 사용자에게 요금의 부담 가능성 여부, 그렇지 않은 경우 격차 해소를 위한 지방정부 및 기부자 지원으로 차이를 메우는 것
- 현지 고용법의 공정성
- 가장 중요한 것은 보안과 법치

다음은 취약한 국가 상황(FCS)에서 서비스 제공을 위한 성공적인 민간 부문 참여의 세 가지 예이다.

- 순수 민간 투자 - 소말리아 **Somalia**(Feldman 2007)에서는 1991년 중앙 정부의 붕괴로 인해 통신 부문의 구조가 해체되었다. 서서히 민간 사업자들이 수요를 충족하기 위해 위성 통신 장치를 제공하기 시작했는데 이는 결국 1998년 민간 운영자들의 네트워크 형성으로 이어졌다. 2007년까지 통합된 정부가 없는 상황에도 불구하고, 이 나라의 전화 보급률이 87%에 달했다.
- 관리 계약 - 세계은행이 자금을 지원하는 기니 전력 재건 프로젝트 **Guinea**(IFC 2016)는 프랑스 민간 컨소시엄인 베올리아-수레카(Veolia-Seureca)를 영입하여 기니 전력회사의 운영을 관리하도록 했다. 이 관리 계약은 EDG's (Électricité de Guinée)의 기술적, 상업적, 재정적 성과를 개선하고 약 30만 가구에 대한 전기 서비스를 향상시키기 위해 설계되었다.
- O&M 계약 - 아이티의 농촌 상수도 및 위생 프로젝트 **Haiti**(Brault et al. 2015)는 수드 지역 전역의 소규모 민간 사업자와의 O&M 계약을 활용하여 물 서비스에 대한 접근성과 지속가능성을 크게 향상시켰다.

이러한 유형의 참여는 FCS(취약 국가) 정부가 민간 부문 기업과 계약을 협상하는 능력을 향상시킬 수 있게 해줄 수 있으며, 또한 민간 부문 파트너와의 신뢰성을 구축하는 데 기여할 수 있다.

투명하고 포괄적이며 효율적인 정책 및 규제 관행의 이행을 지원하는 개혁 토

론에 민간 부문을 포함시키는 것은 투자 환경을 개선하고 민간 투자를 유도할 수 있다. 캄보디아**Cambodia**는 2001년 이후로 정부-민간 부문 포럼을 정기적으로 개최해왔다. 그 결과로 발생한 개혁은 2015년 기준으로 민간 부문에 6,920만 달러의 비용 절감을 가져왔다. CIPE의 공공-민간 대담에 관한 기사 **The CIPE article on public-private dialogue**(Bettcher et al. 2015)는 이 대화를 수행하기 위한 방법론을 제공한다.

FCS(취약국가)는 공공 및 지역 민간 부문에서 역량 부족 문제를 자주 겪어 공공-민간 참여와 협력이 어려워질 수 있다. 적절한 파트너를 선택하고 좋은 계약을 설계하는 것이 어려울 수 있으며, 특히 일부 기업이 뇌물을 주려 하거나 공무원이 조달에 영향을 미치기 위해 뇌물을 요구할 때 더욱 그렇다. 정부는 경쟁 입찰 프로세스를 설계하고 구현하는 데 있어 경험이 풍부한 거래 전문가의 조언을 활용하고 있다.

그러나 본 가이드에서 정의한 PPP와 유사한 구조를 분쟁 후 국가 등에서 사용하려면 민간 투자자의 위험을 줄일 수 있는 보증 및 보험 상품을 제공할 수 있는 다자간 기관을 포함하는 것이 필요할 수 있다. 이와 마찬가지로 해외 수익을 보호하기 위한 메커니즘을 마련할 수 있으며, 중재를 해외로 이전할 수 있고, 이익 송금은 조약에 의해 규제될 수 있다.

PPIAF의 지원으로 세계은행과 여러 학술 기관은 인프라 규제에 관한 지식 체계 **Body of Knowledge on Infrastructure Regulation**(PURC 2012)를 만들었다. 이 웹사이트는 규제에 관한 500개 이상의 참고 자료에 대한 안내와 링크를 제공하고 있는데 이 사이트는 정부가 규제 기준을 정의하는 데 도움을 주며, 분쟁 후 국가(FCS)의 인프라에 대한 구체적인 지침이 포함된 섹션도 있다.

이러한 제품을 제공하는 역할을 할 수 있는 프로젝트 개발 조직의 몇 가지 예는 다음과 같다.

- **IFC**(Infraventures)는 초기 단계의 위험 자본과 경험이 풍부한 프로젝트 개발 지원을 제공하는 글로벌 인프라 프로젝트 개발 기금이다(Infraventures 2015).
- **InfraCo**는 저소득 국가의 프로젝트 개발자로 구성된 InfraCo Africa와 InfraCo Asia로 이루어져 있으며, 이는 민간 인프라 개발 그룹 Private Infrastructure

Development Group(PIDG)에 의해 설립되었다.

- **Pacific Region Infrastructure Facility**(PRIF) 태평양 지역 인프라 시설은 태평양 섬 국가의 인프라 개발 및 유지 관리를 지원한다.
- 투자 조정, 연구 및 기술 지원을 통한 국가 지원

Box 1.8 파미르 민간 전력 프로젝트

Tip 파미르 민간 전력 프로젝트(The Pamir Private Power Project)는 타지키스탄의 파미르 지역에서 진행되는 전력 생산 및 공급 프로젝트이며, 이 프로젝트는 지역의 전력 수요를 충족하고, 지속 가능한 에너지 공급을 통해 경제 발전을 촉진하는 것을 목표로 하고 있다.

타지키스탄의 고르노-바다크샨(Gorno-Badakhshan) 자치 지역은 1991년 소련으로부터 독립한 이후와 그 후의 5년간의 내전으로 인해 심각한 에너지 부족을 겪었다. 이로 인해 경제와 인적 발전에 큰 타격을 받았다. 이러한 상황을 개선하기 위해 타지키스탄(Tajikistan) 정부는 파미르 에너지와 25년간의 PPP 계약을 체결하고, 아가 칸 경제 개발 재단(Aga Khan Fund for Economic Development), 세계은행, 스위스 경제 협력 사무소, IFC의 재정 및 기술 지원을 받았다.

프로젝트는 계약자와 자재 확보의 어려움 등 여러 도전에 직면했지만, 2006년에는 예정대로 예산 내에 완료되었다. 이후에는 인구가 높은 에너지 요금에 대한 주민들의 적응하는 문제와 체불 문화가 있었지만, 시간이 지나면서 이러한 문제를 극복할 수 있었다. 결국 파미르는 에너지 생산량을 늘려 아프가니스탄으로 수출할 수 있게 되었는데, 2016년 기준으로 이 프로젝트는 타지키스탄의 226,000명과 북부 아프가니스탄의 28,500명에게 재생 가능 에너지를 공급하고 있으며, 향후 5년 내에 아프가니스탄에서 추가로 170,000명을 대상으로 확장할 계획이다.

출처: (Jumaev 2016); (WB 2012b)

일부 국가들은 품질 높은 투자자를 유치하기 위해 계약 집행을 독립적인 기관에 아웃소싱하는 것이 유용하다고 생각한다. 공공 및 민간 부문의 역량을 강화하는 것이 장기적인 목표여야 하지만, 정부는 브루킹스 연구소의 다국적 참여를 통한 경제 성장 지원에 관한 보고서 **Brookings paper on multinational engagement to support economic growth**(Nelson 2014, 11)에서 권장하는 바와 같이, 이러한 부족함을 보완하기 위해 단기적으로 숙련된 중개인과 거래 자문가를 활용할 수 있다.

FCS(취약국가) 국가들의 상황은 인프라 제공을 위한 적절한 경로에 대한 일반화를 허용하지 않는다. 법률 개선, 역량 구축, 그리고 좋은 투자 환경 조성이 충분하지 않을 수 있다. 일부 경우에는 PPP(민관 파트너십)가 매우 어려운 갈등 상황에서도 지속될 수 있는데, 예를 들어 코트디부아르(Cote d'Ivoire)에서는 민간 전력 회사가 내전 중에도 고객에게 전기를 공급했다. 또한, 타지키스탄의 파미르 민간 전력 프로젝트와 같이 민간 부문 참여를 위한 투자 환경이 충분히 개선될 경우 PPP 프로젝트가 성공할 수 있다.

1.2.6 기후 변화와 자연재해

자연재해의 위험은 인프라 프로젝트에 영향을 미치므로 프로젝트 주기 전반에 걸쳐 고려해야 한다. 기후 변화는 불확실성과 기상 이변의 가능성을 증가시켜 추가적인 문제를 야기하게 되는데, 장기 계약인 PPP는 위험을 식별, 완화 및 할당하는 데 있어 각별한 주의가 필요하다. 본 섹션에서는 기후 변화 및 자연재해 관련 위험에 직면했을 때 PPP를 활용할 수 있는지 여부와 그 방법에 대해 중점적으로 살펴본다.

기후 변화가 인프라에 미치는 영향은 앞으로 더욱 악화될 것으로 예상된다. 따라서 기후 변화에 대한 고려 사항은 인프라에 대한 정부의 결정에 반영되어야 하며, 이는 제공 방식이나 자금 조달 메커니즘과 무관하다. 과학계는 전 세계적으로 극단적인 기상 조건의 강도와 빈도가 중기적으로 증가할 것이라고 예측하고 있다. 따라서 기본 경제 활동의 기초가 되는 중요한 인프라가 위험에 처해 있다. 예를 들어, 에너지 부문에서는 기온 상승과 극단적인 기상 조건이 에너지 수요 충족 실패, 냉방 비용 상승, 자산 손실 등을 초래할 수 있다.

전통적으로 기상 및 재해 관련 사건에서 발생하는 위험은 역사적 데이터와 추세의 확률 분포를 통해 추정되었다. 그러나 오늘날 변화하는 기후는 예측할 수 없는 위험을 초래하고 있다. 열대 폭풍, 홍수 및 폭염의 발생 패턴은 과거 기록에서 추정할 수 없으며, 그 심각성 또한 마찬가지이다. 이러한 불확실성에는 여러 요인이 기여하는데, 여기에는 미래 배출 경로와 대기 중 온실가스(GHG) 농도에 대한 기후 시스템의 민감성이 포함된다. 변화하는 기후는 극단적인 기상 사건의 빈도와 강도가 증가하는 위험을 나타낼 뿐만 아니라, 점진적이고 장기적인 변화에 의한 위험도 포함된다.

2017년 현재, 가장 정교한 기후 예측 모델들은 지역 수준에서 신뢰할 수 없으며, 프로젝트 수준에서는 더욱 그렇다. 예를 들어, 서부 아프리카의 강수량에 대해서는 여전히 높은 정도의 불확실성이 존재한다. 일부 모델은 강수량이 크게 증가할 것이라고 예측하는 반면, 다른 모델은 대폭 감소할 것이라고 예측한다. 이러한 불확실성에 직면한 각국 정부는 특정 시나리오에 맞춰 인프라를 구축하기보다는 프로젝트에 차질을 빚을 수 있는 시나리오를 견딜 수 있는 인프라 시설을 구축해야 한다. 세계은행의 "심각한 불확실성하에서의 투자 의사결정" 보고서 **World Bank report on Investment Decision-Making under Deep Uncertainty**(Hallegatte et al. 2012)는 이러한 매우 불확실한 결과에 직면하여 실무자들이 강력한 인프라를 구축할 수 있는 경로를 제시하며, 미래 사건에 대한 잘못된 예측으로 인한 비용을 가능한 한 낮게 유지하는 방법을 설명하고 있다.

세계은행 연구: '인프라를 위한 기후 변화 적응 비용' **World Bank study: The Costs of Adapting to Climate Change for Infrastructure**(WB 2010, 10)은 기후 변화가 여러 인프라 투자에 얼마나 역동적인 위험 요인이 되는지 강조한다. PPP 정책 프레임워크와 소날 프로세스는 기후 관련 불확실성을 고려하여 설계되고 관리되어야 하며, 특히 대규모 인프라 투자에 있어 더욱 그러하다.

PPP 계약은 장기적이고 일반적으로 유연성이 부족한 구조로, 고착(lock-in)효과가 있기 때문에, 기후 리스크를 사전에 고려하지 않으면, 자산의 수명 전반에 걸쳐 이해관계자들이 장기적인 취약성에 노출된다. 또한 투자 의사 결정의 초기 단계에서 이러한 위험을 다루지 않으면, 기후 사건으로 인해 공공서비스를 제공하는 인프라 자산이 제대로 작동하지 않을 경우, 공공 부문이 최종 책임 당사자로 남게 된다. PPP 계약에 달리 규정하지 않는 한, 민간 파트너는 손실을 보상받기 위해 공공 부문에 구제를 요청할 수 있다.

기후 변화와 PPP 정책

국가 차원에서 모범 사례는 기후 변화 정책과 그에 따르는 약속을 PPP 정책 프레임워크 및 공공 투자 관리(Public Investment Management, PIM) 지침에 통합하는 것이다. OECD 정책 논문 **OECD policy paper**(OECD 2009)는 국가, 분야, 프로젝트 및 지역 차원에서 기후 변화 문제를 보편화하는 방법에 대해 논의하고 있다. 이는 기후 변화 문제를 체계적이고 제도적인 접근 방식으로 구축하는 데 중요한 단계이다. 영국과 호주의 국가 차원 노력에서 얻은 교훈은 PPP 정책 프레임워크에서 기후 변화 정책의 조율에 관한 세계은행 연구 **World Bank study on alignment of climate change policies in the PPP policy frameworks**(WB-Risk)에 요약되어 있다. 이 연구는 중간 소득 국가와 개발도상국의 정책 입안자들에게 지침을 제공할 수 있다. 또한, 정책 입안자들은 국가 차원의 기후 변화 및 재해 위험 지수 및 선별 도구를 활용하여 해당 지역의 특정 잠재적 위험과 영향에 따라 부문별 인프라 정책을 수립할 수 있다.

정부는 기후 변화 및 재해 위험에 대한 검토를 포함하여 다양한 분야에서 다자간 기관으로부터 정책, 재정 및 기술 지원을 받을 수 있다. 국제 금융 수단에는 기후 회복력 및 저탄소 프로젝트와 프로그램에 자원을 배분하는 녹색 기후 기금 **Green Climate Fund**(GCF)가 포함된다. 또한, 여러 기후 투자 기금 **Climate Investment Funds**(CIF)는 개발 계획 및 프로젝트 파이낸싱 단계에서 정부를 지원한다. 이러한 기금은 인프라 복원력을 위한 자금 조달에 사용될 수 있으며, 잠재적으로 적응 비용을 흡수할 수 있다.

적응 및 완화 조치

기후 변화에 대응하기 위해서는 완화 및 적응 조치가 필요하다. 적응은 기후 변화가 인프라 자산에 미치는 영향과 그 취약성을 줄이고 회복력을 강화하기 위해 할 수 있는 일을 의미한다. 완화는 온실가스(GHG) 배출 수준을 제거하거나 줄이기 위해 취해지는 전략이나 행동을 다룬다. 기후변화에 관한 정부간 협의체 **Intergovernmental Panel on Climate Change**(IPCC 2017)는 적응과 글로벌 규모의 완화를 위한 전략적 고려 사항을 제시하고, 단기 대응 옵션을 제시한다. **NASA**는 이 두 가지 접근 방식을 지원하는 과학적 데이터를 제공한다. 유럽 기후 적응 플랫폼 **European Climate Adaptation Platform**(CLIMATE-ADAPT 2017)은 적응 문제를 해결하기 위한 도구와 방법론을 제공한다. 완화와 적응의 접근 방식을 PPP

프레임워크에 통합하는 광범위한 정책 및 제도 개혁이 중요한데, 이는 인프라 프로젝트가 극한 기상 조건과 자연재해의 결과로부터 완충 역할을 하는 비용과 조치를 고려하여 설계되도록 보장하기 위해 필요하다.

기후 변화 위험에 대응하기 위한 전통적인 조치로는 구호 및 보상 계약, 불가항력, 자산 보험, 그리고 재협상을 촉발하는 기타 계약 조항들이 있으며, 이들은 일반적으로 프로젝트 수준에서 시행된다. 이러한 내용은 세계은행의 권장 계약 조항 보고서 **World Bank Report on Recommended Contractual Provisions**(WB 2017e)에서 자세히 논의된다. 이러한 조치는 주로 사후 반응적 조치로, 사건 발생 후 인프라에 대한 영향과 피해를 보상하려고 한다. 그러나 PPP 계약에 관련된 당사자들은 보험이 불가능한 사건이나 불가항력 조항과 같은 법적 및 기타 계약상의 허점을 이용하여 수리/재건 비용에 대한 책임을 면제받고, 정부가 이러한 비용을 부담하게 만들 수 있다. 국가 인프라 또는 PPP 정책에 어떤 형태의 보험을 체계적으로 도입하는 것은 인프라 비용을 증가시키겠지만, 극단적인 기후 사건과 자연재해로 인한 재정적 어려움을 줄이는 데 도움이 될 것이다.

칠레는 지진이 빈번하게 발생하기 때문에 국가에서 불가항력으로 간주되지 않도록 규정함으로써 이 문제를 해결했다. 실제로, 칠레에서는 지진이 예상치 못한 사건이 아니기 때문이다. 칠레의 PPP 법 **Chilean PPP law**(CL 2010b)는 재해 위험이 보험으로 보장되어야 한다고 명시하고 있으며, 이는 사실상 지진을 불가항력 사건으로 간주하지 않도록 면제하는 것이다. 1980년대에 칠레는 빈번한 지진으로 인한 인프라 피해로 인해 상당한 재정적 비용을 겪었다. 그러나 최근 수십 년 동안 칠레는 PPP를 활용하여 도로 네트워크를 개발하면서 민간 파트너에게 의무적으로 보험을 요구했다. 그 결과, 2010년 칠레에서 발생한 8.8 규모의 지진으로 인한 인프라 손실이 210억 달러에 달했음에도 불구하고 PPP를 통해 건설된 도로에는 거의 재정적 영향이 없었다. 이는 좋은 사례로, 가능한 한 칠레의 접근 방식을 모방해야 한다.

자연재해 발생률이 높은 국가는 주요 재해에 대비해 보험에 보호를 요구해야 한다. 예를 들어, 칠레에서는 지진이 자주 발생하고 카리브해에서는 허리케인이 자주 발생한다. 보험이 제공되지 않는 프로젝트의 경우, 정부는 재해 관련 *Section 1.3.4 - 제3자 위험 완화 및 신용 강화*를 통해 재해 관련 불가항력적 사건에 대한 보호를 받는 것을 고려할 수 있다.

하지만 발생 확률이 낮고 비용이 많이 드는 기후 변화 관련 사건의 예측 불가능성으로 인해 해수면 상승이나 극단적인 기상 패턴 변화와 같은 사건에 대해서는 이러한 접근 방식이 실현 가능하지 않다.

인프라 프로젝트 초기 단계의 적응 조치 비용은 향후 인프라를 재건하거나 수리하는 데 드는 비용에 비하면 적은 편이나, 인프라를 개조하는 것, 즉 건설 후 자산을 재설계하는 것은 비용이 매우 많이 들고 때로는 불가능하기도 하다. 세계은행 연구 **World Bank study**(ESMAP, 5)에 따르면 적응 조치에 드는 비용은 인프라 자산 총 비용의 2%를 넘지 않는 것으로 추정된다. 이 추정치는 인프라 유형, 위치 및 기타 요인에 따라 달라질 수 있다. 그러나 프로젝트 주기의 초기 단계에서 사전 적응 조치를 취하면 일반적으로 기후 조건이 악화될 경우 높은 미래 비용을 피하는 데 도움이 될 수 있다. 또한, 기후 위험을 고려하여 자금을 조달하고 건설한 인프라 자산은 의도된 수명 기간 동안 서비스를 계속 제공할 확률이 높아진다. 도로에 대한 기후 변화와 인프라 영향에 관한 학술 연구 **Climate Change and Infrastructure Impacts**(Schweikert et al. 2014)에 따르면 사전적 적응 조치가 어떻게 2025년까지 재정 비용을 낮추고 연결 속도를 높일 수 있는지 보여준다. PPP 맥락에서 인프라의 기후 변화 적응을 위한 옵션, 권장 사항 및 모범 사례의 예는 본 섹션에 자세히 설명되어 있다.

PPP 정책에서 자연재해 해결

상업용 보험은 대부분의 자연재해에 대한 보상을 제공한다. 그러나 일부 위험은 민간 부문에서 정량화할 수 없으므로 가격을 책정한다. 이러한 상황에서는 제3자에게 위험을 전가할 수 없으며 정부가 위험을 감수해야 한다. PPP 운영자는 이러한 위험을 부담하지 않는데 이러한 위험은 계약서에 명시적으로 정부에 할당되거나 불가항력 조항을 통해 암묵적으로 할당될 것이다. PPP 사업자는 전례가 없는 위험 사건으로 인한 결과를 부담하지 않기 때문에 복원력 있는 인프라를 설계하려는 유인은 제한적일 것이다.

PPP를 조달할 때 정부는 일반적으로 자산 설계에 대한 책임을 민간 부문으로 이전하며, 민간 부문은 계약상 정의된 프로젝트 목표를 달성하기 위해 경제적 합리성에 따르게 된다. 중대한 위험이 민간 부문이 아닌 정부에 영향을 미치는 경우, 홍수나 산사태에 취약한 지역에서의 프로젝트 건설을 금지하거나 엄격한 건설 기준을 정의하는 등 공공 부문과 사용자를 극심한 위험으로부터 보호하기 위해 계약 당국이 최소한의 프로젝트 특성을 정의하는 데 보다 적극적인 역할을 할 필요가 있다. 보다 일반적으로, 조달 프로세스 전반에 걸쳐 기후 변화 관련 위험을 구체적으로 식별해야 하는데, 이는 *Section 3.2.1 - 프로젝트 타당성 및 경제성 평가*에 자세히 설명되어 있다.

마지막으로, 완화가 시간이 지남에 따라 진화하는 사양이나 유지 관리 기준과 같은 비용이 많이 들고 불확실한 적응 과정을 요구할 가능성이 있다면, PPP는 최적의 해결책이 아닐 수 있다.

Box 1.9 우루과이 기후 파생상품

우루과이의 국영 전력 회사인 Administración Nacional de Usinas y Transmisiones Eléctricas(UTE)는 에너지 수요의 80% 이상을 수력 발전에 의존하고 있다. 강수량이나 축적된 수자원이 부족할 경우, UTE는 대체 연료(주로 식유와 선언가스)를 구매해야 한다. 석유 가격이 높을 경우, 발전 비용이 비싸져 UTE의 수익성에 영향을 미치고 소비자와 국가 예산에 문제를 일으킨다.

2012년에는 물 부족으로 인해 UTE의 생산 비용이 기록적인 14억 달러에 달했으며, 이는 회사의 원래 예상치인 9억 5천 3백만 달러를 훨씬 초과한 수치다. 이 격차를 메우기 위해 UTE는 시장에서 자금을 차입하고, 국가의 1억 5천만 달러 에너지 안정화 기금에서 자금을 인출하며, 소비자 요금을 인상했다. 우루과이 정부는 UTE의 낮은 강수량과 높은 석유 가격에 대한 재정적 노출을 대비하기 위해 세계은행에 기술 지원을 요청했다.

2013년 12월 18일, 세계은행은 UTE를 위해 4억 5천만 달러 규모의 날씨 및 석유 가격 보험 거래를 실행했다. 이 거래는 18개월 동안 가뭄과 높은 석유 가격에 대해 에너지 회사를 보험으로 보장했다. 가뭄의 정도와 회사에 대한 잠재적 보험 지급액을 측정하기 위해, 이 거래는 우루과이의 수력 발전이 의존하는 두 개의 하천 시스템인 리오 네그로와 리오 우루과이에 걸쳐 39개의 기상 관측소에서 매일 강수량 데이터를 측정하고 수집했다. 강수량이 계약의 트리거로 설정된 수준 이하로 떨어지면, UTE는 가뭄의 심각성과 석유 가격 수준에 따라 최대 4억 5천만 달러의 지급을 받을 수 있다.

출처: (WB 2014)

Key References: 인프라 도전 과제와 PPP가 어떻게 도움이 되는가-인프라의 문제들

참고 문헌(Reference)	설명(Description)
Foster, Vivien, and Cecilia Briceño-Garmendia, eds. 2010a. *Africa's Infrastructure: A time for transformation.* Washington, DC: World Bank.	Africa Infrastructure Country Diagnostic (AICD) 연구의 결과를 제시하며, 아프리카의 인프라 부문에 대한 포괄적인 검토를 포함한다. 아프리카의 인프라 제공에 있어서 직면하고 있는 도전 과제를 상세히 설명하고, 부문별 성과에 대한 정보를 제공한다. 프랑스어 버전도 제공된다. (Foster and Briceño-Garmendia 2010b).
OECD. 2007a. *Infrastructure to 2030: Volume 2: Mapping Policy for Electricity, Water and Transport.* Paris: Organisation for Economic Co-operation and Development.	전 세계 인프라 필요성 연구 결과를 제시하며, 전기, 물, 교통 부문에서의 동향과 도전 과제를 검토하고 정책 권고를 제공한다. OECD 경제에서의 인프라 필요성 추정치를 포함하고, 이러한 필요를 충족하는 데 있어 PPP의 역할도 고려하고 있으며, 프랑스어 버전도 있다. (OECD 2007d).
Flyvbjerg, Bent, Mette K. Skamris Holm, and Søren L. Buhl. 2002. "Underestimating Costs in Public Works Project: Error or Lie?." *Journal of the American Planning Association* 68(3) 279-295.	이 글로벌 연구는 258개의 교통 프로젝트를 조사한 결과, 실제 비용이 계획된 비용보다 평균 28% 더 높았으며, 유럽과 북미 외의 프로젝트에서는 65% 더 높았다고 밝혀졌다. 이 논문은 이러한 결과에 대한 기술적, 심리적, 정치적 설명을 제시하고 있다.
Flyvbjerg, Bent, Mette K. Skamris Holm, and Søren L. Buhl. 2005. "How (In)accurate Are Demand Forecasts in Public Works Projects? The Case of Transportation." *Journal of the American Planning Association* 71(2) 131-146.	이 연구는 14개 국가에서 210개의 교통 프로젝트를 조사한 결과, 10개의 철도 프로젝트 중 9개에서 교통량이 과대 추정되었으며, 평균적으로 106% 더 높게 추정되었다고 밝혀졌다. 도로의 교통 예측 정확성도 다르지만, 평균적으로 도로 교통량은 과소 추정된 것으로 나타났다.
Flyvbjerg, Bent. 2005. "Policy and Planning for Large Infrastructure Projects: Problems, Causes, and Cures." World Bank Policy Research Working Paper 3781. Washington, DC: World Bank.	위 연구와 유사한 다른 연구들의 결과와 교훈을 요약하자면, 대규모 인프라 프로젝트의 비용 및 편익 추정이 부정확한 이유를 요약한다.

참고 문헌(Reference)	설명(Description)
Tanzi, Vito, and Hamid Davoodi. 1998. "Roads to Nowhere: How corruption in public investment hurts growth." *Economic Issues* 12. Washington, DC: International Monetary Fund.	국가 간 분석을 바탕으로, 부패가 성장을 저해한다고 주장하는데, 이는 공공 투자를 증가시키면서 생산성을 감소시키기 때문이다. 즉, 투자 지출은 증가하지만 운영 및 유지 관리에 대한 지출은 줄어든다.
WB. 2008. "Deterring Corruption and Improving Governance in the Urban Water Supply & Sanitation Sector: A Sourcebook." Water Working Notes, Note No. 18. Washington, DC: World Bank.	Chapter 6에서는 주요 자본 프로젝트의 계획 및 실행에서 발생하는 부패 문제에 대해 설명하고 있다.
ASCE. 2009. *Report Card for America's Infrastructure*. Washington, DC: American Society of Civil Engineers.	미국의 다양한 유형의 인프라 상태를 평가하고 등급을 정하고 또한, 열악한 유지 관리 기준으로 인해 사용자와 정부에 발생하는 비용 추정치를 포함하고 있다.
PWC. 2005. *Delivering the PPP Promise: A Review of PPP Issues and Activity.* New York: PriceWaterhouseCoopers.	Section 2에서는 PPP(민관 파트너십)를 사용하는 장점과 단점을 간결하게 설명한다.
Deloitte. 2006. Closing the Infrastructure Gap: The Role of Public-Private Partnerships. New York: Deloitte.	기존 조달에 비해 PPP의 일반적인 이점을 설명하면서 PPP의 사례를 살펴본다. 또한 여러 부문(선진국을 중심으로)에서의 PPP 경험을 고려하여 PPP 시장이 일반적으로 어떻게 발전하는지 검토한다.
Engel, Eduardo, Ronald Fischer, and Alexander Galetovic. 2009. *Public Private Partnerships: When and how.* Santiago: Universidad de Chile.	PPP(민관 파트너십)가 전통적인 공공 조달보다 더 나은 가치를 제공할 수 있는 상황과 PPP에 대한 일반적이지만 설득력이 약한 주장을 살펴보고 또한, 성공적인 PPP 프로그램을 위한 제도적 요구 사항에 대해서도 설명하고 있다.
Fischer, Ronald. 2011. "The Promise and Peril of Public-Private Partnerships: Lessons from the Chilean Experience." IGC Rwanda Policy Note Series-No. 1. London: International Growth Centre.	칠레 및 기타 개발도상국의 경험을 바탕으로 PPP의 장점과 함정을 검토하고 일반적인 문제를 해결하기 위한 권장사항을 제공한다.

참고 문헌(Reference)	설명(Description)
Irwin, Timothy C. 2007. *Government Guarantees: Allocating and Valuing Risk in Privately Financed Infrastructure Projects.* Directions in Development. Washington, DC: World Bank.	Chapter 2에서는 정부가 민간 인프라 프로젝트에 대한 보증을 제공한 실행 과정에서 얻은 교훈을 설명하며, 이로 인해 정부가 상당한 재정적 위험을 초래한 위험 사례들을 다룬다. Chapter 3에서는 정부가 보증 제공에 대해 잘못된 결정을 내릴 수 있는 이유를 설명한다.
Sousa, Mariana Abrantes de. 2011. "Managing PPPs for Budget Sustainability: The Case of PPPs in Portugal, from Problems to Solutions." *PPP Lusofonia* (blog). October 30.	포르투갈의 PPP 경험을 설명하며, 강력한 재정 통제 없이 PPP가 빠르게 채택된 과정과 그에 따른 재정적 위험을 다룬다. 또한, PPP의 더 나은 관리가 포르투갈의 외채 문제 해결에 어떻게 기여할 수 있는지도 고려한다.
UK. 2009. *Government Response to Report on Private Finance Projects and Off-Balance Sheet Debt.* London: House of Lords, Economic Affairs Committee.	선정위원회의 보고서에 대한 HM(HM Treasury) 영국 재무부의 답변을 제시하고, 영국 내 PFI의 관행과 결과에 대한 자세한 설명과 논평을 제공한다.
Gupta, Prashant, Rajat Gupta, and Thomas Netzer. 2009. *Building India: Accelerating Infrastructure Projects*. Mumbai, India: McKinsey & Company.	인도에서 인프라 제공의 병목 현상과 가능한 해결책에 대해 설명하고, PPP의 장점을 강조한다.
NAO. 2003b. PFI: Construction Performance. Report by the Comptroller and Auditor General, HC 371. London: National Audit Office.	영국의 PFI 프로젝트와 공공 조달 건설 프로젝트에 대한 이전 설문조사를 비교한 결과, PFI 프로젝트가 제때에 예산대로 진행되는 비율이 더 높은 것으로 나타났다.
NAO. 2009b. *Performance of PFI Construction.* London: National Audit Office.	2008년에 경험을 추가하여 이전 보고서를 업데이트한다.
Duffield, Colin, and Peter Raisbeck. 2007. *Performance of PPPs and Traditional Procurement in Australia: Final Report to Infrastructure Partnerships Australia.* Melbourne: The Allen Consulting Group and University of Melbourne.	21개의 PPP 프로젝트와 33개의 전통적으로 조달된 인프라 프로젝트를 비교한 결과, 평균적으로 PPP 프로젝트가 비용 초과와 일정 지연이 더 적은 것으로 나타났다.

참고 문헌(Reference)	설명(Description)
Duffield, Colin. 2008. *Report on the performance of PPP Projects in Australia when compared with a representative sample of traditionally procured infrastructure projects: National PPP Forum–Benchmarking Study, Phase II.* Melbourne: University of Melbourne, MERIT.	25개의 PPP 프로젝트와 42개의 전통적 조달 프로젝트의 비용 및 시간 성과를 일련의 주요 단계에 따라 비교한다.
Gassner, Katharina, Alexander Popov, and Nataliya Pushak. 2009. "Does Private Sector Participation Improve Performance in Electricity and Water Distribution?". Trends and Policy Options No. 6. Washington, DC: World Bank.	1,200개 이상의 시설을 대상으로 진행한 71개 개발도상국 및 전환국의 포괄적인 계량경제학 분석 결과, 민간 부문의 참여가 효율성과 서비스 수준을 향상시켰다는 사실이 밝혀졌다.
Funke, Katja, Tim Irwin, and Isabel Rial. 2013. "Budgeting and reporting for public-private partnerships." OECD/ITF Joint Transport Research Centre Discussion Paper 2013 (07). Paris: Organisation for International Co-Operation and Development.	개발도상국 수자원 분야 65개 PPP의 경험을 검토하여 효율성과 서비스 품질이 지속적으로 개선된 것을 확인했다.
Guasch, José Luis. 2004. *Granting and Renegotiating Infrastructure Concessions: Doing it right.* Washington, DC: World Bank.	부실한 PPP 설계와 이행이 어떻게 재협상과 비용 증가로 이어질 수 있는지 자세하게 설명한다. 계약 종료 후 단기간 내에 재협상을 진행한 PPP의 비율이 높은 라틴 아메리카 및 카리브해 지역의 경험을 검토한 결과를 바탕으로 한다.
Frauendorfer, Rudolf, and Roland Liemberger. 2010. *The Issues and Challenges of Reducing Non-Revenue Water*. Manila: Asian Development Bank.	비수익 수자원 관리 활동의 외부 위탁에 관한 섹션(34-37페이지)에서는 성과 기반 계약을 사용하여 유지 관리 표준을 개선하는 방법을 설명한다.

Key References: 인프라 도전 과제와 PPP가 어떻게 도움이 되는가 – 취약 및 분쟁 국가에서의 인프라에 대한 민간참여

참고 문헌(Reference)	설명(Description)
Nelson, Jane. 2014. *How Can Multinationals Engage with Government to Support Economic Development?* Washington, DC: Brookings Institution.	다국적 기업-FCS(취약국가) 정부 참여의 세 가지 수준(국가, 분야별, 프로젝트 수준)을 설명한다.
OECD. 2007c. *Principles for Good International Engagement in Fragile States.* Paris: Organisation for Economic Co-operation and Development.	OECD 국가들이 FCS(취약 국가)와의 참여 전략을 개선할 수 있는 방법에 대해 설명한다.
Bettcher, Kim Eric, Benjamin Herzberg, and Anna Nadgrodkiewicz. 2015. *Public-Private Dialogue: The Key to Good Governance and Development.* Washington, DC: Center for International Private Enterprise, Economic Reform Feature Service.	공공-민간 대화를 통해 거버넌스와 개발 성과를 향상시킬 수 있는 방법을 설명한다.
Qiang, Christine. 2017. "Investment Climate Brief." World Bank. Website	글로벌 경제 성장과 발전의 원동력으로서 민간 부문의 투자 활용에 대해 살펴본다.

Key References: 인프라 도전 과제와 PPP가 어떻게 도움이 되는가 – 기후 변화와 자연재해

참고 문헌(Reference)	설명(Description)
AfDB. 2011. *Climate Screening and Adaptation Review and Evaluation Procedures.* Abidjan: African Development Bank Group.	아프리카 개발은행(AfDB)의 기후 위험 관리 및 적응 전략에 대한 개요를 제공하는데 이 전략은 프로젝트 준비 단계에서 기후 위험평가를 포함한다.

참고 문헌(Reference)	설명(Description)
ADB. 2011. *Guidelines for Climate Proofing Investment in the Transport Sector: Road Infrastructure Projects.* Manila: Asian Development Bank.	프로젝트 팀이 교통 부문 투자 프로젝트에 기후 변화 적응 조치를 통합하는 데 도움이 되는 단계별 방법론적 접근 방식을 제시한다.
ADB. 2013. *Guidelines for Climate Proofing Investment in the Energy Sector.* Manila: Asian Development Bank.	프로젝트 팀이 에너지 부문 투자 프로젝트에 기후 변화 적응 조치를 통합하는 데 도움이 되는 단계별 방법론적 접근 방식을 제시한다.
UK. 2012b. *Adapting to Climate Change: Helping Key Sectors to Adapt to Climate Change*. London: UK Government, Department for Environment, Food and Rural Affairs.	당국의 기능과 관련하여 기후 변화의 현재 및 예상 영향 평가를 하고, 적응을 위한 제안 및 정책을 준비하는 데 대한 지침을 제공한다.
EBRD. 2015. *Building resilience to climate change: Investing in Adaptation.* London: European Bank for Reconstruction and Development.	기후 복원력 감사의 방법론을 제시하며, 이는 고객과 함께 기술 및 투자 솔루션을 식별하고 제안하며 논의하는 기초를 제공한다.
CLIMATE-ADAPT. 2012. "Guidelines for project managers." European Climate Adaptation Platform (CLIMATE-ADAPT). Website.	현재 기후 변동성과 미래 기후 변화에 대한 회복력을 프로젝트에 통합할 수 있도록 프로젝트 개발자를 지원한다.
OECD. 2009. *Integrating Climate Change Adaptation into Development Co-operation: Policy Guidance*. Paris: Organisation for Economic Co-operation and Development.	국가, 분야, 프로젝트 및 지역 수준에서 기후 통합을 위한 접근 방식에 대한 정책 입안자 및 실무자를 위한 정책 지침이다.
WB. 2011a. *Catastrophe Deferred Drawdown Option. Treasury Product Note.* Washington, DC: World Bank.	자연재해 발생 후 IBRD 회원국에 즉각적인 유동성을 제공하는 조건부 신용 라인인 재해 연기 인출 옵션(Cat DDO)을 포함한 개발 정책 대출에 대한 정보 문서이다.

참고 문헌(Reference)	설명(Description)
WB-Risk. Accessed March 15, 2017. "Climate, and Disaster Risk Screening Tools." Washington, DC: World Bank. Website.	국가 수준의 계획 과정이나 프로젝트 설계 초기 단계에서 개발 실무자들이 사용할 수 있는 자원을 제공한다. 여기에는 프로그램 및 투자에 대한 잠재적 위험을 이해하는 데 도움이 되는 사용자 친화적인 단계별 접근 방식을 제공하는 국가/정책 도구와 프로젝트 관련 도구가 포함된다.
ESMAP. Accessed March 15, 2017. "Hands-on Energy Adaptation: Toolkit (HEAT)." Energy Sector Management Assistance Program Energy and Climate Adaptation Initiative. Website.	국가의 에너지 부문에서 기후 취약성과 적응 옵션을 평가하고 인식을 높이기 위해 설계된 온라인 리소스이다.
WB. 2016e. "Climate and Disaster Resilience." Pacific Possible. Washington, DC: World Bank.	태평양 연안을 기후 변화에 대한 복원력을 높이는 데 드는 비용을 강조하고, 인프라 개발에 기후 적응 활동을 포함시키는 것이 향후 몇 년 동안 기후 변화의 영향을 줄일 수 있다는 근거를 정책 입안자들에게 제공한다.
WB. 2016d. "Toward Climate-Resilient Hydropower in South Asia." LiveWire. Washington, DC: World Bank.	남아시아의 수력 발전 프로젝트에서 기후 회복력을 위한 계획을 설명한다.
WB. 2010. "The Costs of Adapting to Climate Change for Infrastructure." Discussion Paper No. 2. Washington, DC: World Bank.	기후 변화에 적응하는 비용을 추정하는 방법론을 제시한다.
AfDB. 2013. *Initiative for Risk Mitigation: Needs Assessment for Risk Mitigation in Africa, Demands and Solutions. Final Report*. Abidjan: African Development Bank Group.	아프리카 국가들의 위험 완화 필요성과 가능한 해결책을 평가한다.
Pierris, Luigi de. 2012. "Risk Mitigation Instruments in PPP Projects." Presentation prepared for a PPP Conference, Dakar, June 5.	IRMA와 아프리카 개발은행(AfDB)의 위험 완화 수단을 소개한다.

참고 문헌(Reference)	설명(Description)
Hallegatte, Stéphane, Ankur Shah, Robert Lempert, Casey Brown, and Stuart Gill. 2012. "Investment Decision Making Under Deep Uncertainty: Application to climate change." Policy Research Working Paper 6193. Washington, DC: World Bank.	기후 변화의 불확실한 시나리오에 적용할 수 있는 의사 결정 방법론을 설명한다.
Bonzanigo, Laura, and Nidhi Kalra. 2014. "Making Informed Investment Decisions in an Uncertain World: A Short Demonstration." Policy Research Working Paper 6765. Washington, DC: World Bank.	10가지의 다양한 사례 연구와 그 사례에 적용된 의사 결정 접근법을 살펴 보고, 다른 사례에 대한 경제 분석을 수행하기 위해 다른 강력한 의사 결정 접근법을 활용하는 방법을 설명한다.
Kalra, Nidhi, David G. Groves, Laura Bonzanigo, Edmundo Molina Perez, Cayo Ramos, Carter Brandon, and Iván Rodriguez Cabanillas. 2015. "Robust Decision-Making in the Water Sector: A Strategy for Implementing Lima's Long-Term Water Resources Master Plan." Policy Research Working Paper 7439. Washington, DC: World Bank.	리마의 수자원 부문 마스터 플랜에서 강력한 의사 결정 방식을 사용하는 방법을 설명한다.
UK. 2015a. *Valuing Infrastructure Spend: Supplementary Guidance to The Green Book.* London: UK Government, HM Treasury.	인프라 프로젝트를 평가하고 개발할 때 회복력을 고려할 필요성을 제시한다.

1.3

PPP의 자금 조달 방법

인프라 투자에 대한 자금을 조달하는 책임을 민간 부문에 이전하는 것은 PPP(민관 파트너십)와 전통적인 조달 방식의 주요 차이점 중 하나이다. 이러한 경우, PPP의 민간 파트너는 투자자를 식별하고 프로젝트에 대한 금융 구조를 개발할 책임이 있다. 그러나 공공 부문 실무자들은 인프라에 대한 민간 금융 구조를 이해하고, 정부에 대한 잠재적 영향을 고려하는 것이 중요하다.

본 섹션에서는,

- PPP 프로젝트의 민간 금융을 구조화할 수 있는 방법을 소개한다. (*Section 1.3.1 - PPP를 위한 금융 구조*)
- PPP의 민간 자금 조달 시 정부가 염두에 두어야 할 사항, 즉 프로젝트의 성공적 이행을 위해 민간 당사자가 재원을 조달하는 방법을 정부가 지원하거나 통제할 수 있는 방법을 강조한다. (*Section 1.3.2 - 정부를 위한 고려 사항*)
- PPP에서 공공 재정의 다양한 역할, 즉 정부가 PPP의 자금 조달에 직접 관여하는 이유와 방법에 대해 설명한다. (*Section 1.3.3 - PPP에서 공공 재정의 역할*)

Farquharson 외의 저자들이 쓴 신흥 시장의 PPP에 관한 책의 PPP의 금융시장에 관한 장에서는 본 섹션에서 다루는 몇 가지 주제에 대한 개요를 제공한다(Farquharson et al. 2011, Chapter 5). **Yescombe**(2007)과 **Delmon**(2015)의 PPP에 관한 책에서는 PPP의 금융에 대한 다양한 주제를 다룬다. 이 책들의 관련 부분과 특정 사항에 대한 추가 자료 링크가 본 섹션 전반에 걸쳐 제공된다.

1.3.1 PPP를 위한 금융 구조

대부분의 PPP 계약에서 민간 당사자는 특정 목적을 위해 설립된 프로젝트 회사로, 일반적으로 특별 목적 법인(**Special Purpose Vehicle, SPV**)이라고 불린다. 이 프로젝트 회사는 주주가 제공하는 자본과 은행, 채권 또는 기타 금융 상품을 통해 제공되는 부채의 조합을 통해 자금을 조달한다. 금융 구조는 자본과 부채의 조합이며, 자본 보유자와 대출자 간의 계약적 관계를 포함한다.

*Figure 1.3a - 일반적인 PPP 프로젝트 구조*는 PPP의 일반적인 계약 구조를 보여준다. 정부의 주요 계약 관계는 프로젝트 회사와의 관계이다. 이 관계는 계약 당국과 대출기관 간의 직접 계약으로 보완될 수 있지만, 종종 이러한 관계는 PPP계약에 포함된 대출자를 위한 조항, 예를 들어 개입 권리(Step-in rights)나 선순위 부채 상환 보증과 같은 조항으로 제한된다.

Tip 개입 권리(step-in Rights): 대출기관이 프로젝트회사가 계약상의 의무를 이행하지 못할 경우, 즉 프로젝트가 실패하거나 운영에 문제가 생길 경우, 대출기관이 직접 프로젝트에 개입할 수 있는 권리를 말한다. 이 권리는 대출기관이 프로젝트의 운영을 관리하거나, 필요한 경우 새로운 운영자를 찾는 등의 조치를 취할 수 있도록 한다.

초기 자본 투자자, 즉 PPP를 개발하는 투자자들은 일반적으로 프로젝트 주주라고 불린다. 일반적인 자본 투자자는 프로젝트 개발자, 엔지니어링 또는 건설 회사, 인프라 관리 회사, 그리고 사모펀드와 같은 투자자들이 포함된다. 개발도상국의 PPP 프로젝트에 대한 대출기관은 상업은행, 다자간 및 양자간 개발은행 및 금융기관, 그리고 연기금 및 보험회사와 같은 기관 투자자들이 포함될 수 있다.

Tip 다자간 개발은행(Multilateral Development Banks, MDBs): 여러 국가가 공동으로 소유하고 운영하는 금융 기관으로 이들은 개발도상국의 경제 발전과 사회적 발전을 지원하기 위해 자금을 제공하며, 여러 국가의 정부가 출자하여 설립된다. 예를 들어, 세계은행(WB), 아시아개발은행(ADB), 아프리카개발은행(AfDB) 등이 있다.

Tip 양자간 개발은행(Bilateral Development Banks): 특정 국가와 다른 국가 간의 협력을 통해 설립된 금융 기관으로 일반적으로 한 국가의 정부가 다른 국가의 개발을 지원하기 위해 자금을 제공하는 형태인데 예를 들어, 한국의 한국국제협력단(KOICA)이나 일본의 국제협력은행(JBIC) 등이 양자간 개발은행의 예로 들 수 있다.

*Figure 1.3a - 일반적인 PPP 프로젝트 구조*에 나타난 바와 같이, 프로젝트 회사는 설계 및 건설을 관리하기 위해 계약을 체결한다(일반적으로 엔지니어링, 조달 및 건설(EPC) 계약으로 알려져 있다). 그리고 운영 및 유지 관리(O&M)도 포함된다. 이러한 계약자는 지분 투자자와 관련이 있을 수 있다. 예스컴(Yescombe)의 PPP 금융에 관한 책에는 다양한 유형의 PPP에 대한 PPP 구조의 예가 포함되어 있다(Yescombe 2007, Section 1.4).

Farquharson 외의 PPP 금융에 관한 장에서 설명된 바와 같이(PPIAF 2001, 53), 지분 투자는 '먼저 들어오고, 마지막에 나간다'는 원칙을 따른다. 즉, 프로젝트 손실은 먼저 지분 투자자가 부담하며, 대출기관은 지분 투자가 손실될 경우에만 손실을 겪는다. 이는 지분 투자자가 채무 제공자보다 더 높은 위험을 감수한다는 것을 의미하며, 따라서 그들의 투자에 대해 더 높은 수익을 요구한다.

프로젝트 주주와 그들의 자문가들이 금융 구조를 개발하는 목적은 일반적으로 프로젝트의 금융 비용을 최소화하는 것이다. 자본(주식)이 부채보다 더 비싸기 때문에 프로젝트 주주들은 프로젝트 자금을 조달하기 위해 높은 비율의 부채를 사용한다. 각 국가에서 이 비율은 PPP 운영자가 감수하는 위험에 따라 프로젝트마다 다를 수 있다.

PPP 프로젝트에 대한 재무 모델링은 사용자 요금 및 정부 지급금에서 발생하는 수익을 포함한 예상 자금 흐름에 따라 부채 원리금과 예상 배당금을 조정한다. 또한 건설 및 지속적인 지출, 즉 유지 관리 및 운영 비용도 고려된다. 일반적인 PPP의 자금 흐름을 나타내는 *Figure 1.3b - 자금의 흐름*을 참조해 보자.

Figure 1.3a 일반적인 PPP 프로젝트 구조

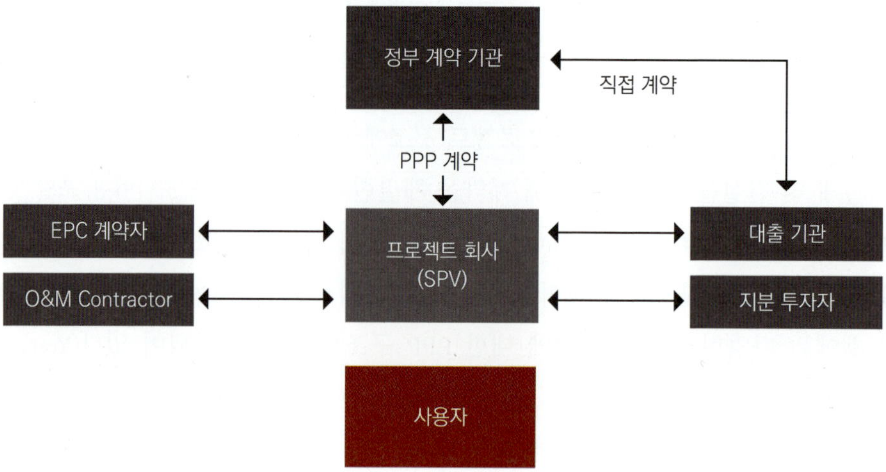

PPP를 위한 비상환 프로젝트 파이낸싱

비상환 프로젝트 금융 하에서는 대출기관이 프로젝트 회사의 수익으로만 지급받을 수 있으며, 주식 투자자에게 보상을 요구할 수 없다. 즉, 프로젝트 회사의 의무는 주식 투자자의 의무와 분리되어 있으며, 부채는 프로젝트의 현금 흐름에 담보된다. **Yescombe**의 PPP를 위한 프로젝트 금융에 관한 장에서 설명된 바와 같이, 프로젝트 금융 구조는 일반적으로 부채 비율이 매우 높은 편이다(Yescombe 2007). 많은 경우, 총 자금의 70%에서 95%에 이른다. 주식 투자자의 관점에서 보면, 이는 프로젝트에 대한 노출을 제한함으로써 위험을 관리하는 데 도움이 되며, 그렇지 않은 경우보다 훨씬 더 큰 프로젝트를 수행할 수 있게 해준다. 대출기관에게는 철저한 실사 수행과, 프로젝트의 현금 흐름 및 계약 구조에 집중해야 한다는 의미다.

프로젝트 파이낸싱 구조에 관한 방대한 문헌이 있으며, 이 주제에 대해 더 자세히 알아보고자 하는 독자를 위해 주요 참고 문헌에 나열된 몇 가지 종합적인 참고서가 나열되어 있다.

비상환 프로젝트 파이낸싱의 대안
: 비상환 조건이 없는 프로젝트 금융의 대체 방법이나 방식

프로젝트 파이낸스는 레버리지가 높은 대규모 투자를 위한 자금을 조달하는 데 도움이 되지만, 대가가 따르기 마련이다. 프로젝트 금융 부채의 이자율은 정부 차입보다 비쌀 뿐만 아니라, 종종 기존 기업의 차입보다도 비싸다. 거래 비용/계약 구조를 설정하고 적절한 실사를 수행해야 하는데 이 많은 과정이 소규모 거래에 대해 흥미를 잃게 만들 수 있다. 이러한 이유로 많은 소규모 PPP 프로젝트는 더 큰 계약 유연성을 달성하거나 자금 조달 비용을 낮추기 위해 비상환 프로젝트 금융 구조를 채택하지 않는다.

Tip 소규모 PPP의 경우 더 간단하고 유연한 계약 구조를 선택함으로써, 자금 조달 비용을 낮추고 계약의 복잡성을 줄이는 데 도움이 된다.

한 가지 옵션은 프로젝트 주주들이 대출기관에게 프로젝트 부채의 전부 또는 일부에 대한 상환을 보장하기 위해 기업 보증을 제공함으로써 프로젝트 회사를 지원하는 것이다. *Box 1.10 - 기업 보증을 통한 프로젝트 금융 구조의 예*에서는 사례를 제공한다.

대형 인프라 기업은 기존의 전액 기업 금융 방식이나 제한적 상환 금융방식을 통해 프로젝트 자금 조달을 구성할 수 있다. 기업 금융 방식을 선택하면, 대출 기관은 모회사의 신용 등급과 대차 대조표를 바탕으로 모회사에 직접 대출을 제공한다. 만약 채무 불이행이 발생할 경우, 대출자들은 회사의 재무제표에 대해 전액 상환을 요구할 수 있지만, 그들의 대출은 일반적으로 담보가 없어서 특정 자산에 의해 보장되지 않는다.

SPV는 인프라 회사와 다른 주식 투자자들이 소유한다. 대출자들은 SPV에 대출을 제공하며, 채무 불이행 시 그들의 권리는 SPV 자산에서 발생하는 현금 흐름으로 제한되며, 주식 투자자의 재무제표에는 제한되지 않는다. 반면, 대출기관들은 일반적으로 SPV 자산에 대한 담보를 갖는다.

Tip 대출기관들은 SPV의 자산에서 발생하는 현금 흐름만을 기반으로 상환을 받을 수 있으며, 주식 투자자의 다른 자산이나 재무 상태에 대해서는 권리가 없다는 뜻이다. 이는 프로젝트 금융의 특징 중 하나로, 투자자와 대출자 간의 리스크를 분리하는 역할을 한다.

Figure 1.3b 자금의 흐름

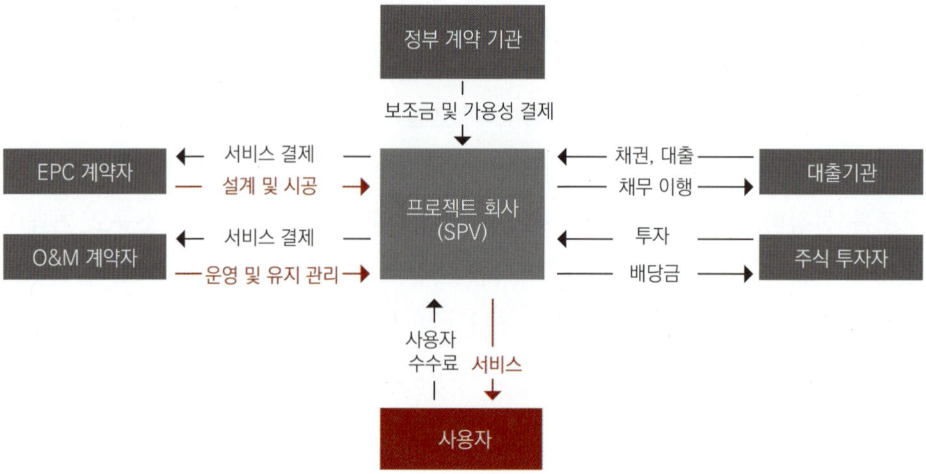

일반적으로 투자자들은 제한적 책임을 선호한다. 왜냐하면 프로젝트의 위험이 그들이 SPV(특별 목적 회사)에 투자한 자본으로 제한되기 때문이다. 일반적으로 부채의 비용은 더 높지만, 위험은 한정되어 있다.

공공 부문의 관점에서 제한적 책임 프로젝트 금융 방식을 따를 경우, SPV(특별 목적 회사)가 자본 비율이 너무 낮지 않도록 하는 것이 중요하다. 즉, 부채/자본 비율이 너무 높지 않아야 한다. 그렇지 않으면 투자자들의 이해관계가 공공 부문의 이해관계와 일치하지 않을 수 있으며, 재무 마감이 어려워질 수 있다. 또한, 프로젝트 금융은 대출기관들이 PPP 프로젝트 자산과 현금 흐름을 생성할 수 있는 능력에 집중하도록 유도하므로, 대출기관들이 더 나은 실사를 수행하게 되고, 이후 서비스 제공이 기준에 따라 보장되도록 하기 위해 개입 권리를 행사함으로써 공공의 이익을 추가적으로 보호하는 추가적인 장치를 마련할 수 있다.

Box 1.10 기업 보증을 통한 프로젝트 금융 구조의 예

경우에 따라 프로젝트 회사가 비상환 방식으로 자금을 조달할 수 없는 상황이 있을 수 있다. 한 가지 옵션은 주요 프로젝트 주주가 프로젝트 부채에 대해 부분적 또는 전액 보증을 제공하는 것이다. 예를 들며 다음과 같다.

1997년, 마닐라 동부 지구의 메트로 마닐라에 대한 양허권이 필리핀의 아얄라 기업이 주도하는 마닐라 워터 컴퍼니에 부여되었으며, 여기에는 유나이티드 유틸리티, 벡텔, 미쓰비시 기업의 이해관계가 포함되어 있었다. 아시아 금융 위기 이후, 마닐라 워터 컴퍼니는 비상환 프로젝트 금융 방식으로 투자를 위한 부채를 조달할 수 없었고, 그래서 아얄라는 프로젝트 회사를 지원하기 위해 기업 보증을 제공했다.

1992년, 콜롬비아에서 국가 석유 회사와 국제 석유 회사 간의 합작 투자로 석유 파이프라인이 개발되고 있었으며, IFC가 주요 대출 기관이었다. 그 당시 IFC는 게릴라 공격의 가능성에 대한 우려로 프로젝트가 중단되었고, 진행하기 위해 주주들은 프로젝트에 대해 전액 대출 보증을 제공했다.

출처: (Esguerra 2003); (IFC 1999)

Figure 1.4 비구상 및 완전 구상 기업 프로젝트 금융 구조

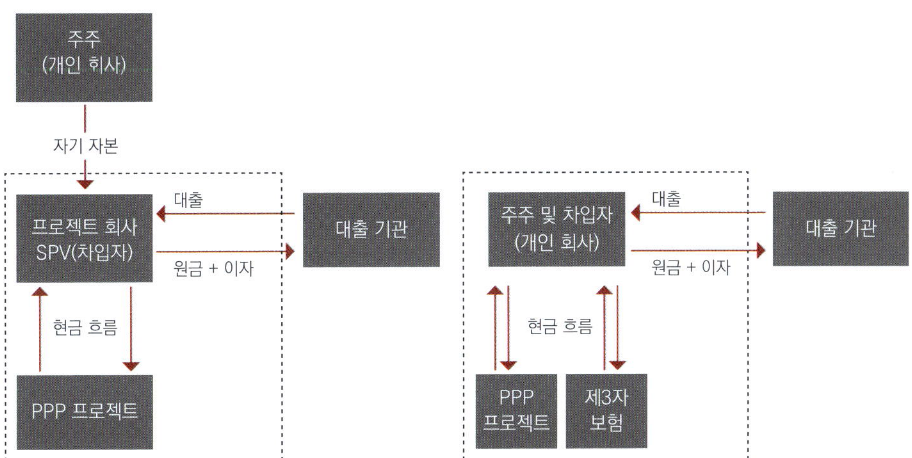

대출 기관의 입장에서는 제한적 회수 프로젝트 파이낸싱만으로는 충분하지 않은 경우가 많다. 일반적으로 PPP 기업의 주주 또는 제3자로부터 추가적인 신용 지원이 필요하다. 2008년 글로벌 금융 위기 이전에는 모노라인 보험회사가 이러한 목적으로 널리 사용되었는데, 때때로 대출 기관은 채무 불이행에 대비해 개입 권리를 요구하기도 한다. 전액 책임 방식에서의 유일한 단점이 투자자의 모회사가 해외에 있는 경우 구상 절차가 길고 복잡할 수 있다는 점이다.

Tip 모노라인 보험회사(Monoline Insurance Company)는 특정 유형의 보험만을 전문적으로 제공하는 보험회사이다. 주로 채무 불이행 위험을 보장하는 데 초점을 맞추며, 기업 채권, 프로젝트 금융, 자산 담보 대출 등에서 발생할 수 있는 신용 위험을 커버한다. 2008년 글로벌 금융 위기 이후, 많은 모노라인 보험회사가 재정적 어려움을 겪었고, 그로 인해 이들 보험회사의 역할과 신뢰성에 대한 논란이 있었다.

*Figure 1.4 - 비구상 및 완전 구상 기업 프로젝트 금융 구조*는 전액 상환 기업 금융과 비상환 프로젝트 금융의 구조를 보여준다. 이용 가능한 금융 구조가 이 두가지만은 아니다. PPP 금융은 실제로 매우 다양하다. 프로젝트 금융이 일반적이지 않은 금융 기관이 덜 발달된 일부 국가에서는 계약 당국이 좋은 PPP 계약을 설계하고자 할 때, 투자자들이 PPP 회사(특수목적법인, SPV)를 설립해야 하며, 이 회사가 PPP 회사 주주들로부터 보증을 받아 대출을 받는다. 세계은행의 라틴 아메리카 PPP 금융에 관한 보고서(WB 2017b)는 이러한 금융 구조 중 일부를 설명하고 있다. 금융 시장이 발달된 국가에서는 대규모 투자자들이 전액 상환 기업 금융을 통해 자금을 조달하여 PPP 프로젝트를 금융 지원하고, 이후 건설이 완료되고 건설 위험이 사라진 후에는 프로젝트 채권을 금융 시장에 발행한다.

PPP의 금융 비용을 낮추기 위한 또 다른 대안은 *Section 1.3.2 - 정부를 위한 고려 사항*의 PPP에서 공공 금융의 역할에 설명된 바와 같이 정부가 금융 구조에 참여하는 것이다. 정부 또는 정부 소유 금융 기관은 프로젝트 회사에 대출 기관으로서 금융을 제공하거나 프로젝트 부채의 일부 또는 전부에 대한 보증을 제공할 수 있다.

이슬람 금융

전통적인 시스템과 함께 이슬람 금융 시장은 PPP 자금을 조달하는 데 있어 점점 더 많은 관심과 필요성이 커지고 있다. 아프리카 이슬람 경제 재단(AIEF 2014)에 따르면, 이슬람 금융 기관들은 상당한 유동성을 축적하였으며, 고품질의 중장기 투자 기회를 위한 프로젝트에 투자하기를 원하고 있다. 따라서 이슬람 금융은 PPP 자금 조달을 위한 상대적으로 미개척 시장을 제공한다. 그러나 이슬람 금융의 성장과 매력에는 더 근본적인 이유가 있다. 2008년 글로벌 금융 위기 동안, 샤리아를 준수하는 금융 기관과 구조는 전통적인 기관들보다 훨씬 더 나은 성과를 보였다. 이슬람 금융이 더 나은 안정성을 가져오는 두 가지 주요 특징은 다음과 같다: 거래는 자산 기반 또는 자산 담보 방식으로 이루어지며(부채 거래는 금지됨), 위험 공유 원칙에 기반하고 있다.

Sukuk(수쿠크: 채권과 유사한 구조)는 투자자들이 생산적 자원(기초 자산)의 공동 소유를 허용한다. 결과적으로 Sukuk 보유자들은 실제 사업활동에서 발생하는 수익을 통해 이익을 얻으며, 이는 이자가 아닌 수익으로 간주된다. APMG PPP 인증 가이드 **APMG PPP Certification Guide**(APMG 2016, Annex B)는 이슬람 금융 원칙과 PPP에 사용할 수 있는 상품에 대한 설명을 제시한다. 이슬람 프로젝트 금융은 *istisna*(이스티스나: 개발 단계의 건설 금융)와 *ijara*(이자라: 운영 단계의 임대 금융)와 같이 이슬람 금융은 프로젝트의 특성과 요구에 맞춰 유연하게 적용될 수 있다.

일반적으로, 이스티스나 계약은 이슬람 금융기관과 프로젝트의 특별목적법인(SPV) 간에 체결되어 PPP 자산의 건설을 위해 건설 계약자와 직접 계약을 맺는 방식으로 진행된다. 자산이 건설되면, SPV는 미리 합의된 가격으로 자산을 금융기관에게 인도하게 되는데, 그 후 이자라가 이어지며, 이슬람 금융기관가 SPV에게 동일한 프로젝트 자산에 대한 임대(사용권 포함)를 부여한다. 이자라 계약에는 일반적으로 이슬람 금융기관이 임대인으로서 임대 기간이 끝날 때 또는 이자라 기간 동안 단계적으로 임차인에게 임대 자산의 소유권을 이전하겠다는 약속이 포함된다. 이러한 유형 계약의 예로는 요르단의 퀸 알리아 국제공항 **Queen Alia International Airport** 프로젝트가 있으며, 이는 25년 concession 계약이다(IsDB와 WBG 2016). 이 프로젝트는 1억 달러의 이스티스나와 이자라 구조의 선임 임대가 결합된 이슬람 구조로 공동 금융되었으며, 공동 금융에서 이슬람 금융은 기존의 선임 대출자들과 동등한 수준의 우선권을 가졌다.

Tip '공동금융'이란 여러 기관이 자금을 함께 조달하는 넓은 개념으로, 다양한 프로젝트에 적용할 수 있다.

유형 자산의 소유권 이전이 허용되지 않거나 불가능한 경우, 프로젝트 계약에 포함된 수익권을 이슬람 금융기관에 양도할 수 있다. 예를 들어, 사우디아라비아

제다의 하지 광물 확장 프로젝트 **Hajj Terminal Expansion Project**(IFC 2013)에서 사우디아라비아 민간항공청, 이슬람개발은행, IFC는 샤리아에 적합한 건설, 이전 및 운영(BTO) 양허 모델을 사용했다. 이슬람 금융기관은 BTO 계약에 따른 수익권을 매입한 다음, 임대인으로서 프로젝트 회사와 선임대 계약(이자라)을 체결하여 BTO계약에 따른 권리를 임대료 지급의 대가로 양도했다.

자본은 이슬람 금융 원칙에 따라 정의되므로, PPP 프로젝트에는 스폰서들이 직접 투자하거나 이슬람 인프라 펀드(뮤추얼 펀드 또는 유닛 트러스트)를 통해 투자할 수 있다. 또한, 자본은 무다라바(수익 공유 신탁 금융-경영 의사 결정에 관여하지 않는 형태)나 무샤라카(조인트 벤처 모델과 유사한 자본 금융) 형태의 수쿠크를 통해서도 조달될 수 있다. 타카풀(조합원 간의 협력적 위험 공유 개념에 기반한 이슬람 보험) 펀드도 PPP 프로젝트 자금 조달의 새로운 방식을 제공할 수 있다.

다음의 추가되는 참고 문헌은 이 주제에 대한 출발점을 제공한다.

- *An Introduction to Islamic Project Finance* (2013) Clifford Chance Briefing Note (Latif 2013)
- *Islamic Finance and Economic Development* (2014) Salman Syed Ali, IRTI (Syed Ali 2014)
- *An Introduction to Islamic Finance* (1999) Harvard Business School, Paper N9-200-002 (Esty et al. 1999)
- *Islamic Banking and Finance* (2011) Brian Kettell (Kettell 2011)
- *Mastering Islamic Finance* (2015) Faizal Karbani, Financial Times Publishing/Pearson (Karbani 2015)
- *Islamic Capital Markets, Products and Strategies* (2011) Hassan and Mahlknecht (Hassan and Mahlknecht 2011)
- *Public Private Partnerships: Lesson from Sukuk* (2013), Abdul Gahfar Ismail, IRTI (Ismail 2013)
- *Financing PF2 Projects: Opportunities for Islamic Project Finance* (2014) Noor Zawawi et al (Zawawi et al. 2013)
- *The Nitty Gritty of Supporting Islamic Finance* (2011) Hoda Moustafa, MIGA (Moustafa 2011)

1.3.2 정부를 위한 고려 사항

PPP에 민간 자금이 포함될 때, 민간 투자자는 일반적으로 프로젝트의 금융 구조 개발에 대한 주요 책임을 지지만, 그럼에도 불구하고 정부 또한 그 설계에 영향을 미칠 필요가 있을 수 있다.

가장 기본적인 수준에서 정부는 프로젝트 설계가 은행에서 자금을 조달할 수 있도록 보장해야 한다. 자금을 조달할 수 있는 능력은 필요한 요소이지만, 너무 많은 부채는 위험 이전을 저해할 수 있으므로 정부는 허용되는 부채 자금(레버리지)의 양을 제한하고 싶어 할 수 있다. 좀 더 복잡하지만 여전히 중요한 세부 사항으로는 계약 체결에서 재정 마감까지의 위험 관리 방법, 프로젝트 부채 재융자의 가능성 처리 방법, 그리고 대출기관과 정부의 개입 권리를 정의하는 방법 등이 있다. 이 점들은 아래에서 차례로 설명한다.

정부는 재정 구조에 참여할 수도 있다. 정부는 부채, 자본, 또는 보증을 제공할 수 있는데, 이는 직접적으로 하거나 개발은행 및 연기금과 같은 정부 소유의 금융기관을 통해 이루어질 수도 있다. *Section 1.3.3 - PPP에서 공공 재정의 역할*에서는 이러한 종류의 공공 재정이 PPP에서 어떤 역할을 하는지 설명하고 있다.

금융가능성

프로젝트가 자금을 조달할 수 있는 능력을 흔히 금융가능성이라고 한다. "금융가능성"은 프로젝트가 주주로부터의 자본 투자뿐만 아니라 필요한 부채 자금도 유치할 수 있음을 의미한다. **Delmon's chapter on bankability**(Delmon 2015, Chapter 4) and **Farquharson et al's chapter on PPP financing**(Farquharson et al. 2011, 54-57)은 모든 은행이 프로젝트에 대출 여부를 결정할 때 고려할 요소들을 설명하고 있다.

프로젝트가 은행 대출이 가능하려면 대출기관은 프로젝트 회사가 부채를 상환할 수 있다는 확신이 있어야 한다. *Section 1.3.1 - PPP를 위한 금융 구조*에 설명된 대로 프로젝트 금융 구조하에서 이는 운영 현금 흐름이 부채 상환과 허용 가능한 마진을 충당할 수 있을 만큼 충분히 높아야 한다는 것을 의미한다. 또한 현금 흐름의 변동 위험이 마진 범위 내에 있을 가능성이 높아야 한다는 의미이기도 하다. 따라서 대출기관은 프로젝트 위험과 이러한 위험이 계약 당사자 간에 어떻게 배분되었는지 신중하게 평가한다.

Box 1.11 소자본 PPP 사례—빅토리아 트램과 기차

빅토리아 주 정부는 멜버른의 트램 및 통근 열차 운영과 빅토리아 주의 지역 열차 운영을 위한 다섯 개의 프랜차이즈(양허와 유사한 형태)를 수여했다. 이 프로젝트의 재정적 균형은 예상되는 승객 수 증가와 비용 절감에 크게 제공했다. 정부는 계약 기간 동안 프로젝트에 대한 총 보조금 절감액이 18억 호주 달러에 이를 것으로 예상했다. 그러나 투자된 총 민간 자본(자본금 및 성과 보증금을 포함)은 1억 3천5백만 호주 달러에 불과했으며, 이는 총 자산의 약 3%에 해당하는데, 성장과 비용 절감이 실현되지 않자 프랜차이즈 운영자들은 손실을 경험하게 되었다. 투자된 자본이 상대적으로 적었기 때문에 운영자들은 손실을 감수하며 개선하기보다는 프랜차이즈에서 물러날 수 있었는데 이로 인해 정부는 기존 운영자들과 계약을 재협상해야 하는 상황에 처하게 되었다.

출처: (Ehrhardt and Irwin 2004); (VIC 2005)

민간 당사자에게 너무 많은 위험이 할당된 경우, 대출기관은 부채 상환 대비 현금 흐름의 마진이 허용 가능한 수준이 될 때까지 대출 준비 금액을 줄이는데, 이런 일이 발생하면 더 많은 자기자본을 필요로 한다. 동시에 프로젝트 회사는 지분 투자자의 위험 수준을 보상할 수 있을 만큼 충분히 높은 수익을 창출할 수 있어야 한다. 따라서 정부의 관점에서 은행 가능성을 보장하기 위한 주요 고려 사항은 프로젝트의 기술적 및 재무적 타당성과 적절한 위험 분배이다. *Section 3.2-잠재적 PPP 프로젝트 평가*에서는 잠재적 PPP 프로젝트의 재무적 타당성을 평가하는 방법에 대한 지침을 제공하고, *Section 3.3-PPP 프로젝트 구조화*에서는 위험 분배에 대한 실무자를 위한 지침과 도구를 제공한다.

대출 기관과 주주 모두 위험을 줄이고 수익을 극대화할 인센티브가 있다. 이는 PPP 구조를 설계하는 과정에서 정부가 어려운 균형을 유지해야 함을 의미한다. 즉, 프로젝트가 은행 대출이 가능하도록 보장하면서도 정부가 필요 이상으로 더 많은 위험을 감수하도록 압력을 받지 않도록 해야 한다.

허용되는 부채 금액의 제한

프로젝트의 주주들은 종종 높은 부채 비율로 PPP의 자금을 운용할 동기를 가지고 있다. 즉, 높은 레버리지를 달성하려는 것이다. **Yescombe**이 설명하듯이, 높은 레버리지는 일반적으로 주식 투자자들이 더 높은 수익을 달성할 수 있게 해주며, 자본 구조의 관리를 더 쉽게 만든다. 왜냐하면 자본을 조달하는 것보다 부채를 조달하는 것이 더 쉬울 수 있기 때문이다(Yescombe 2007). 게다가, **Ehrhardt and Irwin**(Ehrhardt and Irwin 2004)이 설명한 바와 같이, 정부는 종종 주식 투자자보다 부채 투자자에게 더 많은 안정망을 제공하여 높은 레버리지에 대한 추가적인 동기를 제공한다. 예를 들어, 정부는 수익이 이자 비용을 충당할 수 있도록 보장하는 수요 보증을 제공하거나, 조기 종료 시 지급이 부채 수준과 동일하게 설정되도록 합의하여, 프로젝트 투자자가 계약상의 의무를 이행하지 못할 경우에도 대출자가 상환 받을 수 있도록 할 수 있다.

지속 가능한 수준의 레버리지와 프로젝트에 대한 충분한 자본 지분을 보장하기 위해, 정부는 PPP에 대한 최소 자본 비율을 도입하는 것을 고려할 수 있다. *Box 1.11 - 소자본 PPP 사례 - 빅토리아 트램과 기차*는 호주에서 최소 자본 요건이 운영자들의 진정한 약속을 보장하기에 불충분했던 흥미로운 사례를 제시한다. **Ehrhardt and Irwin**(Ehrhardt and Irwin 2004, 49-50)은 정부가 대출자의 투자를 보호하기 위해 보증을 제공하는 경우, 자본 비율이 특히 중요할 수 있다고 언급한다. 그러나 투자자의 자본 구조 선택권을 제한하는 것은 자본 비용을 증가시킬 수 있으며, 이는 인도 인프라 자금 조달에 관한 세계은행 그리드라인 노트 **World Bank Gridline note on financing Indian infrastructure**(Harris and Tadimalla 2008)에서도 설명되어 있다. 또한, 저자들은 높은 수준의 부채와 레버리지를 유도하지 않도록 보증이나 계약 해지 지급 조항을 구조화하는 것의 중요성을 언급하고 있다.

지분 수준과 구성에 대한 최소 요건은 전략적 지분 투자자의 핵심을 확보하는 것과도 관련이 있다. 정부는 건설 완료 및 시운전 후 일정 기간, 즉 프로젝트가 완전히 운영될 때까지 지분 소유자의 매각을 제한하여 전략적 투자자가 계약기준에 따라 서비스 성과를 보장할 수 있을 만큼 충분한 기간 동안 자본을 위험에 노출시키지 않도록 해야 한다. 이러한 시운전 후 관리주기는 분야와 사용되는 기술에 따라 달라진다.

수주부터 재무 마감까지 과정에서의 리스크

프로젝트가 재정적으로 마무리되기 전, 즉 프로젝트에 대한 자금이 완전히 확보되기 전에 PPP 계약이 체결되는 경우도 있다. 이 중간 기간 동안 대출 기관은 PPP 계약에 대한 자세한 검토를 포함하여 실사 프로세스를 완료한다. 대출 계약은 프로젝트 회사가 대출 자금을 이용하기 전에 반드시 충족해야 하는 선행 조건을 설정한다.

이 과정에서 낙찰자가 예상되는 조건으로 자금을 조달을 하지 못하는 경우 프로젝트가 지연되거나 심지어 무산될 수 있는 위험이 발생한다. **Farquharson** 외(Farquharson et al. 2011, 125)에 따르면, 이 단계에서 조달 프로세스를 다시 시작하면 정부에 지연 및 추가 거래 비용이 발생하기 때문에 정부는 대출 기관의 요구 사항을 충족하기 위해 계약 조건을 변경해야 하는 압박을 받을 수 있다.

정부는 이러한 위험을 완화하기 위해 몇 가지 옵션을 사용할 수 있다. **Farquharson** 외의 연구에 따르면, 입찰자에게 보증금을 제공하도록 요구할 수 있으며, 우선협상대상자가 일정 기간 내에 재정 조달을 완료하지 못하면 입찰을 취소할 수 있다.

이는 입찰자가 입찰서를 제출하기 전에 보다 구체적인 자금 조달 계획을 수립하도록 유도할수 있다. 위험을 완전히 피할 수 있는 또 다른 옵션은 **Delmon**(Delmon 2015, 445-446)에서 설명한 바와 같이, 정부가 이미 금융 조달 약정이 있는 입찰을 요구하는 것이다(*Underwritten bid*이라고 함). 이 경우 대출 기관은 입찰 절차가 완료되기 전에 실사를 완료해야 한다. 그러나 이 두 가지 옵션은 입찰 비용을 증가시켜 입찰자의 참여를 저해하고 경쟁을 악화시킬 수 있다.

잠재적인 대출기관이 적은 프로젝트의 경우, 언더라이팅 입찰을 요구하면 PPP 인증 가이드(APMG 2016, Chapter 1, Section 7.2.2)에 설명된 대로 제안서를 제출할 수 있는 입찰자 수에 상한선이 즉시 설정된다.

또 다른 접근 방식은 스테이플드 파이낸싱(Stapled financing)을 도입하는 것이다. 스테이플드 파이낸싱은 정부가 개발하여 입찰 과정 중에 입찰자에게 제공하는 프로젝트를 위한 사전 준비된 자금 조달 패키지이다. 낙찰자는 이 재정 패키지를 프로젝트에 사용할 선택권은 있지만 의무는 없다. 스테이플드 파이낸싱은 인수합병 거래에서 일반적이며, 인프라 프로젝트에도 사용되었다. 예를 들어, 러시아는 푸르코보 공항 프로젝트에 대해 EBRD와 IFC의 스테이플 파이낸스를 사용했다(IFC 2017). 또한 유럽의 PPP에서도 일반적으로 사용되며, SPV 부채의 일부가 EIB에 의해 모든 입찰자에게 사전에 발표된 조건 하에 제공되고, 낙찰자에 대한 추가 실사에 따라 결정된다. 스테이플드 파이낸싱에 대한 추가 논의는 EPEC의 2009년 금융 위기 및 PPP 시장에 관한 보고서 **EPEC's 2009 report on the financial crisis and the PPP market**(EPEC 2009)에서 다루어지고 있다.

성과 기반 지원의 역할

PPP는 성과 기반 프로젝트로, 사용자와 조달 당국은 제공된 서비스와 자산 가용성에 대해 비용을 지불하며, 투입물에 대해서는 지불하지 않는다. 저소득층 인구를 대상으로 할 때, PPP는 성과 기반 자금 조달(Results-Based Financing, RBF) 메커니즘과 결합되어, 소외된 인구가 전기, 물, 위생, 의료, 교육 및 성장과 기회를 위한 기타 기본 서비스에 접근할 수 있도록 효과적으로 지원할 수 있다. 성과 기반 지원(Output-Based Aid, OBA)은 성과 기반 자금 조달(RBF) 메커니즘의 일종으로, PPP의 구성 요소로 성공적으로 사용되어, 특히 저소득층이 PPP 계획의 혜택을 받을 수 있도록 보장한다. 이는 세계은행의 성과 기반 지원(OBA)에 관한 보고서 **World Bank report on OBA for water**(GPOBA 2016)에서도 제시되었다.

Tip 사용자는 실제로 제공된 서비스의 품질이나 가용성에 대해 비용을 지불하고, 단순히 자원을 투입하는 것(예:인력, 자재 등)에 대해서는 지불하지 않는다. 예를 들어 전기공급을 위한 PPP프로젝트에서 사용자가 전기를 얼마나 안정적으로 사용할 수 있었는지에 따라 보상을 받고 전기공급의 품질이 낮다면 사용자는 그에 따라 비용을 덜 지불할 수 있다.

성과 기반 자금 조달(**Results-Based Financing, RBF**)은 성과 기반 인센티브, 보상 또는 보조금을 사용하여 인프라 및 사회 서비스에 대한 접근과 제공을 향상시키기 위해 고안된 다양한 메커니즘을 포함한다(*Box 1.7 - 성과 기반 도로 계약 - 인프라 유지 관리 개선* 참조). RBF 메커니즘은 일반적으로 자금 지원 주체(일반적으로 정부 또는 정부 기관)로 수혜자가 미리 정해진 일련의 행동을 수행하거나 미리 정해진 성과 또는 산출물을 달성하는 것을 조건으로 재정적 인센티브를 제공한다. 자원은 특정 지출 또는 투입 측면의 효과에 대해서만 지급되는 것이 아니라, 태양광 주택 시스템 설치 또는 상수도 시스템 연결과 같이 수혜자가 주로 통제할 수 있는 입증되고 독립적으로 검증된 결과에 대해 지급된다.

독립적으로 검증된 결과에 기반한 지급은 RBF 접근법의 주요 특징이다. 보조금은 서비스 제공업체가 서비스 혜택을 받지 못하는 빈곤층에게 서비스를 제공하도록 장려하는 데 사용되는데, 보조금은 프로젝트의 자본 비용에 참여하여 민간 사업자가 사업을 운영할 수 있도록 하여 상업적 수익을 보장하는 데 사용될 수 있다. OBA는 PPP와 가장 자주 결합되는 RBF 메커니즘이다. 기본 인프라 및 사회 기반 시설(보건, 교육)에 대한 접근과 성과 기반 환급에 중점을 둔다.

예를 들어, 가정용 연결 비용을 지불할 수 있는 동네에 상하수도망이 있다고 가정해 보자. 이어서 같은 수도망이 깨끗한 물을 필요로 하는 가난한 동네를 지나가지만, 이들은 가정용 연결 비용을 감당할 수 없다. OBA 기금은 가난한 가정에 대한 연결 확장을 지원하는 데 도움을 줄 수 있는데 이렇게 하면 가난한 가정이 수도 서비스에 접근할 수 있게 되고, 상수도 회사는 다른 방법으로는 확보할 수 없었던 새로운 고객을 확보할 수 있다. 자세한 내용은 글로벌 성과 기반 지원 파트너십 **Global Partnership on Output Based Aid**(GPOBA) 웹사이트를 참조하기 바란다.

프로젝트 대출 재구성

리파이낸싱이란 기존 대출을 상환하기 위해 새로운 부채를 부담하는 것을 의미한다. 프로젝트 회사와 그 주주들은 프로젝트 자금을 조달하기 위해 처음에 사용된 부채를 리파이낸싱하는 이유는 크게 두 가지가 있다.

첫째, 프로젝트가 프로젝트 기간에 맞는 충분히 긴 만기의 금융 패키지를 확보하지 못했을 수 있다. 이는 프로젝트가 수주될 당시 장기 부채가 없었거나, 대출기관이 프로젝트를 너무 위험하다고 판단하여 장기 신용을 연장하지 않았기 때문일 수 있다. 이 경우, 프로젝트는 예스콤의 재무 구조화 장 **Yescombe's chapter on financial structuring**(Yescombe 2007, Chapter 10)에서 설명된 대로 단기 대출로 진행할 수 있다. 이는 리파이낸싱 위험을 초래하는데, 즉 단기 대출이 예상한 조건으로 리파이낸싱 되지 못할 위험이다. PPP 계약은 리파이낸싱 위험을 누가 부담하는지를 명시해야 하며, 이는 *Section 3.3 - PPP 프로젝트 구조화*에서 설명된다.

리파이낸싱 위험을 완화하는 한 가지 옵션은 테이크아웃 금융(take - out financing)으로, 여기서 두 번째 대출 기관이 미래의 특정 시점에 대출을 인수하겠다고 약속함으로써 원래의 대출 기관이 그렇지 않았을 경우보다 더 긴 기간의 부채를 제공하도록 유도하는 방식이다. 예를 들어, 인도 인프라 금융 회사 Indian Infrastructure Finance Company Limited(IIFCL)는 인프라 프로젝트를 위한 테이크아웃 파이낸싱 제도를 마련했다(IIFCL 2015).

리파이낸싱은 프로젝트 회사와 그 주주들에게 더 유리한 조건이 제공될 경우 기회를 제공할 수 있다. 인프라 프로젝트는 긴 기간을 가지므로, 프로젝트 기간 동안 자본 시장이 변화하여 기존 프로젝트 부채에 대해 더 나은 조건을 제시할 수 있다. 대출 기관은 또한 입증된 실적을 가진 프로젝트에 대해 더 나은 금융 조건을 제공하는 경향이 있으며, 초기 위험(예: 건설)을 이미 넘긴 프로젝트에 대해서도 마찬가지이다. 주주들은 리파이낸싱을 통해 부채/자본 비율을 높이고, 프로젝트의 레버리지 조정 및 자본을 확보할 수 있다. Yescombe의 부채 리파이낸싱에 관한 Section **Yescombe's section on debt refinancing**(Yescombe 2007)은 리파이낸싱으로부터 주식 투자자들이 얻을 수 있는 잠재적 이익을 더 자세히 설명하고 있다.

리파이낸싱은 대출기관도 관련이 있으며, 은행이 새로운 프로젝트에 할당할 수 있도록 자본 유동화를 가능하게 한다. 자본 시장(특히 연기금 및 보험 기금)은 일반적으로 더 긴 만기를 제공할 수 있기 때문에 이러한 리파이낸싱을 제공하는 데 적합하다. 또한, 건설 단계 이후 위험이 낮아지기 때문에 종종 더 저렴한 부채를 제공할 수 있다.

더 유리한 조건으로 리파이낸싱을 받으면 사용자나 정부의 전체 비용을 낮추거나 투자자의 수익을 개선하거나 양쪽에 도움이 될 수 있다. 정부는 리파이낸싱의 혜택이 어떻게 처리될지 미리 고려해야 하는데, 옵션은 다음과 같다.

- 아무것도 하지 않음 - 주주들이 리파이낸싱을 통해 더 높은 배당금 지급으로 이익을 얻도록 허용한다.
- 프로젝트 주주와 사용자/클라이언트 간의 이익을 나누기 위해, PPP 계약 또는 PPP 규정에 리파이낸싱의 혜택이 자산이나 서비스에 대해 지불되는 가격

에 반영되어야 한다는 조항을 포함시킨다.

- 시장에서 더 유리한 조건을 찾을 수 있다고 판단되는 경우 정부가 프로젝트 부채의 리파이낸싱을 요구하거나 요청할 수 있는 권리를 PPP 계약에 포함시켜야 한다.

예스컴 **Yescombe**(Yescombe 2007)이 설명한 바와 같이 몇몇 정부는 PPP 리파이낸싱의 혜택이 어떻게 처리될지를 규정하는 규칙을 도입했다. 예를 들어, 2004년 영국 재무부는 표준 PFI 계약에 투자자와 정부 간의 리파이낸싱 이익을 50:50으로 나누는 조항을 도입했다(UK 2012c). 이후 각 버전의 계약 표준에서 이를 수정하였다. 한국도 PPP를 규율하는 법률에 유사한 조항을 도입했다. 2008년 이후, 영국 정부는 보다 유리한 자본 시장 조건을 활용하기 위해 프로젝트 부채의 차환을 요청할 권리를 보유하고 있다. 리파이낸싱과 그로 인해 발생할 수 있는 잠재된 구조적 문제에 대한 추가 논의는 EPEC의 2009년 금융 위기 및 PPP 시장에 관한 보고서 **EPEC's 2009 report on the financial crisis and the PPP market**(EPEC 2009)에서 확인할 수 있다.

개입 권리

개입 권리(Step-in rights)는 계약 또는 국가의 법률에 따라 정부나 대출기관이 특정 상황에서 프로젝트를 통제할 수 있는 권한을 의미한다. 정부의 개입 권리는 일반적으로 프로젝트가 상당한 건강 및 안전 위험을 초래하거나 국가 안보에 위협이 되거나 법적 요구 사항에 따라 정부가 프로젝트를 인수해야 하는 경우에 부여된다. 또한, 프로젝트 회사가 서비스 의무를 이행하지 못할 경우 정부는 PPP 계약을 해지하고 프로젝트를 인수할 수 있다.

대출기관의 효과적인 개입 권리 행사를 위해서는 계약상의 약속 외에도 정부와 대출기관 간의 직접적인 합의가 필요하며, 이러한 권리를 요구하고 실행하는 절차를 규정해야 한다.

대출기관은 일반적으로 프로젝트 회사가 채무 상환 의무를 이행하지 않거나 서비스 의무를 이행하지 않아 PPP 계약이 해지될 위기에 처한 경우, 단계적 개입 권리를 행사할 수 있도록 요구한다. 이 경우 대출기관은 일반적으로 정부와 프로젝트 사이의 역할을 대신할 새로운 고위 경영진이나 다른 회사를 지명하여 프로젝트가 제대로 수행되지 않을 경우 정부가 강제로 개입하기 전에 대출기관으로 하여금 조치를 취할 수 있도록 허용하고 프로젝트의 동기를 부여한다.

정부와 대출기관 모두 개입 권리의 발동에 대한 명확한 틀과 일정을 마련하여 문제가 발생하면 이에 대한 정보를 얻고 시정 조치를 취할 수 있도록 하는 것이 중요하다. *Section 3.4-PPP 계약 설계*에서는 PPP 계약에 개입 권리를 구축하는 방법에 대해 자세히 설명한다.

연금 펀드의 역할

연금 펀드는 미래의 연금 지급 형태로 장기적인 부채를 대차대조표에 가지고 있다. 대차대조표의 양측 간 만기 불일치를 피하기 위해 연기금은 장기 자산에 투자해야 한다. 따라서 인프라 투자와 같은 장기적인 특성은 연금펀드의 투자 프로필에 적합하다. 또한 인프라 투자의 수익률은 일반적으로 인플레이션에 따라 증가하는 경향이 있어, 인플레이션에 민감한 연기금의 부채를 상쇄하는 데 도움이 된다. 추가로, 연금펀드는 포트폴리오를 다각화하여 수익의 변동성을 낮추는 데 관심이 있다. 인프라 투자는 전통적인 자산과의 예상 수익 간의 상관관계가 낮을 때 매력적일 수 있다.

호주와 캐나다에서는 잘 정의된 투자 규제 프레임워크 덕분에 연금 펀드를 통한 인프라 프로젝트 자금 조달이 광범위하게 성공적으로 시행되었다. 라틴 아메리카와 카리브해 지역에서는 칠레, 콜롬비아, 페루, 멕시코, 우루과이, 브라질의 국내 연금 기금이 GDP의 12%에서 68%까지 자산을 보유하고 있지만, 인프라에 상당히 투자한 것은 칠레와 페루의 국내 연금 펀드뿐이다(WB 2017b). 전 세계적으로 연금 펀드의 인프라 투자 비율은 자산의 1% 미만으로 추정된다(OECD 2011).

일반적으로 인프라에 대한 연금펀드의 자금 조달은 경직된 투자규제 체계, 자본 시장 개혁의 더딘 진전, 은행 부문을 위한 건전한 프로젝트 파이낸싱 프레임워크의 부재 등으로 인해 방해를 받고 있다. 연금펀드가 효과적인 실사를 수행하고 인프라 리스크를 이해하는 능력이 부족하다는 점도 PPP 투자에 대한 선호도를 떨어뜨릴 수 있다. 연금펀드는 건설 리스크가 해소되고 프로젝트의 서비스 성과가 좋으면 프로젝트 리파이낸싱에 더 유리한 위치에 있다.

또한 중국과 인도와 같은 국가에서는 지나치게 제한적인 연기금법이 연기금의 투자 역량을 약화시키고 있다(Inderst and Stewart 2014).

세계은행의 라틴 아메리카 및 카리브해 지역 인프라 자금 조달 보고서 **World Bank report on LAC infrastructure financing**(WB 2017b)은 연금펀드 관리자들이 인프라에서 원하는 것—높은 수익, 낮은 위험, 자산의 유동성, 공정한 가격 책정, 신뢰할 수 있는 파트너—에 대해 분석하고 있다. 인프라 채권은 정부 채권보다 신용 위험과 일부 유동성 위험을 반영하는 수익을 제공할 수 있지만, 잘 준비되지 않은 프로젝트는 연금 기금을 유치하지 못할 수 있으며, 잘 설계되지 않은 PPP 프로그램은 기관 투자자들 사이에 장기적인 불신을 초래할 수 있다. 시장에서 더 쉽게 평가될 수 있는 표준화된 인프라 채권과 같은 유동성 있는 자산이 선호되며, 이는 개별 프로젝트가 아닌 전체 양허 프로그램에 사용된다. 위험을 줄이기 위해 연금 펀드는 특히 건설 단계에서 정부 보증을 요구할 수 있지만, 정부는 계약 보증으로 인해 발생하는 추가적인 우발적 부채를 신중하게 관리해야 한다. 그렇지 않으면, 건설 완료 후에만 장기 자금 조달이 이루어지는 이중 단계 자금 조달 메커니즘이 필요하게 되어 리파이낸싱 위험이 발생할 수 있다. 정부가 투자자의 수익을 통제 및 제한하거나 세금 제도가 명확하고 적절하지 않은 경우 공정한 가격 책정이 존재하지 않을 수 있다.

1.3.3 PPP에서 공공 재정의 역할

민간 자금의 독점적 사용은 PPP의 정의적 특성이 아니다. 정부는 PPP 프로젝트를 부분적으로 자금을 지원할 수도 있다. 민간 기업의 자본 투자 규모를 줄이면 위험 전가 정도가 줄어들어 민간 기업이 비용 대비 가치를 창출하려는 동기가 약화되고, 일이 잘못될 경우 민간 기업이 프로젝트를 포기하기가 더 쉬워진다. 그럼에도 불구하고 정부가 PPP 프로젝트에 재정을 제공하는 데에는 몇 가지 이유가 있다. 여기에는 다음이 포함된다.

- 과도한 리스크 프리미엄 피하기 - 정부는 민간 부문이 프로젝트에 대해 부과하는 리스크 프리미엄이 실제 프로젝트 위험에 비해 과도하다고 판단할 수 있다. 이는 일반적으로 금융 시장이 정부보다 위험을 더 잘 평가하기 때문에 어려운 결정일 수 있지만, 특히 새로운 프로젝트나 시장 또는 금융 시장이 혼란스러울 때 적용될 수 있다.

Tip 리스크 프리미엄(Risk Premium)은 투자자가 특정자산이나 투자에 대해 요구하는 추가 수익률을 의미한다. 이는 해당 자산이 가지는 위험을 감수하기 위해 투자자가 기대하는 보상이다.

- 정부 리스크 완화 - 프로젝트 수익이 정부의 정기적인 지급에 의존하는 경우, 정부의 채무 불이행 위험은 민간 당사자에 의해 평가되며, 이는 프로젝트 비용에 반영된다. 정부 지급의 신뢰성이 의심스러운 경우, 지속적인 지급 대신 대출 또는 보조금 형태로 선지급을 제공하는 것이 프로젝트의 재무 건전성을 개선하고 프로젝트 비용을 낮출 수 있다
- 자금의 가용성을 개선하거나 비용을 줄이는 것 - 특히 자본 시장이 발전하지 않았거나 중단된 경우, 장기 자금의 가용성이 제한될 수 있다. 정부는 그렇지 않으면 이용할 수 없는 조건으로 재정을 제공하기로 선택할 수 있고, 일부 정부는 우대 조건으로 자금에 접근할 수 있으며, 이를 통해 인프라 프로젝트의 비용을 낮출 수 있다. 이는 국가 금융 기관을 포함하여 개발 목적을 위한 장기 대출을 제공하는 더 넓은 정책의 일환일 수 있다.

Tip 정부는 자본시장이 열악한 상황에서 장기자금을 제공하기 위해 특별한(우대) 조건으로 재정을 지원할 수 있지만 결국 정부의 재정 지원이 특정조건에 따라 제한될 수 있음을 강조한다.

정부가 PPP의 자금 조달 구조에 기여할 수 있는 방법에는 여러 가지가 있다. 정부는 프로젝트 회사에 직접 대출 또는 보조금을 제공하거나 기업 대출에 대한 정부 보증을 제공할 수 있다.

APMG PPP 인증 가이드에서는 위험 제거 접근법과 신용 강화 수단에 대해 설명한다(APMG 2016, Chapter 1, Section 7.4.2). 정부 소유의 개발은행이나 기타 금융 기관도 참여할 수 있는데, 이들은 광범위한 포트폴리오의 일부로 PPP에 금융을 제공하거나 PPP 프로그램을 지원하기 위해 특별히 설립될 수 있다. 마지막으로, 정

부는 PPP 프로젝트에 대한 자금 조달 기능을 민간 부문에 이전하지 않고 자본 지출에 대한 지속적인 책임을 유지할 수도 있다. 이러한 옵션에 대해서는 이 섹션에서 더 자세히 설명한다.

자본 시장이 혼란스러운 시기에는 PPP에 대한 정부 재정 지원의 근거가 강화될 수 있으며, 많은 정부가 이에 대응하여 특정 형태의 재정 지원을 도입한다.

정부가 프로젝트 회사에 직접 제공하는 대출 또는 보조금

정부는 PPP에 대출이나 선불 보조금 형태로 직접 자금을 제공할 수 있다. 이러한 자금은 수익 예측이 정부 자금 지원 없이는 프로젝트가 재정적으로 실행 가능하지 않을 것으로 나타나는 경우 프로젝트의 실행 가능성에 매우 중요할 수 있다. 또한 자본 기여는 정부가 자금을 더 나은 조건으로 이용할 수 있게 하여 프로젝트의 비용을 줄이는 데 기여할 수 있다. 예를 들면 다음과 같다.

- 미국에서는 교통 인프라 금융 및 혁신법 Transportation Infrastructure Finance and Innovation Act(TIFIA)에 따라 미국 교통부가 적격 프로젝트에 대해 민간 및 주정부 프로젝트 주주에게 직접 대출(및 대출 보증)을 제공할 수 있는 유연한 메커니즘을 마련했다. 이 신용 지원은 유연한 조건으로 제공되며, 일반적으로 후순위 지위를 취하기 때문에 민간 부채를 유치하는 데 용이하게 작용한다(US 2010, Chapter 4).
- 인도의 생존가능성 지원 기금은 국가 예산에서 책정된 자금을 사용하여 PPP 프로젝트에 대한 초기 자본 보조금을 제공한다. 이는 *Box 2.9 - 인도의 생존가능성 지원 기금 프로그램*에 설명되어 있다. 이 이니셔티브에 대한 자세한 내용은 인도 정부의 인프라 PPP 재정 지원에 관한 지침 **Indian government's guidelines on financial support for PPP in infrastructure**(IN 2013a)에서 확인할 수 있다.

공공 부문이 자금을 제공할 의지가 있는 것은 민간 투자자들의 신뢰를 구축하는 데 도움이 되는 신호로 작용할 수 있다. 예를 들어, 2008년 금융 위기 이후, 영국 재무부는 여러 인프라 프로젝트가 자금을 조달하는 데 어려움을 겪고 있으며,

이로 인해 프로젝트가 중단될 위험이 있다는 것을 인식했다. 재무부는 자금을 충분히 조달하지 못한 PPP프로젝트에 상업적 금리로 대출하기 위해 재무부 인프라 금융부 Treasury Infrastructure Finance Unit(TIFU)를 설립했다. 이 부서는 2009년 4월에 한 주요 프로젝트인 그레이터 맨체스터 수자원 프로젝트에 자금을 지원했다. 영국 국립회계감사청 보고서 **United Kingdom National Audit Office report**(NAO 2011, 8)에 따르면, 재무부의 대출 의지가 시장 신뢰를 개선했으며, 2010년 7월 현재 35개의 프로젝트가 공적 대출 없이 추가로 합의되었다.

정부의 SPV 자본 제공

영국 정부가 2012년에 도입한 수정된 PPP 정책인 PF2(Private Finance 2)하에서는 재무부가 PF2 프로젝트에서 소수의 지분을 제공할 수 있다(UK 2012a). 그 이유는 정부가 프로젝트 회사의 재무 성과와 관련된 정보를 더 잘 접근할 수 있도록 하고, 정부가 전략적 의사 결정에 더 많이 참여할 수 있게 하며, 지속적인 투자 수익을 공유함으로써 가치를 개선하기 위함이었다. 이러한 구조는 벨기에 플란더스 지역 정부와 같은 몇몇 다른 정부에서도 사용되고 있다.

그러나 PPP에서 공공 지분은 공공 부문 내에서 이해 상충을 발생시킬 수 있으며, 민간 투자자에게 위험 인식을 높일 수 있다. 특히, 정부 소유는 규제 기능과의 이해 상충을 유발할 수 있으며, 민간 투자자들은 주주 가치를 극대화하기 위해 결정해야 할 경우 정부가 PPP 계약의 관리에 간섭할 가능성이 있다는 우려를 가질 수 있다. 이는 공공 부문의 최선의 이익과 반드시 일치하지 않을 수 있다. 영국의 PF2 정책 **United Kingdom's PF2 policy**(UK 2012a)하에서는 이러한 잠재적인 이해 상충을 완화하기 위해 소유 기능과 계약 관리 기능을 분리하고 있다. 따라서 지분 보유는 조달 기관과 분리된 재무부 내의 별도의 부서에서 관리된다. 프랑스도 동일한 접근 방식을 따르고 있다.

프로젝트에 대한 정부의 기업 대출 보증

정부는 직접 대출을 제공하는 대신 민간이 채무 불이행에 대비해 민간이 제공한 채무의 상환을 보증할 수 있다. **Farquharson** 외(Farquharson et al. 2011, 63)는 프로젝트 부채를 보증하는 것은 민간부문으로의 위험 이전을 약화시킨다고 지적한다. 이러한 이유로 정부는 종종 부분 신용 보증, 즉 전체 부채의 일부에 대해서만 상환을 보증을 제공한다.

부분 신용 보증은 선진국과 개발도상국 정부 모두에서 PPP 프로그램을 지원하기 위해 사용해 왔다.

- 한국의 인프라 신용 보증 기금은 카운터 보증 구조를 통해 프로젝트 부채를 보증하는데, 즉 이 기금은 프로젝트 회사가 선순위 부채 상환을 충족하기 위해 요청할 수 있는 금융 기관이 제공하는 온디맨드 기간 대출을 보증한다 (Fitch 2006a, 6-7).

Tip 카운터 보증 구조는 한 기관이 다른 기관의 보증을 지원하기 위해 추가적인 보증을 제공하는 구조로, 보증의 신뢰성을 높이고 리스크를 분산시키는 역할을 한다.

- 카자흐스탄은 교통 PPP를 위해 발행된 인프라 채권에 대한 보증을 제공했다. 정부가 채권에 대한 보증을 제공함으로써 연기금이 프로젝트에 투자할 수 있는 안전장치를 마련했다(USAID 2008).
- 인도네시아는 *Section 2.4.3 - PPP를 위한 정부의 예산 편성*에서 설명한 대로 IIGF를 설립했다.

보증의 사용은 신중하게 고려되어야 하며, 정부가 가장 잘 관리할 수 있는 위험을 커버해야 한다. 부적절한 보증 사용은 정부의 재정적 노출을 증가시키고, 위험을 민간 부문으로 이전하는 효과를 감소시켜 가치를 저하시킬 수 있다. 이 주제에 대한 보다 자세한 논의는 *Section 1.3.2 - 정부를 위한 고려 사항*에서 찾아볼 수 있으며, 여기서는 과도한 레버리지의 위험에 대해 다루고 있다. 또한 *Section 1.2.1 - 자금 부족*에서는 PPP와 관련된 재정적 명확성 부족의 위험에 대해 논의하고 있다. PPP에 대한 정부 보증 및 공공 재정 관리에 대한 추가 정보는 *Section 2.4 - PPP를 위한 공공 재정 관리 프레임워크*에서 확인할 수 있다.

포페이팅 구조(Forfaiting Structures)

Tip 포페이팅(Forfaiting)은 주로 국제무역에서 사용되는 금융기법으로, 수출자가 수출대금을 즉시 현금으로 받을 수 있도록 하는 구조이다. 일반적으로 수출자가 수출품에 대한 지급을 받을 때까지의 리스크를 금융기관이 인수하는 방식으로 운영된다.

금융 구조 중 하나로, PPP의 금융 비용을 줄이기 위해 사용되는 포페이팅 모델이 있다. 이 모델은 정부가 지급하는 PPP 프로젝트에 적용될 수 있는데 이 모델에 따르면, 건설이 완료되면 정부는 프로젝트 회사에 계약 비용의 일부(일반적으로 부채상환을 충당하기에 충분한 금액)를 지급하겠다는 변경이 불가능한 약정을 맺는다. 이를 통해 프로젝트 자금조달 비용을 낮출 수 있다.

그러나 이는 정부가 PPP하에서 더 많은 위험을 부담하게 됨을 의미한다. 대출기관은 민간 운영자가 성과 목표를 충족하는 것과 정부의 지급이 더 이상 조건부가 아니기 때문에 프로젝트 성과를 보장하는 데 관심이 줄어든다. 정부 지급에 대한 확실성이 있기 때문에 이는 사실상 정부의 부채에 해당하며, 정부는 이 부채를 적절히 회계 처리해야 한다. 게다가 지급이 조건부로 이루어지지 않는다는 사실은 수익 리스크를 감소시킨다. 따라서 이는 SPV 부채의 가격 책정에 이를 반영하여야 한다. 포페이팅(forfaiting) 모델은 독일에서 소규모 프로젝트(주로 지방자치단체 프로젝트)에 널리 사용되어 왔으며, 특히 2002년부터 2006년 사이에 시행된 PPP의 절반 이상이 이 구조를 사용했다.

포페이팅 모델에 대한 더 자세한 내용은 프로젝트 파이낸스와 포페이팅 모델을 비교한 다우베 외의 기사(Daube et al. 2008)를 참조한다.

포페이팅 모델의 변형 중 하나는 프랑스에서 사용되는 '세지옹 드 크레앙스'(cession de créance, 채권 양도)이다. 이 경우, 프로젝트 회사는 정부가 지급할 채권을 금융기관에 양도한다. 따라서 인프라가 건설되고 운영되면 정부의 지급은 무조건적이며, 이는 PPP 프로젝트 회사의 일부 또는 전체 채무 서비스 비용을 충당하는 데 사용될 수 있다.

페루 정부는 PPP를 위한 자금 조달 구조를 도입했으며, 이는 포페이팅 모델의 변형이다. 페루 모델에서는 정해진 이정표가 완료되는 동안 건설 중에 취소할 수 없는 지불 약정이 발행된다. CRPAO 구조는 *Box 1.12 - 페루의 CRPAO's*에서 설명되어 있다. 이러한 포페이팅 유형 모델은 민간 파트너가 각 건설 단계와 관련된 보장된 미래 지급 흐름을 유가증권화하여 점진적인 투자로 자금 조달을 할 수 있도록 한다. 그러나 이는 정부가 자산의 완공 여부와 관계없이 계약된 금액의 일정 비율을 지급할 의무가 있음을 의미한다. 이러한 접근 방식의 적절성은 자산의 성격, 특히 자산이 쉽게 분할 가능한지 여부에 따라 달라질 수 있다.

Box 1.12 페루의 CRPAO's

페루에서는 도로 양허권 건설을 위한 혁신적인 금융 구조가 개발되었다. 페루 정부는 민간 계약자가 건설 이정표를 완료할 때마다 PAO(연간 작업 지급, Pago Annual de Obras)를 발행한다. PAO는 페루 정부가 연간 지급을 달러로 하는 의무로, 채권과 유사하다. PAO가 발행된 후에는 도로의 성과나 운영과 연계되지 않으며 취소할 수 없고 무조건 지급된다. 프로젝트에 대한 부채는 PAO의 유동화로 지원되는 채권을 통해 조달되며, 이를 CRPAO(공사 진행에 대한 지급확인서, Certificado de Reconocimiento de Pago Annual de Obras)라고 한다.

페루는 2006년에 이 금융 구조를 처음 사용하여 IIRSA 인터오세아니아 수르의 첫 번째 960km 구간의 자금을 조달하였는데, 이 프로젝트는 미주개발은행(Inter-American Development Bank)으로부터 6천만 달러의 부분 신용 보증을 받아 2억 2,600만 달러의 부채를 조달했다. 이후 인터오세아니아 수르의 두 개의 추가 구간에서도 CRPAO 금융 구조가 사용되었다.

출처: (Fitch 2006b); (USAID 2009)

PPP에서 개발은행 또는 기타 국가 금융 기관의 참여

많은 정부는 공공 소유의 개발은행이나 기타 금융 기관을 설립하여 PPP 프로젝트에 다양한 금융 상품을 제공할 수 있다. 이러한 금융 기관은 정부가 자본을 출자할 수 있으며, 양허성 금융(concessional financing)에도 접근할 수 있다. 이러한 기관이 기업 금융 기관으로 운영될 경우, 제안된 PPP 프로젝트의 실행 가능성을 정부 자체보다 더 잘 평가할 수 있는 경우가 많다. 그러나 이들은 때때로 정치적 압력에 노출되어 실사(due diligence)나 프로젝트 구조화의 품질을 저하시킬 수 있다.

일부 경우, 기존의 개발 은행들이 PPP 분야로 활동을 확장할 수 있다. 예를 들어, 브라질의 국가 경제 사회 개발 은행 **Banco Nacional de Desenvolvimento**

Econômico e Social(BNDES, Annual Report)은 민간 인프라 프로젝트에 주요 대출 기관으로 활동하며, 위험을 평가하고 자금을 제공하고 있다.

대안으로 정부는 PPP와 기타 인프라 투자를 위해 특별히 금융 기관을 설립할 수도 있다. 예를 들어, 인도 인프라 금융회사(IIFCL)는 공기업 또는 민간 기업이 수행하는 실행 가능한 인프라 프로젝트에 장기대출을 제공하기 위해 2006년에 설립되었다. 인도네시아 인프라보증기금(IIGF)은 PPP 방식에 따른 인프라 프로젝트에 대한 보증을 제공하기 위해 2009년에 국영기업으로 설립되었다. 하지만, 클링게비엘(Klingebiel)과 러스터(Ruster)가 인프라 시설에 관한 논문 **Klingebiel and Ruster in their paper on infrastructure facilities**(Klingebiel and Ruster 1999)에서 설명한 바와 같이 은행이 투자할 수 있는 프로젝트 파이프라인을 제공하기 위한 정책 및 제도적 틀이 개발되지 않는 한 정부 지원 금융시설이 원하는 결과를 제공할 가능성은 낮다.

Table 1.4 제3자 위험 완화 또는 신용 강화 수단의 예

방법 (Instrument)	설명 (Description)	제공자 사례 (Example Provider(s))
전액 또는 포괄적 신용 보증	프로젝트의 선순위 채무에 대한 모든 위험을 완전히 보장한다. 이러한 보장은 상대적으로 낮은 위험을 가진 프로젝트에 제공되며, 이러한 프로젝트의 등급을 투자 등급으로 높여 더 위험 회피적인 투자자(예: 연금 기금)가 프로젝트 금융에 참여할 수 있도록 하는 것을 목표로 한다.	과거부터 이러한 보증은 단일 보험사에 의해 제공되었는데, 이러한 보증을 제공하는 기관은 상대적으로 적으며, 일부 개발 금융 기관(예: EIB), 수출 신용 기관, 그리고 재정 의무 불이행에 대한 MIGA 보증이 포함된다.

방법 (Instrument)	설명 (Description)	제공자 사례 (Example Provider(s))
부분 신용 보증 (PCGs)	프로젝트에 맞춤화된 이 보장은 기본 채무의 일정 비율까지 채무불이행 발생 시 손실을 보장한다. 이 보장은 선순위 손실(first loss) 또는 동등 비율(pari passu) 방식으로 제공될 수 있는데 선순위 손실 보장은 채무불이행이 발생했을 때 손실의 첫 번째 비율을 흡수하여, 대출자의 관점에서 손실 위험을 줄이는 역할을 한다. 이는 후순위 채무와 유사한 방식이다. 동등 비율 보장은 손실의 정의된 비율을 흡수하여 손실의 규모를 줄이지만, 위험 자체는 줄이지 않는다.	대부분의 개발 금융 기관은 부분 신용 보증을 제공할 수 있는데, 예를 들어 세계은행이나 유럽투자은행(EIB)의 프로젝트 채권 이니셔티브는 후순위 채무 또는 부분 신용 보증을 모두 제공할 수 있다. GuarantCo는 현지 금융기관이 프로젝트 파이낸싱에 참여할 수 있도록 현지 통화로 부분 신용보증을 제공하는 데 특화되어 있다(통화 관련 리스크도 줄일 수 있음).
정치적 위험 보험	프로젝트 투자자 또는 대출 기관이 정치적 위험으로 인해 손실을 입지 않도록 보호하는데, 여기에는 토지수용 위험, 전쟁이나 내란과 같은 정치적 폭력, 양도 또는 전환 위험, 계약 위반 위험이 포함될 수 있다.	여러 개발 금융 기관, 특히 MIGA(다자간 투자 보증 기구)에서 제공된다. 아프리카 개발 은행(AfDB)과 협력하여 진행되는 위험 완화 이니셔티브 **Initiative for Risk Mitigation in Africa**(IRMA)(Pierris 2012)의 보고서는 PPP 프로젝트에 사용할 수 있는 IRMA의 다양한 PRI(정치적 위험 보험) 도구를 설명하고 있다.
통화 스왑 또는 선도 계약	통화 또는 상품 가격의 변동을 회피하기 위한 스왑 또는 선도 계약. 특히 통화 스왑은 널리 거래되는 제한된 통화 범위에서만 사용할 수 있는 경우가 많다.	기업 은행과 기부자 자금으로 운영되는 통화 교환(TCX)은 다양한 통화에 대한 통화 스왑을 제공한다.
자연재해에 대한 보험 또는 조건부 신용한도	자연재해로 인한 손실로부터 보호하거나, 필요한 투자 자금을 조달하기 위해 조건부 신용한도를 제공할 수 있다.	여러 개발 금융 기관 또는 경우에 따라 민간 제공자에 의해 제공된다. 예를 들어, 지수 기반 날씨 파생상품(Box 1.9 우루과이 기후 파생상품 참조)이나 세계은행의 재난 위험 연기 인출 옵션(WB 2011a)이 있다.

정부 소유의 금융 기관은 PPP 정책 조정 및 집행을 제공하는 데에도 활용될 수 있으며, 자금 조달이 언제 가능할지에 대한 명확한 규칙과 요구 사항을 설정함으로써 이를 지원할 수 있다. 이는 특히 특정 PPP 프로그램의 필요를 충족하기 위해 설립된 금융 기관에 적용될 수 있다. 예를 들어, 멕시코에서는 대부분의 PPP가 국가 개발 은행인 BANOBRAS 산하의 인프라 투자 기금인 FONADIN의 지원을 받아 시행되었는데, FONADIN의 운영 규칙은 사실상 PPP 프로젝트가 시행되는 방식에 대한 규칙과 절차를 설정하였다.

1.3.4 제3자 위험 완화 및 신용 강화

PPP 계약은 PPP의 중심에 위치하며, 이는 *Figure 1.3a - 일반적인 PPP 프로젝트 구조*에서 보인다. 이 계약은 계약 기관과 민간 당사자라는 두 서명자 간에 프로젝트의 위험, 책임 및 보상을 할당한다. 이는 *Section 3.3 - PPP 프로젝트 구조*화에서 논의된 원칙에 따라 이루어지는데 궁극적인 목표는 민간 당사자의 이익에 대한 동기를 정부의 프로젝트 목표와 일치시키는 것이다.

Box 1.13 멕시코의 포나딘(FONADIN)

2012년 이전에는 멕시코에 PPP 법이 없었다. 그러나 PPP 제도를 통해 프로젝트를 시행하는 대부분의 정부 기관은 멕시코 인프라개발기금(FONADIN)의 지원을 받아 프로젝트를 시행했다. 예외적으로 자체 자금 조달 프로젝트, 즉 비용을 충당하기에 충분한 수익을 창출하는 프로젝트는 예외이며, 일반적으로 이 경로를 따르는 두 정부 기관은 CFE(국영 전력 회사)와 PEMEX(국영 석유 회사)이다.

FONADIN은 보조금 대출 또는, 경우에 따라 보조금을 제공하는 것 외에도, 프로젝트의 예비 연구를 위한 보조금을 제공하고, 프로젝트 문서를 준비하며, 입찰 과정을 시행하는 데 있어 기관을 지원할 수 있다. 실제로 이는 2008년 FONADIN을 설립한 대통령령이 대부분의 PPP 프로젝트를 효과적으로 관리해 왔음을 의미하는데 해당 대통령령에 따라 FONADIN의 운영 규칙은 PPP 프로젝트를 식별, 평가 및 승인하는 범위와 과정 및 절차를 명시하고 있다.

출처: (FONADIN 2011)

그러나 잘 구조화된 PPP 계약이 건전한 위험 분배를 기반으로 하더라도 반드시 은행에서 자금을 조달할 수 있는 프로젝트로 이어지지는 않는다. *정부를 위한 고려 사항(Section 1.3.2)*에서 설명된 바와 같이, 민간 당사자에게 할당된 위험 수준이 너무 높으면 대출 기관이 대출 금리를 인상하거나 프로젝트에 대한 대출 의사를 감소시킬 수 있으며, 이로 인해 프로젝트가 실행 불가능하거나 자금을 조달할 수 없는 상태가 될 수 있다. 예를 들어, 지반 공학적 위험이나 자연재해 위험에 특히 높은 노출을 가진 프로젝트는 기후 변화와 관련하여 자금을 조달하기 어려울 수 있다(*Section 1.2.6 - 기후 변화와 자연재해* 참조). 일반적으로 정부와의 비즈니스에서 높은 위험이 있는 국가로 인식이 있는 국가, 즉 취약하거나 갈등 영향을 받는 국가에서의 프로젝트는 비슷한 문제에 직면하는 경우가 많다(*Section 1.2.5 - 취약하고 분쟁에 영향을 받는 국가의 인프라* 참조).

이러한 상황에서 정부는 계약을 조정하거나 추가 보증을 제공함으로써 더 많은 위험을 수용하여 프로젝트의 금융 가능성을 확보하거나, 정부 보조금이나 대출을 제공하여 민간 당사자가 자금을 조달해야 하는 정도를 줄일 수 있다. 이는 *Section 1.3.1 - PPP를 위한 금융 구조*에서 설명된 바와 같다. 그러나 이러한 수단에는 한계가 있는데, 위험 이전이 너무 약해져서 일치된 동기 의식에 효과적이지 않을 수 있으며, 정부가 감당하고 싶지 않은 재정적 비용이나 위험을 초래할 수 있다. 특히 민간 당사자가 본질적으로 부담하는 중대한 정치적 위험이나 정부의 부당한 행동 위험이 있는 경우, 이러한 방법이 효과적이지 않을 수 있다.

또 다른 옵션은 프로젝트 리스크의 일부를 신용 강화 또는 리스크 이전 수단을 통해 제3자에게 할당하는 것이다. 이러한 수단에는 보증, 보험 정책 또는 리스크 관리 전략이 포함되며, 이들은 일정한 수수료를 받고 제공자가 특정 상황으로 인한 계약 불이행 또는 손실에 대해 양도인(또는 그 대출자)을 보상하기로 동의한다. 이러한 수단 중 일부는 리스크 가격 책정 및 관리에 전문화된 보험 회사나 스왑 제공업체에 의해 제공된다. 다른 수단은 MIGA(다자간 투자 보증기구)와 같은 개발 금융 기관에 의해 제공되며, 이들은 양호한 자본 접근성, 명확한 임무, 다양한 리스크 성향을 가지고 있으며, 민간 부문 대출자보다 신흥 시장에 투자하는 데 관련된 특정 리스크를 평가하고 관리하는 데 더 적합하다 — 예를 들어 WB 2016h를 참조.

위험 완화 또는 신용 강화 상품은 크게 세 가지 유형으로 나뉘는데, 모든 위험에 대해 프로젝트의 선순위 부채 전체를 보장하는 전액 또는 포괄적 신용 보증, 모든 위험에 대해 프로젝트 부채의 일정 비율을 보장하는 부분 신용 보증, 특정 위험으로 인한 손실의 전부 또는 일부를 보장하는 다양한 부분 위험 상품이 있다.

APMG PPP 인증 가이드에서는 신용 강화 수단에 대해 설명한다(APMG 2016, Chapter 1, Section 7.4.2).

위험 완화 수단에 대한 일반적인 논의를 위해 OECD의 인프라 파이낸싱을 위한 수단과 인센티브 구조 분석 보고서 **OECD's report mapping instruments and incentives for infrastructure financing**(OECD 2015c)에서 다양한 수단 유형에 대한 포괄적인 설명을 제공하고 있으며, 아프리카 개발은행의 위험 완화 이니셔티브 **African Development Bank (AfDB) on the Initiative for Risk Mitigation**(Pierris 2012, 68-72)에서 몇 가지 사례를 제시하고 있다.

세계경제포럼 **World Economic Forum**(WEF 2016)은 최근 개발도상국 인프라에 대한 위험 완화 수단의 가용성과 사용에 대한 최근 평가를 수행했다.

이러한 위험 완화 또는 신용 강화 수단에 접근하는 것은 주로 프로젝트 자금을 조달하는 과정에서 민간 부문의 책임이다. 또한 정부는 프로젝트 구조를 설계할 때 신용 강화 옵션을 고려하고, 이를 시장에 내놓기 전에 잠재적인 제공업체와 협력할 수 있다. 특히 정부의 프로젝트에 대한 자체 약속을 뒷받침하기 위해 설계된 신용 강화의 경우 더욱 그렇다. 이렇게 하면 참여하지 않을 수도 있는 입찰자를 유치하고, 합리적인 가정을 바탕으로 입찰이 이루어지도록 하여 프로젝트에 대한 보다 경쟁력 있는 조달을 이끌어낼 수 있다.

Key Reference: PPP의 자금 조달 방법

참고 문헌(Reference)	설명(Description)
Farquharson, Edward, Clemencia Torres de Mästle, E. R. Yescombe, and Javier Encinas. 2011. *How to Engage with the Private Sector in Public-Private Partnerships in Emerging Markets.* Washington, DC: World Bank.	Chapter 5에서는 개발도상국에서 직면하는 도전 과제를 중심으로 PPP를 위한 민간 금융에 대한 개요를 제공한다.
Yescombe, E.R. 2007. *Public-Private Partnerships: Principles of Policy and Finance.* Oxford: Butterworth-Heinemann.	PPP 금융에 대한 포괄적인 내용을 제공한다. PPP를 맥락에 맞게 설명하고, PPP의 재무 분석이 공공 및 민간 양측의 투자 결정에 어떻게 영향을 미치는지 설명하며, 부채 금융 구조와 출처, PPP 금융 계획이 어떻게 구성되는지, 그리고 금융 요구 사항이 계약 조건에 어떻게 반영되는지를 다룬다.
Delmon, Jeffrey. 2015. *Private Sector Investment in Infrastructure: Project Finance, PPP Projects and PPP Frameworks.* 3rd edition. Alphen aan den Rijn, Netherlands: Wolters Kluwer.	PPP 금융에 관한 다양한 주제를 다루는데 여기에는 프로젝트 금융 구조와 일반적인 조건에 대한 소개(Chapter 2), PPP를 위한 일반적인 계약 체계(Chapter 3), 그리고 금융가능성(Chapter 4)이 포함된다.
Daube, Dirk, Susann Vollrath, and Hans Wilhelm Alfen. 2008. "A Comparison of Project Finance and the Forfeiting Model as Financing Forms for PPP Projects in Germany." *International Journal of Project Management* 26 (4) 376-387.	독일에서 프로젝트 금융의 대안으로 사용되는 포페이팅 모델을 설명하여 PPP 프로젝트의 자금 조달 비용을 낮추는 방법을 다룬다.
Ehrhardt, David, and Timothy C. Irwin. 2004. "Avoiding Customer and Taxpayer Bailouts in Private Infrastructure Projects: Policy toward Leverage, Risk allocation, and Bankruptcy." World Bank Policy Research Working Paper 3274. Washington, DC: World Bank.	높은 부채와 고위험 프로젝트가 결합되고, PPP 회사가 파산하는 것을 허용하지 않으려는 경향이 있을 때 PPP에서 발생할 수 있는 문제를 설명하고, 이러한 문제를 해결하기 위한 방안을 제안한다. 호주, 영국, 브라질, 멕시코의 PPP 사례를 포함하고 있다.

참고 문헌(Reference)	설명(Description)
Harris, Clive, and Sri Kumar Tadimalla. 2008. "Financing the Boom in Public-Private Partnerships in Indian Infrastructure: Trends and policy implications." Gridlines Note No. 45. Washington, DC: World Bank.	1990년대 중반 이후 PPP의 사용이 증가함에 따라 인도의 PPP 금융 구조가 어떻게 발전해 왔는지를 설명하고, 특히 부채 금융의 비율이 증가하고 있음을 언급하며, 몇 가지 정책적 시사점을 제공한다.
US. 2010. *Project Finance Primer.* Washington, DC: United States Government, Department of Transportation, Federal Highway Administration	미국의 고속도로 인프라를 위한 금융 메커니즘의 개요와 Chapter 4에서는 미국 정부가 도로에 대한 민간 투자자에게 신용 지원을 제공하는 세 가지 메커니즘을 설명하다.
IN. 2013b. *Guidelines for Formulation, Appraisal and Approval of Central Sector Public Private Partnership Projects.* New Delhi: Government of India, Ministry of Finance.	인도의 VGF(Viability Gap Financing) 제도는 민간 인프라 프로젝트에 자본 보조금을 제공하는 프로그램이다.
UK. 2010b. *Financing PFI Projects in the Credit Crisis and the Treasury's Response, Ninth Report of Session 2010-11*. London: House of Commons.	영국 재무부는 금융 위기에 대한 대응 방안을 설명하며, 금융기관으로부터 사금을 소날할 수 없는 프로젝트에 일반적 대출 조건으로 대출을 제공하기 위해 인프라 금융 부서를 설립했다고 밝혔다.
Farquharson, Edward, and Javier Encinas. 2010. "The U.K. Treasury Infrastructure Finance Unit: Supporting PPP financing during the global liquidity crisis." Public-Private Partnerships Solutions. Washington, DC: World Bank.	영국의 PFI(민간 자본 투자) 경험과 재정 위기 동안의 상황을 요약하고, 재무부 인프라 금융 부서(Treasury Infrastructure Finance Unit)에 대해 설명한다.
Burger, Philippe, Justin Tyson, Izabela Karpowicz, and Maria Delgado Coelho. 2009. "The Effects of the Financial Crisis on Public-Private Partnerships." IMF Working Paper WP/09/144. Washington, DC: International Monetary Fund.	글로벌 금융 위기가 PPP에 미친 영향과 새로운 프로젝트 및 기존 프로젝트에 대한 지원 제공이 정당화되는 상황을 조사한다.

참고 문헌(Reference)	설명(Description)
Foster, Richard. 2010. "Preserving the Integrity of the PPP Model in Victoria, Australia, during the Global Financial Crisis." Public-Private Partnerships Solutions. Washington, DC: World Bank.	빅토리아 주 정부가 글로벌 금융 위기에 대응하여 PPP 프로그램을 어떻게 조정했는지, 특정 재정 위험을 할당하는 방식에서 프로젝트별로 변경한 내용을 설명한다.
EPEC. 2009. *The Financial Crisis and the PPP Market: Potential Remedial Actions.* Luxembourg: European Investment Bank, European PPP Expertise Centre.	정부가 글로벌 금융 위기 동안 PPP를 지원할 수 있는 방법에 대한 아이디어를 제공하고 여기에는 조달 접근 방식의 변경, 주 정부 보증 제공 또는 공동 대출, 특히 단기 조치로서의 필요성, 그리고 다양한 유형의 투자자를 유치하기 위한 PPP 구조의 조정이 포함된다.
Latif, Qudeer. 2013. "An Introduction to Islamic Project Finance." Client Briefing. April 29. Dubai: Clifford Chance.	이 참고 자료는 샤리아 준수 프로젝트 금융 시장에 대한 개요와 몇 가지 최근 거래의 요약, 그리고 이러한 거래가 어떻게 구조화되고 조달되었는지를 제공한다.
Esty, Benjamin C., Fuaad A. Qureshi, and Mathew Mateo Millett. 1999. "Introduction to Islamic Finance." Harvard Business Review Case Study. August 6. Watertown, Massachusetts.	이슬람 금융의 원칙에 대한 기본적인 소개를 제공하며, 종교적 배경과 법적 기초를 포함한다. 또한 이슬람 금융 기관의 발전과 그들이 사용하는 금융 상품에 대해서 논의하고 마지막으로, 이 성장하는 글로벌 금융 시스템의 세그먼트에 대한 최근 발전과 미래의 도전에 대해 논의한다.
Karbani, Faizal. 2015. *Mastering Islamic Finance: A Practical Guide to Sharia-Compliant Banking, Investment and Insurance.* Upper Saddle River, New Jersey: FT Press.	이슬람 금융의 기본 원칙, 시장 응용 및 일반적인 관행에 대한 독자들을 안내한다.
Esty, Benjamin C. 2014. *Modern Project Finance: A Casebook.* Hoboken, New Jersey: John Wiley and Sons.	프로젝트 금융 거래에 대한 자세한 설명과 분석을 제공한다.

참고 문헌(Reference)	설명(Description)
Hoffman, Scott. 2007. *The Law and Business of International Project Finance: A Resource for Governments, Sponsors, Lawyers, and Project Participants. 3rd ed.* Cambridge, England: Cambridge University Press.	구상에서 협상, 채무 마감에 이르기까지의 완전한 프로젝트 금융 구조와 프로젝트의 어려움에서 성공적인 구조 조정에 이르기까지를 다룬다.
Finnery, John D. 2013. *Project Financing: Asset-Based Financial Engineering.* 3rd ed. Hoboken, New Jersey: John Wiley and Sons.	독자들이 주제에 익숙해질 수 있도록 프로젝트 금융 프로세스를 단계별로 검토한다.

Module

2

PPP 프레임워크 구축

PPP는 특정한 법적 및 제도적 지원 프레임워크 없이 일회성으로 시행될 수 있다. 그러나 성공적인 PPP 프로그램을 운영하는 대부분의 국가들은 견고한 PPP 프레임워크에 의존하고 있다. PPP를 선도하는 국가들은 PPP 프로그램과 프레임워크를 함께 구축하며 시행착오를 통해 배우고, 자신의 필요에 맞게 프레임워크를 조정해왔다. 현재 PPP 프로그램을 시작하거나 확장하려는 정부는 이러한 글로벌 경험으로부터 혜택을 받을 수 있다. 효율성과 좋은 거버넌스 요구 사항을 다룸으로써, 이들은 건전한 프로젝트 선정, 공정하고 경쟁력 있는 조달, 효과적인 공공 서비스 제공, 그리고 PPP 프로그램의 궁극적인 성공과 지속 가능성을 촉진하는 PPP 프레임워크를 설계하고 시행할 수 있다.

"PPP 프레임워크"는 PPP가 어떻게 식별되고, 평가되며, 선택되고, 우선순위가 매겨지고, 예산이 편성되며, 조달되고, 모니터링되고, 회계 처리될지를 정의하는 정책, 절차, 기관 및 규칙으로 구성된다. 또한 이러한 작업에 대한 책임이 누구에게 있는지를 명확히 한다. PPP 프레임워크를 구축하는 것은 정부의 PPP에 대한 의지를 전달하고, PPP 프로그램의 거버넌스에서 효율성을 촉진한다. 즉, 책임성, 투명성 및 청렴성을 증진시킨다. 이는 선정된 프로젝트가 정부의 개발 전략과 일치하고, 사회 전체에 가장 큰 경제적 수익을 창출하며, 정부가 과도한 재정적 위험에 노출되지 않도록 보장한다. 또한 이해관계자와의 상담이 체계적으로 이루어지고, 정당한 보상을 받을 자에게 공정한 보상이 지급될 것임을 보장한다. 이는 민간 부문의 관심을 높이고 PPP 프로그램에 대한 공공의 이해도를 증진시킨다. 이러한 핵심 원칙은 *Box 2.1-PPP를 위한 효율적인 거버넌스*에서 설명된다.

PPP 프레임워크 정의

단일 모델 PPP 프레임워크는 존재하지 않는다. 정부의 PPP 프레임워크는 일반적으로 시간이 지남에 따라 발전하며, 이는 종종 PPP 프로그램이 직면한 특정 과제에 대한 반응으로 나타난다. 프로그램 초기 단계에서는 PPP를 가능하게 하고, PPP 기회를 창출 및 홍보하는 데 중점을 두는 경우가 많다. 여러 PPP가 임시로 시행된 후에는 PPP 프로그램의 재정적 위험 수준에 대한 우려가 PPP 프레임워크를 강화하는 원동력이 될 수 있는데 이와 같은 경우, PPP 개발에 대한 통제를 강화하거나, 예를 들어 남아프리카공화국에서와 같이 PPP를 위한 공공 재정 관리를 개선하는 데 초점을 맞출 수 있다. 이러한 반복적인 과정의 초기 단계는 PPP 프로젝트가 공공 투자 프로젝트와 유사한 규정을 준수하도록 보장하기 위해 PPP 전용 기관, 규칙 및 절차를 도입하는 것을 포함하는 경우가 많다.

Box 2.1 PPP를 위한 효율적인 거버넌스

유엔 유럽경제위원회(UNECE)의 PPP에서 효율성 있는 거버넌스 증진에 관한 가이드북에서는 거버넌스를 단순히 무엇을 하는 것이 아니라 정부 활동의 과정과 일을 수행하는 방식으로 정의한다. 참조 가이드의 Module 2에 설명된 PPP 프레임워크의 모든 요소는 PPP 프로그램의 거버넌스에 기여한다. UNECE는 효율적인 거버넌스를 다음 6가지 핵심 원칙을 포함하는 것으로 설명한다.

효율성 — 자원을 낭비, 지연, 부패 또는 미래 세대에 불필요한 부담을 주지 않고 사용하는 것
책임성 — 정치적 행위자가 자신의 행동에 대해 사회에 얼마나 책임을 지는지를 나타내는 정도
투명성 — 의사 결정 과정에서의 명확성과 개방성
정당성 — 사람들에게 해를 끼치지 않으면서 규칙을 개발하고 시행하는 것
공정성 — 사회의 모든 구성원에게 규칙을 동등하게 적용하는 것
참여 — 모든 이해관계자의 참여

건전한 PPP 프레임워크를 구축하는 목적 중 하나는 PPP 프로젝트의 실행에서 이러한 좋은 거버넌스 원칙이 준수되도록 보장하는 것이다.

출처: (UNECE 2008, Section 2.1: Principles of Good Governance in PPPs)

PPP에 대한 경험이 쌓이면서 점진적으로 이러한 PPP 프레임워크는 일반적인 공공 투자 및 인프라 계획, 조달, 재정 관리 프로세스와 재통합될 수 있으며, 공공 투자 프로젝트를 실행하기 위한 하나의 옵션으로서 PPP는 다른 옵션과 동일한 기준에 직면하게 될 것이다. 동일한 기준을 유지하면 PPP가 표준 프로젝트의 견제와 균형 또는 재정적 제약을 우회하는 데 사용되는 것을 방지할 수 있다.

주어진 과제에 대한 최선의 해결책은 각국의 기존 법적 프레임워크, 투자 환경, 정부 기관 및 역량에 따라 다를 수 있다. *Box 2.2-칠레의 PPP 프레임워크*와 *Box 2.3-남아프리카공화국의 PPP 프레임워크*는 남아프리카와 칠레의 PPP 프레임워크에 대한 간략한 개요를 제공하며, 두 나라는 모두 모범 사례로 인정받는 PPP 프레임워크를 갖추고 있다.

포괄적인 PPP 프레임워크의 구성 요소에는 일반적으로 다음이 포함된다.

- 정부가 공공 서비스를 제공하기 위해 PPP를 사용하려는 의도에 대한 근거와 PPP 프로그램의 목표, 범위 및 실행 원칙을 정책적으로 설명한다.
- 법적 프레임워크는 PPP 프로그램을 뒷받침하는 법률과 규정으로, 정부가 PPP를 체결할 수 있도록 하고 PPP 실행 방식에 대한 규칙과 경계를 설정한다. 여기에는 PPP 관련 법률, 기타 공공 재정 관리 법률 및 규정 또는 부문별 법률 및 규정이 포함될 수 있다.
- 프로세스 및 기관의 책임-공공투자관리 시스템 내에서 PPP 프로젝트가 식별, 개발, 평가, 실행, 관리되는 단계와 그 과정에서 다양한 주체의 역할을 이상적인 방식으로 설명한다. 건전한 PPP 프로세스는 효율적이고 투명하며 일관되게 준수되어 PPP 프로젝트의 품질을 효과적으로 관리할 수 있다.
- 공공 재정 관리 접근법-미래 세대에 과도한 부담을 주지 않으면서 PPP가 비용 대비 가치를 제공하고 관련 재정 위험을 관리할 수 있도록 PPP에 따른 재정 투입을 통제, 보고, 예산을 책정하는 방법이다.
- 기타 조치-감사 기관, 입법부, 대중과 같은 다른 기관이 PPP 프로그램에 어떻게 참여하고, PPP를 실행하는 책임자에게 그들의 결정과 행동에 대한 책임을 지우는 방법에 대해서 설명한다. 본 모듈의 각 섹션에서는 PPP 프레임워크의 이러한 요소를 설명하며 실무자들을 위한 예시와 지침을 제공한다.

실제로 이러한 요소들은 밀접하게 상호 연관되어 있다. 예를 들어, PPP를 개발하는 과정을 잘 통제하려면 재정적 결과를 평가해야 하며, 이는 프로젝트 주기 각 단계에서 재무부의 통제가 필요하다는 것을 의미한다. 이는 PPP 프로그램의 건전한 공공 재정 관리를 위해 필수적이다. PPP에 대한 재정적 약속에 대한 포괄적인 공개 보고는 PPP 프로그램에 대한 효과적인 감독을 가능하게 한다. 본 모듈에서는 이러한 연계성을 중점적으로 다룬다.

Box 2.2 칠레의 PPP 프레임워크

칠레는 PPP 경험이 풍부하고 PPP 프레임워크가 잘 정의된 국가이다. 2015년 현재 칠레는 도로, 공항, 교도소, 저수지, 도시 교통, 병원 및 기타 부문에서 59개의 프로젝트가 진행 중이며 총 투자 규모는 108억 달러에 달한다.

칠레에서 PPP의 사용은 1991년 법령 164호에 의해 활성화되었으며, 이 법령은 오늘날에도 여전히 사용되고 있는 프레임워크의 대부분을 규정하고 있다. 이 프레임워크는 2010년에 양허법에 의해 업데이트되었다.

양허법은 PPP 개발 및 시행을 위한 제도적 책임과 절차를 명시하고 있는데, 칠레 공공사업부(MOP)의 양허 부서는 칠레의 모든 PPP에 대한 시행 기관 역할을 한다. MOP는 정부 기관이나 민간 투자자로부터 제안을 받을 수 있다.

이 기관은 명확하게 정의된 프로세스에 따라 프로젝트를 평가하는데, 프로젝트가 좋은 PPP 후보로 간주되면, MOP 양허 부서는 입찰 서류를 준비하고 입찰과정을 관리하며 법령에 따라 낙찰자를 선정하여 발표한다. 그런 다음 이 부서는 프로젝트 기간 동안 양허권자로부터 정기적인 보고를 받고, 받은 정보를 확인하기 위해 추가 감사를 요청할 수 있으며, 계약에 필요한 모든 변경 사항을 관리하면서 PPP 계약을 관리한다. 국가 계획청은 프로젝트의 기술적 경제적 분석을 검토하고 승인한다. 공공사업부 장관이 이끄는 양허위원회(공공사업부 장관이 선정한 고문과 칠레 대학의 토목공학, 경제 및 경영학, 법학, 건축학과를 대표하는 4명의 다른 고문으로 구성)가 PPP로 프로젝트 실행을 위한 초기 결정을 승인한다.

재무부는 PPP 입찰 문서와 입찰 과정 중 변경된 사항 및 계약 기간 동안 이루어진 중대한 변경 사항을 승인한다. 또한 재무부 장관은 낙찰자에게 PPP 계약을 수여하는 법령에 서명하는데, 이러한 책임을 관리하기 위해 재무부는 모든 프로젝트를 승인하기 전에 검토하고 계약 초기 및 계약 기간 동안 매년 정부 부채의 가치를 계산하는 우발 채무 부서를 설립했다. 칠레는 매년 상세한 우발채무 보고서를 통해 PPP 프로젝트에 대한 약정을 공개한다. PPP 프로그램에 대한 정보는 예산 문서에도 포함되어 있다. 칠레 재무부는 예산 집행 절차 및 계약에 명시된 이정표에 따라 PPP 계약에 명시된 대금을 지급한다. 이러한 지급은 프로젝트 승인 단계에서 재무부의 사전 승인을 받았다. 지출은 재정 위험에 미치는 영향을 최소화하기 위해 구조화되어 있다. 예를 들어, 수요 보증지급은 일반적으로 수요 부족이 발생한 다음 해에 그 금액이 확정되면 지급된다.

양 당사자는 프로젝트 실행 중에 발생한 분쟁을 기술 자문단에 제기할 수 있다. 기술 자문단이 제안한 해결책으로 문제가 해결되지 않는 경우, 양 당사자는 중재위원회 또는 산티아고 항소법원에 문제를 제기할 수 있다.

출처: (CL 2010a); (CL 2010b); (CL 2016)

PPP 프레임워크의 전형적인 구성 요소에 대한 자세한 내용은 **Farquharson** 외(Farquharson et al. 2011, 15-16) 및 **Yong**(Yong 2010, 30)에서 확인할 수 있으며, 두 문헌 모두 간략한 개요를 제공한다. OECD의 PPP 공공 거버넌스에 대한 권고안 **The OECD's recommendation on public governance of PPPs**(OECD 2012) 또한 정부가 PPP를 관리하는 데 있어 지침 원칙을 제시하고 있다. 이 권고안은 세 가지 영역을 다루고 있다: (1) 유능하고 자원이 잘 갖춰진 당국에 의해 지원되는 명확하고 예측 가능하며 합법적인 제도적 프레임워크를 구축하는 것; (2) PPP의 선택을 비용 대비 가치를 기반으로 하는 것; (3) 예산 프로세스를 투명하게 사용하여 재정적 위험을 최소화하고 조달 프로세스의 무결성을 보장하는 것이다. 이러한 원칙은 민간 부문의 인프라 참여에 대한 이전 OECD 원칙(OECD 2007b)을 바탕으로 하고 있는데, 다양한 국가의 PPP 프레임워크에 대한 자세한 평가는 다음에서 확인할 수 있다.외

Box 2.3 남아프리카공화국의 PPP 프레임워크

남아프리카공화국은 상당한 PPP 경험을 가진 또 다른 국가이다. 2000년부터 2014년 4월까지 남아프리카공화국은 24개의 국가 및 지방 차원의 PPP 프로젝트를 시행하였으며, 총 투자액은 83억 5천만 달러를 초과한다. 국가 및 지방 PPP를 규율하는 법률은 1999년 공공 재정 관리법에 따라 발행된 재무 규정 제16호이다. 규정 제16호는 PPP 프로세스, 요구 사항 및 승인, 그리고 기관의 책임을 규정하고 있다. 지방 PPP는 지방 재정 관리법과 지방 시스템 법에 의해 규율된다. 또한, 지방 PPP 규정은 대략적으로 재무 규정 제16호의 요구 사항을 반영하고 있다.
PPP 프로세스와 기관의 책임은 상세한 PPP 매뉴얼에 설정되어 있는데 이 매뉴얼은 재무 규정이 어떻게 해석되어야 하는지를 설명하고, PPP 프로세스의 각 단계에서 자세한 지침을 제공하며, 각 단계는 별도의 파트로 구성되어 있다. 매뉴얼의 각 파트는 국가 재무부의 실무 지침으로 발행되며, 개별적으로 업데이트될 수 있다. 유사한 매뉴얼인 지방 서비스 제공 및 PPP 지침은 지방 PPP에 대한 지침을 제공한다.

PPP 프로젝트의 실행 책임은 계약 당국에 있다. 계약 당국은 PPP 프로젝트를 식별하고 평가하며, 매뉴얼에 명시된 상세한 지침과 요구 사항(각 단계에 대한 체크리스트 및 표준 양식 포함)에 따라 우승 입찰자를 선정하기 위한 입찰 과정을 관리해야 한다. 계약 당국은 계약 기간 동안 PPP를 관리할 책임이 있으며, 여기에는 프로젝트가 성과 기준을 충족하는지 확인하고, 분쟁을 해결하며, 기관/지방 자치단체의 연례 보고서에 PPP에 대한 보고를 포함한다.

PPP 승인은 국가 및 지방 차원에서 재무부에 의해 이루어진다. 지방자치단체의 PPP는 재무부의 의견과 권고를 받아야 한다. 프로젝트는 다음 네 가지 시점에서 승인을 위해 제출된다: (1) 타당성 조사가 완료된 후; (2) 입찰 문서가 준비된 후; (3) 입찰이 접수되고 평가된 후; (4) 협상이 완료되고 PPP 계약이 최종 형태에 이른 후. 재무부는 2004년에 모든 PPP 제출을 검토하고 승인을 추천하기 위해 PPP 부서를 설립하였는데 재무부의 평가는 특히 PPP 프로젝트의 비용 대비 가치와 적정성에 중점을 둔다.

PPP 의무에 대한 지불은 연간 예산 편성 과정을 통해 이루어진다. 남아프리카공화국 회계 기준 위원회는 PPP에 대한 공공 부문 회계 지침을 발표하였다. PPP 매뉴얼 또한 PPP에 대한 감사 요구 사항을 규정하고 있는데, 감사 총장은 계약 당국에 대한 연간 감사에서 PPP 규정의 요구 사항이 충족되었는지 확인하고, 재정적 영향이 기관이나 지방 자치단체의 회계에 반영되었는지를 점검해야 한다. 감사 총장은 또한 불규칙성이 의심되는 경우 포렌식 감사를 수행할 수 있다.

출처: (ZA 2004a); (Burger 2006); (Irwin and Mokdad 2010)

- **The Economist Intelligence Unit(EIU)의 인프라스코프** 지수는 특정 국가의 PPP 환경을 평가하여 지속 가능한 PPP를 수행할 준비가 되어 있는지를 판단한다. 국가를 평가하는 데 사용되는 변수에는 위에서 설명한 PPP 프레임워크 요소들뿐만 아니라, PPP에 대한 국가의 운영 경험, 자금 조달 가능성 및 자금 지원 메커니즘, 전반적인 투자 환경 등이 포함된다. 이 시리즈에는 **라틴 아메리카 및 카리브해 지역을 위한 EIU 인프라스코프 지수**(EIU 2014b, 미주개발은행의 다자간 투자 기금(MIF) 위탁), **아시아-태평양 지역을 위한 EIU 인프라스코프 지수**(EIU 2014a, 아시아개발은행(ADB) 위탁), **동유럽 및 독립국가연합(CIS)을 위한 EIU 인프라스코프 지수**(EIU 2012, 유럽부흥개발은행(EBRD) 위탁), **아프리카의 PPP 환경을 평가하는 EIU 인프라스코프 보고서**(EIU 2015, 세계은행 위탁)가 포함된다.
- Irwin과 Mokdad의 논문 PPP에서의 우발적 부채 관리 **Irwin and Mokdad's paper on managing contigent liabilities in PPPs**(Irwin and Mokdad 2010)는 호주, 칠레, 남아프리카 공화국의 PPP 승인, 분석 및 관리 접근 방식을 설명하며, 재정 관리에 중점을 두고 있다.

- PPP 지식 연구소 **PPP Knowledge Lab**에는 다자간 기구에서 PPP 프레임워크를 평가하고 개선하기 위해 설계한 일련의 도구에 대한 링크가 포함되어 있다.
- OECD의 "공공-민간 파트너십의 공공 거버넌스 원칙"(OECD 2012)은 제도적 설계, 규제, 경쟁, 예산 투명성, 재정 정책 및 모든 정부 수준에서의 청렴성을 통해 가치를 극대화하는 방법에 대한 권장 사항을 제공한다.
- 공공-민간 파트너십을 위한 국가 준비 진단 **Country Readiness Diagnostic for Public-Private Partnerships**(WB 2016a)은 세계은행의 도구로, 현재 상태를 파악하고 이를 모범 사례와 비교하여 격차를 확인하는 데 도움을 준다.
- 세계은행 PPP 조달 벤치마킹 2017 **World Bank Benchmarking PPP Procurement 2017**(WB 2016b)은 82개 경제에서 공공-민간 파트너십 조달 프로세스를 규율하는 규제 프레임워크를 벤치마킹하고, 이러한 데이터를 국제적으로 인정받는 모범 사례와 비교하여 평가한다.
- PPP 프로젝트 공개 프레임워크 **Framework for Disclosure in PPP project**(WB 2015a)는 프로젝트 정보를 적극적으로 공개하기 위한 시스템적 구조에 대한 일련의 권고사항과 함께 PPP 정보 공개 프레임워크 및 관행에 대한 세계은행의 검토 보고서이다.

PPP 프레임워크는 다양한 방식으로 도입될 수 있다. 일반적으로 사용 가능한 옵션은 해당 국가의 법률 시스템과 정부 정책, 절차, 제도 및 규칙을 수립하는 규범에 따라 달라진다. 여기에는 다음이 포함될 수 있다.

- 정책 성명서-공통법 전통을 가진 선진국에서는 PPP 정책 성명서가 일반적으로 PPP 프로그램의 근거, 목표, 범위 및 시행 원칙을 설정한다. 이는 *Section 2.1-PPP 정책*에서 더 자세히 설명된다. 정책 성명서는 또한 목표와 원칙이 어떻게 실행될 것인지에 대한 절차, 기관 및 규칙을 개략적으로 설명할 수 있다.
- 법률 및 규정-*Section 2.2-PPP 법적 프레임워크*에서 더 자세히 설명된 바와 같이, 민법 국가에서는 PPP를 추진하기 위해 법률이 필요하며, PPP가 어떻게 시행될 것인지에 대한 규칙을 설정한다. 많은 공통법 국가에서도 PPP 프레임워크에 대한 보다 구속력 있는 형태의 약속으로 PPP 법률을 도입하는데, 이는

전용 PPP 법률일 수도 있고, 보다 광범위한 공공 재정 관리법의 구성 요소일 수도 있으며, 행정 명령, 대통령 포고령, 규정과 같은 하위 법령 또는 이들의 조합일 수 있다.

- 지침 자료, 예를 들어 매뉴얼, 핸드북 및 기타 도구들은 PPP 절차를 사전에 설정하는 데 사용되거나, 정책 성명서나 법률을 보완하기 위해 시간이 지남에 따라 개발될 수 있으며, 이는 좋은 관행을 정리한 것이다. *Module 3-PPP 프로젝트 실행*에서는 예시를 제공하고, 국가 PPP 프로그램에서의 양질의 지침 자료의 여러 사례를 참고한다.

분야 간 PPP 프레임워크 외에도 해당 분야 차원의 정책이나 법률은 PPP의 사용을 가능하게 하고 해당 분야 내에서 PPP를 위한 프레임워크를 만들 수 있다. 많은 PPP 프로그램이 이러한 접근법을 조합하여 사용한다.

2.1

PPP 정책

정부가 PPP 프레임워크를 구축하는 첫 번째 단계는 PPP 정책을 명확하게 설명하는 것이다. PPP 정책은 국가마다 다른 방식으로 사용되는데 본 참조 가이드에서는 PPP 정책을 사용하여 공공 서비스를 제공하기 위한 조정 과정으로 PPP를 사용하려는 정부의 의도와 해당 조정 과정에 대한 지도 원칙을 의미한다. PPP 정책에는 일반적으로 다음이 포함된다.

- PPP 근거/프로그램 목표 - 정부가 PPP 프로그램을 추진하는 이유
- PPP 프로그램 범위 - PPP 정책에 따라 추진되는 프로젝트 유형
- 이행 원칙 및 거버넌스 마련 - PPP 프로그램이 목표를 달성할 수 있도록 PPP 프로젝트를 이행하는 방법

다음 섹션에서는 여러 국가가 PPP 프로그램의 목표, 범위, 이행 원칙을 어떻게 정의하는지 예를 들어 설명한다.

많은 정부는 PPP를 사용하겠다는 의도와 그 결정의 근거를 공무원, 대중 및 잠재적 투자자에게 전달하기 위해 PPP 정책 성명서나 문서를 발행한다. 이 정책 성명서는 PPP가 어떻게 실행될 것인지도 설명하는데, OECD의 인프라 투자 촉진에 관한 보고서 **OECD's report on fostering investment in infrastructure**(OECD 2015b, 16-17)는 민간 참여에 대한 안정적인 정부 입장의 중요성을 강조한다. 다음 섹션에서는 몇 가지 PPP 정책 문서의 예시를 언급한다. 다른 국가들은 이러한

PPP 정책 요소를 PPP 법률 및 규정 또는 지침 자료에 통합하기도 한다. PPP 정책은 *Section 2.3 - PPP 프로세스 및 기관의 책임*에서 더 자세히 설명된 바와 같이 보다 포괄적인 공공 투자 또는 인프라 정책 프레임워크의 혜택을 본다.

2.1.1 PPP 프로그램 목표

각국 정부는 다양한 이유로 PPP 프로그램을 추진한다. 일부 국가는 특정 분야의 위기를 해결하거나 병목 현상을 제거하기 위해 PPP를 사용하기 시작한다. 예를 들어, 남아프리카공화국에서는 도로 부문에서 더 많은 고속도로를 건설하기 위해 처음으로 PPP가 사용되었다. 필리핀에서는 많은 초기 PPP가 전력 부문에서 이루어졌으며, 국영 전력 회사가 전력 위기를 해결하기 위해 독립 전력 생산자와 계약을 체결했다. 두 경우 모두 PPP의 사용은 이후 다른 분야로 확장되었다.

대부분의 정부는 PPP 정책을 수립하고 문서화할 때 광범위한 PPP 프로그램 목표를 설정한다. 이러한 목표의 선택과 상대적 우선순위는 정부의 다른 정책과 우선 순위에 따라 결정된다. 여기에는 다음이 포함될 수 있다.

- 민간 금융을 활용하여 인프라에 대한 투자 확대 지원
- 인프라에 대한 전체 수명 비용 접근 방식 장려
- 최종 사용자에 대한 서비스 품질에 중점
- 인프라의 민간 운영을 통한 추가 관리 역량 확보
- 인프라 및 공공 서비스 제공에 있어 비용 대비 가치 달성
- 인프라 및 공공 서비스 제공에 대한 책임성 향상
- 민간 부문의 혁신과 효율성 활용
- 국가의 성장과 발전 촉진

*Table 2.1 - PPP 프로그램 목표 예시*에서는 각국의 PPP 정책 성명서 또는 법률에 명시된 PPP 프로그램 목표의 예를 제공한다.

Table 2.1 PPP 프로그램 목표 예시

국가(Country)	참고 문헌(Reference)	PPP 목표(PPP Objectives)
호주	National PPP Policy Framework (AU 2016b, 3)	PPP의 목적은 "적절한 위험 양도를 통해 개선된 서비스와 더 나은 가성비를 제공하고, 혁신을 장려하며, 자산 활용도를 높이고, 민간 자금에 의해 뒷받침되는 통합된 생애주기 관리로 운영"하는 것이라고 설명하고 있다.
인도네시아	Regulation of Government Cooperation with Business Entity in the Supply of Infrastructure (ID 2005, Chapter II Article 3)	정부와 민간 부문 간 협력(PPP를 통한)의 목적은 다음과 같다. • 민간 부문의 자금 동원을 통해 인프라 공급의 지속 가능한 자금 수요를 충족하기 위함 • 건전한 경쟁을 통해 서비스의 양, 질 및 효율성을 개선하기 위함 • 인프라 공급에 있어 관리 및 유지 관리의 질을 향상시키기 위함 • 이용자 요금 원칙의 사용을 장려하되, 특정 경우에는 사용자의 지불 능력을 고려하기 위함
상파울루(브라질)	Law 11688 (SP 2004a, Article 1)	PPP 프로그램의 목적은 "민간 부문 주체들의 활동을 촉진하고, 조정하며, 규제하고 감시하는 것"으로, 이들이 협력자로서 공공 정책의 실행에 참여하여 주(state)의 발전과 공동 복지 증진을 목표로 한다고 명시되어 있다.
멕시코	PPP Law (MX 2012, Ley de Asociaciones Publico Privadas, Art.1)	PPP 프로그램의 목적은 국가 내 사회 복지 향상과 투자 수준 증대를 목표로 한다고 명시되어 있다.

2.1.2 PPP 프로그램 범위

많은 정부는 PPP 프로그램의 범위를 특정 유형의 프로젝트(또는 계약)로 제한하기로 선택한다. 그 목적은 정부의 목표를 달성하고 가치를 제공할 가능성이 가장 높은 프로젝트에 집중하는 것이다. 정부는 다음 중 하나 이상의 기준에 따라 PPP 프로그램의 범위를 정의할 수 있다.

- PPP 계약 유형 - PPP에 대한 일관된 국제 정의는 없다. 이 용어는 *Section 1.1 - PPP란 무엇인가? '민관협력사업' 정의*에서 제시된 다양한 계약 유형을 설명한다. 일부 국가는 자국의 PPP 정책에 포함되는 계약 유형을 필터링한다. 이러한 접근 방식의 근거는 정부의 정책 목표와 가장 일치하는 계약 유형에 우선순위를 두기 위함일 수 있다. 또한 PPP 프레임워크의 요구 사항과 프로세스가 언제 적용되는지를 명확히 하는 것이 중요하다. 예를 들어, 인도의 국가 PPP 정책 초안에는 PPP에 사용할 수 있는 계약 유형(엔지니어링 - 조달 - 건설(EPC) 계약 및 자산 매각)을 명시하고 있다. 브라질의 *법률 11079*, 연방 PPP 법(BR 2004a)과 칠레의 공공사업 양허법 및 규정 *Ley y Reglamento de Concesiones de Obras Públicas*(CL 2010b)은 모두 계약 기간에 대한 제한을 정의하고 있다.
- 분야 - PPP 프로그램은 투자나 서비스 성능 개선이 가장 필요한 부문이나 PPP가 가장 성공할 것으로 예상되는 부문으로 제한될 수 있다. 예를 들어, 싱가포르의 PPP 정책은 다른 유사 국가들이 PPP에서 입증된 성공을 거둔 부문으로 PPP의 사용을 제한한다. 일부 국가는 물, 교육 또는 건강과 같이 너무 민감하다고 여겨지는 부문을 제외한다. EPEC의 유럽 PPP에 대한 보고서 **EPEC report on European lessons with PPPs**(EPEC 2015)는 벨기에, 프랑스, 그리스, 네덜란드, 아일랜드와 같은 국가에서 특정 부문에 대한 PPP의 사용에 대해 논의하고 있다.
- 프로젝트 규모 - 많은 정부는 PPP 프레임워크에 따라 시행되는 PPP 프로젝트의 최소 규모를 정의한다. 상대적으로 높은 거래 비용 때문에 소규모 PPP 프로젝트는 의미가 없을 수 있지만, 소규모 PPP가 성공한 몇 가지 사례가 있다는 증거도 있다. 싱가포르에서는 PPP가 5천만 달러 이상의 추정 자본 가치

를 가진 프로젝트에 대해서만 추진된다. 브라질이 PPP 법(BR 2004a)을 통과시킬 때, PPP 법에 따라 시작되는 개별 프로젝트의 최소 규모를 2천만 헤알(당시 690만 달러)로 설정했다.

*Table 2.2 - PPP 정책 범위의 정의 예시*는 다양한 국가들이 PPP 프로그램의 범위를 어떻게 정의했는지에 대한 더 많은 세부 정보를 제공한다. 또한, 케냐, 탄자니아, 인도와 같은 특정 국가들은 소규모 프로젝트를 위한 특별 프로그램을 운영하고 있다. 이러한 내용은 소규모 PPP의 동향에 대한 검토 **review of trends in small-scale PPPs**(Ahmad and Shukla 2014)에서 더 자세히 설명되어 있다.

Table 2.2 PPP 정책 범위의 정의 예시

국가 (Country)	참고 문헌 (Reference)	정책 범위 (PPP Policy Scope)
호주	National PPP Guidelines-PPP Policy Framework (AU 2016b, Section 3.1.3, 6)	프로젝트 규모 - 비용 대비 가치 고려 사항으로 인해 PPP는 5천만 달러 이상의 프로젝트에만 적용될 가능성이 높다.
브라질	National PPP Law (BR 2004a, Law 11079, Article 2, paragraph 4)	계약 유형 - 브라질에서 PPP로 간주되는 계약 유형은 두 가지뿐이다: 후원형 양허 계약 - 민간 당사자의 수익은 사용자 요금과 정부 보조금에서 발생하며; 행정형 양허 계약 - 민간 당사자의 모든 수익은 정부 보조금에서 발생한다. 정부 보조금이 필요 없는 양허 계약은 브라질에서 PPP로 간주되지 않는다. 법률에 따르면, PPP로 간주되기 위해서는 양허 계약이 최소 5년 이상이어야 한다. 프로젝트 규모 - PPP는 US 40만달러 이상의 프로젝트에만 사용된다.
칠레	Concessions Law (CL 2010b, Law 20.410)	계약 유형 - 법률에 따라 양허 계약의 최대 기간은 50년으로 규정되어 있다. 분야 - 법률에서는 특정 분야를 명시하지 않는다.

국가 (Country)	참고 문헌 (Reference)	정책 범위 (PPP Policy Scope)
콜롬비아	National PPP Law (CO 2012a, Law 1508, Articles 3 and 6)	계약 유형 - PPP 계약은 항상 민간 투자자가 운영 및 유지 관리에 대한 책임을 지도록 해야 하며, 계약 기간은 30년 이하이어야 한다(프로젝트가 더 긴 경우, 국가 경제 및 사회 정책 위원회의 승인이 필요하다). 프로젝트 규모 - 프로젝트에 대한 총 투자액은 6,000 smmlv(즉, 최소 법정 월급 기준) 이상이어야 하며, 이는 약 1,460,000달러에 해당한다.
인도네시아	Presidential Regulation No. 67 (ID 2005, Peraturan Presiden No. 67)	분야 - 다음의 여덟 가지 적격 인프라 분야를 명시한다: 교통(항구 및 철도); 도로; 수자원(담수 흐름을 위한 수로); 식수 분배; 폐수; 통신; 전력; 석유 및 천연가스.
멕시코	PPP Law (MX 2012, Ley de Asociaciones Publico Privadas)	계약 유형 - PPP를 공공 부문 또는 일반 대중에게 서비스를 제공하기 위해 공공 및 민간 기관 간의 장기 계약 관계로 정의하며, 사회적 복지와 국가 내 투자 수준을 높이기 위해 인프라가 제공되는 경우를 포함한다. 계약 기간은 40년을 초과할 수 없으며(연장 포함), 40년을 초과하는 계약은 법적으로 승인되어야 한다.
세네갈	PPP Contracts Law and Order of Application (SN 2015, Loi Relative aux Contrats de Partenariat et Decret d'Application)	분야 - PPP 조항은 특별 규정의 적용을 받는 분야, 특히 광업, 통신 및 에너지를 제외한 모든 분야에 적용된다.

2.1.3 시행 원칙

PPP 정책은 종종 PPP 프로젝트가 시행될 때 따르는 일련의 시행 원칙을 포함한다. 이러한 원칙은 PPP를 시행하는 책임이 있는 사람들이 어떤 기준에 따라 책임을 져야 하는지를 규정하는 지침 규칙 또는 행동 강령이다. 이러한 원칙을 실제로 어떻게 적용할 것인지에 대한 규정과 절차는 PPP 정책 프레임워크를 지원하는 경우가 많다. 예를 들어, *Box 2.4 - 페루의 PPP 시행 원칙*에서는 페루의 국가 PPP 법에 따라 설정된 시행 원칙을 나열하고 있다. 강력한 지침 원칙의 다른 예는 다음과 같다.

- 카르나타카 주 정부의 인프라 정책 **State Government of Karnataka Infrastructure Policy**(KAR 2015, 9-20)에서는 그들의 터치스톤 원칙(Touchstone Principles)을 설명하고 있다.
- 호주 국가 PPP 정책 프레임워크 **Australia's National PPP Policy Framework** (AU 2016b, 11-12)는 다음의 아홉 가지 원칙을 제시하고 있다: 비용 대비 가치, 공공의 이익, 위험 분담, 성과 지향, 투명성, 책임성, 수정된 자금 조달 및 금융, 지속 가능한 장기 계약, 시장 참여.
- 브라질 연방 PPP 법 **Brazil's Federal PPP Law**(BR 2004a, Law 11079, Article 4)은 PPP 사용을 위한 일곱 가지 원칙을 규정하고 있다. 효율성, 사용자 및 관련 민간 주체의 이익 존중, 규제, 사법 및 법 집행 책임의 비양도성, 투명성, 객관적인 위험 분담, 그리고 재정적 지속 가능성.
- 브라질 상파울루 주의 PPP 법 **PPP Law of the State of São Paulo,** Brazil(SP 2004a, Law 11688, Article 1)은 PPP 설계 및 실행을 안내하는 여덟 가지 원칙을 규정하고 있는데, 여기에는 효율성, 최종 사용자의 이익 존중, 필수 재화 및 서비스에 대한 보편적 접근, 투명성, 재정적, 사회적 및 환경적 책임이 포함된다.
- 인도네시아의 대통령 규정 제67호 **Indonesia's Presidential Regulation No. 67**(ID 2005, Article 6)은 PPP 프로그램에서 투명성, 공정한 고려 및 경쟁을 촉진하는 PPP 원칙을 제시하며, 공공 및 민간 당사자 간의 "윈-윈" 구조를 강조하고 있다.
- 콜롬비아의 국가 PPP 법률 **Colombia's National PPP Law**(CO 2012a, Law 1508, Articles 4 and 5)은 국가의 PPP 정책의 핵심 원칙인 효율성, 필요성 및 효율적인 위험 분배를 규정하고 있는데, 이 법률은 또한 민간 투자자에게 지급되는 모든 금액이 계약적으로 설정된 수준의 인프라 가용성에 조건부임을 명시하고 있다.

• 자메이카의 PPP 정책 **Jamaica's PPP Policy**(JM 2012)는 네 가지 지침 원칙을 설정하고 있다: 최적의 위험 이전, 공공을 위한 가치 창출, 재정적 책임, 그리고 청렴성과 투명성 유지이다.

Box 2.4 페루의 PPP 시행 원칙

페루의 PPP 정책은 법령 제1012호에 명시되어 있다. 제5조에서는 PPP 프로그램에 대한 다음과 같은 지침 원칙을 정의하고 있다.

가치 극대화(Value for Money): 민간 사업자가 제공하는 공공 서비스는 주어진 비용에 대해 더 나은 품질을 제공하거나, 주어진 품질의 결과물에 대해 더 낮은 비용을 제공해야 한다. 이는 정책이 사용자 만족도를 극대화하고 공공 자원의 사용을 최적화하는 방법이다.

투명성(Transparency): PPP의 평가, 개발, 실행 및 모니터링 단계에서 의사 결정을 위해 사용되는 모든 정량적 및 정성적 정보는 투명성과 공공 정보 접근법 제3조에 따라 공개되어야 한다.

경쟁(Competition): 공공 인프라 및 서비스 제공의 효율성과 비용 절감을 보장하기 위해 경쟁을 추구해야 한다. 정부는 반경쟁적이거나 담합적인 행동을 피해야 한다.

적절한 위험 분담(Adequate Risk Allocation): 공공과 민간 당사자 간에 적절한 위험 분담이 이루어져야 한다. 이는 위험이 공공의 이익과 프로젝트의 특성을 고려하여 가장 낮은 비용으로 위험을 관리할 수 있는 당사자에게 할당되어야 함을 의미한다.

예산 책임(Budgetary Responsibility): 이는 PPP 계약 이행과 관련된 확정적 및 우발적 재정 약속을 공공 재정의 지속 가능성이나 공공 서비스의 정상적인 제공을 저해하지 않고 감당할 수 있는 정부의 능력을 정의한다.

출처: (PE 2014)

Key References: PPP 정책 예시

참고 문헌(Reference)	설명(Description)
AU. 2016b. *National Public Private Partnership–Policy Framework*. Canberra: Commonwealth of Australia.	정책 목표, 범위, PPP로서의 프로젝트 평가 및 PPP 적용 원칙을 설정한다.
ID. 2005. *Peraturan Presiden Republik Indonesia Nomor 67 Tahun 2005*. Jakarta: President of the Republic of Indonesia.	인도네시아의 PPP 프로그램의 목적, 범위 및 원칙을 설정하고, PPP 프로세스와 책임을 정의한다.

참고 문헌(Reference)	설명(Description)
SP. 2004a. *Lei No. 11.688 de 19 de maio de 2004*. São Paulo: Governo do Estado de São Paulo.	PPP 프로그램의 목표를 설정하고, PPP 관리 위원회, 상파울루 파트너십 공사, 그리고 기획 비서실 내의 PPP 부서를 창설한다. 또한 민간 파트너의 책임을 규정하고, PPP 계약에 대한 규칙을 설정한다.
MX. 2012. *Ley de Asociaciones Público Privadas. Mexico City*: Gobierno de México, Cámara de Diputados.	멕시코의 PPP 프로그램에 대한 범위, 원칙 및 프로세스를 설정한다.
BR. *2004. Lei No. 11.079 de 30 de dezembro de 2004*. Brasília: Presidência da República, Casa Civil.	PPP(공공-민간 파트너십)를 정의하고, 입찰 프로세스 및 계약 설계에 대한 요구 사항을 포함한 PPP 프로세스를 설명한다. 또한 PPP 프로그램을 위한 제도적 틀을 설정한다.
CL. 2010b. *Ley y Reglamento de Concesiones de Obras Públicas: Decreto Supremo MOP Nº 900.* Santiago: Gobierno de Chile, Ministerio de Obras Públicas.	이 법은 양허 위원회를 설립하고, 계약 기관이 수행해야 하는 모든 준비 활동을 정의하며, 조달 프로세스를 설정하고, 권리와 책임을 규정하며, 변경 사항을 처리하는 프로세스를 수립한다.
CO. 2012a. *Ley 1508 de 10 de enero de 2012.* Bogotá: Congreso de Colombia.	콜롬비아의 PPP 프로그램에 대한 범위, 원칙 및 프로세스와 프로젝트 개발을 위한 기관의 책임을 규정한다.
SG. 2012. *Public Private Partnership Handbook. Version 2.* Singapore: Government of Singapore, Ministry of Finance.	싱가포르의 PPP를 소개하고, 구조 및 조달, 관리하는 프로세스를 설명한다. 더불어 싱가포르의 PPP 프로그램의 범위를 정의하고 있다.
PE. 2014. *Ley No. 30167: Ley que Modifica el Decreto Legislativo 1012.* Lima: Presidente de la Republica del Peru.	이 법령은 국가 법률로서, 해당 국가의 PPP 정책을 수립하였는데 이는 PPP의 정의 및 분류와 정책의 실행을 안내할 원칙을 제시하고, 제도적 틀을 정의하며, 페루에서의 PPP에 대한 재정 규칙을 구성하고 있다.

참고 문헌(Reference)	설명(Description)
KAR. 2015. *Proceedings of the Government of Karnakata: Amendments to the Karnataka Infrastructure Policy, 2007.* Bengaluru, India: Government of Karnataka.	카르나타카 주 PPP 관련 정책, 조달 원칙 및 PPP 팀의 구성과 조직에 대해 설명한다.
SN. 2015. *Loi Relative aux Contrats de Partenariat (PPP) et Decret d'Application. Loi 2014-09 du 20/02/2014 et Décret 2015-386 du 20/03/2015*. Dakar: Gouvernement du Sénégal.	세네갈의 PPP 정책을 정의하고 계약이 어떻게 구조화되고 실행되는지에 대해 설명하고 있다.

2.2

PPP 법적 프레임워크

PPP 법적 프레임워크는 PPP 프로젝트 주기를 규율하는 모든 법률과 규정을 의미한다. PPP를 추진하는 정부는 민간 기업이 공공 서비스를 제공하기 위한 계약을 체결할 수 있도록 기존 법적 프레임워크를 조정해야 할 필요가 있는데, 경우에 따라 PPP 특정 프로세스와 책임을 도입하기 위해 변경이 필요할 수도 있다. 일부 정부는 기존 법률을 조정하여 이를 수행하고, 일부 다른 정부는 특정 법률을 도입하기도 한다.

PPP에 대한 법적 프레임워크는 국가의 법적 전통에 따라 달라져 영미법과 대륙법, 이 두 가지 주요 유형으로 나뉜다. 대륙법 시스템에서는 정부의 운영이 행정법을 통해 성문화되는데, 이 법전은 민법, 상법 및 공공 계약법과 같은 다른 법률과 결합되어 PPP 계약에 적용되는 법적 권리와 프로세스를 설정한다. 영미법 시스템은 덜 규정적이며, 일반 계약을 규율하는 조항이 적다. 그 결과, 영미법 국가의 계약은 대륙법 국가보다 길어지는 경향이 있으며, 당사자 간의 관계를 규율하는 용어는 특정 법리를 참조하여 쉽게 해결되지 않을 수 있는 모호성을 피하기 위해 더 자세히 명시되는 경향이 있다.

본 섹션에서는 PPP 법적 프레임워크를 간략하게 설명하고 예시를 제공한다. *Section 2.2.1 - PPP 법적 프레임워크의 범위*는 PPP에 영향을 미칠 수 있는 광범위한 법률에 대해 설명하고, *Section 2.2.2 - PPP 법률*은 PPP 관련 법률에 대해 중점적으로 설명한다. 다음 자료들은 PPP를 위한 법률 및 규제 프레임워크를 평가하고 개발하는 데 대한 개요 지침을 제공한다.

- 제프 델몬과 빅토리아 델몬의 법률 가이드 **Jeff Delmon and Victoria Delmon's Legal Guide**(Delmon and Delmon 2012)에서는 17개국의 주요 법률 문제를 검토한다.
- 세계은행의 PPP 인프라 리소스 센터 **World Bank's PPP Infrastructure Resource Center(PPPIRC)**는 관습법 및 민법 체계의 주요 특징과 PPP 계약에 미치는 영향을 제시한다. 이 센터는 다양한 국가의 PPP에 대한 법적 환경을 평가하는 데 유용한 온라인 도구를 제공한다(PPPIRC, *Legislative Frameworks*).
- EPEC 가이드라인의 Annex 2 **EPEC Guide to Guidance**(EPEC 2011b)에는 다양한 법적 전통을 가진 국가의 PPP에 대한 법적 및 규제 요건에 대한 개요가 나와 있다.
- 세계은행 PPP 조달 벤치마킹 2017 **World Bank Benchmarking PPP Procurement 2017**(WB 2016b)은 82개 경제의 조달 프레임워크를 제시하고 이를 국제 모범 사례와 비교하여 평가한다.
- **Farquharson** 외(Farquharson et al. 2011, 16-21)는 투자자와 대출자가 법적 및 규제 프레임워크에 대해 물어볼 가능성이 있는 주요 질문들과 효과적인 프레임워크를 개발하기 위한 몇 가지 원칙을 제시하고 있다.
- 도로 및 고속도로용 PPIAF의 온라인 PPP 도구 툴킷 **PPIAF's online PPP Toolkit for Roads and Highways**(WB 2009a, Module 4)에는 PPP를 위한 법적 프레임워크에 대한 섹션이 포함되어 있으며, 여기에서는 PPP를 위한 다양한 법적 근거 유형을 설명하고 있다. 또한 고속도로 인프라의 PPP 프로젝트에 일반적으로 영향을 미치는 다른 법률들도 포함되어 있다.

2.2.1 PPP 법적 프레임워크의 범위

PPP 법적 프레임워크는 PPP 전용 법률 및 규정뿐만 아니라 PPP 계약, 의사 결정 과정 및 실행 절차에 영향을 미치는 모든 법률을 포함한다.

*Section 2.2 - PPP 법적 프레임워크*에서 설명한 바와 같이, 민법 국가에서는 PPP 계약이 행정법에 의해 규정되며, 이는 정부 기관의 기능 및 의사 결정 과정을

관장한다. 이 법체계는 계약서에 명시된 것 외에도 계약 당사자와 민간 당사자 모두에게 법적 권리와 의무를 부여할 수 있다. 예를 들어, 공공 계약법은 계약 당사자가 계약을 수정하거나 취소할 권리를 규정할 수 있으며(이는 종종 서비스 제공의 연속성에 대한 법적 요건과 연계되어 있음) 운영자의 일부 보호는 법에 의해 암묵적으로 보장될 수도 있는데, 이는 특정 유형의 예상치 못한 상황 변화가 발생할 경우 계약의 재정적 균형을 유지할 권리와 관련이 있다(자세한 내용은 *Section 3.4 - PPP 계약 설계*에서 설명됨). 행정법은 또한 조달이나 계약 분쟁 해결과 같은 PPP와 관련된 절차 및 기관의 역할을 정의할 수 있으며, 별도로 명시되지 않는 한 행정 법원의 최종 관할권을 포함한다. 민법 및 관습법 관할권 모두에서 PPP 절차에 적용되는 특정 법률이 있을 수 있다. 이러한 법률에는 다음과 같은 것들이 포함될 수 있다.

- 공공 계약 및 조달법 - PPP 계약 및 거래는 특별히 면제되는 경우를 제외하고는 일반적으로 공공 조달법 및 규정을 준수해야 한다.
- 공공 재정 관리 법률에 규정된 기관의 책임, 절차, 규칙 등 공공 재정 관리 법률과 규정은 PPP 프레임워크에 기여할 수 있다.
  예를 들어, 프로젝트 승인 요건, 재정 한도, 예산 편성 프로세스, 보고 요건 등이 여기에 포함될 수 있다.
- 분야별 법률 및 규제 프레임워크 - PPP는 이미 법률 및 규제 프레임워크의 적용을 받는 분야에서 시행되는 경우가 많다. 이는 정부가 민간 부문과 계약을 체결하는 권한을 제한하거나, 계약에 대한 규칙을 제공할 수 있다.
- PPP 회사에도 적용되는 계약 및 민간 기업 운영에 영향을 미치는 기타 법률은 PPP 프로젝트 및 프로세스를 정의할 때 고려해야 할 사항으로 포함될 수 있다.
  - 환경 관련 법률 및 규정
  - 토지 취득, 소유권 및 수용에 관한 법률 및 규정
  - 특히 국제 기업을 위한 라이센스 요구 사항
  - 세금 규정
  - 파산법
  - 환율 통제

- 고용법
- 보험

위에서 언급한 각 주제에 대해 PPPIRC(**PPP in Infrastructure Resource Center**)에서는 중요한 문제를 식별하고 지침과 참고 자료를 제시한다.

이러한 법률을 종합하면 PPP를 구현하기 위한 법적 틀을 구성할 수 있다. 따라서 PPP 전용 법률이 필요하지 않을 수 있다. 예를 들어, *Box 2.5 - 독일의 PPP 법적 프레임워크*를 참조한다.

2.2.2 PPP 법률

일부 국가들은 특정 PPP 법률을 제정한다. OECD의 인프라 투자 촉진 보고서 OECD's report on fostering investment infrastructure(OECD 2015b, 16-17)에 설명된 바와 같이, 이러한 법률은 기존의 법적 틀이 명확하지 않거나 포괄적이지 않고, 일반적인 틀이 정부가 PPP를 잘 구조화하고 관리하는 능력을 제한할 경우에 기존 법적 틀을 조정하는 데 사용될 수 있다. 정부는 PPP 법률을 새로 만드는 대신 기존 법률을 변경하여 PPP를 수용할 수 있다. PPP 관련 법률은 PPP 프로그램에 대한 인식을 높이고 정치적 의지를 보여주는 데 도움이 될 수 있지만, 다른 기존 법률과의 충돌을 피하기 위해 주의가 필요하다. PPP 법률은 PPP 프로그램에 대한 지침 원칙, PPP 프로젝트 선정, 조달, 분쟁 처리와 같은 과정 및 기관의 책임, 그리고 PPP를 규율하는 공공 재정 관리 규칙과 같은 정책을 설정할 수 있다. 잘 설계된 PPP 법률은 일반적으로 원칙을 명시하며, 이는 보다 구체적인 규정으로 뒷받침될 수 있어 경직성을 피하고 PPP 프로그램이 시간이 지남에 따라 적응할 수 있도록 보다 세부적인 규정으로 뒷받침될 수 있다.

Box 2.5 독일의 PPP 법적 프레임워크

독일에서 PPP의 개발 및 구현은 주로 예산법에 의해 규제되며, 특히 연방 예산 코드 Federal Budget Code(DE 2013) 제7조 및 제55조가 프로젝트 준비 및 평가, 조달에 대한 요구 사항을 규정하고 있다.

예산법은 PPP 프로젝트를 포함한 모든 공공 조달에 대한 기본 원칙과 평가 요건을 규정하고 있는데, 연방 예산법 7조 1항에 따라 예산을 준비하고 집행할 때 효율성과 경제성 원칙을 준수해야 하며, 여기에는 PPP 프로젝트의 준비도 포함된다. 경제성 분석은 효율성 원칙을 이행하기 위한 주요 수단으로, PPP를 포함하여 재정적 영향을 미치는 모든 이니셔티브에 대해 수행해야 한다(연방 예산법 7조 2항). 이 분석(NRW 2007 또는 DE 2014 참조)은 재정적 영향을 미치는 결정을 내리기 전에 프로젝트 개발 프로세스의 여러 단계에서 수행되어야 하며, 여기에는 대체 조달 방식에 대한 분석이 포함된다.

조달 절차에 대한 일반적인 규정은 연방 예산법 제55조에 명시되어 있으며, 연방 정부 조달 절차는 특정 기준(건설 계약의 경우 5백만 유로)에 따라 달라진다.

규정된 한도를 초과하는 절차의 경우, EU 지침에 따라 제정된 규칙과 경쟁 제한에 관한 법률(DE 1998, 4부) 및 공공 계약 체결에 관한 조례(DE 2016)가 적용된다.

Table 2.3 PPP 법률 예시

관할권 (Jurisdiction)	PPP 관련 법률 및 규정(PPP-Specific Laws and Regulations)
브라질	브라질의 PPP에 대한 연방 차원의 법적 프레임워크는 양허(정부 보조금 지원이 필요 없는 자체 자금 조달 프로젝트)와 PPP에 따라 다르다. • **법률 8987**은 **연방 양허법(BR 1995)**이다. 양허를 부여할 수 있는 정부 기관을 설정하고 양허 유형을 정의하는데, 또한 입찰 시 입찰자 선정 기준, 양허 계약의 필수 내용, 계약 정부 기관, 양허권자 및 사용자의 권리와 책임, 관세 정책, 개입 및 계약 해지의 허용 사유를 규정하고 있으며, **법률 9648**은 이 법을 일부 업데이트했다. • **법률 11079**는 **연방 PPP 법(BR 2004a)**이다. 브라질 맥락에서 PPP를 정의하고, PPP 프로그램의 범위를 설정한다. 이어서 PPP 계약의 내용을 정의하고, 보증 제공에 대한 규칙을 설정하고, 계약 기관의 권리와 책임을 정의한다. PPP를 사용하는 각 주에도 고유한 법적 프레임워크가 있다.

관할권 (Jurisdiction)	PPP 관련 법률 및 규정(PPP-Specific Laws and Regulations)
칠레	**법률 20410**은 **현재 양허법(CL 2010b)**이다. 양허에 대한 이전 법률 문서인 법령 900(1996)을 업데이트하여 칠레의 PPP에 대한 기존 법률 문서를 수정했다. 공공사업부 규정 164(1991), 이 법은 PPP에 대한 제도적 틀, 입찰 규칙, 양허자의 권리와 의무, 검사 및 감독 요건, 분쟁 해결 절차를 규정하고 있다.
콜롬비아	**법률 1508**은 **국가 PPP 법**(CO 2012a)이다. 이 법은 국가 내 PPP 프로그램의 범위와 이를 안내하는 원칙을 명시하고, PPP를 위한 절차 와 제도적 틀을 수립한다. PPP 조달, PPP 계약 설계 및 PPP의 예산 접근 방식에 대한 구체적인 접근 방식을 제시하는데, 다음 법률도 PPP의 법적 프레임워크에 기여한다. **법률 80**(CO 1993): 정부 계약에 대한 규범과 원칙을 수립하고 이어서, 공공 및 민간 파트너 간의 법적 관계를 규제하는 규범을 설정한다. **법률 1150**(CO 2007): 법률 80의 일부를 수정하는데 특히, 입찰 프로세스를 보다 효율적이고 투명하게 만드는 특정 요소를 통합했다. **대통령령 4165**(CO 2011) 제4조는 교통 및 기타 관련 서비스 분야에서 양허 및 기타 형태의 PPP를 식별, 평가, 제안하고 그 결과물인 PPP 프로젝트를 개발 및 이행하는 업무를 담당하는 국가인프라청(ANI Agencia Nacional de Infraestructura)을 설립하고 있다. **대통령령 1467호**(CO 2012c): 법률 1508호에 따라 PPP의 구조를 정의한다. **대통령령 100**(CO 2013): 대통령령 1467의 특정 조항, 특히 사전 자격을 갖춘 입찰자 및 민간 이니셔티브에 대한 처우를 수정한다.
프랑스	**파트너십 계약에 관한 법률 2004-559**(FR 2004)는 프랑스의 PPP에 대한 법적, 제도적 틀을 규정하고 있다. **법률 2008-735**(FR 2008)는 법률 2004-559와 지방정부, 도시, 일반 세금, 통화 정책 및 금융에 대한 규정을 조정하여 프랑스의 PPP 프레임워크를 개선하였으며, 또한 의회는 사법 및 교도소 시스템**(Law 2002-1094, Law 2002-1138)**, 공립 병원 시스템**(Law 2003-850)**에서 PPP를 활성화하기 위한 분야별 법률을 통과시켰다.
인도네시아	**대통령 규정 제67호**(ID 2005, Peraturan Presiden Republik Indonesia Nomor 67)는 인도네시아에서 PPP를 시행하기 위한 목적, 원칙, 요건 및 프레임워크를 명시하고 있다.
멕시코	**PPP 법**(MX 2012)은 멕시코 연방 PPP 정책을 구성하는 원칙, 범위, 제도적 틀, 계약 메커니즘, 필수 연구, 승인 절차, PPP 등록, 재정 관리 및 기타 사항을 규정하고 있다.

관할권 (Jurisdiction)	PPP 관련 법률 및 규정(PPP-Specific Laws and Regulations)
페루	**입법령 제410-2015-EF**(PE 2015)는 민간 부문 참여가 포함된 공공 인프라 및 공공 서비스의 평가, 구현, 운영에서 공공 부문의 원칙, 절차, 역할을 규정하고 있다.
필리핀	**BOT 법**(PH 2006, Republic Act 7718)은 필리핀의 인프라 개발을 위해 PPP를 사용할 수 있도록 허용하고 있다. 이 법은 입찰 절차, 자금 조달, 정부 지원 및 규제 당국에 관한 규칙을 정하고 있는데, **행정명령 8호**(PH 2010)는 BOT 법을 수정하여 국가경제개발청(NEDA)의 BOT 사무소를 PPP 센터로 재편하고 그 임무와 책임을 명시했다.
남아프리카 공화국	**공공재정관리법**(ZA 1999b)은 PPP의 근거 법률이다. 이 법에 따라 재무부는 이 법에 대한 **재무부 규정 16**(ZA 2003)을 발표했으며, 이 규정은 남아공의 PPP 프로그램에 대한 규칙을 정하고 있다.
탄자니아	**PPP 법**(TZ 2010)은 민간 및 공공 부문의 책임, PPP 부서의 기능과 권한, PPP에 대한 승인 절차를 명시하고 있다.

PPP 법은 민법 국가에서 가장 일반적이다. 예를 들어, PPP를 시행하는 모든 라틴 아메리카 국가는 특정 PPP 법 또는 양허 법(또는 둘 다) 아래에서 이를 수행한다. 일부 관습법 국가에서도 PPP 정책보다 정부의 보다 구속력 있는 약속을 설정하기 위해 PPP 법을 채택하기도 한다.

*Table 2.3-PPP 법률 예시*는 여러 국가의 PPP 법과 규정을 제공한다. **Yong**은 전용 PPP 법의 제안된 내용을 요약하고 있으며(Yong 2010, 33), 유엔 국제무역법위원회 **United Nations Commission on International Trade Law** (UNCITRAL)는 민간 자금 조달 인프라 프로젝트를 활성화하기 위한 일반 권고 사항(UNCITRAL 2001)과 모범 입법 조항(UNCITRAL 2004)을 발표했다. 세계은행 PPPIRC 웹사이트 **World Bank PPPIRC website**(PPPIRC, "Legislation and Law")는 일반 PPP 법, 양허법과 같은 다양한 법률 유형의 요약, 예시 조항, 30개국 이상의 PPP 법률을 포함한 더 많은 정보를 제공한다. 이러한 자료와 기타 국가별 PPP 법 및 규정에 대한 정보는 PPP 지식 연구소 **PPP Knowledge Lab**의 국가 페이지에서 찾을 수 있다.

2.3

PPP 프로세스 및 기관의 책임

정부는 PPP를 성공적으로 구현하기 위해 헌신, 기술, 역량 및 조정이 필요하다. PPP 계약하에서 민간 당사자는 인프라를 설계, 자금 조달, 건설 및 유지 관리하고 서비스를 제공한다. 그러나 정부는 PPP 계약에서 지정된 기대 품질과 수량에 따라 공공 서비스가 제공되도록 보장할 책임이 있으며, 이는 좋은 가치를 제공하는 방식이어야 한다. 정부는 올바른 프로젝트를 선택하고, 유능한 파트너를 선정하며, 그 파트너가 운영하는 범위를 설정하고 이를 시행해야 한다. PPP는 본질적으로 공공 서비스를 제공하기 위한 조달 메커니즘이라는 점을 항상 염두에 두는 것이 중요하다.

이를 위해 많은 정부가 PPP에 대한 프로세스와 기관의 책임, 즉 PPP 프로젝트를 개발하고 실행할 때 따라야 하는 단계와 각 단계를 담당하는 주체를 정의하고 있는데, 본 섹션에서는 실무자가 참고할 수 있는 사례와 출처를 제공한다.

- PPP 프로세스 수립 - 정부가 PPP 프로젝트를 성공적으로 실행하기 위해 일반적으로 취해야 하는 몇 가지 단계가 있다. 주요 지점에서 필요한 승인과 함께 표준 PPP 프로세스를 정의하면 해당 단계가 일관되고 효율적으로 수행되도록 하는 데 도움이 된다. *Section 2.3.1 - PPP 프로세스*에서는 일반적인 PPP 프로세스에 대해 설명하고 다양한 국가의 PPP 프로그램의 예를 제시한다.
- PPP에 대한 기관의 책임을 정의하는 것은 각 단계에서 어떤 기관이 어떤 역할을 수행할지를 결정하는 것이다. 기관의 배치와 기능의 할당은 PPP 프로그램의 특

정 요구 사항과 기존의 기관 책임 및 역량과 장소마다 다르다. *Section 2.3.2-기관의 책임: 실행* 및 *Section 2.3.3-기관의 책임: 검토 및 승인*에서는 다음과 같은 기관의 책임에 대한 설명과 예시를 제공한다.

- PPP 실행, 즉 잠재적 프로젝트 식별, 평가, 구조화, 계약서 초안 작성, 입찰, 계약 체결 후 관리 등 아래에 정의된 단계를 통해 PPP 프로세스를 추진하기 위한 일상적인 업무를 수행하는 것을 말한다.
- PPP 검토 및 승인, 즉 일반적으로 주요 단계에서 검토 및 승인을 통해 PPP 프로세스를 감독하여 프로젝트가 정부에 좋은 투자 결정이 될 수 있도록 한다.

• PPP 부서 설립. 일부 정부는 PPP에 대한 특정 지식을 가진 직원들을 집합하는 팀을 구성한다. 이러한 PPP 부서의 기능은 매우 다양하며, 정부 내 위치와 구조 또한 다르다. 이는 PPP 프로그램이 직면한 우선순위와 제약의 차이를 반영하며, 정부 간의 차이뿐만 아니라 PPP 프로그램이 발전함에 따라 시간에 따라 변화한다. *Section 2.3.4-PPP 전담부서*에서는 이러한 부서가 수행하는 다양한 역할을 설명하고, 여러 국가의 예를 제시한다.

이 섹션은 PPP를 실행하기 위한 정부의 행정부 내 과정과 책임에 중점을 두었는데 *Section 2.5-광범위한 PPP 프로그램 거버넌스*에서는 다른 기관들이 PPP 과정에 어떻게 기여할 수 있는지, 그리고 PPP 개발에 책임이 있는 이들을 어떻게 그들의 결정과 행동에 대해 책임을 물을 수 있는지에 대한 추가 지침을 제공한다.

2.3.1 PPP 프로세스

많은 정부는 모든 PPP 프로젝트를 개발하고 실행하기 위해 따라야 할 프로세스를 설정한다. PPP 프로세스를 표준화하는 것은 모든 PPP가 정부의 목표와 일치하는 방식으로 개발되도록 보장하는 데 도움이 되며 또한, 관련된 다양한 기관 간의 협력을 촉진하는 데에도 기여한다.

*Figure 2.1-일반적인 PPP 프로세스*에서 잘 정의된 PPP 프로세스의 예를 보여준다. 이 프로세스는 여러 단계로 나뉘며, 각 단계에서 PPP가 반복적으로 개발

되고 평가된다. 각 주요 단계에서 진행을 위한 승인이 필요하다. PPP 프로젝트를 개발하는 데 반복적인 접근 방식을 사용하는 두 가지 이유가 있다. 첫째, 이는 감독 기관이 프로젝트를 승인하는 데 적시에 참여할 수 있게 해준다. 이는 *Section 2.3.3 - 기관의 책임: 검토 및 승인*에서 더 자세히 설명된다. 잘못된 프로젝트나 제대로 정의되지 않은 프로젝트는 전체 PPP 프로그램을 저해할 위험이 있다. 둘째, 이는 자원을 낭비하지 않도록 도와준다. PPP 프로젝트 개발은 비용이 많이 들기 때문에, 프로젝트가 유망한지 조기에 확인하는 것은 개발 예산이 잘 쓰이는지에 대해 도움을 줄 수 있다.

*Figure 2.1 - 일반적인 PPP 프로세스*에서 보여주듯이, PPP를 개발하고 구현하는 과정은 일반적으로 우선순위 공공 투자 프로젝트를 식별하는 것으로 시작된다. PPP는 공공 투자를 제공하는 한 가지 방법이며, 특히 프로젝트의 사양을 장기적으로 "고정"하는 방식이다. 따라서 잠재적인 PPP 프로젝트는 일반적으로 더 넓은 공공 투자 계획 및 프로젝트 선정 과정에서 발생한다. 이 과정의 어느 시점에서 제안된 공공 투자 프로젝트 중 일부 또는 전부가 검토되어, PPP로 구현할 경우 더 나은 가치를 제공할 수 있는지를 판단할 수 있다.

그런 다음 PPP를 개발하고 구현하는 데는 여러 단계가 필요하다.

- PPP를 구조화하고 평가하기 - 우선순위 공공 투자 프로젝트가 식별되고 PPP로 개발하기 위해 잠정적으로 승인된 후, 다음 단계는 PPP 구조 또는 주요 상업 조건을 선택하는 것이다. 여기에는 제안된 계약 유형, 위험 분담, 지불 메커니즘 등이 포함된다. 제안된 PPP 구조는 이후 평가될 수 있다. 제안된 PPP 구조와 평가 분석은 종종 비즈니스 케이스로 통합되어, 왜 PPP 프로젝트가 좋은 투자 결정인지 보여준다. 이 단계에서는 비즈니스 케이스의 분석을 바탕으로 승인이 필요하며, 이후 PPP 거래를 준비하고 구현하는 단계로 넘어간다.
- PPP 계약 설계 - PPP를 조달하기 위한 준비의 마지막 단계는 PPP 계약 및 기타 협정을 초안하는 것이다. 여기에는 상업적 원칙을 계약 조건으로 발전시키고, 변경에 대한 조항과 계약 관리 방법(예: 분쟁 해결 메커니즘)을 설정하는 것이 포함된다. 종종 초안 계약의 설계는 조달 과정의 초기 단계에서 완료되어, 잠재적 입찰자와의 상담을 허용한다. *Section 3.4 - PPP 계약 설계*에서는 PPP 계

약 설계에 대한 구체적인 지침을 제시한다.

- PPP 거래 실행 - 거래 단계에서 정부는 PPP를 실행할 민간 파트너를 선택한다. 이는 일반적으로 경쟁 조달 프로세스를 준비하고 수행하는 것을 포함한다. 입찰자는 자격요건과 상세한 기술 및 재무 제안서를 포함한 정보를 제출하며, 이는 정의된 기준에 따라 평가된다. 이는 단계별 프로세스를 통해 선호 입찰자를 선정하게 된다. 입찰 과정은 계약의 일부 주요 요건, 특히 비용을 설정하는 결과를 가져오기 때문에, 대부분의 프로세스는 계약 체결 전에 최종 승인을 포함한다. 계약 체결 시 계약 당사자와 SPV(프로젝트를 실행하기 위해 낙찰자가 설립한 특별 목적 회사) 간에 서명된 PPP 계약은 SPV와 제3자 계약자 간에 체결된 주요 하도급 계약(즉, 건설 계약 및 운영/유지 관리 계약)을 첨부할 수 있다. 거래 단계는 프로젝트가 재정적으로 마무리에 도달했을 때 완료된다. 즉, 실행을 시작할 수 있도록 금융계약이 체결되었을 때이다. PPP가 재정적으로 마무리되면 정부는 PPP 계약의 수명 기간 동안 이를 관리해야 한다. 여기에는 PPP 계약 요건을 모니터링하고 집행하며, 공공 및 민간 파트너 간의 관계를 관리하는 것이 포함된다.

정부가 모든 단계를 수행하는 대신, 민간 기업이 PPP 프로젝트를 식별하고 제안할 수 있도록 허용하는 대안이 있다. 일부 정부는 이러한 자발적 제안이 정부에서 시작된 PPP와 동일한 평가를 받도록 하고, 동일한 원칙에 따라 개발되도록 보장하기 위해 특정 요구 사항과 프로세스를 도입했다. *Section 3.7 - 자발적(비입찰식) 제안 프로젝트 처리*에서는 세부 사항과 예시를 제공한다.

*Module 3 - PPP 프로젝트 실행*에서는 PPP 프로세스를 자세히 설명하며, 각 단계에 대한 옵션과 정보, 지침을 실무자에게 제공한다. 다음은 다양한 국가에서 PPP 프로세스가 어떻게 정의되는지에 대한 예시를 보여준다.

- 칠레의 양허법(CL 2010b, Chapters II and III, Articles 2-14)은 계약 기관의 예비 제안, 입찰 절차 및 이행 등 PPP 절차에 대한 상세한 설명을 제공한다.
- 이집트 재무부는 PPP 개발을 위한 단계별 가이드(EG 2007)를 발간했는데, 이 가이드는 관련 부처가 PPP 프로세스를 진행하는 데 있어 도움을 주며, 사업을

발굴하는 단계부터 사업 타당성 검토, 조달 절차에 이르기까지의 과정을 안내한다.

Figure 2.1 일반적인 PPP 프로세스

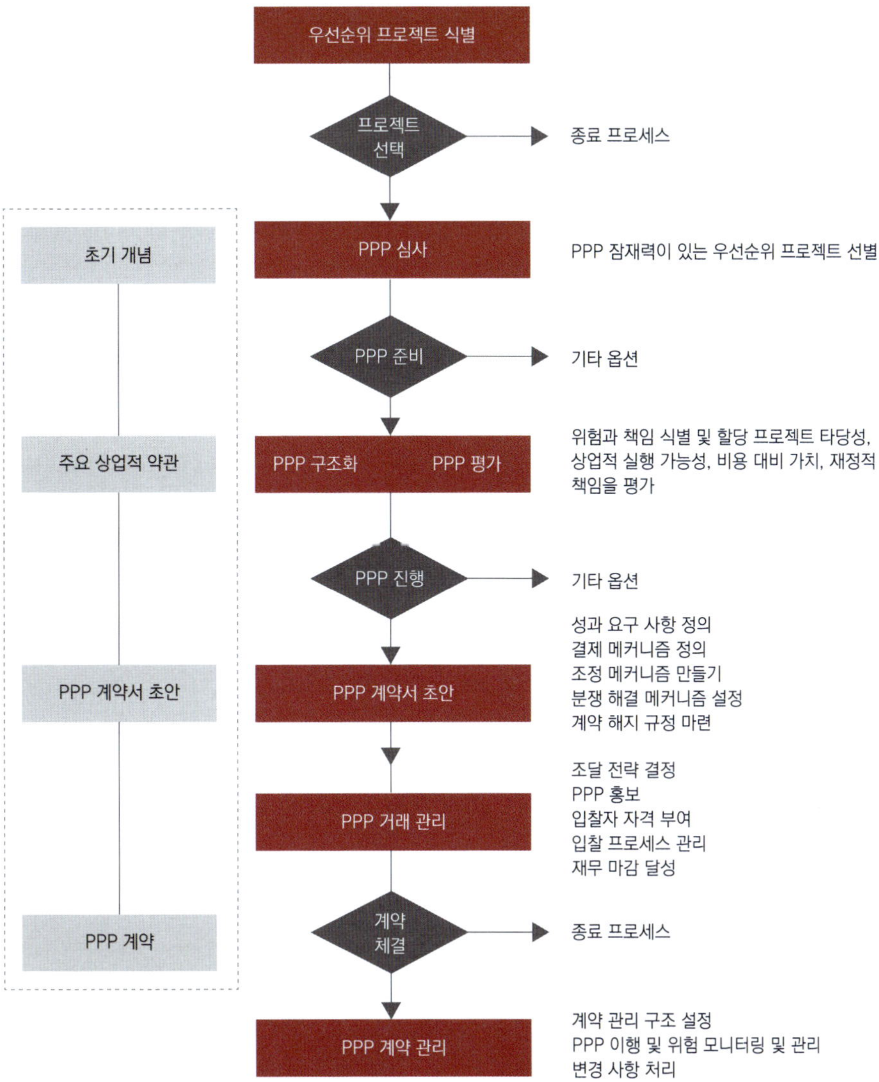

- 한국의 PPP 사업에 대한 ADB 간행물 **ADB publication on PPP projects in Korea**(Kim et al. 2011, 61-72)에는 비공모 사업을 포함한 다양한 유형의 PPP

실행 과정에 대한 자세한 설명이 포함되어 있다.

- 말레이시아 정부의 PPP 가이드라인 **PPP Guidelines of the Government of Malaysia**(Dobbs et al. 2013, 11)은 말레이시아의 PPP 프로세스에 대한 개요를 제공한다.
- **멕시코의 PPP 법**은 PPP 프로젝트의 타당성을 평가하기 위해 수행해야 하는 모든 연구를 설명하고, PPP 승인 절차를 규정하며, PPP 입찰 절차를 운영하는 데 필요한 활동과 기관의 책임을 명시하고, 입찰 평가 절차와 낙찰자 선정을 설명한다(MX 2012, Articles 14, 21-25, 38-51, and 52-59).
- 페루의 입법령 30167호 **Peru's Legislative Decree No.30167**에는 PPP 수행 절차가 명시되어 있으며, 프로젝트 선정 기준과 PPP 방식을 정하고, 프로젝트 설계 및 승인 단계와 책임을 정의하고 있다(PE 2014).
- 필리핀 BOT 법의 시행 규칙 및 규정 **Implementing Rules and Regulations of the Philippines BOT Law**(PH 2010, 11-51 and Annexes)는 필리핀의 PPP 프로세스를 규정하고 있다.
- **푸에르토리코의 PPP 법**(PR 2009, Section 7-10)은 초기 타당성 및 편의성 분석 수행, 입찰 절차 및 PPP 계약 이행을 위한 파트너십 위원회를 구성, 제안자 선정 및 파트너십을 수여하는 절차를 설명한다.
- 남아공 PPP 매뉴얼 **South Africa PPP Manual**(ZA 2004a)에는 PPP 프로세스에 대한 간략한 개요를 제공하는 서론이 있다. 프로세스는 매뉴얼에 자세히 설명되어 있으며 각 단계별로 모듈이 포함되어 있다.
- 스페인의 공공조달법 **Spain's Public Procurement Law**(ES 2011)에는 프로젝트 평가 요구 사항, 각 단계별의 공개 요구 사항, 승인 절차 및 입찰 옵션 등 PPP 프로세스에 대한 자세한 설명이 나와 있다.

2.3.2 기관의 책임: 실행

PPP 프로젝트를 성공적으로 실행하려면 헌신과 다양한 기술 및 전문성이 필요하다. 프로젝트를 실행할 책임이 있는 정부 기관과 개인은 특정 분야의 요구를 잘 이해하고, 프로젝트와 PPP의 경제적 및 재무적 평가에 능숙하며, 민간 자금 조달 인프라 프로젝트 계약 구조화에 대한 전문성, 조달 및 계약 관리에 대한 전문성, 민간 부문과의 협력 경험이 필요하다. PPP를 위한 제도적 구조를 설계하는 주요 도전 과제는 이러한 모든 기술이 PPP 프로젝트를 성공적으로 실행하는 데 활용될 수 있도록 하는 것이다.

기본적으로 PPP를 실행할 책임은 관련 자산이나 서비스 제공을 보장하는 부처, 부서 또는 기관에 주어진다. 그러나 PPP 프로그램의 초기 단계에서는 이러한 기관들이 필요한 모든 기술과 경험을 갖추고 있지 않은 경우가 많다. 따라서 중앙 PPP 부서와 같은 다른 정부 기관이 종종 참여하게 된다. 선진국(영국, 캐나다, 호주)과 개발도상국(필리핀, 콜롬비아, 남아프리카공화국) 모두에서 강력한 중앙 부서는 성공적인 프로그램에 필수적임이 입증되었다. 본 섹션에서는 PPP 프로젝트를 식별하고, 개발 및 실행하며, PPP 계약을 관리하기 위한 다양한 제도적 장치에 대해 간략하게 설명한다.

PPP 프로젝트 식별

위의 *Section 2.3.1 - PPP 프로세스*에서 설명한 바와 같이, PPP 프로젝트는 일반적으로 공공 투자 계획 및 프로젝트 식별 프로세스에서 시작한다. 따라서 우선순위가 있는 공공 투자 프로젝트 중에서 잠재적인 PPP를 식별하는 책임은 관련 분야의 기관이나 단체에 있으며, 이는 공공 재정 관리 및 계획을 담당하는 기관의 감독을 받는다. PPP 검토 및 승인 책임에 대한 자세한 내용은 *Section 2.3.3 - 기관의 책임: 검토 및 승인*에서 확인할 수 있다.

때때로 전문화된 PPP 팀이 PPP 식별 프로세스에 참여할 수 있으며, 이는 *Section 2.3.4 - PPP 전담부서*에서 설명되어 있다. 예를 들어, PPP 부서는 PPP 잠재성을 평가하는 데 있어 분야 기관에 지원을 제공할 수 있으며, 특히 PPP 프로그램의 초기 단계에서 분야 기관이 PPP의 작동 방식에 대한 이해가 제한적일 때 유용하다. 때때로 PPP 부서는 PPP의 사용을 촉진하도록 의무화되기도 한다. 이는 새로운 PPP 프로그램의 초기 단계에서 발생할 수 있는 부정적인 PPP 편견을 극복하는 데 도움이 될 수 있다. 그러나 이는 공공 투자 계획 프로세스를 왜곡할 위험도 있으며, 프로젝트가 공공 투자 우선 사항이 아니라 PPP로 실행 가능한 것으로 보이기 때문에 추진될 수 있다. *Section 2.3.1-PPP 프로세스* 및 *Section 2.3.3-기관의 책임: 검토 및 승인*에서 설명된 바와 같이 명확한 PPP 프로세스를 수립하고 적절한 승인을 받는 것은 이러한 위험을 극복하는 데 도움이 된다.

공정한 경쟁의 장 vs. 편향된 인센티브

PPP와 비PPP 옵션을 평가할 때 공정한 경쟁 환경의 필요성은 인프라 및 서비스 조달의 성공에 매우 중요하다. 특히 기술적 역량과 금융 시장 접근 능력이 제한된 하위 국가 수준에서는 더욱 그렇고, 정부 고위층이 무임승차를 하는 것이 매력적인 대안이 되는 경우가 많다. 전통적인 조달 관행은 때때로 사용자와 납세자에게 더 큰 가치를 제공함에도 불구하고 정부가 PPP 경로를 사용하지 않도록 유도한다. 반대로 재정적으로 압박을 받는 정부는 PPP 옵션이 가장 효율적인 해결책이 아닐지라도 PPP를 찾는 경우가 있다.

일부 정부는 공무원의 행동을 수정하기 위해 PPP 인센티브를 도입하기도 한다. 그러나 이러한 접근 방식이 항상 긍정적인 결과를 가져오는 것은 아니다. 공공 조달 관행은 전통적으로 사용되는 조달 방식을 선호하지만 반면, PPP 인센티브는 다른 방향으로 의사 결정을 내리는 편향성을 낳았다. 영국의 "PFI 크레딧"은 현재 심각한 편향성을 유발하는 것으로 알려져 있다. 다른 정부들은 PPP 프로젝트에만 자금을 지원하거나 PPP가 아닌 프로젝트에도 자금을 지원했다. 이러한 유형의 차별은 최적의 해결책이 아닌 상황에서 의사 결정을 왜곡할 수 있으며, 의사 결정 과정을 왜곡하지 않더라도 편향성에 대한 합리적인 의심을 불러일으켜 대중의 인식에 영향을 미칠 수 있다.

PPP 프로젝트 개발 및 실행

PPP 프로젝트의 개발 및 실행에 대한 책임—즉, PPP 구조화, PPP 계약 설계, 거래 입찰, 계약 관리 등—은 일반적으로 관련 자산이나 서비스의 제공을 담당하는 정부 기관에 부여된다. 이 기관은 PPP 목적상 계약 당국 또는 계약 기관이라고 불리며, 일반적으로 PPP 계약의 공공 당사자가 된다. PPP 법률이나 정책은 계약 당국이 될 수 있는 정부 기관의 유형을 정의하고, 이러한 당국이 PPP 실행에 대한 책임이 있음을 명시할 수 있다.

- **필리핀**의 **BOT 법**(PH 2006, Implementation Rules and Regulations)에 따라 적격 정부 기관, 부서 또는 당국에 PPP 개발 및 시행에 대한 책임을 위임하고 있다. 여기에는 정부 소유 또는 정부 통제 기업(GOCCs), 정부 재정 기관(GFIs), 주립대학 및 전문대학(SUCs), 지방정부 단위. 이러한 기관은 각 PPP 프로젝트에 대한 PPP 프로세스를 감독할 사전 자격, 입찰 및 시상 위원회 Prequalitication, Bids and Awards Committee(PBAC)를 구성해야 한다.
- **탄자니아**의 **PPP 법**(TZ 2010) 아래에서 계약 당국은 프로젝트 개발을 촉진할 책임이 있으며, 여기에는 프로젝트 식별, 타당성 조사, 환경 영향 평가, 그리고 PPP 계약의 설계 및 실행이 포함된다.
- **콜롬비아**의 **PPP 절차 매뉴얼**(CO 2014, Chapter 4.2, 34)에 따르면 계약 당국은 정부 부처 또는 기타 부문별 기관, 지방 및 지역 기관이 될 수 있다. 계약 당국은 적격성 및 비용 대비 가치 분석을 수행하고 그 결과를 PPP 부서에 제출하며, PPP 부서는 계약 당국과 협력하여 PPP 관련 정책을 개발 및 시행하고 조달 프로세스에 대한 조정을 한다.

그러나 부문 기관은 PPP 프로젝트를 성공적으로 식별하고 개발하는 데 필요한 일부 기술이 부족할 수 있다. 특히 PPP 프로그램의 초기 단계에서는 해당 부문 기관이 민자 프로젝트에서 민간 부문과 협력한 경험이 거의 없거나 전혀 없을 수 있는데, 이러한 이유로 다른 정부 기관도 추가적인 기술이나 관점을 제공하기 위해 참여한다. 이는 다음과 같은 다양한 방식으로 이루어질 수 있다.

- 전담 PPP 부서는 PPP 개발에 대한 기술과 경험의 저장소 역할을 한다. 이 부서는 계약 당국이 PPP 프로젝트를 구현하는 데 지원하는 경우가 많은데, 몇몇 경우에는 PPP 부서가 시행 기관으로서의 주요 책임을 맡기도 한다. 예를 들어, 칠레의 PPP 법은 공공사업부(Ministry of Public Works)를 PPP의 시행 기관으로 지정하며, 이를 통해 전담 양허 부서(dedicated concessions unit)가 운영된다(CL

2010b, Article 1-3, 6-9, 15-21, 25, 27-30, 35-36, 39-41). *Section 2.3.4-PPP 전담부서*에서는 PPP 부서의 여러 사례와 이들이 PPP를 구현하는 데 있어 맡고 있는 역할의 범위에 대해 더 많은 예시를 제공한다.

- 각 PPP 거래를 감독하기 위한 부서 간 위원회를 구성하며, 여기에는 해당 부문 부처는 물론 재무부, 기획부, 법률 대리인 등이 포함되는 경우가 많다.
- 전문 기관이 다양한 시행역할에 참여하는 경우에는 예를 들어 페루의 경우, 조달 기관은 PPP 거래의 이행을 담당하고 부문별 규제 기관은 민간 당사자의 PPP 계약 준수 여부를 모니터링하는 역할을 담당한다.

PPP 경험이 풍부한 정부라 할지라도 PPP 프로젝트 개발에 필요한 모든 전문 지식과 기술을 자체적으로 보유하고 있지 않을 수 있다. PPIAF의 자문가 고용 및 관리 가이드 **PPIAF's guide for hiring and managing advisors**(PPIAF 2001)는 제안된 PPP의 평가, 준비 및 거래 단계에서 지원을 제공할 외부 자문가를 활용함으로써 얻을 수 있는 이점에 대해 설명한다. 이러한 외부 자문가는 타당성 조사 수행 및 PPP 계약서 초안 작성과 같은 세부적이고 기술적인 작업에 참여할 수 있다. 개발도상국 정부는 민간 당사자와 협상할 때 유능한 외부 고문을 두지 않을 경우 얼마나 큰 불이익이 있는지 알지 못하는 경우가 많다. 비용이 많이 들지만, 경험이 풍부한 자문가는 정부가 정보에 입각한 결정을 내리고 공공의 이익을 보호할 수 있도록 도와준다. 민간 당사자들은 이들을 고용하지 않는 실수를 거의 하지 않는다. 시장에서 가장 좋은 자문들은 보통 민간당사자에게 조언을 한다. 이러한 협상 능력의 비대칭성으로 인해 PPP 계약은 종종 민간 당사자에게 유리하게 편향될 수 있다.

EPEC 보고서 **EPEC report on the role and use of external advisors**(EPEC 2014d)는 정부가 외부 자문의 지원을 어떻게 최적으로 활용할 수 있는지를 설명한다. 필요한 외부 자문 지원의 범위와 성격은 정부와 국가가 PPP 경험을 쌓아감에 따라 변화할 수 있다. 초기에는 정부가 자문에 크게 의존할 수 있으며, 필요한 모든 기술적 역량과 전략적 지원을 제공하는 종합 거래 자문을 계약할 수 있다. 시간이 지나면서 책임 있는 정부 팀은 통합 역할을 더 잘 수행할 수 있게 되고, 자문을 통해 특정 기술적 또는 법적 의견을 제공받을 수 있다. 그러나 경험이 풍부한 자문과 협력하더라도, 계약 당국이 프로세스를 효과적으로 관리할 수 있는 내부 역량을 개발하는 것이 중요하다. 자문의 작업을 감독하고 구조 결정에 대한 소유권을 유지해야 하는데, 외부 컨설턴트에 지나치게 의존하여 조달 프로세스를 추진하게 되면, 계약 당국은 계약의 전체 기간 동안 이를 관리하는 데 있어 취약한 입장에 처할 수 있다.

PPP 계약 관리

프로젝트 성과를 모니터링하고 계약을 관리하는 것은 일반적으로 계약 기관의 몫이다. 도로와 교량부터 상수도, 병원 서비스에 이르기까지 일선 부처와 기관은 일반적으로 필요한 기술 지식과 납품 모니터링에 필요한 정책적 기반을 갖추고 있다. 일부 국가에서는 엔지니어링 회사나 연구 기관과 같은 신뢰할 수 있는 외부 기관에 특정 전문 모니터링 활동을 아웃소싱하여 계약 관리의 갈등을 줄이고 있다. 예를 들어, 브라질에서는 미나스제라이스주 정부가 독립 검증기관을 고용하여 PPP 성과를 모니터링하고 있으며, 프랑스에서는 엔지니어링 회사를 고용하여 PPP 병원 인프라 성과를 모니터링하고 있다.

그러나 PPP 계약 관리는 복잡할 수 있으며, 특히 계약 기간 동안 불가피하게 발생하는 변경 사항을 처리하는 데 있어서는 더욱 그렇다(*Section 3.6.3 - 변경사항 처리*에서 설명 참조). 따라서 일부 국가에서는 계약 관리 기능에 다른 전문기관을 참여시키기도 한다.

- 중앙 집중식 계약 관리 지원 기능을 만드는 것. 예를 들어, 2006년 영국 재무부는 당시 PPP 부서인 Partnerships UK에 PFI 운영 태스크포스를 만들도록 초청했다(UK 2006a, 3). 이 태스크포스는 수백 명의 계약 관리자를 지원하고 지침을 발표했다. 영국 지방정부를 위한 중앙 PPP 부서인 4Ps(현재는 HM 재무부와 지방정부 협회가 공동 소유한 Local Partnerships라는 회사)는 지방정부가 계약 관리 역할을 수행하는 데 지원하는 역할도 한다. 2007년에는 PFI 및 PPP 프로젝트를 위한 계약 관리 가이드를 발표했다. **Guide to Contract Management for PFI and PPPProjects**(4ps 2007).

Box 2.6 외부 자문위원

정부는 민간 기업이나 다자간 기구에서 제공하는 자문 서비스를 이용할 수 있다. 독립 자문기관에 관한 IFC 보고서는 외부 자문기관이 갖춰야 할 몇 가지 주요 특징을 설명한다.

- 국민에게 장기적인 혜택을 보장하는 프로젝트를 설계하여 민간과 공공 부문의 이해관계의 균형을 맞출 수 있는 능력
- 투명성을 입증하고 투자자의 신뢰를 불러일으키는 정직한 중개인으로서의 명성
- 인프라 프로젝트 구조화 및 파이낸싱에 대한 폭넓고 직접적인 경험을 갖춘 멀티 스킬 팀
- 관련 부문 및 시장에 대한 직접적인 경험
- 글로벌 투자 커뮤니티와의 관계

출처: (Jagun and Marques de Sá 2006)

- PPP 전담부서의 책임에는 계약 관리의 일부 측면에 대한 책임도 포함된다. 예를 들어, 칠레 공공사업부의 양허 부서는 여러 부처를 대신하여 성과를 모니터링하고 PPP 계약을 관리한다. 이 부서는 일상적이지 않은 행사나 특히 까다로운 계약 관리 업무에 국한되어 관여하는 경우가 많다. 한국에서는 PPP 전담부서인 PIMAC이 민감한 건설 단계의 PPP 계약을 관리한다.
- 계약 관리 책임을 독립 규제 기관에 할당하는 것은, 시간 경과에 따라 징수할 수수료를 결정하는 메커니즘과 같은 관련 변수가 계약에 명확하게 규정되어 있지 않은 경우의 해결책이 될 수 있다. 그러나 규제기관과 계약 관리자의 기능이 충돌할 수 있는데, 계약 관리자는 공익과 공공재정을 보호해야 하는 반면 규제기관은 보존해야 할 별도의 법적으로 부여된 이해관계를 가질 수 있다.

2.3.3 기관의 책임: 검토 및 승인

PPP 프로젝트는 특정 유형의 공공 투자이다. 대부분의 정부는 자본 투자 프로젝트를 검토하고 승인하기 위한 시스템과 표준 절차를 갖추고 있는데, 이는 모든 프로젝트가 전략적 목표를 효과적으로 충족하고, 가치를 제공하며, 재정 우선 사

항에 부합하도록 하기 위함이다. PPP는 정부의 자본 투자를 반드시 요구하지 않기 때문에 이러한 승인 규칙에 자동으로 적용되지 않을 수 있다. 따라서 많은 정부는 PPP에 대해 유사한 검토 및 승인 요구 사항을 정의한다. *Table 2.4-PPP 승인 요건의 예시*를 참조한다.

종종 여러 결정 지점이 설정되어, 취약한 프로젝트는 너무 많은 자원을 소모하거나 자체적으로 추진력을 얻기 전에 중단될 수 있도록 한다. 이는 *Figure 2.1 - 일반적인 PPP 프로세스*에서 설명된다. 이러한 반복적인 검토는 때때로 게이트웨이 프로세스라고 불린다. 몬테이로의 IMF PPP 관련 책 **Monteiro's article in IMF's book on PPPs**(Schwartz et al. 2008)에서의 기사는 전형적인 게이트웨이 프로세스와 이 프로세스가 포르투갈에서 어떻게 작동하는지를 설명한다. 최소한, PPP 거래에 들어가기 위해서는 일반적으로 공식 승인이 필요하다. 프로젝트의 최종 비용은 조달이 완료될 때까지 알 수 없기 때문에, 계약이 체결되기 전에 최종 승인이 필요할 수 있다. *Figure 2.2 - 남아프리카공화국의 PPP(게이트웨이 프로세스)*는 남아프리카에서의 게이트웨이 프로세스를 설명한다(ZA 2004a, Module 1).

재무부는 일반적으로 정부 자원 관리와 경제 및 재정 정책에 대한 책임이 있기 때문에 이 과정에서 주도적인 역할을 한다. IMF는 공공 투자 및 민관협력사업 **book on Public Investment and PPPs**(Schwartz et al. 2008, 10)에서 재무부 역할의 중요성을 강조하고 있다. 프랑스와 많은 프랑스어권 국가에서 이 역할은 재무부, 개발부, 기획부로 나누어져 있다. 다른 몇몇 국가에서는 다른 기관이 공공투자 프로그램을 감독하는 전반적인 책임을 지고 있으며, 따라서 필리핀의 국가경제개발청(National Economic Development Agency, NEDA)과 같은 기관이 PPP에 대해 동일한 역할을 수행하기도 한다. 아래에서 자세히 설명하는 것처럼 많은 재무부에서는 특별 PPP 부서를 설립하여 PPP 필터링 및 모니터링 기능을 수행하고 있다.

다른 감독 기관도 주요 자본 투자 프로젝트에서 수행하는 역할과 유사하게 PPP 프로젝트 승인을 검토하고 의견을 제시하는 역할을 할 수 있다. 여기에는 다음이 포함될 수 있다.

- 기획 기관: 일부 정부는 기획과 프로젝트 평가를 재정 감독과 분리하여 전자는 전담 기획 기관에서 담당하고 있다. 예를 들어, 칠레에서는 모든 공공 투자

프로젝트의 경우와 마찬가지로 국가 계획 당국이 제안된 PPP의 경제성 분석을 검토하고 증명해야 한다.

- 법무장관은 정부의 법률 자문 역할의 일환으로 PPP를 포함한 주요 정부 계약을 승인해야 할 수 있다. 예를 들어, **탄자니아의 PPP 법**(TZ 2010, 15-16)에 따르면 시행 기관은 계약 체결 전에 법무부 장관의 승인을 받기 위해 PPP 계약의 최종 초안을 제출해야 한다.
- 최고 감사 기관: 많은 라틴 아메리카 국가들은 정부의 행정부와 독립적인 감사 기관의 승인을 요구한다. 이는 *Section 2.5-광범위한 PPP 프로그램 거버넌스*에서 더 자세히 설명되는데 예를 들어, 브라질에서는 연방 차원의 연방 감사원(Tribunal de Contas da União, TCU)과 하위 국가 차원의 주 감사원이 각 PPP 프로젝트와 그 법적 문서를 시장에 나가기 전에 검토해야 한다.

이러한 추가 검토는 프로젝트 평가 및 개발 프로세스의 품질과 적법성에 대한 중요한 점검이 될 수 있다. 하지만 중요한 시점에서 지연을 초래할 수도 있는데, 조정을 위한 메커니즘이 도움이 될 수 있다. 또한 이러한 기관이 PPP와 관련된 역할을 수행할 수 있도록 역량 강화를 위한 노력이 필요할 수 있다.

궁극적으로 승인 권한은 내각 또는 의회에 의해 이루어질 수 있다. PPP에 대한 승인 권한은 국가마다 다른데, 일부 국가에서는 대규모 프로젝트에 대한 법률적 승인을 요구한다. 더 일반적으로는 내각이나 내각 수준의 위원회, 재무부 또는 이들의 조합에서 승인이 이루어질 수 있다. Irwin의 PPP에서 지출 약속을 통제하는 방법에 대한 논문 **Irwin's paper on controlling spending commitments in PPPs**(Irwin 2007, 113-114)에 설명된 바와 같이, 승인 권한은 프로젝트의 규모에 따라 달라질 수 있으며, 이는 일반적으로 다른 자본 투자에 대한 경우와 유사하다.

Figure 2.2 남아프리카공화국의 PPP(게이트웨이 프로세스)

I

도입

- 관련 재무부에 프로젝트 등록
- 프로젝트 책임자 지정
- 거래 어드바이저 지정

II

타당성 조사

다음을 포함하는 타당성 조사를 준비

- 요구 사항 분석
- 옵션 분석
- 프로젝트 실사
- 가치 평가
- 경제적 가치 평가
- 조달계획

재무부 승인

III

조달

- 공정하고 공평하며 투명하고 경쟁력 있고 비용 효율적인 조달 프로세스를 설계
- PPP 계약 초안을 포함한 입찰 서류 준비

재무부 승인: IIA

- 당사자 사전 검증
- PPP 계약 주안과 함께 제안 요청서 발행
- 입찰서 접수
- 타당성 조사 및 입찰서 상호 비교
- 우선협상대상자 선정
- 가성비 보고서 작성

재무부 승인: IIB

- 우선협상대상자와 협상
- PPP 계약 관리 계획 확정

재무부 승인: III

PPP 계약 체결

IV 개발

V 납기

VI 종료

(개발–납기–종료 전반에 걸쳐)

결과물을 측정하고,
실적 모니터링 및 관리를 하고,
효과적으로 연락하고
조정하여 분쟁을 해결

진행 상황 보고 연례 보고서

감사관 감사

조정

공공 투자 프로젝트에 대한 의사 결정은 일반적으로 연간 예산 과정에 따라 이루어진다. 그러나 PPP는 즉각적인 예산에 영향을 미치지 않는 경우가 많기 때문에, 프로젝트가 중기 지출 프레임워크(Mid-Term Expenditure Framework, MTEF)에 통합되고 검토 및 승인이 원활하게 진행되어 프로젝트 개발 과정이 지연되지 않도록 보장하기 위한 특정 조정 메커니즘이 필요하다. 경우에 따라 PPP 부서가 조정 역할을 맡기도 하며, 이는 Section *2.3.4-PPP 전담부서*에서 더 자세히 설명된다. 일부 정부는 각 PPP 거래를 감독하기 위해 부서 간 위원회를 구성하여, 검토 단계뿐만 아니라 프로젝트 개발 과정 전반에 걸쳐 감독 기관의 관점을 고려하도록 한다.

2.3.4 PPP 전담부서

공공 행정에서 PPP에 대한 전문성을 집중하는 정부 팀은 종종 PPP 부서라고 불린다. 이러한 PPP 부서의 기능은 정부 내 위치와 팀 구조에 따라 매우 다양한데, 이러한 다양성은 정부 간, 그리고 시간이 지남에 따라 PPP 프로그램이 발전함에 따라 정부 내에서 직면하는 다양한 우선 사항과 제약 사항을 반영한다. 확립된 PPP 프로그램을 가진 국가들은 원래의 PPP 부서의 범위가 점진적으로 확대되는 과정을 겪었으며, 일반적으로 비PPP 솔루션을 포함한 인프라 전반을 다루는 경향이 있다. 이러한 PPP 부서에 할당된 기능은 다음과 같다.

- 정책 지침 및 역량 강화-PPP 정책과 프로세스를 정의하고, 시행 기관이 이러한 프로세스를 따를 수 있도록 역량을 강화한다. 여기에는 종종 PPP를 위한 지침 자료와 표준 문서를 준비하는 것이 포함된다. *Table 2.1-PPP 프로그램 목표 예시*와 *Module 3-PPP 프로젝트 실행*의 “Key References”는 이러한 지침의 예를 제공한다.

Table 2.4 PPP 승인 요건의 예시

국가 (Country)	참고 자료 (Reference)	승인 요건 (Approval Requirements)
호주 빅토리아 주	National PPP Guidelines–Partnership Victoria Requirements (VIC 2016, 5)	PPP를 포함한 모든 고부가가치 또는 고위험 프로젝트는 재무부에서 수립한 게이트웨이 승인 절차를 거치게 된다. 프로젝트에 직접 관여하지 않는 전문가 패널이 프로젝트 개발 및 실행의 주요 단계, 즉 게이트에서 검토를 수행하며 PPP의 경우 전략적 평가, 사업사례(참여의향서 발행 전), 시장 준비(프로젝트 개요 및 계약서 발행 전), 서비스 준비도(계약 체결 전), 이익 평가의 5가지 게이트가 있다.
칠레	Concessions Law (CL 2010b, Law 20410, Articles 7, 20, and 28)	양허를 공식화하는 법령에 서명함으로써 PPP의 최종 승인은 대통령과 재무부가 함께 결정한다. 재무부가 입찰 서류를 승인하지 않으면 계약은 입찰을 할 수 없는데, 또한 재무부는 입찰 서류의 경제적 측면에 대한 변경 사항과 이행 중 특정 변경 사항도 승인해야 한다.
콜롬비아	PPP implementation rules (CO 2014, Section 3.2.3) Also set out in the National PPP Law (CO 2012c, Law 1508, Article 26)	PPP는 다음의 승인을 받아야 한다. • 국가 재정 정책을 주도하고 예산 시스템을 조정하는 국가재정위원회(CONFIS)는 PPP 프로젝트에 대한 미래 예산(Vigencias futuras)을 승인한다. CONFIS는 재무부 장관, 국가기획청 행정국장, 대통령 수석 경제보좌관, 재무부 차관, 국고, 공공신용, 조세관세청장 등으로 구성된다. CONFIS에 도달하기 전에 프로젝트는 해당 부문 부처와 국가기획부의 승인을 받아야 한다. • 콜롬비아의 최고 계획 기관이자 국가 경제 및 사회 발전과 관련된 모든 측면에서 정부에 자문을 제공하는 국가경제사회정책위원회(CONPES)는 프로젝트의 전략적 중요성을 인증한다. 이러한 인증은 프로젝트가 향후 예산 지원을 받기 위해 필요한데 이는 또한, 특정 연도에 CONFIS가 승인할 수 있는 향후 예산의 한도를 설정한다. CONPES는 대통령, 부통령, 내각, 대통령실 행정국장, 국가계획국장, 콜시엔시아스 국장으로 구성된다.

국가 (Country)	참고 자료 (Reference)	승인 요건 (Approval Requirements)
필리핀	The Philippines BOT Law (PH 2006, Rule 2, 16-19)	모든 국가 프로젝트와 2억 필리핀 달러(460만 US달러) 이상의 프로젝트는 국가경제개발청(NEDA) 위원회 산하 투자조정위원회(ICC)의 승인을 받아야 한다. NEDA 위원회는 주요 인프라, 경제 및 재무 부서를 담당하는 내각 위원으로 구성된다. 또한 PPP 프로젝트는 ICC의 추천에 따라 NEDA 이사회와 대통령의 승인을 받아야 하는데 ICC의 추천은 NEDA 기술 담당자의 검토를 거쳐 프로젝트 제출이 완료되었는지, 프로젝트가 재정적, 경제적, 사회적, 환경적 영향에 대한 요건을 적절히 준수하는지를 확인한다.
남아프리카 공화국	Public Finance Management Act and Treasury Regulation 16 (ZA 2004a, 8-10)	PPP 승인은 재무부의 PPP 부서를 통해 이루어지는데 프로젝트는 이후 4단계에 걸쳐 승인을 위해 제출된다. (1) 타당성 조사가 완료되고, (2) 입찰 서류가 작성되고, (3) 입찰서가 접수 및 평가되고, (4) 협상이 완료되어 PPP 계약이 최종적으로 체결된다.

- PPP 홍보는 정부 내외부에서 이루어져야 하며, 이는 부문 기관들이 PPP를 활용하도록 장려하거나, 잠재적인 공급자와 투자자에게 PPP 프로그램이 제공하는 기회를 홍보하는 것을 의미한다.
- PPP 프로젝트를 구현하는 데 있어 기술 지원. 앞의 *Section 2.3.2 - 기관의 책임: 실행*에 있어서 설명된 바와 같이, 이는 부처나 기관의 책임 있는 이행 팀에 대한 직접적인 지원을 제공하거나, PPP 이행의 일부 측면에 대해 직접 책임을 지는 것을 포함할 수 있다. 일부 PPP 부서는 프로젝트를 식별하고 평가하며 구조화하고, 프로젝트 파이프라인을 구축하는 프로젝트 개발 기관의 역할을 하기도 한다.
- PPP 프로젝트의 효율성과 경제성을 위해 관리하는 것을 게이트키핑 또는 검토 및 감독이라고 하며, PPP 프로젝트를 승인하거나 승인 프로세스에 대한 조언을 제공하는 역할을 한다. 앞의 *Section 2.3.3 - 기관의 책임: 검토 및 승인*에서 설명된 바와 같이, 이러한 검토는 프로젝트 개발의 여러 단계에서 이루어질 수 있으며, 이러한 PPP 팀의 감독 역할은 PPP 이행 및 포트폴리오 관리로 확장될 수 있다.

Box 2.7 PPP 교육

PPP 부서는 중요한 PPP 프로그램을 가진 국가에서 역량 강화 기능의 일환으로 PPP 교육 프로그램을 만들도록 촉진했다. 예를 들어, 필리핀(PH 2017)과 남아프리카공화국(ZA 2017)에서 이러한 프로그램이 운영되고 있다. KDI 공공투자관리센터(PIMAC)는 매년 여러 개의 PPP 교육 프로그램을 제공하고 있으며, 공무원을 위한 교육은 기본 교육과 고급 교육의 두 가지 수준으로 진행된다. 고급 교육에서는 타당성 조사, 평가, 재무 모델링 및 협상에 대해 다룬다. PIMAC은 민간기업을 위한 PPP 교육도 제공한다.

다자간 기구들도 PPP 팀과 협력하여 PPP 교육 활동과 실무자 네트워크를 조직하고 있다. 세계은행과 PPIAF는 탄자니아의 도시 신용도 아카데미(TZ 2014)를 지원했으며, KDI 국제정책대학원(KDIS), 아시아개발은행(ADB), 세계은행은 아시아 PPP 네트워크(APN)가 주최하는 연례 회의를 지원하고 있다.

여러 개의 대규모 공개 온라인 과정(MOOCs)도 PPP를 위해 개발되었다(KDI 2017). 세계은행은 영어로 PPP MOOC(WB 2015d)를 만들었고, 이후 프랑스어 버전(WB 2016g)도 출시했다. 미주개발은행(IDB)도 스페인어와 포르투갈어로 PPP와 인프라에 관한 여러 개의 MOOCs를 개발했다(IDB 2017). 예를 들어, PPP에 관한 MOOC와 지속 가능한 도시를 주제로 한 MOOC가 있다.

Tip MOOCs는 'Massive Open Online Courses'의 약자로, 대규모 공개 온라인 강좌를 의미한다.

APMG PPP 인증 프로그램(APMG PPP)은 PPP에 대한 지식을 쌓는 데 유용한 도구 중 하나다. 실무자는 APMG에서 PPP 인증을 받을 수 있으며, 이는 신뢰할 수 있는 온라인 평가 포털이다. 인증을 받으려면 APMG PPP 가이드(APMG 2016)에 대한 확실한 이해를 보여주는 온라인 시험을 통과해야 한다. 이 가이드는 80명 이상의 PPP 실무자가 개발한 포괄적인 백과사전이다. 학생들은 또한 PPP 실무자가 인증 시험에 합격할 수 있도록 교육할 수 있는 자격을 얻을 수 있다.

PPP 부서는 이러한 기능 중 하나 이상을 수행할 수 있으며, 단일 PPP 프로그램은 서로 다른 역할을 수행하는 여러 PPP 부서가 포함될 수 있다.

PPP 부서의 제도적 설계, 특히 게이트키핑 역할을 하는 부서는 필수 요구 사항(예: 프로젝트 검토, 계약 초안 검토, 입찰 과정 참여)과 자원 제공(프로젝트 준비 및 조달을 위한 자금뿐만 아니라, 주로 라인 부처의 직원과 자원을 보완할 수 있는 지식과 전문가) 간의 잘 고려된 균형을 요구한다. 실제로 이는 "당근과 채찍" 접근 방식이라고 할 수 있다. PPP 부서의 적절한 영향력도 필요하다.

PPP 부서의 구조와 정부 내 위치는 일반적으로 그들의 특정 기능, 그리고 정부 내 기존 기관, 기술 및 경험에 따라 달라진다. PPP 부서는 부처나 기관 내의 부서

일 수도 있고, 특별한 지위를 가진 부서이지만 부처에 보고하는 형태일 수도 있으며, 자율적인 정부 기관이거나 정부 소속 또는 공공-민간 기업일 수도 있다.

게이트키핑 부서는 대부분 재무부 또는 기타 감독 기관 내에 위치하며, 기술 지원 부서는 중앙에 위치하거나 조달과 같은 다른 관련 기능과 함께 배치될 수 있으며, 특정 부문에 중요한 PPP 프로그램이 있는 경우에는 하위 국가 또는 부문 수준에서 설립될 수 있다. PPP 촉진에 중점을 둔 부서는 더 넓은 투자 촉진 기관의 일부일 수 있다.

PPP 부서의 기능과 구조는 PPP 프로그램의 발전과 시간이 지남에 따라 변화할 수 있다. 예를 들어, 영국의 초기 재무부 태스크포스(첫 번째 PPP 부서)는 부분적으로 공동 공공-민간 벤처(파트너십 UK, PUK, 51%가 민간 기업 소유)로 전환되었으며, PPP 촉진 및 기술 지원에 더 중점을 두었다. 그러나 PPP 프로그램이 발전하고 부처와 기관이 더 많은 경험을 쌓으면서, 초점은 감독 및 PPP와 더 넓은 공공 투자 기능의 통합으로 이동했다. 결국 PUK는 정부에 재흡수되어 인프라 UK가 되었고, 이후 영국의 인프라 및 프로젝트 당국으로 통합되었다.

Tip PUK(Partnerships UK) 영국에서 PPP 프로젝트를 촉진하기 지원하기 위해 설립된 기관으로 PPP의 실행을 지원하고 관련 기술 및 재정적 조언을 제공하며 프로젝트의 성공적인 수행을 위한 모범 사례를 공유하는 역할을 하였다. 현재 영국 정부에 재흡수되어 Infrastructure UK 기관으로 통합되어 영국의 인프라 및 프로젝트 관리에 대한 포괄적인 접근 방식을 제공하기 위해 설계되었다.

많은 국가들이 재정부에 중앙 PPP 부서를 두어, 그 역할인 게이트키퍼를 더 잘 수행하고 있다. 이는 영국, 프랑스, 포르투갈, 남아프리카공화국, 인도, 인도네시아의 경우와 같은데, 재정부 외부에 중앙 PPP 부서를 두고 있는 여러 국가들은 PPP로 인해 발생하는 재정적 책임과 재정적 위험을 모니터링하고 관리하기 위해 자체적으로 재정부 PPP 부서를 설립할 필요성을 느꼈다. 예를 들어, 칠레 재정부의 우발적 책임 및 양허 부서는 PPP 부서가 공공사업부에 속해 있으며, 콜롬비아의 재정부의 PPP 부서도 교통부 산하의 기관으로 운영되고 있다.

다음 연구에서는 PPP 부서의 기능과 구조, 자세한 사례 연구, 목표 달성에 있어 이러한 부서의 효과성에 대한 평가에 대한 자세한 정보를 제공한다.

- PPP 부서에 대한 OECD 연구 **OECD study on PPP units**(OECD 2010)는 위 목록에 따라 PPP 부서의 기능 범위를 설명하고 독일, 한국, 남아프리카공화국, 호주 빅토리아 주, 영국의 PPP 부서에 대한 자세한 사례 연구를 제공한다.
- 브루킹스 연구소의 보고서 **report by the Brookings Institution**(Irwin and Mokdad 2010)에서는 PPP 부서의 기능을 검토 기관 또는 게이트키퍼, 검토 기관에 기술 지원을 제공하는 전임 기관, 모범 사례의 저장소 역할을 하는 우수 센터의 세 가지 범주로 유사하게 분류하고 있다.
- 유럽 PPP 전문 센터에서 발간한 일련의 보고서 **Set of reports published by the European PPP Expertie Centre**는 유럽 PPP 부서와 제도적 틀을 분석하고(EPEC 2014a) 프랑스(EPEC 2012), 포르투갈(EPEC 2014c)과 같은 개별 사례를 논의한다.

Did you Know…?

다카르 톨 도로는 서아프리카에서 첫 번째로 성공적인 도로 PPP이다.

이 도로는 2013년 8월, 프랑스 건설 회사인 에피파주(Eiffage)가 설립한 세네갈 양허 회사인 SENAC에 의해 개통되었으며, 서아프리카에서 첫 번째 그린필드 톨 도로 PPP로 간주된다. 이전의 2차선 도로는 수도의 교통량을 감당할 수 없었기 때문에 수십 년 동안 교통 혼잡이 문제였다. 양허 방식으로 건설된 이 24킬로미터, 6차선 도로 프로젝트는 도심 접근성을 향상시키고 다카르 중심부와 외곽 지역 간의 통근 시간을 개선했다. 도심과 외곽 모두 시장 접근성이 크게 향상되면서 경제 성장이 촉진되었다. 이 프로젝트의 일부 도전 과제에는 30,000명 이상의 사람들을 재정착시키는 것이 포함되었으며, 이는 정부와 프로젝트 후원자가 수행한 가장 큰 재정착 프로그램으로, IFC의 에콰도르 원칙 및 성과 기준에 따라 진행되었다. 2014년에는 도심 다카르와 새로운 국제공항을 연결하기 위한 도로 확장 계약이 체결되었다.

출처: *Partnering for Water in Cote d'Ivoire: Lessons from 50 Years of Successful Private Operation. Gridlines; No. 50. World Bank, August 2009*

Key References: PPP 프로세스 및 기관의 책임

참고 문헌(Reference)	설명(Description)
CL. 2010b. *Ley y Reglamento de Concesiones de Obras Públicas: Decreto Supremo MOP N^{0} 900.* Santiago: Gobierno de Chile, Ministerio de Obras Públicas.	제안 처리, 입찰, 모니터링 및 분쟁 해결을 위한 절차를 규정한다.
EG. 2007. *National Program for Public-Private Partnerships.* 2nd edition. Cairo: Government of Egypt, Public-Private Partnerships Central Unit.	이집트의 PPP를 위한 포괄적인 지침과 정책, PPP 조달 프로세스에 대한 규정을 포함한다. 또한 정부 내의 기관 책임과 승인 프로세스를 설명하고 있다.
MY. 2009. *Garis Panduan: Kerjasama Awam-Swasta Public-Private Partnership- PPP.* Putrajaya, Malaysia: Prime Minister's Office, Public-Private Partnership Unit.	말레이시아 정부의 PPP를 위한 정책 프레임워크와 조달 프로세스가 설명되어 있다.
MX. 2012. *Ley de Asociaciones Público Privadas.* Mexico City: Gobierno de México, Cámara de Diputados.	멕시코에서 PPP프로젝트를 개발하고 실행하는 과정과 기관의 책임을 자세히 설명하고 있다.
PE. 2014. *Ley No. 30167: Ley que Modifica el Decreto Legislativo 1012.* Lima: Presidente de la Republica del Peru.	PPP프로세스 전체(평가부터 입찰 및 계약 이행까지)를 설명하고, 인프라 분야의 PPP를 위한 제도적 틀을 정의한다. 여기에는 재무부의 역할과 PPP 촉진 기관인 민간투자 촉진기관의 역할도 포함된다.
PH. 2006. *The Philippine BOT Law R.A. 7718 and its Implementing Rules and Regulations.* Revised 2006. Manila: Public-Private Partnership Center.	필리핀의 PPP 관련 법률 및 PPP 프로세스의 시행 규칙과 규정이다.
PR. 2009. *Act No. 29.* San Juan: Commonwealth of Puerto Rico.	PPP 프로젝트의 바람직성과 편리성을 평가하는 과정, 프로젝트 입찰, 계약 설계, 및 이행 모니터링 과정을 개략적으로 설명한다. 또한 PPP 기관을 설립하고, 해당 기관 및 기타 정부 기관에 책임을 부여한다.

참고 문헌(Reference)	설명(Description)
ZA. 2004a. *Public Private Partnership Manual.* Pretoria: South African Government, National Treasury.	남아프리카공화국의 PPP 조달 프로세스를 포함한 포괄적인 PPP 매뉴얼, 승인 프로세스를 설명하고 있다.
ES. 2011. "Real Decreto Legislativo 3/20111, de 14 de noviembre, por el que se aprueba el texto refundido de la Ley de Contratos del Sector Público." *Boletín Oficial del Estado,* 276 (1) 117729–117913. Madrid: Gobierno de España, Ministerio de la Presidencia.	PPP를 조달 옵션으로 사용할 때 수행해야 하는 다양한 단계와 연구를 소개한다. 민간-공공 법적 프레임워크를 사용하는 PPP는 공공 법적 프레임워크의 투명성, 개방성 및 공정성 원칙을 고려한다.
EPEC. 2011b. *The Guide to Guidance: How to Prepare, Procure, and Deliver PPP Projects.* Luxembourg: European Investment Bank, European PPP Expertise Centre.	PPP 정책 및 프로젝트 실행을 위한 가이드 및 자료집의 Chapter 1에서는 프로젝트 식별에 대한 간단한 가이드를 제공한다.
PPPIRC. Accessed March 9, 2017. "Public-Private Partnerships in Intrastructure Resource Center website." Website.	법률 섹션에는 PPP를 위한 법적 환경을 평가하기 위한 정보와 질문, 법률의 유형에 대한 정보, 그리고 30개국 이상의 PPP 법률 사례가 포함되어 있다.
Farquharson, Edward, Clemencia Torres de Mästle, E. R. Yescombe, and Javier Encinas. 2011. *How to Engage with the Private Sector in Public-Private Partnerships in Emerging Markets.* Washington, DC: World Bank.	본 가이드는 공공 부문 실무자들이 시장성이 있는 프로젝트를 개발하고 적합한 민간 파트너를 유치하여 PPP를 성공적으로 개발하고 구현하는 방법을 설명하고 있다. Chapter 4에서는 PPP 프로젝트 선정에 대한 지침을 설명한다.
WB. 2009a. "Toolkit for Public-Private Partnerships in Roads and Highways." World Bank. Website.	온라인 툴킷의 법률 및 계약 섹션에 있는 Module 4에서는 도로 PPP를 위한 프레임워크를 구성하는 다양한 유형의 법률에 대해 설명하고 있다.
EPEC. 2014d. *Role and Use of Advisers in Preparing and Implementing PPP Projects.* Luxembourg: European Investment Bank, European PPP Expertise Centre.	외부 자문가와 협력할 때 실무자들이 기대해야 할 사항과 참여를 위한 모범 사례를 강조하고 있다.

참고 문헌(Reference)	설명(Description)
UNCITRAL. 2004. *Model Legislative Provisions on Privately Financed Infrastructure Projects*. Vienna: United Nations Commission on International Trade Law.	본 유엔 보고서는 민간 자금으로 조달되는 인프라 프로젝트에 유리한 PPP 법률에 대한 입법 권고 사항과 모델 조항을 제공한다.
Yong, H.K., ed. 2010. *Public-Private Partnerships Policy and Practice: A Reference Guide*. London: Commonwealth Secretariat.	본 보고서는 전 세계 PPP 정책에 대한 포괄적인 검토를 제공하며, PPP 정책 및 프로젝트를 설계하고 구현하는 데 있어 실무자에게 중요한 측면에 대한 지침을 포함하고 있다. Chapter 4.1에서는 PPP 법적 프레임워크의 주요 문제와 PPP 법률의 원칙을 설명하고 있다.
KR. 2011. *Basic Plan for Public Private Partnerships*. Seoul: Korea Development Institute, PIMAC.	PPP 프로세스와 PPP 프로세스에 관련된 다양한 당사자 중에 기관의 책임을 설정한다.
US. 2009. *Public Policy Considerations in Public-Private Partnership*. Washington, DC: United States Government, Department of Transportation, Federal Highway Administration.	본 보고서는 미국 내 다양한 주들이 14가지 PPP 문제에 대해 어떻게 대응했는지를 검토하는데, 공공 정책 문제를 PPP 계약에서 어떻게 다루는지 파악하기 위해 법률 및 계약 조항을 모두 살펴본다.
UK. 2015a. *Valuing Infrastructure Spend: Supplementary Guidance to The Green Book*. London: UK Government, HM Treasury.	영국의 10개 부서에서 진행된 인터뷰를 바탕으로, 이 보고서는 PFI(민간 금융 투자) 및 PPP(공공-민간 파트너십) 프로그램의 관리 성과를 비교하는 데 사용할 수 있는 벤치마킹 모델을 개발한다.
EPEC. 2012a. *France: PPP Units and related institutional framework*. Luxembourg: European Investment Bank, European PPP Expertise Centre.	본 보고서는 프랑스의 PPP 법률 및 제도 발전을 조사한다. 또한 중앙 PPP 부서(MAPPP)와 각 부처의 다른 PPP 부서 간의 관계에서 MAPPP의 역할을 설명한다.
TZ. 2010. *Bill Supplement No. 0: The Public-Private Partnership Act, 2010*. Dar es Salaam: Government of Tanzania.	탄자니아의 PPP 법은 새로운 PPP 부서를 설립하고 그 책임을 규정한다. 또한 이 법은 국가 내 PPP 프로젝트에 대한 요구 사항과 각 행위자 및 이해관계자의 책임을 설명하고 있다.

참고 문헌(Reference)	설명(Description)
CO. 2014. *Manual de Procesos y Procedimientos para la Ejecución de Proyectos de Asociación Público-Privada*. Bogotá: Gobierno de Colombia, Ministerio de Hacienda y Crédito Público.	콜롬비아의 PPP 조달 프로세스를 자세히 설명하는 매뉴얼이다.
Akitoby, Bernardin, Richard Hemming, and Gerd Schwartz. 2007. "Public investment and public-private partnerships." *Economic Issues 40,* Washington, DC: International Monetary Fund.	공공 투자를 위한 PPP의 함의를 설명하는 짧은 소책자. 여기에는 PPP 약속을 어떻게 관리하고 통제해야 하는지에 대한 내용이 포함되었다.
VIC. 2016. *Partnership Victoria Requirements*. Melbourne, Australia: State of Victoria, Department of Treasury and Finance.	본 지침은 호주 빅토리아 주에서의 PPP 프로그램의 목표, 범위 및 원칙을 설명한다. 또한, 이 지침에는 국가 지침의 변경 사항에 따라 수정된 PPP 조달 프로세스도 포함되어 있다.
NEDA. 2005b. *ICC Project Evaluation Procedures and Guidelines.* Manila: National Economic and Development Authority.	필리핀의 투자 조정 위원회(ICC)에서 프로젝트를 평가하는 지침과 시행 기관의 보고 요구 사항이다.
CO. 2012c. *Decreto Ley 1467 de 2012.* Bogotá: Congreso de Colombia.	콜롬비아에서 PPP에 대한 제도적 책임과 프로세스를 설정한다. 재무부와 국가계획부, 경제 및 사회 정책 위원회(CONPES), 재정 정책 위원회(CONFIS)의 역할을 규정한다.
NAO. 2006. *A Framework for Evaluating the Implementation of Private Finance Initiative Projects: Volume 1.* London: National Audit Office.	본 보고서는 초기 전략 분석부터 성숙한 운영 단계까지 프로젝트의 전체 생애 주기를 고려하는 평가 프레임워크를 설명하고 있다. 이 매트릭스는 프로젝트 생애 주기의 여섯 단계에 걸쳐 여섯 가지 주요 비즈니스 관리 주제를 포함한다.
WB. 2013b. "Implementing a Framework for Managing Fiscal Commitments from Public Private Partnerships." Operational Note. World Bank, Washington, DC.	프레임워크를 구현하는 방법에 대한 실용적인 지침을 제공하고 있다.

Key References: PPP 부서

참고 문헌(Reference)	설명(Description)
WB. 2007b. *Public-Private Partnership Units: Lessons for their Design and Use in Infrastructure.* Washington, DC: World Bank.	본 보고서는 선진국과 개발도상국의 PPP 효과성에 대한 포괄적인 평가를 제공한다. 또한 PPP 부서의 가장 효과적으로 작동한 맥락에서의 사례를 제시한다.
Dutz, Mark, Clive Harris, Inderbir Dhingra, and Chris Shugart. 2006. "Public Private Partnership Units: What Are They, and What Do They Do?." Public Policy for the Private Sector Note No. 311. Washington, DC: World Bank.	PPP 부서에 대한 여러 국가의 경험을 검토한 짧은 기록으로 거버넌스를 개선하고 그 효과성을 높이기 위한 고위 수준의 권장 사항을 제공한다.
Kim, Jay-Hyung, Jungwook Kim, Sunghwan Shin, and Seung-yeon Lee. 2011. *Public-Private Partnership Infrastructure Projects: Case Studies from the Republic of Korea. Volume 1, Institutional Arrangements and Performance*. Manila: Asian Development Bank.	본 보고서는 한국의 PPP 프로그램을 검토하며, BTO 및 BTL PPP 프로젝트의 사례 연구를 포함하고 있다.
WB. 2006a. *India: Building Capacities for Public-Private Partnerships.* Washington, DC: World Bank.	사례 연구에 대한 더 많은 세부 사항, 인도에 대한 적용 가능성을 포함하여 설명한다.
Farrugia, Christine, Tim Reynolds, and Ryan J. Orr. 2008. "Public-Private Partnership Agencies: A global perspective." Working Paper #39. Stanford, California: Collaboratory for Research on Global Projects at Stanford University.	개발된 국가들의 경험에 중점을 둔 PPP 부서에 대한 검토. 이 보고서는 사례 연구를 포함하고 있으며, 여덟 개의 서로 다른 기관의 주요 측면을 검토한다.
OECD. 2010. *Dedicated Public-Private Partnership Units: A Survey of Institutional and Governance Structures.* Paris: Organisation for Economic Co-operation and Development.	OECD 국가의 전담 PPP 부서에 대한 개요를 제공하며, 호주 빅토리아 주, 독일, 한국, 영국, 남아프리카공화국의 다섯 개 관할권의 경험에 대한 사례 연구를 포함하고 있다.

참고 문헌(Reference)	설명(Description)
Burger, Philippe. 2006. "The Dedicated PPP Unit of the South African Treasury." Paper presented at the Symposium on Agencies and Public-Private Partnerships. Madrid, July 5-7.	본 논문은 남아프리카공화국의 PPP 프로그램과 그 전담 PPP 부서에 대한 검토를 제공한다.
ZA. 2004a. *Public Private Partnership Manual.* Pretoria: South African Government, National Treasury.	남아프리카공화국의 PPP 조달 프로세스와 승인 프로세스를 포함한 포괄적인 PPP 매뉴얼이다.
EPEC. 2012a. *France: PPP Units and related institutional framework.* Luxembourg: European Investment Bank, European PPP Expertise Centre.	본 보고서는 프랑스의 PPP 법률 및 기관의 발전을 조사하고 또한 중앙 PPP 단위(MAPPP)와 각 부처의 다른 PPP 단위 간의 관계에서 MAPPP의 역할을 설명한다.
Istrate, Emilia, and Robert Puentes. 2011. "Moving Forward on Public Private Partnerships: U.S. and International Experience with PPP Units." Project On State and Metropolitan Innovation. Washington, DC: Brookings-Rockefeller.	본 보고서는 국제 PPP 단위와 미국 국내 PPP 단위를 조사하며 또한 미국 연방 PPP 단위의 필요성에 대해 다루고 있다.
Farrugia, Christine, Tim Reynolds, and Ryan J. Orr. 2008. "Public-Private Partnership Agencies: A global perspective." Working Paper #39. Stanford, California: Collaboratory for Research on Global Projects at Stanford University	개발된 국가들의 경험에 초점을 맞춘 PPP 단위에 대한 검토보고서로 사례 연구를 포함하고 있으며, 여덟 개의 서로 다른 기관의 주요 측면을 검토한다.
OECD. 2010. *Dedicated Public-Private Partnership Units: A Survey of Institutional and Governance Structures*. Paris: Organisation for Economic Co-operation and Development.	OECD 국가의 전담 PPP 단위에 대한 개요를 제공하며, 호주 빅토리아 주, 독일, 한국, 영국, 남아프리카공화국의 다섯 개 관할권의 경험에 대한 사례 연구를 포함하고 있다.
Burger, Philippe. 2006. "The Dedicated PPP Unit of the South African Treasury." Paper presented at the Symposium on Agencies and Public-Private Partnerships. Madrid, July 5-7	본 논문은 남아프리카공화국의 PPP 프로그램과 그 전담 PPP 단위에 대한 검토를 제공한다.

참고 문헌(Reference)	설명(Description)
ZA. 2004a. *Public Private Partnership Manual.* Pretoria: South African Government, National Treasury.	남아프리카공화국의 PPP 조달 프로세스와 승인 프로세스를 포함한 포괄적인 PPP 매뉴얼이다.
EPEC. 2012a. France: *PPP Units and related institutional framework*. Luxembourg: European Investment Bank, European PPP Expertise Centre.	본 보고서는 프랑스의 PPP 법률 및 기관의 발전을 조사하고 이어서 중앙 PPP 단위(MAPPP)와 각 부처의 다른 PPP 단위 간의 관계에서 MAPPP의 역할을 설명하고 있다.
Istrate, Emilia, and Robert Puentes. 2011. "Moving Forward on Public Private Partnerships: U.S. and International Experience with PPP Units." Project On State and Metropolitan Innovation. Washington, DC: Brookings-Rockefeller.	본 보고서는 국제 PPP 단위와 미국 내 PPP 단위를 조사하고 이어서 미국 연방 PPP 단위의 필요성에 대해서 다루고 있다.

Did you Know….?

파리의 대부분의 다리는 PPP로 건설되었다. 역사적으로 파리의 다리는 기업가들이 20년에서 50년의 양허 계약에 따라 건설했다. 이 계약은 보행자와 말 탄 사람들로부터 통행료를 징수할 수 있도록 허용되었는데 때때로 계약에는 다리 위에 집을 짓는 것도 포함되었으며, 평균적으로 다리당 30채에서 50채의 집이 지어졌다. 다리 양허의 예로는 Île Saint-Louis와 오른쪽 강을 연결하는 현재도 존재하는 다리인 폰 마리(Pont Marie)가 있다. 이 양허 계약은 1614년에 체결되었으며, 기업가 장크리스토프 마리(Jean-Christophe Marie)가 1610년에 자발적으로 제안서를 제출한 후 이루어졌다(그는 이 섬을 부유한 주거 지역으로 재개발한 인물이다). 이 양허는 마리에게 20년 동안 통행료를 징수할 수 있는 권한을 부여했다. 루이 13세 왕은 1614년에 기념비를 세웠고, 다리는 1630년에 개통되었다.

출처: *Xavier Bezançon, 2000 Ans d'Histoire du Partenariat Public-Privé (Paris: Presses de l'École Nationale des Ponts et Chaussées, 2004*

2.4

PPP를 위한 공공 재정 관리 프레임워크

일반적으로 PPP 계약은 정부에 재정적 영향을 미친다. PPP 계약에 따른 지불 약정은 장기적인 경우가 많으며 위험에 따라 달라질 수 있다. *Box 2.8 - PPP에 대한 재정적 의무의 유형*은 PPP에 내재된 다양한 위험 범주를 제시한다. 이러한 위험을 관리하는 것은 일반적으로 연간 지출에 대한 예산 편성에 맞춰져 있는 공공 재정 관리에 어려움을 초래할 수 있는데 이러한 이유로 공공 재정 관리에 대한 PPP에 특화된 접근 방식이 개발되었다.

*Section 1.2 - 인프라 문제와 PPP의 지원방법*에서는 PPP의 재정적 양향이 신중하게 고려되지 않을 때 발생하는 일반적인 문제들을 설명하고 있다. 재정적 위험을 다루고 관리하기 위한 구체적인 규칙이 없으면, PPP는 예산 제약이나 차입 한도를 우회하는 데 사용될 수 있으며, 이는 정부에 숨겨진 적자를 초래할 수 있다. 이는 Kharas와 Mishra의 논문 **Kharas and Mishra's paper**(Kharas and Mishra 2001)에서 설명된 바와 같다. 정부는 또한 PPP하에서 위험을 부담하는 비용을 종종 과소평가한다. 이는 모니터링 및 관리가 선제적으로 이루어지지 않을 경우, 재정 지속 가능성을 위협할 수 있는 PPP 관련 위험이 상당한 수준으로 노출될 수 있다.

본 섹션에서는 PPP에 대한 공공 재정 관리에 대한 실무자들을 위한 지침을 제공하여 이러한 함정을 피하는 데 도움을 줄 수 있다. 다음 섹션에서는 정부가 어떻게 할 수 있는지를 설명한다.

- 제안된 PPP 프로젝트의 재정적 함의를 평가하기
- PPP에 대한 총 노출을 통제하기
- PPP에 대한 재정적 의무를 예산에 반영하기
- 정부 회계 및 보고서에 PPP에 대한 재정적 의무를 반영하기

2.4.1 PPP 프로젝트의 재정적 영향 평가

좋은 관행은 공공 투자 프로젝트를 평가 및 승인 프로세스에 붙여 해당 프로젝트가 좋은 프로젝트인지 여부를 판단하는 것이다. 예산 프로세스와의 긴밀한 통합은 프로젝트가 언제 그리고 얼마나 비용이 드는지를 명확히 하는 것이 필수적이며, 재무부는 일반적으로 이 과정에서 중심적인 역할을 한다. PPP는 종종 단기적으로 자본 투자나 기타 지출을 수반하지 않는 경우가 많기 때문에, 공공 자금으로 조달된 공공 투자를 위해 설계된 표준 통제 메커니즘을 통과하지 못할 수 있다.

정부의 약속은 PPP 프로그램의 성공에 있어 핵심 요소이며, 다양한 정부 기관 간의 협력과 조정을 촉진하고 거버넌스 문제를 극복하기 위한 효과적인 개혁과 함께 이루어져야 한다.

2017 세계 개발 보고서(WB 2017c)는 정책 개혁의 효율성을 극대화하기 위한 핵심 경로를 설명한다. '정책 효과성 주기'는 달성하고자 하는 목표를 정의하는 것으로 시작하여 진단, 평가, 목표 설정, 설계, 실행, 평가 및 적응의 6가지 중요한 단계를 거치게 된다. 특정 제도적 환경 내에서 다양한 주체들이 정책의 설계와 실행에 대해 협상하는 과정도 고려해야 하는데, 시간 경과에 따른 정책의 일관성과 지속성(헌신), 신념과 선호도의 일치(조정), 자발적 준수와 무임승차 부재(협력)는 정책의 효과성에 영향을 미치는 주요 제도적 기능이다.

재무부는 이 세 가지 기능 모두에서 중요한 역할을 한다. PPP 프로젝트/포트폴리오의 재정적 영향 평가는 민간 부문에 대한 정부의 의지를 보여주고 프로젝트 개발과 관련된 불확실성을 줄이는 데 도움이 된다. 이는 결국 민간 금융 비용을 줄이는 데 도움이 되고 또한, 정부의 불확실성과 계약 변경으로 인한 이익에 더 관심이 있는 기업 대신 가장 유능하고 효율적인 PPP 사업자를 유치하는 데 도움이 된

다. 재무부는 또한 각 부처 및 PPP 부서의 단위와 같은 다른 정부 기관과 조정하고 협력한다.

따라서 재무부 공무원들이 인프라 위험과 PPP 재정 위험을 이해하는 것은 정부의 전폭적인 지원을 위해 매우 중요한 부분이다. 대부분의 정부는 재무부에 중앙 PPP 부서를 설치했지만, 다른 곳에 설치한 정부도 재무부 내에 PPP 팀을 두어야 할 필요성을 느끼고 있으며, 따라서 재정 관리 직원에게 PPP 계약에 대한 교육을 받도록 하고 있다. 이러한 PPP 팀은 PPP 프로젝트를 검토하고 PPP 재정 비용과 위험을 평가하며, PPP 프로그램의 재정적 지속 가능성을 확인하고, PPP 재정 위험을 관리하고, PPP 부채에 대한 보고를 돕는다.

또한 부문 간 문제, 공공 재정 관리, 내부 통제 및 보고 메커니즘에 관한 규정 등 광범위한 문제에 대한 정책을 수립하고 실행하기 위해서는 헌신, 협력, 조정이 필수적이다. 공직자의 청렴성에 대한 위협을 관리할 수 있는 시스템을 개발하기 위해 지속적인 노력도 필요하다. 마지막으로, 선거 주기는 일반적으로 프로젝트 주기보다 훨씬 짧기 때문에 정치인들은 이전 행정부에서 계획한 프로젝트를 이어받아 개시하고, 다음 행정부에서 개시할 프로젝트를 미리 선택하고 계획할 가능성이 높다. 이는 정치인들이 자신의 흔적을 남기고 싶어 하는 경향이 있기 때문에 상당한 정도의 약속과 협력이 필요하다.

Box 2.8 PPP에 대한 재정적 의무의 유형

PPP에 대한 재정적 의무는 민간 파트너에 대한 보상의 전부 또는 일부를 구성하는 정기 지불, 위험을 공유하는 수단 또는 이 둘의 조합일 수 있다. 정부의 PPP에 대한 일반적인 재정적 의무의 유형은 다음과 같다.

직접적인 부채

직접적인 부채는 불확실한 미래 사건의 발생에 의존하지 않는 지급 약정이다(가치와 관련하여 약간의 불확실성이 있을 수 있음). PPP 계약에서 발생하는 직접 부채에는 다음이 포함될 수 있다.

- "실행 가능성 격차" 지급 - 자본 보조금으로, 이는 건설 중 이정표 달성에 따라 단계적으로 지급되거나 자본 투자에 대해 지급될 수 있다. 또는 보조금을 사용하여 특정 최종 사용자에 대한 요금을 낮춰 그들이 서비스 이용에 도움이 되도록 할 수 있다.

- 가용성 지불 – 프로젝트의 전체 기간 동안 정기적으로 지급되는 지급금 또는 보조금으로, 일반적으로 계약상 명시된 품질의 서비스나 자산이 제공되는 것에 조건을 둔다. 지급금은 성과와 관련된 보너스나 벌금에 따라 지급액이 조정될 수 있다.
- 그림자 통행료 또는 산출 기반 지불(예: 유료 도로에서 주행한 킬로미터당 지불 또는 보조금)은 서비스 단위 또는 사용자당 지급되는 보조금이다.

우발적 부채

우발적 부채(Contingent liabilities)는 발생, 시기 및 규모가 불확실한 미래 사건에 따라 달라지는 지급 의무를 의미한다. PPP 계약하의 명시적 우발적 부채에는 다음과 같은 것들이 포함될 수 있다.

- 특정 위험 변수에 대한 보증 – 특정 위험 변수가 계약상 명시된 수준에서 벗어날 경우 민간 당사자에게 수익 손실을 보상하겠다는 합의이다. 이와 관련된 위험은 정부와 민간 당사자 간에 공유되는데 예를 들어, 이는 수요가 특정 수준 이상으로 유지되는 것에 대한 보증, 환율이 특정 범위 내에 유지되는 것에 대한 보증, 프로젝트에 필요한 토지를 구매하겠다는 약속, 또는 사람들과 활동의 이전에 대한 보상을 지급하겠다는 약속을 포함할 수 있다.
- 보상 조항 – 예를 들어, 보험에 가입할 수 없는 특정 불가항력적인 사건으로 인한 손해 또는 손실에 대해 민간 당사자에게 보상하겠다는 약정이다.
- 해지 지급 약정 – 공공 또는 민간 당사자의 채무 불이행으로 계약이 해지될 경우 합의된 금액을 지급하기로 하는 약정으로, 금액은 채무 불이행 상황에 따라 달라질 수 있다.
- 부채 보증 또는 기타 신용 강화 – 프로젝트 자금 조달에 사용된 부채의 일부 또는 전부를 상환하겠다는 약속이다. 보증은 특정 위험이나 사건에 대해 보장할 수 있는데, 보증은 대출 기관이 대출금을 상환할 수 있도록 더 많은 보완을 제공하는 데 사용된다.
- 소송 – PPP와 관련하여 정부에 대한 잠재적 소송 비용.

모든 PPP 계약은 공익이나 정치적 압력을 반영하는 정부의 도덕적 의무인 암묵적 우발채무를 발생시킨다. 여기에는 사업자가 파산할 경우의 재계약 또는 운영 비용, PPP 계약이 지나치게 경직된 경우의 서비스 확장 또는 재설계 비용, 정부 정책의 변화 등이 포함된다.
폴라코바와 쉬크의 정부 우발적 부채에 관한 책(Polackova 1998)은 직접 부채와 우발 부채를 정의하고 우발 부채가 초래하는 재정적 위험을 전반적으로 설명하고 있다.

*Section 2.3 – PPP 프로세스 및 기관의 책임*에서는 정부가 대규모 투자 프로젝트에 사용되는 프로세스를 반영하여 PPP에 대한 승인 프로세스를 만드는 방법에 대해 설명한다. 이러한 프로세스는 일반적으로 재무부가 중심적인 역할을 하는데 본 섹션에서는 재무부가 어떻게 PPP를 결정할 수 있는지에 대한 지침을 제공한다.

이과정에서 재무부는 일반적으로 두 가지 질문을 고려한다. 프로젝트가 비용 대비 가치를 제공하는가? 그리고 프로젝트가 합리적인가?

Table 2.5 PPP에 대한 재정 투입의 경제성 평가를 위한 옵션

옵션(Option)	참고 문헌 및 예시(References and Examples)
예산 한도 예측-즉, 전체 예산 한도가 어떻게 변화할지에 대해 보수적인 가정을 하고, 합리적인 범위의 시나리오 아래에서 PPP에 대한 예상 연간 지급액이 해당 한도 내에서 수용될 수 있는지 고려한다.	OECD 2008a, 42-43에 설명된 OECD 설문조사에 따르면, • 브라질에서는 프로젝트 연구에 향후 10년간의 재정 분석이 반드시 포함되어야 한다. • 영국 조달 당국은 PPP 프로젝트의 수익성을 입증해야 하며, 이는 사용 가능한 연도의 합의된 부서 지출 수치를 기반으로 하고 이후의 부서 지출 한도에 대한 신중한 가정을 바탕으로 한다. • 프랑스에서는 다년간의 지표 예산 수립을 위한 장관급 프로그램을 참조하여 PPP의 경제성을 입증한다. • 남아프리카공화국의 PPP 매뉴얼 경제성 섹션(ZA 2004a, Module 2)에서도 비슷한 접근 방식을 설명한다.
예산 규칙 도입-PPP 의무 수익은 연간 예산 과정에서 고려된다.	예를 들어, • 호주 빅토리아 주의 경우, PPP를 고려하는 부서는 먼저 프로젝트에 공공 자금이 투입될 경우 필요한 자본 지출에 대한 승인을 받아야 하는데, 이는 국가 PPP 가이드라인(AU 2017)에서 요구하고 있고 Irwin의 PPP 우발적 부채 관리 검토(Irwin and Mokdad 2010, 10-11)에 설명되어 있다. • 콜롬비아의 우발적 부채에 관한 법률(CO 1998, Article 6)에 따르면 시행기관은 PPP 프로젝트가 체결될 때 우발적 부채 기금으로 현금을 이체해야 하는데, 현금 이체는 제공된 모든 보증을 포함하여 프로그램의 예상 비용과 동일하게 설정된다. 대금 지급은 몇 년에 걸쳐 분산될 수 있다. 즉, 우발적 부채를 수락하기로 결정하면 예산에 즉각적인 영향을 미치므로 이를 고려해야 한다.

PPP의 비용 대비 가치 여부 평가하기

대부분의 프로젝트에서 가치를 평가하는 것은 프로젝트가 비용-편익 측면에서 정당화되는지, 그리고 이익을 달성하는 데 가장 비용이 적게 드는 방법이 무엇인지 평가하는 것을 의미한다. PPP를 평가할 때는 추가적인 분석이 필요하다. 이는 PPP가 잘 구조화되었는지, 그리고 대안적인 공공 조달 방식보다 더 나은 가치를 제공할 것인지 확인하기 위함이다. *Section 3.2-잠재적 PPP 프로젝트 평가*에서는 이러한 분석에 대해 설명하고, 예시 및 지침에 대한 링크를 제공한다.

PPP의 합리성 여부 평가하기

두 번째 질문의 답은 더 어렵다: PPP 프로젝트는 합리적인가? PPP 프로젝트에 대한 이 질문에 답하는 데는 두 가지 주요 도전 과제가 있다.

첫째, PPP에 소요되는 비용이 항상 명확하지는 않다. 직접적인 재정 투입은 장기적이며, 수요(그림자 통행료의 경우) 또는 환율(외화로 지불하는 경우)과 같은 변수에 따라 달라질 수 있다. 또한, PPP에 대한 많은 재정적 약속은 우발채무로서 발생, 시기, 가치가 모두 불확실한 미래 사건에 따라 달라진다.

*Section 3.2-잠재적 PPP 프로젝트 평가*에서는 제안된 PPP에 대한 재정 약정 비용을 계산하는 방법에 대한 지침과 예를 제공한다. 여기에는 대부분 적정선과 최선의 추정값을 고려하고, 낙관주의 편향을 보정하고, 그 값이 어떻게 달라질 수 있는지에 대한 시나리오를 고려하는 것이 포함된다.

둘째, 비용이 장기적이며 우발적일 수 있기 때문에, 이것을 감당할 수 있는지 결정하는 것은 쉽지 않다. OECD의 PPP에 관한 간행물 OECD Publication on PPPs(OECD 2012, 21)에서는 감당 가능성을 "정부의 시간 간격 예산 제약 내에서 수용할 수 있는 능력"으로 정의했다. 대부분의 정부 지출에 대해 감당 가능성은 연간 예산 제약을 고려하여 평가되며, 경우에 따라 중기(일반적으로 3년) 지출/재정 프레임워크를 고려하기도 한다. *Table 2.5-PPP에 대한 재정 투입의 경제성 평가를 위한 옵션*에서는 PPP에 대한 두 가지 대안을 설명하는데 접근 방식은 재정 약속의 유형에 따라 달라질 수 있다. PPP에 대한 재정 약속의 총량에 대한 제한은 특정 프로젝트에 대한 의사 결정에도 영향을 미칠 수 있다.

특히 인프라 투자에 있어서는 PPP 프로젝트에서 자주 체결되는 복잡한 금융 계약으로 인해 정부는 프로젝트 기간 동안의 부채를 미리 파악할 수 있어야 한다. 이는 명시적이거나 암시적일 수 있고, 직접적이거나 간접적일 수 있다.

정부에 대한 잠재적 재정 위험의 출처와 그 규모에 영향을 미치는 요인을 분류하기 위해 재정 위험 지표(부채 부문과 자산 부문)를 구성하는 것은 PPP 계약 체결 전에 수행해야 할 중요한 분석 작업이다. 이 두 가지 지표는 *Table 2.6-재정 위험 지표: 부채*에 나와 있으며 부채의 경우도 *Table 2.7-재정 위험 지표: 자산 및 우발부채*에 나와 있다. 이 기능은 일반적으로 재무부에서 수행하며, 프로젝트를 추진하고 협상하는 부문 부처 또는 기관과 분리되어 있어야 한다.

2.4.2 PPP 리스크 총 노출량 관리

정부는 프로젝트별로 재정 노출을 고려하는 것 외에도 총 노출을 제한하는 목표나 규칙을 도입하기도 한다. 한 가지 도전 과제는 어떤 유형의 재정적 의무가 포함되어야 하는지를 정의하는 것인데 예를 들어, 이 규칙은 직접적인 부채에만 적용되는 것인지, 아니면 우발적 부채도 포함되는 것인지에 대한 질문이 있을 수 있다.

PPP 노출에 대한 특정 한도의 도입은 Irwin의 PPP 지출 약정 통제에 관한 글 **Irwin's article on controlling spending commitments in PPPs**(Irwin 2007, p. 114-115)에 설명되어 있다.

- 페루의 입법령 NO. 410-2015-EF(PE 2015)에 따르면 정부 재정 기관을 제외한 PPP에 대한 총 재정 약정액의 현재 가치는 GDP의 12%를 초과할 수 없다. 그러나 3년마다 대통령은 경제 재정부의 승인을 받아 국가의 인프라 구조적 필요에 따라 이 한도를 개정하는 법령을 발표할 수 있다.
- 헝가리에서는 1992년 법 제38조(Article 12)에 따라 Irwin의 논문(Irwin 2007)에 인용된 바와 같이 PPP에서 다년간 약정의 총 명목 가치를 정부 수입의 3%로 제한했다.
- 브라질의 연방 PPP 법(BR 2004a, Law 11079)은 처음에는 모든 PPP 계약과 관

련된 총 재정 약정을 연간 순 현재 수익의 최대 1%로 제한했지만, 2009년 법 12024는 이 한도를 3%로 올렸고, 2012년 법 12766은 다시 5%로 인상했다.

Irwin은 PPP 전용 한계를 설정하는 것이 공공 지출에 대한 다른 한계와 구별되어 기관들이 PPP가 더 나은 가치를 제공할 수 있음에도 불구하고 전통적인 공공 조달을 선택하도록 유도할 수 있다고 설명한다. 그럼에도 불구하고 특정 PPP 약정을 감당할 수 있는지 결정하는 데 어려움이 있는 점을 고려할 때, 총 노출에 대한 한계는 정부의 PPP 비용 및 위험에 대한 총 노출이 관리 가능한 범위 내에 유지되도록 보장하는 데 유용한 방법이 될 수 있다(Irwin 2007).

준 재정 기관이 수행하는 PPP 프로젝트와 관련된 재정적 영향 및 위험을 모니터링하고 관리하는 것은 중요하다. 이는 특히 하위 국가 정부가 대규모 PPP 인프라 프로젝트 포트폴리오를 수행했거나 수행할 계획이 있는 국가에서는 더욱 중요하다. 이에 대한 국제 경험의 사례는 Kahkonen과 Gooptu의 하위 국가 부채 관리에 대한 연구 **Gooptu and Kahkonen lessons of international experience on subnational debt management**(Kahkonen and Gooptu 2015)에서 확인할 수 있다.

대안 중 하나는 PPP 약속에 대한 한계를 다른 재정 목표에 통합하는 것이다. 예를 들어, 일부 정부는 공공 부채나 정부 부채에 대한 목표 또는 한계를 설정하는데, 특정 유형의 PPP 약속은 국제 기준이나 국가 규칙에 따라 정부 부채 측정에 포함될 수 있다. 그러나 이는 일반적으로 제한된 경우에만 적용되며, Liu와 Pradelli가 강조한 바와 같이 국가 수준에 국한된다. 그들의 논문(Liu and Pradelli 2012)은 PPP 부채로 인한 재정 위험을 보다 철저하게 모니터링하기 위한 프레임워크를 제안하며, 여기에는 SPV(특수목적법인)의 부채를 고려한 최소 5개의 하위 국가 부채 지표가 포함된다. **Irwin**(2007) 또한 부채와 PPP 약속에 대한 한계를 설정하는 대안을 설명하고 있다.

2.4.3 PPP를 위한 정부의 예산 편성

PPP를 위한 예산 편성은 정부가 PPP 프로젝트에서 부담하기로 합의한 비용을 지불하기 위해 자금이 적절히 배정되고 사용 가능하도록 하는 것을 포함한다. 이러한 비용은 우발적이거나 미래에 발생할 수 있기 때문에, PPP 예산 편성은 전통적인 연간 예산 주기에서 관리하기 어려울 수 있다. 그럼에도 불구하고, 신뢰할 수 있고 실용적인 예산 편성 접근 방식은 좋은 공공 재정 관리를 위해 필요하며, 민간 파트너에게 그들이 지불받을 것이라는 확신을 주기 위해 중요하다. 본 섹션에서는 일부 국가들이 직접적 및 우발적인 PPP 지불을 위한 더 나은 예산 편성을 가능하게 하기 위해 도입한 시스템에 대해 설명 한다.

PPP에 대한 직접적 의무의 예산 편성

PPP에 대한 직접적 의무에는 프로젝트 건설 중 자본 보조금뿐만 아니라 가용성 지급금 및 그림자 통행료와 같은 지속적인 지급이 포함될 수 있다.

Table 2.6 재정 위험 지표: 부채

	직접(Direct)	우발적(Contingent)
명시적(법적 의무, 선택의 여지가 없음)	해외 및 국내 국채 예산 지출 – 현재 회계연도 및 장기적으로 법적 구속력이 있는 지출(공무원 급여 및 연금) 모두 포함	하위 국가 정부 및 국영기업의 차입 및 의무에 대한 보증 무역 및 환율 위험에 대한 보증 민간 투자(PPP)에 대한 보증 국가 보험 제도(예금 보험, 개인 연금 펀드, 농작물 보험, 홍수 보험, 전쟁 위험 보험) 서로 다른 청구와 관련된 법적 소송에서 예상치 못한 보상금 지급

	직접(Direct)	우발적(Contingent)
암시적(기대 - 정치적 결정)	법적으로 요구되지 않는 경우의 미래 공적 연금 법적으로 요구되지 않는 경우의 미래 사회 보장 법적으로 요구되지 않는 경우의 미래 의료 재정 미래 공공 투자에 대한 반복적인 비용	보증되지 않는 채무 및 기타의무에 대한 지방정부 및 국영 기업의 채무 불이행 민영화 대상 기관의 부채 정리 은행 파산(국가 보험을 초과하는 지원) 보증되지 않는 연금 기금 또는 기타 사회 보장 기금의 실패 환경 복구, 자연 재해 구호

출처: (Polackova 1998)

Table 2.7 재정 위험 지표: 자산 및 우발 부채

	직접(기존 자산의 재고 기준) (Direct)	우발적(향후 생성되는 가치와 같은 미래 이벤트에 따라 달라짐) (Contingent)
명시적(정부의 법적 권한에 기반하여, 예를 들어 소유권, 세금 및 기타 수익을 부과할 권리 등)	자산 회수(워크아웃, 부실채권 매각, 국유지 매각 등) 국영 기업(SOE) 및 기타 공공 자원의 민영화로 인한 수익금 정부 대출 자산의 회수(예: 이전의 정부 직접 대출로 인한 결과)	자원 추출 및 판매로 인한 정부 수익 정부 세관 수익 세수에서 차감되는 항목 • 세금 지출 • 선도 판매 수익(예: 상품 선도 판매) • 정부에서 구매한 파생 상품 및 재보험
암시적(정부의 간접 통제 기준)	안정화 및 비상 자금(참고: 이러한 부채는 중앙은행이 아닌 재정 당국을 지칭함) 중앙은행의 순자산	국영 기업의 이익 국제금융기관(IFI)으로부터의 조건부 신용한도 및 자금 지원 약정 통화별 경상수지 흑자

정부가 PPP(민관 파트너십)에 자본 보조금을 제공할 때, 요구되는 지불은 전통적으로 조달된 정부 프로젝트와 유사하다. 이러한 지불은 일반적으로 프로젝트의 첫 몇 년 내에 이루어지기 때문에 연간 예산 및 중기 지출 프레임워크에 상대적으로 쉽게 반영될 수 있는데, 그럼에도 불구하고 일부 정부는 이러한 지불이 이루어질

특정 기금인 생존력 격차 기금을 도입했다. 이러한 기금의 한 예는 인도에 있으며, 이는 *Box 2.9 - 인도의 생존 가능성 지원 기금 프로그램*에서 설명되어 있다.

Tip 생존 가능성 지원 프로그램(Viability Gap Fund Program)이란 PPP 프로젝트의 재정적 타당성을 높이기 위해 정부가 제공하는 보조금이나 지원을 의미한다.

장기적인 직접 의무, 예를 들어 가용성 지급에 대한 예산 편성은 더 어려운 문제다. 연간 예산 책정 주기와 다년간의 지급 약정 사이의 불일치로 인해 민간 당사자는 제때 지급이 이루어지지 않을 수 있는 위험에 노출된다. 이 문제는 PPP에만 국한되지 않으며, 많은 다른 유형의 계약에서 예산 연도를 넘어서는 지급약정이 존재한다. 많은 관할권에서 정부는 책임 있는 입법부가 있다는 전제하에 직접적이고 장기적인 PPP 약정에 대해 특별한 예산 책정 방식을 도입하지 않는다.

Box 2.9 인도의 생존 가능성 지원 기금 프로그램

2005년 7월, 인도 내각 경제위원회는 인프라 공공 민간 파트너십에 대한 재정 지원 계획을 승인함으로써 인도의 생존 가능성 지원(VGF) 프로그램을 설립했다. 이 제도가 시행된 첫 11년 동안 총 사입비 약 49억 달러, 8억 7,200만 달러에 달하는 58개 프로젝트가 이 제도에 힘입어 최종 승인을 받았다.

인도의 VGF 프로그램의 주요 목표는 세 가지 기본 목표와 함께 PPP 프로젝트의 재정적 실행 가능성을 높여 인프라에 대한 민간 투자를 유치하는 것이다.

- 인도의 인프라 수요를 보다 신속하게 충족하기 위한 추가 자금 동원
- 서비스 제공의 효율성을 개선하고, 시기와 비용을 관리하며, 민간 부문의 전문성을 유치 위해 PPP 프로젝트의 우선 순위를 선정
- 지리적 또는 경제적으로 취약한 지역을 소홀히 하지 않는 포용적 접근 방식을 통한 프로젝트 개발

자금 지원이 가능하다는 사실은 기업들이 인도의 PPP 프로젝트에 입찰하도록 장려한다. 그 결과, 정부가 보조금이 필요할 것으로 생각했던 많은 프로젝트가 실제로는 정부 보조금 없이, 또는 경우에 따라서는 마이너스 보조금이나 민간 부문의 선불금 없이 전액 민간자금으로 추진되고 있다.
이 제도는 정부의 예산 자원을 통해 자금이 지원된다. 예산은 한 해 동안의 지출 수요를 기준으로 매년 책정된다. 첫해에는 4천만 달러의 예산이 책정되었다. 이 계획은 또한 VGF 시설의 유동성을 보장하기 위해 권한이 부여된 위원회 아래에서 회전 기금을 제공한다. 이 기금은 필요에 따라 보충된다.

특정 연도에 승인된 프로젝트의 가치는 지속적인 유동성을 보장하고 지출 요청이 한꺼번에 몰리는 것을 최대한 방지하기 위해 VGF 예산 조항의 10배에 해당하는 상한선으로 제한된다. 이 한도는 재무부의 재량에 따라 변경될 수 있으며 실제로 이 한도는 구속력이 없다.

출처: (2013a); (2017)

예산 위험이 높은 경우(일반적으로 입법부와 행정부 간의 권한이 엄격하게 분리된 시스템에서) 이러한 위험을 줄이기 위한 메커니즘이 필요할 수 있다. 브라질에서는 연방 차원에서 2000년 법률 제101호(BR 2005)에 따라 PPP에 대한 보조금 지급을 채무 상환과 동일한 방식으로 처리하도록 규정하고 있다(즉, 자동 예산 처리). 즉, 보조금이 승인되면 필요한 예산은 추가적인 입법 승인을 받지 않아도 되는데, 아직 연방 보조금이 지급되지는 않았지만, 이 정책은 약정된 자금이 철회될 가능성을 줄이고 투자자에게 보다 확실성을 제공하는 데 도움이 될 것이다.

PPP에 대한 직접적인 의무를 위한 예산 편성에 대한 자세한 내용은 세계은행의 PPP에 대한 재정 보조금 보고서 **World Bank report on fiscal subsidies for PPPs**(WB 2012a)를 참조하자. 이 연구는 브라질의 연방 및 주 차원의 예산 배정 메커니즘(15-16페이지 참조), 콜롬비아(31페이지), 멕시코(46페이지), 인도(59페이지)에 대해 설명하고 있다.

대부분의 PPP 계약에 따른 정부의 지급 약속은 장기적인 성격을 띠기 때문에 이를 중기 재정 프레임워크(MTFF)에 포함시켜야 할 필요성이 있다. 브라질, 중국, 콜롬비아, 인도, 페루, 폴란드 등 많은 국가에서 MTFF의 주기적 분석을 의무화하는 법률을 제정하고 있으며, 모범 사례로 PPP를 MTFF에 포함시키는 것을 들 수 있다.

신중한 재정 거버넌스를 갖춘 정부는 재무부의 모든 PPP 약속에 대한 중앙 집중식 등록부를 구축하고 지속적으로 업데이트할 필요성을 느끼고 있다. 이는 좋은 관행으로 모든 PPP 약속은 중앙에서 기록하고 모니터링해야 한다. 이는 단일 국가뿐만 아니라, 하위 국가의 재정 규율 문제의 역사가 있는 연방 공화국에도 해당된다. 통화 노출을 모니터링하는 것도 관련성이 있을 수 있는데, PPP 의무는 외환에 영향을 미칠 수 있다.

가용성 지불은 인프라의 효과적인 가용성에 따라 달라지는데 이러한 지급은 잘 설계된 PPP에서는 발생 확률이 거의 확실하므로 직접 부채로 간주되어야 한다.

정부는 생산량이나 제공되는 서비스의 양과 질(예: PPP 병원의 의료 서비스 또는 PPP 발전소에서 생산된 전기)에 따라 비용을 지불하기로 약정할 수 있는데 이러한 비용은 가변적이기 때문에 정부는 예상되는 서비스 제공 수준에 맞게 예산을 편성해야 한다.

PPP 우발 부채에 대한 예산 책정

우발 부채에 대한 예산 편성은 예상치 못한 지급 기한이 도래할 수 있기 때문에 특히 어려울 수 있다. 기존 예산에서 절감액을 찾을 수 없는 경우, 정부는 다시 입법부에 추가 예산을 요청해야 할 수 있으며, 이는 종종 어렵고 논쟁의 여지가 있는 사안이다.

이러한 어려움을 극복하기 위해 일부 정부는 PPP 프로젝트에서 우발적 부채를 예산에 반영하기 위한 특정 메커니즘을 도입한다. 세보타리의 우발적 부채 관리에 관한 논문 **Cebotari's paper on managing contingent liabilities**(Cebotari 2008, 26-28)에서 설명된 첫 번째 옵션은 추가적인 예산 유연성을 창출하는 것이다. 이는 예상치 못한 지출을 위해 예산 내에 비상 예산 항목을 만드는 것을 포함할 수 있다. 비상 예산 항목은 특정한 부채에 대해 설정될 수 있으며(예: 상대적으로 위험한 것으로 간주되는 부채) 다양한 우발적 부채를 포괄할 수도 있다. 칠레에서는 재무부가 PPP 운영자에게 제공되는 보증(예: 수요 보증)의 비용을 평가하고, 이러한 보증을 위한 예산 항목을 생성한다. 이어서 세보타리는 일부 국가에서의 특정 정의된 상황에서 추가 승인이 필요 없이 예산을 초과하여 지출할 수 있도록 허용한다고 언급하고 있다.

두 번째 옵션은 세보타리에 의해 자세히 설명된 바와 같이(Cebotari 2008, 27-29) 우발적 부채 기금을 만드는 것이다. 우발 부채 기금(또는 보증 기금)은 정부의 계좌 내 또는 외부에 위치할 수 있는 계좌로, 사전에 자금이 이체되며, 발생한 우발 부채에 대한 지불이 만기 시 이루어지는 계좌이다.

다음은 PPP를 위한 우발 채무 기금의 예시이다.

- 콜롬비아는 유료 도로 사업자에게 제공되는 보증으로 인해 발생하는 우발 부채를 관리하기 위한 일련의 절차를 개발했다. 여기에는 보증이 승인되기 전에 보증이 재정에 미치는 영향을 평가하고 보증으로 인해 예상되는 지불금을 충당하기 위한 자금을 따로 마련하는 것이 포함된다(WB 2012a, 32-33). 1998년에 설립된 정부 기관의 우발 채무 기금은 신탁회사인 라프레비소라가 관리한다. 이 기금은 다양한 정부 기관의 기부금, 국가 예산의 출연금, 기금 재원으로 창출된 수익으로 운영된다.
  정부 기관은 우발 부채 평가를 수행한 후 재무부 공공 신용 부서의 승인을 받는데, PPP가 승인되고 시행되면 이 부서는 관련 우발 채무의 가치에 대한 지속적인 평가를 수행하게 된다(CO 1998, 3~8조).
- 브라질 상파울루주에서는 2004년 정부의 국영 기업 지분 매각 재원으로 상파울루 파트너십 공사(Companhia Paulista de Parcerias - CPP)를 설립했다(SP 2004a, Article 12-23). 주지 사령(SP 2004b, Article 11-12)의 5항에는 CPP의 임무가 설명되어 있다. CPP는 PPP 프로젝트에 보증을 제공하는 신탁 기금으로서 자원을 관리하는데(SP 2004b, Article 15), CPP는 주 총재가 선정한 최대 3명의 위원으로 구성된 이사회, 주 총재가 선정한 최대 5명의 위원으로 구성된 관리위원회 및 재정위원회의 통제를 받는다.
  CPP는 독립적인 법인으로 주 정부는 국영 기업이나 정부 소유 건물의 주식 매각 자금, 공공 채무, 기타 정부가 직간접적으로 소유한 상품 및 권리를 사용하여 기금에 자본을 추가할 수 있다. 세계은행의 중남미 PPP를 위한 보조금 기금에 대한 검토(WB 2012a, 16)에서 CPP에 대한 자세한 배경 지식을 확인할 수 있다.
- 인도네시아-인도네시아 인프라 보증 기금 Indonesia Infrastructure Guarantee Fund(IIGF)은 정부 규정과 2009년 재무부 법령에 따라 설립된 국영 기업이다. 정부의 재정 도구 중 하나인 IIGF는 재무부의 직접적인 감독을 받고 있으며, PPP 제도에 따른 인프라 프로젝트에 대한 보증을 제공할 의무가 있다. IIGF는 정부의 조치 또는 부작위로 인한 위험에 대한 비상 지원/보증을 제공함으로

써 인도네시아의 인프라 개발을 가속화하려는 정부 노력의 일환이기도 하다. 이 펀드는 PPP 인프라 프로젝트에 대한 평가, 구조화 및 보증을 제공하는 단일 창구로 운영되는데, 단일 창구는 보증 평가에 대한 일관된 정책과 청구에 대한 단일 프로세스를 보장한다. 이는 시장 신뢰에 중요한 프로세스의 투명성과 일관성을 갖추게 되었고 IIGF는 전력, 수자원, 유료 도로, 철도, 교량, 항만 등 다양한 분야에서 민간 부문의 수요에 따라 특정 위험에 대한 보증을 제공하고 있다(IIGF).

- 대한민국 - 인프라신용보증기금(ICGF)은 1994년에 설립되었다. 공적 금융 기관이 관리하고 있는데 ICGF는 프로젝트당 최대 3,000억 원까지 보증하며, 연간 보증료는 총 보증금액의 1.5%로 제한된다(2011년 기준). 일반적으로 연간 보증료는 0.3~1.3% 수준이다. 보증은 프로젝트 기업이 금융기관에 빌린 대출금을 채무 불이행할 경우 ICGF가 대신 갚아주는 대위변제 방식으로 운영된다. 기금이 부족할 경우 정부가 추가 출연을 할 수 있다(Kim et al. 2011).

명확한 예산 책정 메커니즘을 제공하고 신뢰성을 향상시키는 것 외에도, 기금을 만드는 것은 정부의 PPP에 대한 재정적 약속을 통제하는 데 도움을 줄 수 있다. 이는 기금의 설계 방식에 따라 달라지는데 예를 들어, 콜롬비아의 접근 방식은 어떤 부채를 수용할지를 결정할 때 규율을 장려한다. 이는 *Section 2.4.1 - PPP 프로젝트의 재정적 영향 평가*에서 설명되는데, 우발적 부채가 발생할 때 시행 기관의 예산에서 현금 이체를 요구하는 것은 우발적 부채를 수용하기로 한 결정이 즉각적인 예산 영향을 미친다는 것을 의미하며, 이는 반드시 고려해야 할 사항이다. 인도네시아에서는 정부 정책이 IIGF가 기금 관리자의 신중한 위험 평가에 기반하여 우발적 부채를 수용하도록 요구한다. EPEC의 PPP에서의 국가 보증에 관한 노트 **The EPEC note on State Guarantee in PPPs**(EPEC 2011a, Section 2)는 정부가 PPP 프로젝트에 제공할 수 있는 다양한 유형의 보증에 대한 추가 세부 정보를 제공하고 있다.

2.4.4 PPP에 대한 재정 회계 및 보고

정부는 PPP 계약에 따른 재정적 의무를 포함하여 재정적 약속을 회계 처리하고 보고해야 한다. 이는 재무부가 직접적 및 우발적 PPP 계약에 따른 재정적 약속을 중앙 집중식으로 관리해야 하는 또 다른 이유이기도 하다. 보고가 잘 이루어지면 정부가 자체적으로 재정 상태를 면밀히 검토하도록 장려하는데, 재정 보고서를 공개하면 대출 기관, 신용 평가 기관 및 일반 대중과 같은 다른 이해관계자들이 정부의 공공 재정 관리 성과에 대한 정보에 기반한 의견을 형성할 수 있게 된다.

*Box 2.10 - 정부 재무 보고의 유형*에서는 정부 재정 통계, 정부 재무제표, 예산 문서화 및 보고의 세 가지 정부 재무 회계 및 보고유형과 각 경우에 적용되는 국제적으로 인정되는 표준 및 지침을 간략하게 설명한다. 일반적으로 이러한 기준은 다양한 종류의 부채와 지출을 어떻게 처리해야 하는지에 대한 규칙 또는 지침을 설정하게 된다.

2016 유로통계청 PPP 통계처리 가이드 **2016 Eurostat Guide to the Statistical Treatment of PPPs**(EPEC 2016)는 정부가 지불하는 PPP 계약이 유로통계청의 PPP 통계 분류와 어떻게 연관되는지 설명하고 있다(*Box 2.10 - 정부 재무 보고의 유형* 참조). 통계 목적상 일반 정부 부문의 정의는 정부 업무의 재정 관리에 사용되는 정의와 다를 수 있는데 통계청인 유로스타트는 분류 목적으로 위험 및 보상 기준을 사용하는 반면, 공공회계에 대한 국제 표준인 IPSAS는 *Section 2.4.4 - PPP에 대한 재정 회계 및 보고*에 설명된 대로 통제 기준을 사용한다.

정부 회계에서 PPP 부채 인식

정부는 PPP에 대한 약정을 언제, 어떻게 인식할지를 결정해야 한다. 즉, 이를 재무제표에 공식적으로 기록하여 공공 자산, 부채 또는 비용을 생성하는 것으로 간주해야 한다. 이는 정부의 부채와 지출에 한계나 목표가 설정되는 경우가 많기 때문에 중요하다. PPP 약속이 비용이나 부채로 인식되는지 여부는 정부가 PPP를 추구하는 결정이나 이를 구조화하는 방식에 영향을 미칠 수 있으며, 이는 가치를 극대화하는 기본 목표에 의해 좌우되지 않을 수 있다. *Section 1.2.1 - 자금 부족*에서는 일부 정부가 부채 한계를 우회하기 위해 PPP를 어떻게 활용했는지를 설명하는데, 2016년 유로스타트의 PPP 통계 처리 가이드 **2016 Eurostat Guide to the Statistical Treatment of PPPs**(EPEC 2016)는 정부의 재무제표 외부 기록에 지나치게 집중하는 것이 프로젝트 준비와 가치를 극대화하는 데 부정적인 영향을 미칠 수 있으며, 공공 당국이 적절하지 않은 경우에도 PPP를 사용하도록 유도할 수 있다고 언급하고 있다.

*Box 2.10 - 정부 재무 보고의 유형*에 언급된 재무 기준은 PPP 재정 약정을 처리하는 다양한 방식을 설명한다. 몇 가지 기준은 계약 정부가 PPP 프로젝트의 직접 부채와 자산을 언제, 어떻게 인식해야 하는지를 구체적으로 다루고 있다.

- 국제 공공 부문 회계 기준 International Public Sector Accounting Standards (IPSAS)은 2011년에 도입되었으며, IPSAS - 32는 정부가 IPSAS 발생 회계 기준을 따르는 경우 PPP 자산과 부채를 언제 인식해야 하는지를 정의한다. 즉, 정부는 현금이 교환되는 시점과 관계없이 수익과 비용을 발생한 시점에 기록한다. IPSAS - 32에 따르면, PPP 자산과 부채는 정부가 PPP 자산으로 제공해야 하는 서비스에 대해 운영자가 누구에게, 어떤 가격으로 제공해야 하는지를 통제하거나 규제하고, 계약 종료 시 자산에 대한 중요한 잔여 이익을 통제하는 경우 정부의 대차대조표에 나타난다. 이러한 정의에 따르면, 정부가 지급하는 PPP는 정부의 대차대조표에 나타나며, 사용자 지급 PPP의 처리는 계약의 세부 사항에 따라 달라진다(IFAC 2011). IPSAS - 32에 대한 추가 IFAC 지침은 IFAC 2016에서 제공된다. IPSAS - 32는 완전 발생 회계를 가정하며(예: 정부가 자산과 부채를 모두 포괄하는 완전한 대차대조표를 작성하는 경우), PFRAM(IMF and WB 2016)은 IPSAS - 32를 현금 회계에 맞게 조정하여 사용자가 PPP의 발생 회계와 현금 회계 모두에서 어떻게 반영되는지를 볼 수 있도록 한다. 또한, 우발적 부채에 대한 기준인 IPSAS - 19(IFAC 2002)도 관련이 있다.

Box 2.10 정부 재무 보고의 유형

대부분의 정부는 세 가지 관련 프레임워크에서 재무 정보를 수집하고 보고한다.

- 정부 재정 통계 - 정부 재정 상태에 대한 요약 통계로, 국제적으로 비교할 수 있도록 작성되었다. 이러한 통계는 유럽 연합 국가에 대해 유로스탯이 정한 지역 또는 국제 표준 또는 IMF의 정부 재정 통계 매뉴얼(GFSM)을 따른다(IMF 2014b).
  2001년에 발간되었지만 그 이후로 정기적으로 업데이트되고 있다.
- 정부 재무제표 - 대부분의 정부도 감사를 받은 재무제표를 발행한다. 재무제표에 포함되어야 할 내용에 대한 국제적으로 인정된 표준이 있지만, 실제로 이러한 표준을 충족하는 정부는 거의 없다고 할수있다.
  국제공공부문회계기준(IFAC)은 국제회계기준(IFRS)의 수정 버전인데, IFRS가 기업에 적용되는 반면, IPSAS는 공공 부문에서 사용하도록 설계되었다. 일부 정부에서는 IPSAS 표준의 간소화된 버전인 현지 회계 기준을 채택하기도 한다.

예산 문서화 및 보고 - 대부분의 정부는 예산 준비 및 보고의 일환으로 재정 성과에 대한 보고서를 작성한다. 이러한 보고서에는 국제 표준이 적용되지는 않지만, 투명성 증진을 위한 국제 지침 자료(예: IMF의 재정 투명성 이니셔티브 업데이트(IMF 2014a) 및 OECD의 예산 거버넌스 위원회 권고안(OECD 2015a))이 있다.

- IMF의 정부 재무 통계 매뉴얼 **The IMF's Government Finance Statistics Manual**(IMF 2014b)은 통계 보고 목적을 위한 PPP 자산과 부채 분류 기준을 제시하고 있다. 이러한 기준에 따르면, PPP 자산과 부채는 정부가 프로젝트 대부분의 위험과 보상을 부담하는 경우 정부의 대차대조표에 반영된다. 예를 들어, 정부가 자산의 설계, 품질, 규모 및 유지 관리에 대한 통제를 얼마나 가지고 있는지, 건설 위험을 부담하는지, 수요 위험, 잔여 가치 및 노후화 위험, 가용성 위험의 배분 등을 고려한다.
- 유로스타트 가이드라인-유로스타트는 유럽 정부가 건설 위험, 수요 위험 또는 가용성 위험을 보유하는 경우 PPP 부채를 부채 통계에 반영하도록 요구한다. 루즈몽의 PPP 회계에 관한 기사 **Rougemont's article on Accounting for PPPs**(Schwartz et al. 2008, 256-268)는 더 많은 세부 정보를 제공하며, 유럽 정부 적자 및 부채 매뉴얼 **European Manual on Government Deficit and Debt** (Eurostat 2016)과 유럽 회계 시스템 ESA2010 **European System of Accounts**

ESA2010(Eurostat 2010)은 규칙을 정의하고 있다. PPP가 이러한 위험을 민간 당사자에게 이전하기 때문에, 이 규칙에 따라 대부분의 PPP는 정부의 대차대조표에서 제외되는 경향이 있다. 정부의 대차대조표에서 제외된 기록에 지나치게 집중하는 것이 건전한 프로젝트 준비와 비용 대비 가치를 희생시킬 수 있으며, 공공 기관이 적절하지 않은 경우에도 PPP를 사용하도록 유도할 수 있다는 점을 인식하고, 유로스타트는 EPEC와 함께 2016년 PPP의 통계적 처리에 관한 유로스타트 가이드를 준비하였다(EPEC 2016).

대부분의 회계 및 보고 기준은 정부가 PPP 계약에 따른 위험을 수용함으로 인해 발생하는 부채를 포함하여 우발 부채를 부채로 인식할 것을 요구하지 않는다. 우발 부채에 대한 세보타리의 보고서 **Cebotari's report on contingent liabilities** (Cebotari 2008, Annex 1)는 한 가지 제한적인 예외사항을 설명한다. IPSAS 기준은 발생기준 회계를 시행하는 정부에 대해 우발 채무를 인식할 것을 요구하며(IFAC 2002), 이는 해당 사건이 발생할 가능성이 높고 그 의무의 금액을 충분히 신뢰할 수 있게 측정할 수 있는 경우에만 부채로 인정해야 한다. 이 경우, 계약이 체결될 때 우발 채무의 예상 비용의 순현재가치는 부채로 인식되어야 한다.

PPP 부채 공시

대부분의 국제 보고 및 통계 기준은 PPP 약정이 부채로 인식되지 않더라도, 회계 및 보고서의 주석에 공시되어야 한다는 데 동의한다. 예를 들어, IMF의 "공공 투자 및 PPP"에 관한 소책자 **IMF booklet on Public Investment and PPPs** (Schwartz et al. 2008, 14-17)는 일반적으로 PPP에 대해 어떠한 정보를 공개해야 하는지, 그리고 보증인에 대한 구체적인 공개 요건을 설명한다. 또한, 세계은행의 PPP에서 프로젝트 및 계약 정보의 공시에 관한 보고서 **IMF booklet on Public Investment and PPPs**(WB 2013c)는 여러 관할권에서의 관행을 검토하고 이 분야의 모범 사례를 제시하고 있다.

우발 채무는 그 가치를 추정하기 어렵기 때문에 공개하는 것이 쉽지 않을 수 있다. *Section 3.2 - 잠재적 PPP 프로젝트 평가*에서는 우발 채무의 가치를 추정하는 방법에 대한 지침을 제공한다. 세보타리의 정부 우발 채무에 관한 논문 **Cebotari's paper on Government Contingent Liabilities**(Cebortari 2008, 32-41)에서는 정부 우발 채무에 대해 다음과 같이 설명한다.

세보타리의 논문은 일부 국가에서 이러한 기준을 실제로 어떻게 적용하고 있는지에 대해서도 설명하고 있는데 예를 들어, 뉴질랜드와 호주는 온라인으로 제공되는 재무제표 주석에 PPP를 포함한 우발 부채를 공개하고 있다. 칠레 재무부 예산국은 2007년부터 매년 우발채무 보고서 **Chile's annual contingent liabilities report**(CL 2016)를 발간하고 있는데, 이 보고서는 처음에 PPP에 대한 수익 및 환율 보증으로 인한 우발채무에 대한 정보가 포함되어 있다. 이 보고서는 이후 다른 유형의 정부 우발 채무까지 다루도록 확대되었다.

IMF의 재정 투명성 코드 **IMF's Fiscal Transparency Code**(IMF 2014c)는 공공재정에 대한 정보 공개를 위한 국제 표준으로, 재정 재편성, 재정 예측 및 예산 편성, 재정 위험 분석 및 관리, 자원 수입 관리 등 네 가지 원칙을 중심으로 구성된다. 재정 투명성 평가(FTE)에는 PPP가 주요 대상으로 포함된다. 페루(IMF 2015b), 케냐(IMF 2016), 포르투갈(IMF 2014d), 필리핀(IMF 2015c) 등 모든 대륙의 FTE 보고서는 재정 투명성과 PPP의 관련성을 입증하고 있다.

Did you Know…?

이탈리아는 1870년에 현대식 관개(灌漑) PPP를 도입했다.
빌로레시 관개 수로는 1877년부터 1890년까지 전적으로 민간 자본으로 설계, 자금 조달 및 건설되었다. 이탈리아 국왕은 원래 투자자들로부터 투자 제안을 받은 지 15일 만에 90년의 양허권을 부여했다. 빌로레시 가족이 초기 자본을 제공한 반면, 주요 인프라에 대한 자본은 금융 시장에서 조달되었다. 물은 농민들에게 관개용으로 판매되었고, 양허 계약의 원래 구조에는 물을 사용하는 농민들이 양허권을 매입할 수 있는 옵션이 포함되어 있었다. 이 옵션은 1918년에 농민들이 물 사용자 협회를 결성하고 양허권과 인프라를 인수하면서 사용되었다. 오랜 세월 동안 민간 투자자들에 의해 운영되었던 빌로레시 관개 수로는 현재 공공 기관의 컨소시엄에 의해 성공적으로 소유 및 운영되고 있다.

출처: *Handshake Issue #1. IFC, March 2011, page 45.*

Key References: PPP를 위한 공공 재정 관리

참고 문헌(Reference)	설명(Description)
Polackova, Hana. 1998. "Contingent Government Liabilities: A Hidden Risk for Fiscal Stability." Policy Research Working Paper 1989. Washington, DC: World Bank.	우발적 부채와 직접 부채, 명시적 부채와 묵시적 부채를 구분하는 등 다양한 유형의 정부 부채를 설명하기 위해 이후 많은 문서에서 사용하는 개념적 체계를 제공한다.
Schwartz, Gerd, Ana Corbacho, and Katja Funke, eds. 2008. *Public Investment and Public-Private Partnerships: Addressing infrastructure challenges and managing fiscal risks.* Washington, DC: International Monetary Fund.	2007년 부다페스트에서 열린 IMF 회의를 바탕으로 한 PPP의 재정적 영향을 관리하는 데 관한 논문 모음집. 제2부: 'PPP로 인한 재정적 위험'과 제4부: 'PPP 회계, 보고 및 감사'는 PPP에 대한 공공 재정 관리와 특히 관련이 있다.
OECD. 2008a. *Public-Private Partnerships: In Pursuit of Risk Sharing and Value for Money*. Paris: Organisation for Economic Co-operation and Development.	PPP 프로젝트의 가치를 극대화하기 위한 최선의 관행을 식별하며, 여기에는 재정적 영향과 수용 가능성을 고려하는 것이 포함되어 있다. 또한 이 책에서는 규제 개혁, 거버넌스, 그리고 제도적 역량 개발과 관련된 문제를 다룬다.
IMF. 2007. *Manual on Fiscal Transparency.* Washington, DC: International Monetary Fund.	공공 부문의 재정 보고 공개 매뉴얼. 매뉴얼은 투명성, 예산 과정의 투명성, 정보의 개방성과 무결성에 대한 책임의 틀을 제공한다. 2014년 재정 투명성 강령(Fiscal Transparency Code)은 이에 대해 더 자세히 설명하고 있다(IMF 2014c).
Irwin, Timothy C., and Tanya Mokdad. 2010. *Managing Contingent Liabilities in Public-Private Partnerships: Practice in Australia, Chile, and South Africa.* Washington, DC: World Bank.	호주 빅토리아 주, 칠레, 남아프리카 공화국의 PPP 프로젝트에 대한 승인 분석 및 잠재적 부채(및 기타 재정적 의무) 보고 접근 방식을 설명하고, 다른 국가를 위한 시사점을 도출한다.
Irwin, Timothy C. 2007. *Government Guarantees: Allocating and Valuing Risk in Privately Financed Infrastructure Projects.* Directions in Development. Washington, DC: World Bank.	PPP 프로젝트의 재정적 영향과 관련된 주제를 다루고 있으며, 정책 입안자들을 위한 가이드라인을 제공한다. 부채 관리, 직접적 또는 잠재적 부채에 대해 시사점과 사례 연구를 제공한다.

참고 문헌(Reference)	설명(Description)
Liu, Lili, and Juan Pradelli. 2012. "Financing Infrastructure and Monitoring Fiscal Risks at the Subnational Level." Policy Research Working Paper 6069. Washington, DC: World Bank.	PPP 부채가 초래하는 재정적 위험을 보다 엄격하게 모니터링하기 위한 프레임워크를 제안하며, 최소한의 다섯 가지 지방정부 부채 지표를 사용하고, 여기에는 SPV(특수목적법인)의 부채도 고려하고 있다.
Posner, Paul L., Shin Kue Ryu, and Ann Tkachenko. 2009. "Public-Private Partnerships: The relevance of budgeting." *OECD Journal on Budgeting* 2009(1)	PPP에 의해 제기된 예산 처리 및 문제를 검토하고, 민간 자금으로 조달된 자본 서비스가 제기하는 독특한 예산 및 회계 문제를 살펴본다.
WB. 2012a. *Best Practices in Public-Private Partnerships Financing in Latin America: The Role of Subsidy Mechanisms*. Washington, DC: World Bank.	PPP에 대해 왜 때때로 보조금이 필요한지에 대한 프레임워크를 제공한다. 이 보고서에는 브라질, 콜롬비아, 멕시코, 인도의 PPP 보조금 프로그램에 대한 사례 연구가 포함되어 있다.
Cebotari, Aliona. 2008. "Contingent Liabilities: Issues and Practice." IMF Working Paper WP/08/245. Washington, DC: International Monetary Fund.	PPP 프로젝트를 포함한 우발적 부채 관리에 관한 기초적인 논문으로 이 논문은 다양한 국가의 관리에 대한 도전과제와 관행을 설명하는 사례 연구를 포함하고 있으며, 모범사례에 중점을 두고 있다.
Kim, Jay-Hyung, Jungwook Kim, Sunghwan Shin, and Seung-yeon Lee. 2011. *Public-Private Partnership Infrastructure Projects: Case Studies from the Republic of Korea. Volume 1, Institutional Arrangements and Performance.* Manila: Asian Development Bank.	한국의 PPP 프로그램을 검토하며, BTO 및 BTL PPP 프로젝트에 대한 사례 연구를 포함하고 있다.
IMF. 2014b. *Government Finance Statistics Manual 2014.* Washington, DC: International Monetary Fund.	정부 재정 통계를 보고하는 방법에 대한 IMF 지침이다.

참고 문헌(Reference)	설명(Description)
OECD. 2015a. *Recommendation of the Council for Budgetary Governance. Paris*: Organisation for Economic Co-operation and Development.	모범 사례를 기반으로 하여 국가가 예산 프로세스의 투명성을 높이는 데 도움을 주기 위해 설계된 도구를 보여준다.
Akitoby, Bernardin, Richard Hemming, and Gerd Schwartz. 2007. "Public investment and public-private partnerships." *Economic Issues* 40, Washington, DC: International Monetary Fund.	공공 투자를 위한 PPP의 함의를 설명하는 짧은 소책자, 여기에는 PPP 약정 관리 및 통제 방법이 포함된다.
ZA. 2004a. *Public Private Partnership Manual.* Pretoria: South African Government, National Treasury.	모듈 4, 파트 6: "비용 적정성 입증"은 PPP 프로젝트의 비용 적정성을 입증하기 위한 방법론과 요구 사항을 설명한다.
VIC. 2016. *Partnership Victoria Requirements.* Melbourne, Australia: State of Victoria, Department of Treasury and Finance.	본 PPP 가이드라인은 빅토리아 주의 PPP 프로그램에 대한 목표, 원칙 및 프로세스를 설정하고 있는데, 프로젝트가 고려되기 전에 프로젝트에 대한 포괄적인 비용 적정성 테스트의 필요성을 강조하고 있다.
CO. 1998. *Ley 448 de 1998*. Bogotá: Congreso de Colombia.	우발 채무 기금을 설립하고, 자원의 출처를 정의하며, 운영 비용이 어떻게 충당될 것인지 명시하고, 프로젝트 기간 동안 우발 채무를 어떻게 모니터링할 것인지에 대해 설명하고 있다.
PE. 2014. *Ley No. 30167: Ley que Modifica el Decreto Legislativo 1012*. Lima: Presidente de la Republica del Peru.	PPP 프로세스 전체(평가부터 입찰 및 계약 이행까지)를 설정하고, 인프라 분야의 PPP를 위한 제도적 틀을 정의한다. 여기에는 재무부와 PPP 촉진 기관인 프로인베르시온(Proinversion)의 역할을 정의하는 것이 포함된다.
BR. 2004. *Lei No. 11.079 de 30 de dezembro de 2004*. Brasília: Presidência da República, Casa Civil.	입찰 프로세스를 설정하고 재무부, 기획부의 역할을 할당하며 연방 PPP 관리 위원회를 설립하였다. 또한 이법은 정부의 재정적 의무의 한계를 설정하고 있다.

참고 문헌(Reference)	설명(Description)
SP. 2004a. *Lei No. 11.688 de 19 de maio de 2004.* São Paulo: Governo do Estado de São Paulo.	CPP의 자금 조달 방법, 구성, 조직 구조 및 역할을 설정한다.
SP. 2004b. *Decreto No. 48.867 de 10 de agosto de 2004.* São Paulo: Governo do Estado de São Paulo.	CPP의 구체적인 의무를 자세히 정의하며, CPP 기금의 관리도 포함된다.
KR. 2011. *Basic Plan for Public Private Partnerships*. Seoul: Korea Development Institute, PIMAC.	PPP 정책을 설정하고, PPP 프로젝트 개발 분야를 식별하며, PPP 조달 프로세스를 규율하는 법적 프레임워크를 명시한다.
IFAC. 2011. "IPSAS 32 - Service Concession Arrangements: Grantor." Including amendments issued up to January 15, 2013. New York: International Federation of Accountants.	PPP 계약의 정부 당사자를 위한 회계 요구 사항을 설정한다. PPP 자산과 부채가 정부의 자산과 부채로 인식되어야 하는 시기와 방법을 명시하고 있다.
IFAC. Accessed March 7, 2017. "International Federation of Accountants website." Website.	위에서 설명한 IPSAS 표준 32에 대한 개요를 제공한다.
CL 2016. *Informe de Pasivos Contingentes 2016.* Santiago: Gobierno de Chile, Ministerio de Hacienda, Dirección de Presupuestos.	주어진 연도에 대한 우발채무 평가 및 정부의 우발 채무 노출에 대한 개념적 프레임워크를 설명한다. 여기에는 PPP에 대한 정부 보증의 최대 가치 및 예상 비용과 같은 정량적 정보가 포함되어 있다.
EPEC. 2010. *Eurostat Treatment of Public-Private Partnerships: Purposes, Methodology and Recent Trends.* Luxembourg: European Investment Bank, European PPP Expertise Centre.	EU 국가에서 PPP가 정부 부채 및 적자에 미치는 영향을 결정하는 과정을 명확히 하고 있다.
IMF and WB. 2016. *PPP Fiscal Risk Assessment Model (PFRAM).* Washington, DC: International Monetary Fund and World Bank.	PPP의 재정적 영향을 평가하고, 사용자가 이들의 재정적 위험을 식별하고 평가할 수 있도록 하며, 이에 대한 대응 전략을 제시한다.

2.5

광범위한 PPP 프로그램 거버넌스

행정부는 PPP 프로젝트를 실행하는 데 주된 책임을 진다. *Section 2.3-PPP 프로세스 및 기관의 책임*에 설명된 프로세스와 기관의 책임은 이러한 결정이 내려지는 방식에 대해 행정부 내에서 견제와 균형을 이루는 것을 목표로 한다. 본 섹션에서는 PPP 프로그램의 광범위한 거버넌스, 즉 다른 기관과 일반 대중이 PPP 프로세스에 참여하고 그 결정과 조치에 대해 집행부에 책임을 묻는 방법에 대해 설명한다.

이러한 책임 메커니즘의 초석은 PPP 프로그램에 대한 정보를 시의적절하고 포괄적으로 공개하는 것이다. PPP 프로그램의 바람직한 거버넌스를 보장하는 데 역할을 하는 행정부 외부의 기관 및 그룹은 다음과 같다.

- 대중-대중은 협의 과정을 통해 PPP 프로젝트 설계에 직접 참여할 수 있다(Section 2.5.1-*이해관계자 소통 및 참여*에서 논의). Section 2.5.1-*이해관계자 소통 및 참여*를 통해, 그리고 서비스 품질에 대한 피드백을 제공하는 데 참여하는데, Section 2.5.2 - *PPP 프로젝트 및 프로그램 정보 공개*에서 논의한 바와 같이, 계약 공개와 PPP 프로세스 전반의 투명성은 프로젝트 설계 및 서비스 성과를 개선하는 데 도움이 될 수 있다.
- 최고 감사 기관-많은 관할권에는 독립적인 감사 기관이 있으며, 이는 PPP 프로그램의 우수한 거버넌스를 보장하는 역할을 할 수 있다. 이들의 유용성은 진정으로 독립적일 때 더욱 효과적이다. 이들은 Section 2.5.3-*최고 감사 기관의 역할*에 설명된 바와 같이 정부 재무제표를 감사하는 등 정기적인 감사

책임의 일부로 PPP 보완책을 고려할 수 있다. 또한 PPP 프로젝트 성과를 검토하거나 특정 우려 사항을 조사하거나 프로그램 전반의 비용 대비 가치를 검토할 수도 있는데, 이러한 검토를 통해 입법부와 대중은 PPP 프로그램 성과를 확인할 수 있다.

- 입법부 - 정부의 입법 기관은 종종 PPP 프레임워크를 정의하며, PPP 법률을 우회하기도 한다. 경우에 따라 입법부는 PPP 프로세스에 직접 참여하여 PPP 프로젝트를 승인할 수 있는데, 더 일반적으로는 정부의 PPP 약속에 대한 보고서를 면밀히 검토함으로써 사후 감독을 수행한다. 입법 기관의 역할은 *Section 2.5.4 - 입법 기관의 역할*에서 설명되어 있다.
- 독립 규제 기관 - 여러 국가에서 정치적 간섭으로부터 보호받는 기관에 규제 책임을 이전하기 위해 사용되며, 이는 *Section 2.5.5 - 독립적인 규제 기관의 역할*에서 설명되어 있다.

입법부, 감사 기관, 대중이 PPP 프로세스에 참여할 수 있는 메커니즘을 구축하면 책임성을 강화하고 PPP 프로그램을 보다 참여적이고 투명하며 합법적으로 만드는 데 도움이 된다.

세 가지 감독 기관이 모두 참여하는 긍정적인 피드백 메커니즘이 잘 구축된 예는 영국에서 찾아볼 수 있는데, 영국에서는 입법 청문회에서 PPP 감사 보고서가 자주 활용되며, 모든 서면 기록은 영국 감사원(NAO) 웹사이트를 통해 대중에게 공개되고 있다.

2.5.1 이해관계자 소통 및 참여

이해관계자 참여는 프로젝트를 위한 더 나은 운영 환경을 조성하는 저렴하고 효율적인 방법이다. 협의 프로세스는 위험을 줄이고 성공 가능성을 높일 수 있다. 대부분의 대규모 인프라 프로젝트에는 프로젝트를 지지하는 이해관계자와 반대하는 이해관계자 등 다양한 이해관계자가 존재한다. 이해관계자 참여는 프로젝트 주기 전반에 걸쳐 두 가지 중요한 역할을 한다.

- 이해관계자와의 협의를 통해 얻은 정보는 프로젝트가 사회에 가치를 제공할 수 있는지 여부를 확인하거나 재평가하며, 협의를 통해 초기 프로젝트 컨셉을 개선하는 경우가 많다.
- 정부는 프로젝트 정보를 배포하여 잠재적인 프로젝트 문제를 파악하고 다양한 이해관계자와의 대화를 통해 위험을 완화할 수 있다.

이해관계자 참여를 수행하는 조달 기관의 역량은 중요한 요소이며, 광범위한 이해관계자 집단과 협의해야 하는 경우가 많고, 조달기관이 항상 수혜자의 의견을 효과적으로 전달하는 것은 아니다. 이는 선진국과 개발도상국 모두의 과제이다. 직접 협의하는 것이 항상 유익한데, 특히 협의가 진행되는 기간이 매우 중요하다.

이해관계자의 참여가 주는 이점

이해관계자들의 참여는 정부가 중요한 문제를 파악하고 효과적인 전략을 마련하는 데 도움이 된다. 특히 수혜자들과 논의의 틀을 마련하고, 프로젝트의 영향과 목표를 명확히 하며, 궁극적으로 특정 프로젝트에 대한 대중의 지지도를 높일 수 있다. 특정 상황에서 대화의 장을 마련하고 프로젝트 의사 결정에 이해관계자의 참여를 허용하면 국가 정치 영역에서 프로젝트에 대한 지지를 높이고 지속 가능성을 강화할 수 있다. 이 과정은 정부와 국민 사이의 사회적 자본을 강화하여 정책 개혁의 효과에 대한 장기적인 이익을 창출할 수 있고, 또한 이해관계자 참여는 에콰도르 원칙(EP 2017)의 10가지 원칙 중 하나로, 에콰도르 원칙 금융기관으로부터 자금을 지원받기 위해서는 철저한 협의가 필수이다.

Tip 에콰도르 원칙(Ecuador Principles)은 2003년에 제정된 금융 기관의 사회적 및 환경적 책임을 강조하는 원칙으로 이 원칙은 대규모 프로젝트에 대한 금융 지원을 제공하는 은행 및 금융 기관들이 프로젝트의 사회적, 환경적 영향을 평가하고 관리하도록 요구한다. 에콰도르 원칙 금융 기관은 이러한 원칙을 채택하고 준수하는 금융 기관을 의미한다. 이들은 프로젝트의 환경적 및 사회적 영향을 철저히 검토하고, 이해관계자와의 소통을 통해 프로젝트의 지속 가능성을 높이기 위해 노력하고 있다. 에콰도르 원칙을 따르는 금융 기관은 대출이나 투자를 결정하기 전에 프로젝트가 환경 및 사회적 기준을 충족하는지 평가해야 하며, 이를 통해 지속 가능한 개발을 촉진하고자 한다.

참여 과정은 정부가 PPP와 민영화의 차이를 설명할 수 있는 기회를 제공할 수 있는데, 현대의 PPP에서는 정부가 자산의 사용에 대한 통제를 유지하며, 최소 서비스 품질과 최대 사용자 비용을 정의한다. 이는 사업자가 계약 기관에 대한 책임이 제한적인 지역에서 독점 기업 역할을 했던 이전의 양허와는 근본적으로 다르며, 이러한 요소들은 프로젝트에 대한 책임감 있는 공공 대변인을 찾는 것이 얼마나 중요한지를 강조한다. 협의에 앞서, 프로젝트 대변인을 임명하는 것이 좋으며, 가능하다면 정부 내의 고위 인사가 적합하다. 이는 프로젝트에 대한 정기적인 정보 흐름을 구축하고 유지하며, 대중의 질문과 우려를 다루고, 언론의 잘못된 정보를 바로잡는 데 중요하다. 대변인은 프로젝트 전반에 걸쳐 자신의 신뢰성을 프로젝트에 부여한다.

이해관계자 식별

이해관계자를 식별하는 것은 프로젝트에 영향을 받을 수 있는 사람들, 프로젝트에 정당한 관심을 가진 사람들, 또는 프로젝트에 영향을 미칠 수 있는 능력을 가진 사람들에 대해 신중하게 생각하는 것을 요구한다. 이해관계자를 너무 광범위하게 정의하면 번거로울 수 있으며 프로젝트에 위험을 초래할 수 있고 또는 이해관계자를 너무 좁게 정의하면 잠재적으로 영향력 있는 이해관계자를 간과하게 되어 지역 사회의 소유권과 지원이 약화될 수 있다.

IFC 이해관계자 참여 핸드북 **IFC stakeholder engagement handbook**(IFC 2007, 10)은 이해관계자를 "프로젝트에 직접적 또는 간접적으로 영향을 받는 개인이나 그룹, 그리고 프로젝트에 관심이 있거나 그 결과에 긍정적 또는 부정적으로 영향을 미칠 수 있는 능력을 가진 사람들"로 정의한다. 이 정의는 광범위한데 이해관계자를 구성할 때 필요한 포괄성을 보여주지만, PPP 주기의 각 단계에서 상담해야 할 이해관계자의 범위를 나타내지는 않는다. 일부 단계에서는 더 넓은 범위의 이해관계자를 포함하는 것이 중요하지만, 다른 단계에서는 사용자와 영향을 받는 사람들인 핵심 이해관계자만 상담해야 할 필요가 있다.

IFC 2007 핸드북(IFC 2007, 14-16)은 프로젝트의 지리적 영향 범위를 기반으로 이해관계자를 식별하기 위한 두 가지 병행 접근 방식을 권장한다. 첫째, 주요 프로젝트 시설 및 관련 시설(예: 교통 경로 및 지역)에 의해 영향을 받을 가능성이 있는 이해관계자를 식별하게 되는데, 이 분석은 프로젝트에 직접 영향을 받는 최종 사용자, 주택 소유자 또는 특정 전문 직종과 같은 집단뿐만 아니라, 프로젝트에 의해 영향을 받을 수 있다고 인식하는 주변 집단의 사회경제적 및 환경적 결과에 초점을 맞춰야 한다.

IFC의 이해관계자 식별을 위한 병행 접근 방식의 두 번째 요소는 프로젝트에 관심이 있지만 지리적으로 영향을 받지 않는 이해관계자에게 적용된다. 여기에는 정치당, 노동조합, 상공회의소, 싱크탱크, 지역 사회 지도자, 전문 협회, 또는 지역 및 국제 시민 사회 조직과 같은 기관이 포함된다. 이들 이해관계자를 식별하는 데는 동기와 영향 패턴의 분석 및 구성이 도움이 될 수 있다. 웹사이트나 뉴스레터와 같은 비용 효율적인 솔루션은 소통을 구축하고 유지하는 효율적인 방법을 제공할 수 있다.

PPP 수명 주기 동안 이해관계자의 소통 및 참여는 다양한 범주의 이해관계자를 대상으로 하며, 목표가 동일하지 않기 때문에 협의 메커니즘도 달라질 수 있다는 점에 유의해야 하는데, PPP 주기의 주요 단계를 고려한다.

- PPP 프로그램 정의 - 정부 인프라 프로그램의 식별 단계에서 시민(납세자 및 잠재적 사용자)을 참여시킨다. 인프라 프로그램은 공식 및 비공식 피드백 수집 메커니즘을 통해 설계, 개발, 공개 발표 및 테스트된다. 이 단계에서는 단순히 프로젝트와 금액을 나열하는 대신 사용자의 요구를 충족할 수 있는 프로그램의 능력을 입증하는 데 중점을 두며, 이 과정을 통해 투자 프로그램이 공공의 이익에 부합하고 이를 촉진하는 정치인들 에게 보상을 제공할 수 있도록 한다.
- 프로젝트 평가 및 준비 - 프로젝트의 영향을 받을 가능성이 있는 잠재적 사용자 및 사회 집단을 참여시킨다. 이러한 참여는 프로젝트의 품질을 테스트하고 최적화를 위한 요소를 제공한다. 이 과정은 매우 중요하며, 사용자 및 실질적으로 영향을 받는 사람들과의 참여 강도가 높아야 하는데, 이주하는 사람들과의 광범위한 소통이 조직되고 홍보되어야 하며, 환경에 미치는 영향을 완화하기 위한 노력을 철저히 전달하여야 한다.

- 계약 입찰-입찰 과정 중에는 이해관계자와의 상담이 이루어져서는 안 되며, 이는 PPP 운영자 선정에 불필요한 압력을 가하는 것을 피하기 위함이다. 입찰 요청 이전에 초기 시장 분석을 실시하는 것은 시장의 관심을 평가하고 프로젝트, 초안 계약 및 입찰 규정을 최적화하는 데 도움이 되는 피드백을 받을 수 있어 매우 중요하다. 경쟁 입찰은 담합의 여지를 만들지 않도록 해야 하며, 조달 기관이 각 입찰자와 독립적으로, 그리고 오직 입찰자와만 거래하도록 강제해야 한다.
- 프로젝트 이행 및 평가-계약서를 사전에 완전히 공개하고, 프로젝트 성과에 대한 정보를 주기적으로 배포하며, 계약서에 규정된(또는 규제기관이 정의한) 소통 채널을 통해 사용자로부터 지속적으로 피드백을 수집해야 한다.

프로젝트에 진정으로 영향을 받는 사람들을 신중하게 파악하는 것은 올바른 이해관계자와 상담을 보장하고 기득권을 정당화하는 것을 피하기 위해 중요하다. 상담 과정에서는 프로젝트에 직접적이거나 상당한 영향을 받지 않는 개인 그룹을 논의의 장에 참여할 수 있다. 정부가 진정한 이해관계자의 목소리를 대변하려는 정부의 노력이 이들에게는 자신과 무관한 절차의 행위자가 될 수 있다면 부당한 이익을 얻을 수 있는 기회로 인식될 수 있다. 잘못 수행된 참여 과정에서는 기득권이 지나치게 많은 권력을 얻어 프로젝트를 방해할 수 있다.

예를 들어, 공공기업 직원들을 대표하는 노조는 서비스가 PPP 양허업체로 이전되는 것을 보면서 자신들의 권력을 줄이는 프로젝트를 저지하려고 할 수 있다. 이들과의 소통은 매우 중요하다. 그러나 직원들과 직접 소통하는 것도 마찬가지로 중요하다. 근로자의 이익을 보호하는 것은 프로젝트의 지속 가능성에 필수적인 부분이지만, 이는 공공의 이익과 사용자들의 필요보다 우선시되어서는 안 된다.

이해관계자 배제의 위험성

기술 전문가들은 종종 기술적인 문제에 집중하고 프로젝트를 서둘러 마무리하려는 유혹을 받는다. 그러나 이러한 접근 방식은 위험할 수 있다. 일부 영향력 있는 이해관계자들은 공공 서비스의 민간 제공에 대해 뿌리 깊은 이념적 반대를 가지고 있을 수 있으며, 정부의 장악 또는 지역 독점 남용에 대한 두려움과 의심은 쉽게 퍼져 확산될수 있고 이를 해소하기 어려울수 있다. 또한, 사람들은 프로젝트가 자신의 삶의 질을 떨어뜨릴 것이라는 강한 우려를 가질 수 있는데, 프로젝트에 의해 위협을 받는다고 느끼는 유권자들(소규모 유권자 포함)은 압도적인 다수가 혜택을 받는다고 해도 프로젝트를 막을 수 있을 만큼 강력할 수 있다. 이러한 고려 사항을 무시하고 프로젝트에 대한 이해관계자의 공감대를 형성하지 않는 경우, 많은 PPP가 중단되거나 기대했던 결과를 달성하지 못하는 결과를 가져왔다.

프로젝트가 사회 전체에 경제적으로 이득이 되고 복지를 증진하는 것으로 입증되더라도 일부 이해관계자는 부정적인 영향을 받을 수 있으며, *Section 3.2.5 - 재정적 평가*에서 논의된 환경 및 사회 평가를 통해 이러한 이해관계자를 식별하고 보상 여부를 제안해야 한다. 예를 들어 수용으로 인한 정당한 보상 청구는 협의 과정에서 인정하고 이를 공표해야 하며, 보상으로 이어지지 않는 청구도 식별하고 설명해야 한다.

예를 들어, 라오스의 마을 수준의 인프라 및 지역 역량과 기관을 개발하는 프로젝트 **project to develop infrastructure and local capacity and institutions at the village level in Lao PDR**(IEG 2015)은 이해관계자를 참여시키는 과정에 집중하기보다는 인프라 제공에 초점을 맞추었기 때문에 최적의 결과를 얻지 못했다. 이러한 부정적 결과는 이해관계자 참여를 위한 잘 구상된 전략을 준비하고 실행함으로써 피할 수 있었을 것이다.

전략적 커뮤니케이션에 관한 세계은행 실무 보고서 **World Bank working paper on strategic communications**(Calabrese 2008, 25)에서도 프로젝트가 PPP로 구성될 때 이해관계자의 반대가 어떻게 발생할 수 있는지에 대한 사례를 제시하고 있다.

이해관계자 참여 전략 수립

이해관계자 파악과 이해관계자의 관심사, 우려 사항, 정보 요구, 커뮤니케이션 채널, 프로젝트의 영향력 분석을 완료한 후, 정부는 주요 영향력자를 구성하여 이들의 참여를 위한 중요한 진입 지점을 파악하고 상황에 맞는 전략을 수립해야 한다.

이러한 전략은 체계적으로 접근해야 하며, 모든 협의 활동을 포괄해야 하는데, IFC 이해관계자 핸드북 **IFC stakeholder handbook**(IFC 2007, 8)은 명확한 목표, 예산, 책임 배분이 필요하다고 강조한다.

칼라브레세(Calabrese)의 전략적 커뮤니케이션에 관한 논문 **Calabrese's paper on strategic communications**(Calabrese 2008, 11)은 정부가 프로젝트 참여 전략을 수립할 때 정부의 국가 경제 개발 및 빈곤 감소 목표와 기타 관련 전략적 우선 사항을 강조하는 것으로 시작할 것을 권장한다. 그런 다음 참여 전략은 프로젝트의 구체적인 목표가 전체 국가 정책과 어떻게 일치하는지를 보여줄 수 있다.

정부는 각 이해관계자 범주와의 참여 수준을 그들이 프로젝트에 미치는 상대적인 영향력과 정부가 참여할 수 있는 자원의 가용성에 따라 맞춤화해야 한다. 모든 식별된 이해관계자와 동일한 수준으로 참여하려고 하면 프로젝트 지연이 발생할 수 있다.

다음 자료는 이해관계자 참여 전략을 수립하기 위한 두 가지 심층적인 방법론을 제공한다.

- 이해관계자 협의에 관한 유럽위원회 가이드라인 **European Commission guidelines on stakeholder consultation**(EC 2015, Section 6.1)
- IFC 이해관계자 참여 핸드북 **IFC stakeholder engagement handbook**(IFC 2007, 34-46)

사전 협의 절차

예비 협의 기간 동안, 정부는 식별된 사회경제적 및 환경적 위험을 포함하여 모든 관련 정보를 공개하는 것으로 시작해야 한다. 이는 투명성을 높이고 이해관계자에게 프로젝트에 대한 정보에 입각한 견해를 제공할 수 있다. 그런 다음 의견과 논쟁점을 수집할 수 있다. 칼라브레세의 전략적 커뮤니케이션에 관한 논문 **Calabrese's paper on strategic communications**(Calabrese 2008, 2)은 이 상담 과정이 이해관계자들이 프로젝트에 대해 가지고 있는 인식을 구체화하고, 정부가 이해관계자의 우려를 직접적으로 해결함으로써 커뮤니케이션 노력을 개선할 수 있게 하며, 중요한 프로젝트 문제에 대한 해결책을 제공할 수 있다고 설명한다. 또한 이는 전체 전략을 지속적으로 개선하기 위한 피드백 메커니즘으로 기능을 한다. 프로젝트 설계에 피드백을 통합하는 것은 이해관계자의 의견이 고려되고 있음을 보여주는 추가적인 이점이 있다.

정책 입안자와 실무자 사이에는 협의가 가능한 한 포괄적이어야 한다는 광범위한 공감대가 형성되어 있다. 이는 앞서 설명한 것처럼 참여 수준이 반드시 동일해야 한다는 것을 의미하지는 않지만, 모든 이해관계자가 자신의 의견을 개진할 수 있도록 보장하여 소외감으로 인해 프로젝트에 대한 부정적인 정서가 형성되는 것을 방지할 수 있다.

이해관계자 협의에 관한 유럽위원회 가이드라인 **European Commission guidelines on stakeholder consultation**(EC 2015)은 효과적인 협의를 위한 5가지 최소 기준을 제시한다.

- 명확성 - 모든 커뮤니케이션과 협의 문서는 명확하고 간결해야 하며, 응답을 용이하게 하는 데 필요한 모든 정보를 포함해야 한다.
- 목표 설정 - 모든 관련 그룹이 프로젝트에 대한 의견을 표명할 수 있는 기회를 가져야 한다.
- 광범위하고 효과적인 홍보 - 적절한 인식 개선 홍보는 필수적이며, 특정 상담의 커뮤니케이션 채널은 모든 청중의 요구를 충족하도록 조정되어야 한다.
- 자문 기간 참여 시간 제한 - 초청 및 서면 기고에 대한 계획과 응답을 위해 충분한 시간을 제공해야 한다.
- 피드백 - 평가된 의견의 접수 사실을 인정하고 내용을 게시해야 한다.

이러한 원칙은 참여를 위한 견고한 틀을 제공한다. 그러나 정부가 그 원칙의 사용을 적절히 조정해야 할 때가 있는데, 예를 들어, 영국(UK 2015b)에서는 히드로 공항의 활주로 확장을 담당하는 당국이 대중으로부터 받은 모든 의견에 응답하기로 약속한 후 7만 개가 넘는 의견이 접수되었다.

Engineers Journal의 한 기사(Morrissey 2015)는 초기 상담 이후에도 프로젝트의 중요한 이정표에 대해 정기적으로 소통하는 것이 중요하다고 제안한다. 또한 관련 정보가 제공될 때도 마찬가지인데, 이는 지속적인 피드백 과정를 형성하고, 프로젝트 주기 동안 이해관계자들의 우려를 식별하며, 과정에 대한 이해관계자의 참여를 증진시킬 것이다. 이는 정기적이고 시기적절한 정보를 이해관계자에게 제공하고, 주요 프로젝트 이정표에서 언론과 정기적으로 상호작용할 수 있는 프로젝트 대변인을 임명할 필요성을 더욱 강조하고 있다.

계약 체결 후 이해관계자 참여

프로젝트 계약이 체결되면 이해관계자 참여의 성격은 주로 이해관계자의 기대를 관리하고, 관계를 유지하며, 사용자 피드백을 얻는 방향으로 전환된다. IFC 이해관계자 참여 핸드북 **IFC stakeholder engagement handbook**(IFC 2007, 135-147)은 건설 및 운영 단계에 대한 일련의 권장 사항을 제시한다.

인프라 프로젝트의 건설 단계에서는 건설로 인해 영향을 받을 지역 이해관계자에게 알리는 것이 참여의 주요 내용이 된다. 이 단계에서는 건설의 성격, 기간, 소음이나 교통과 같은 잠재적 영향, 그리고 불만 사항에 대해 상담할 수 있는 사람에 대한 정보를 제공해야 한다.

운영 단계로 전환하면서 이해관계자 참여는 기존 이해관계자 관계의 관리와 지속적인 사용자 피드백에 초점을 맞추게 된다. 이는 지역 사회 연락 담당자를 유지하거나 기존 직원과 새로운 직원 간의 겹치는 기간을 두어, 기존의 관계를 맺고 있는 연락 담당자가 새로운 담당자를 소개하는 방식으로 이루어질 수 있다.

운영이 진행됨에 따라 이해관계자 정보를 정기적으로 검토하고 업데이트하는 것이 중요한데, 관련 정보의 공개와 이해관계자 상담도 계속되어야 한다. 이는 프로젝트에 대한 새로운 문제나 인식의 변화가 전체 전략에 통합될 수 있도록 보장한다. 이 단계에서 이해관계자는 변화할 수 있으며, 따라서 전략도 그들을 포함하도록 조정될 필요가 있다.

대중의 역할

PPP는 공공에 가치를 제공하기 위해 설계되었다. PPP 프로세스와 프로그램에서 적절한 수준의 공공 참여를 확보하는 것은 PPP를 조달 도구로서의 정당성을 높이고, *Box 2.1 - PPP를 위한 효율적인 거버넌스*에서 정의된 바와 같이 좋은 거버넌스에 기여할 수 있다. 앞서 설명한 바와 같이, 서비스 사용자 또는 기타 이해관계자에 의한 직접적인 공공 참여는 PPP 프로세스의 여러 지점에서 프로젝트 설계와 성과를 개선할 수 있다. 마찬가지로, PPP 프로젝트와 프로세스를 투명하게 만드는 것은 PPP 성과를 통해 정보에 기반한 정책 논의를 가능하게 한다.

사용자 피드백 메커니즘은 다양한 방식으로 구조화될 수 있으며, 이는 *Section 3.6 - PPP 계약 관리*에서 더 자세히 설명된다. 일부 프로젝트는 지속적인 사용자 기반 의견 수렴을 위한 웹 포털을 제공하고, 다른 프로젝트는 정기적인 사용자 설문조사를 실시한다. 사용자 불만을 처리하기 위한 특정 메커니즘도 필요할 수 있다. 칠레에서는 공공사업부가 웹사이트(CL - Proyectos)에서 사용자 피드백 통계를 수집하고 측정한다.

2.5.2 PPP 프로젝트 및 프로그램 정보 공개

투명성과 시의적절한 정보 접근은 책임성과 거버넌스의 원칙에 중요하다. 따라서 많은 정부는 특정 요청을 받지 않고도 PPP 프로젝트나 계약 정보에 대한 정보를 적극적으로 공개하여 관심 있는 누구나 자유롭게 접근할 수 있도록 하고 있다. 이러한 적극적인 정보 공개는 여러 가지 방법으로 이루어질 수 있는데, 예를 들어 다음과 같은 것이 있다.

- 주요 계약 정보가 포함된 온라인 프로젝트 데이터베이스 공유
- 프로젝트 요약본이 첨부된 PPP 계약서 자료실 제작
- 보도 자료 발행

프로젝트 및 프로그램 정보의 사전 공개는 종종 PPP 부서의 책임이다. 예를 들어, 칠레의 공공사업부에 위치한 PPP 부서는 계약, 계약 변경, 월별 성과 보고서에 대한 정보를 제공한다.

많은 국가에서 PPP 프로젝트 계약서 공개는 법률 준수를 위해 의무화되어 있

다. 어떤 정보를 언제 공개해야 하는지 등의 공개 관행은 국가마다 통일되어 있지 않지만, 예를 들어 칠레와 페루는 계약서 전문을 공개하며, 브라질의 미나스제라이스 주도 마찬가지이다. 영국과 같은 다른 국가에서는 '민감한 정보'의 정의가 명확하게 정의되어 있지는 않지만 상업적으로 민감한 정보를 보호하기 위해 일반에 공개하기 전에 PPP 계약서를 편집하여 공개한다. 공공조달에 관한 글로벌개발센터 보고서 **Center for Global Development report on public procurement**(CGDev 2014)는 사업적 기밀의 의미와 함의를 논의하면서 사업적 기밀이 조사를 피하는 데 어떻게 사용되어 왔는지에 대해 언급한다. 영국 의회의 공공조달위원회 보고서(UK 2014b)는 정부 부처가 "민간 공급자와의 계약에 관한 정보공개를 보류하는 이유로 사업적 기밀성을 일상적으로 사용해서는 안 된다"고 결론지었다. 사전 정보공개를 의무화하지 않는 국가에서도 담당 부처나 기관이 PPP에 대한 정보를 사전에 공개할 수 있다(예: 인도는 도로 계약에 대한 정보를 공개).

남아프리카공화국과 같은 일부 국가에서는 사후적 정보 공개, 즉 일반 대중의 특정 요청이 있을 경우에만 정보를 공개한다. 요청 절차는 법률에 명시되어 있는데, 이러한 사후 공개 조건은 국가마다 다르며, 비용(소액의 비용부터 상당한 비용까지)과 필요한 기간(많은 경우 한달 이상 소요될 수 있음)이 포함된다.

PPP 계약서를 공개하는 것만으로는 대중이 이해하기에 충분하지 않을 수 있으므로 프로젝트에 대한 추가 정보와 주요 계약 조항에 대한 평이한 언어 설명이 있으면 도움이 된다.

예를 들어, 1982년 빅토리아 정보자유법은 빅토리아 정부 구매 위원회 웹사이트(VIC-GPB)에 모든 PPP 계약을 게시하는 것 외에도 프로젝트 요약을 게시하여 프로젝트의 주요 프로젝트 기능과 사업적 조건에 대한 정보를 제공하도록 요구한다.

Box 2.11 델리 상수도 프로젝트

2004년, 델리 정부는 세계은행의 지원을 받아 수도 부문을 개혁하기로 결정했다. 델리는 인구 대비 충분한 물 공급이 가능했지만 적절한 송 배수 시스템이 부족했는데, 이러한 결함은 주로 정치적, 제도적, 거버넌스 문제에서 비롯되었으며, 이로 인해 시스템이 최적의 성능을 발휘하지 못하고 있었다. 이 프로젝트는 소유권과 정책 결정 및 서비스 제공에 대한 책임을 분리하고 둘 사이에 투명한 메커니즘을 구축하여 해당 부문의 책임성을 높이고자 했다.

델리 정부는 다양한 수준의 이해관계자를 참여시켜 그들의 우려 사항을 파악하고 실행 메커니즘을 수립했고 또한 지불 의향 조사도 실시하여 소비자들이 서비스 품질 개선을 위해 더 많은 비용을 지불할 의향이 있음을 확인했다. 그 결과 6년 만에 처음으로 수도 요금이 인상되었다.
델리의 21개 구역 중 2개 구역에서 관리 계약에 따른 시범 프로젝트가 제안되었는데, 2005년 7월, 시범 프로젝트에 대한 협의가 완료되기도 전에 지역 NGO인 파리바탄(Parivartan)이 이 프로젝트에 대한 반대 입장을 공개적으로 표명했다.
이 프로젝트는 관세를 더 높이고, 빈곤층이 물에 접근하기 어렵게 만들고, 물 부문을 점진적으로 민영화할 것이라는 등 여러 가지 주장도 제기되었다. 또한 파리바탄은 세계은행이 수도 및 위생 서비스를 담당하는 델리 수도 위원회를 조종하고 있다고 주장했는데 이 시민단체는 언론을 통해 이러한 주장을 널리 퍼뜨리고 시민사회, 정부, 학계의 주요 인사들에게 영향을 미치려고 했다.
이 프로젝트에 대한 파리바탄의 주장은 근거가 없었다. 그러나 델리 수자원위원회나 델리 정부 어느 누구도 이를 반박하기 위해 나서지 않았고, 게다가 이미 전력 민영화에 대한 대중의 반발이 거세게 일고 있어 이 프로젝트에 대한 반감은 더욱 커졌다. 이 프로젝트에 대한 대중의 반감이 해소되지 않았기 때문에 결국 2005년 11월에 중단되어 영구적인 중단 상태에 빠지게 되었다.

출처: (Odugbemi and Jacobson 2008)

세계은행의 2013년 PPP 공개에 관한 보고서 **World Bank's 2013 report on Disclosure in PPPs**(WB 2013c)는 위에서 언급한 다양한 공개 사례를 제시한다. 이 보고서는 여러 국가에서 주요 계약 조항, 프로젝트의 시작, 조달 및 기타 관련 정보를 제시하는 프로젝트 요약본으로 계약 공개를 보완하는 등 점진적으로 광범위한 공개를 지향하는 추세가 나타나고 있음을 확인했다.

또한, 완전히 투명한 경쟁 조달 과정에는 조달 결정의 이유에 대한 공개도 포함되어야 한다. 즉, 어떤 입찰자가 입찰 의향서를 제출했는지, 각 프로젝트에 대한 제안서를 제출했는지, 계약을 체결한 입찰자는 누구인지, 계약을 체결한 이유는 무엇인지 공개해야 한다.

2.5.3 최고 감사 기관의 역할

최고 감사 기관인 회계 법원 및 최고 감사 사무소는 공공 지출 결정에 대한 책임의 중요한 연결 고리이다. 이들은 정부 재정 및 성과에 대한 독립적인 평가를 의

회와 대중에게 제공한다. 국제 최고 감사 기관 기구 International Organization of Supreme Audit Institutions(INTOSAI)는 회원 감사 기관의 온라인 목록을 제공한다.

최고 감사 기관의 권한은 관할 구역에 따라 다르지만 대개 두 가지 유형의 감사를 포함한다.

- 정기 감사-정부 기관 및 정부 전체의 재무제표 감사, 규정 준수 및 타당성에 대한 의사 결정 프로세스 감사를 포함할 수 있다.
- 성과 또는 비용 대비 가치 감사-정부의 효과성과 효율성을 검토한다.

다른 기관도 비슷한 역할을 할 수 있다. 예를 들어, 자메이카의 계약청처럼 정부 조달 기관이 조달 절차가 준수되었는지 확인할 책임이 있을 수 있다.

최고 감사 기관도 PPP 프로그램에서 역할을 수행할 수 있는데, 일부 관할권에서는 감사 기관이 PPP 계약을 이행하기 전에 반드시 서명해야 한다. 그런 다음 감사 기관은 계약 당국 및 정부 전체에 대한 정기 감사의 일환으로 PPP 약속과 프로세스를 고려해야 할 수 있다. 또한 감사 기관은 PPP 프로젝트의 성과 감사를 수행하거나 프로그램·전반의 비용 대비 가치를 검토할 수도 있다.

본 섹션에서는 PPP 프로그램 감사를 위한 각 요소에 대해 설명하는데, 감사 기관이 이러한 역할을 수행하면 PPP 프로그램 거버넌스를 개선하는 데 도움이 될 수 있다. 그러나 단순히 지연을 초래하거나 PPP 프로그램의 특정 요구 사항에 적합하지 않은 요구 사항을 적용하는 것이 아니라 효과적으로 이를 수행하기 위해서는 감사 기관에 대한 교육과 지원이 필요하다. 세계은행과 여러 감사원의 지원을 받는 국제감사원협회(INTOSAI)는 감사인을 위한 교육 활동을 제공하고 있으며, PPP에 관한 일련의 매뉴얼을 제작했다(예: INTOSAI 2007).

PPP 최고 감사가 실제로 어떻게 작동하는지에 대한 추가 사례는 공공투자와 PPP에 관한 IMF 간행물 **IMF publication on Public Investment and PPPs** (Schwartz et al. 2008, Chapters 17 and 18)에 수록된 포르투갈의 PPP 감사 및 헝가리의 PPP 감사 경험에 관한 기사를 참조해 보자.

PPP에 대한 정기 감사

계약 당국에 대한 정기 감사를 수행할 때, 감사 기관은 PPP 약정이 회계에 적절하게 반영되었는지, PPP 프로세스를 준수했는지 확인해야 할 필요가 있다.

예를 들어, 남아프리카공화국 재무부의 PPP 매뉴얼 **National Treasury of South Africa's PPP Manual**(ZA 2004a, Module 7)은 감사원의 연례 정기 감사 범위가 PPP에 어떻게 적용되는지 설명하는데, 여기에는 다음이 포함된다.

- 규정 준수 확인 - 회계감사원은 PPP 규정의 요건이 충족되었는지(예: 적절한 재무부 승인을 받았는지) 확인해야 한다.
- 재무 보고 확인 - 감사원장은 기관에 대한 PPP의 재정적 영향도 확인해야 한다.

여기에는 재무 계정에 대한 주석의 PPP에 대한 정보가 정확한지, PPP에 대한 약정이 적절하게 회계 처리되었는지 확인하는 것이 포함된다. PPP에 대한 회계 요건에 대한 자세한 내용은 *Section 2.4.4 - PPP에 대한 재정 회계 및 보고*를 참조해 보자.

가이드라인에 따르면 남아프리카공화국 감사원은 다음 섹션에 사세히 설명된 대로 포렌식 감사(정기 감사에서 사기 또는 부패혐의가 제기된 경우) 또는 성과 감사를 실시할 수도 있다.

Box 2.12 PPP 회사 정보에 대한 감사 기관의 접근

최고 감사 기관의 권한은 다양하지만, 일반적으로 정부 기관과 정부가 전체 또는 과반수 지분을 소유한 기관에만 적용된다. 따라서 일부 최고 감사 기관은 PPP 기업을 감사할 권한이나 책임이 없다. 그럼에도 불구하고 민간 기업은 많은 관련 정보를 보유하고 있는 경우가 많다. 효과적인 감사를 위해 필요한 민간 기업이 보유한 정보에 대한 감사 기관의 접근 권한에 대한 명확성이 부족하면 갈등이 발생할 가능성이 있다.

인도 감사관 및 감사원에서 발행한 PPP에 대한 공공 감사 지침 Public Auditing Guidelines for PPPs(CAG 2009)은 섹션 III: PPP 감사의 범위 및 목표에서 이 문제를 논의한다. 이 지침에 따르면 PPP 프로젝트 수행 시 CAG의 접근 권한은 공공 감사 법령에 규정되어야 할 필요가 있다. 한편, 가이드라인은 감사 기관은 계약 모니터링 역할을 고려할 때 계약 기관이 보유한 정보에만 접근할 수 있을 것이라고 언급하고 있다(CAG 2009, Section 3, 29-38). 영국에서는 이러한 유형의 접근은 PPP 계약 자체의 메커니즘을 통해 제공된다.

INTOSAI는 PPP 프로젝트 감사를 위한 가이드라인을 발표했는데, 이 가이드라인에 따르면 감사 기관은 PPP와 관련된 민간 기업에 대한 접근 권한을 명확히 해야 한다(INTOSAI 2007, Section 1, Guidelines 1).

PPP 프로젝트 성과 감사

감사 기관은 특정 PPP 프로젝트에 대한 성과 또는 비용 대비 가치 감사를 수행할 수도 있다. INTOSAI는 감사 기관이 PPP 프로젝트에 대한 철저한 성과 감사를 수행하여 성과 개선을 위한 권고와 모범 사례의 확산을 유도하기 위해 2007년에 PPP 프로젝트 감사 지침을 발표했다(INTOSAI 2007).

INTOSAI 지침은 감사실이 프로젝트 조달과정이 완료된 직후 PPP 프로젝트를 검토하고 프로젝트 생애 주기 동안 추가 검토를 수행할 것을 권장한다. 이 지침은 가치 대비 비용에 영향을 미치는 거래의 모든 주요 측면을 포함하도록 검토할 것을 권장한다. 또한 PPP가 어떻게 식별되었는지, 거래 프로세스가 어떻게 관리되었는지, 채택된 입찰 프로세스, 계약이 어떻게 결론 지어졌는지, 그리고 PPP 계약의 지속적인 관리 방법에 대한 검토를 위한 지침을 제공한다.

감사관 및 기타 유사한 기관은 프로세스가 적절하게 준수되었는지 또는 프로젝트가 비용 대비 가치를 제공하고 있는지에 대한 우려가 있는 경우 특정 프로젝트를 검토할 수 있다.

다음은 PPP 프로젝트 성과 감사의 예이다.

- 호주 뉴사우스 웨일스주에서는 감사원이 시드니를 관통하는 크로스 시티 터널에 대한 감사를 실시했다 **Auditor-General audited the Cross City Tunnel through Sydney**(NSW 2006). 2006년 보고서에는 PPP 계약이 체결된 과정, 계약이 수정된 과정, 시민에게 부과된 프로젝트 비용이 정당한지 여부에 대한 분석이 포함되어 있다. 이 프로젝트는 높은 통행료, 예상보다 낮은 교통량, 초기 계약 수정의 투명성 부족으로 인해 비판을 받았는데, 감사원은 분석 결과를 바탕으로 이러한 각 문제에 대한 의견을 제시했다.

- 멜버른 시의 트램 및 기차 시스템에 대한 프랜차이즈는 재정적 어려움에 직면했다. 이는 *Box 1.11 - 소자본 PPP 사례 - 빅토리아 트램과 기차*에서 설명된 바 있다. 이로 인해 발생한 비용 대비 가치에 대한 우려로 인해 정부는 양허권 및 재협상에 대한 사후 가치 대비 감사(ex-post value for money audit)를 수행하기로 약속했다. 2005년에 발표된 보고서는 책임 기관의 효과성, 프로세스의 투명성, 프로젝트의 적절한 위험 분배, 공공 부문 벤치마크 개발, 그리고 적절한 모니터링 시스템에 초점을 맞추었다.

PPP 프로그램 감사

PPP 프로그램이 잘 발달된 일부 국가에서는 감사 기관이 PPP 프로그램 전반에 대한 비용 대비 가치 검토를 수행했다. 예를 들어, 영국에서는 감사 기관이 PPP와 전 통적으로 조달된 공공 프로젝트를 비교하여 PPP가 비용 대비 가치를 제공하는지 여부와 그 방법을 평가하고 PPP 의사 결정에 피드백을 제공했다.

2011년에 영국 감사원은 PFI 프로그램 및 기타 대규모 조달 프로젝트에 대한 검토 보고서를 발표하고 영국의 경험에서 얻은 주요 시사점을 제공했다(NAO 2011).

NAO는 비용 대비 가치, 프로젝트 준비 및 실행, 책임성 등 프로그램의 다양한 측면을 평가했는데, 이러한 분석을 바탕으로 NAO는 향후 PFI 프로그램 개선을 위한 권고안을 제시했다. 이 결과는 *Section 1.3.4 - 제3자 위험 완화 및 신용 강화*에서 설명하고 있다.

2.5.4 입법 기관의 역할

정부의 입법부, 즉 선출된 법률을 제정하는 국회 또는 의회는 여러 가지 방식으로 PPP 절차에 참여할 수 있다. 여기에는 다음이 포함된다.

- PPP 프레임워크 정의: PPP 프레임워크는 종종 특정 PPP 법률에 규정되어 있다. *Section 2.2 - PPP 법적 프레임워크*에서 설명한 바와 같이, PPP 법률을 도

입하는 이유 중 하나는 정부의 입법부가 PPP 개발 및 이행 방식에 대한 규칙을 정하고 이에 따라 책임자에게 책임을 물을 수 있도록 하기 위해서이다.

- PPP 약정에 대한 한도 정의: *Section 2.4.2-PPP 리스크 총 노출량 관리*에 설명된 바와 같이, 입법부는 총 PPP 약정 또는 연도별 약정 금액을 제한하거나 PPP가 야기할 수 있는 위험 및 세대 간 형평성 문제를 관리할 수 있다.
- PPP 프로젝트 승인: PPP 프로젝트는 *Section 2.3.3-기관의 책임: 검토 및 승인*에 설명된 대로 의회의 승인이 필요할 수 있다. 검토 및 승인에 설명되어 있는데 이 요건은 일정 규모 이상의 PPP 프로젝트로 제한될 수 있다. 예를 들어, 헝가리 PPP법 Hungarian PPP Act(1992)에 따르면 정부는 현재 가치가 2억 3천만 달러가 넘는 다년간의 지불 의무를 발생시키는 계약을 체결하기 전에 의회의 승인을 받아야 한다. 반면 과테말라에서는 모든 PPP 계약에 의회의 승인이 필요하다. 2010년 현재 미국에서는 9개 주에서 일부 개별 프로젝트에 대해 주 의회의 승인을 요구하고 있다.
- PPP 프로그램에 대한 보고서 접수 및 검토: *Section 2.4-PPP를 위한 공공 재정 관리 프레임워크*에 설명된 대로 많은 정부는 예산 문서 및 기타 재무 보고서에 PPP 프로그램에 대한 정보를 포함한다. 이를 통해 의회는 PPP에 대한 정부의 약속을 면밀히 조사하고 사건 이후 의사 결정자에게 책임을 물을 수 있는 기회를 제공한다. 또한 의회는 *Section 2.5.3-최고 감사 기관의 역할*에 자세히 설명된 대로 PPP 프로그램 및 프로세스에 대한 감사 보고서를 위임하고 수령할 수 있다.

PPP 프로그램에 대한 입법 검토의 예는 다음과 같다.

- 호주 빅토리아 주 의회의 공공 회계 및 예산 위원회는 파트너십 빅토리아(Partnerships Victoria)라는 PPP 프로그램을 거버넌스, 위험 분배, 책임, 공공 이익 보호, 경제적 이점 및 비용 대비 가치, 그리고 PPP에 대한 국제 회계 기준의 맥락에서 검토했다. 이후 PPP 정책을 개선하고 프로젝트의 거버넌스를 강화하기 위한 권고 사항이 제시되었다(VIC 2006).

2.5.5 독립적인 규제 기관의 역할

PPP 및 부문별 규제

PPP는 종종 물, 전기, 가스, 통신, 공항 또는 고속도로와 같은 독점(또는 준독점) 조건에서 필수 서비스를 제공한다. 이러한 공공 서비스의 민간 제공자는 일반적으로 정부의 감독을 받으며, 이는 요금 및 서비스 기준을 통제하기 위한 것으로, 종종 독립 규제 기관에 책임을 부여하여 고객이 시장 권력 남용으로부터 보호받도록 한다. 부문 규제는 또한 특정 부문 내에서 제공자들이 서로 거래하는 조건, 라이센스를 통한 부문 진입, 그리고 부문 투자 결정에 대한 통제를 규율할 수 있다. 자연독점 부문에서 기존 공공 자산 및 서비스의 성과를 개선할 방법을 모색하는 정부는 민영화 및 규제 체제 수립의 대안으로 PPP를 고려할 수 있다. PPP와 민영화를 수립하는 과정에는 유사점이 있지만, 이 책에서 제공하는 일부 지침은 두 경우 모두에 적용될 수 있지만, 결과적으로 형성되는 관계의 본질은 다르다.

- PPP를 통한 계약 규제. PPP 계약 자체는 고객의 이익을 보호하기 위해 요금, 요금에 대한 조정 및 서비스 기준을 정의할 수 있으며, 이는 규제 체제를 수립하는 대안이 된다. PPP 계약 설계에 대한 몇 가지 함의는 *Section 3.3-PPP 프로젝트 구조화*에서 더 자세히 설명된다.
- PPP와 함께하는 부문 규제. 일부 국가는 특정 부문에서 서비스 제공을 위한 PPP를 도입할 때 부문 규제 체제를 수립하며, 경우에 따라 계약의 정부 당사자로 활동하기도 한다. 다른 경우에는 부문 규제가 이미 시행되고 있을 수 있다. 어떤 경우든, PPP 계약과 부문 법률 및 규정을 신중하게 조화시켜 PPP 계약과 규제 요구 사항 간의 충돌이 없도록 하고, 명확한 역할과 책임을 설정해야 한다. *Section 2.3.2-기관의 책임: 실행*에서는 PPP 개발, 이행 및 관리에서 부문 규제기관의 역할에 대한 더 많은 예시를 제공한다.

Tip 부문 규제(sector regulation)란 특정 산업 또는 서비스 부문에 적용되는 법률, 규칙, 정책 및 기준을 의미한다. 이러한 규제는 주로 공공의 이익을 보호하고, 시장의 공정성을 유지하며, 소비자와 기업 간의 관계를 조정하기 위해 설정된다.

인프라 규제에 대한 지식 체계(The Body of Knowledge on Infrastructure Regulation, PURC 2012)는 다양한 규제 주제에 대한 자세한 안내와 추가 읽을거리를 제공하는 온라인 자료이다. 다음의 참고 문헌들도 규제에 대해 논의하며, 규제가 PPP(민관 파트너십)와 어떻게 관련되는지를 다루고 있다.

- **Yong**은 PPP에 대한 규제 프레임워크에 대해 논의한다. Section 4.1.3의 Box 4.4는 기반 시설 규제에 대한 다양한 접근법에 대한 개요를 제공한다(Yong 2010).
- 물과 위생 규제에 대한 노트 **note on regulation of water and sanitation**(Groom et al. 2006)는 물 분야 규제에 관한 다양한 주제를 다루고 있으며, 규제 기능 할당에 대한 안내와 계약에 의한 규제 또는 독립 기관에 의한 규제 옵션에 대해 설명하고 있다.
- Eberhard의 개발도상국에서의 하이브리드 및 전환 규제 모델에 관한 논문 **Eberhard's paper on hybrid and transitional models of regulation in developing countries**(Eberhard 2007)은 다양한 규제 모델에 대한 개요와 각 모델의 장점 및 잠재적인 단점을 제공한다. 또한 이 논문은 규제 모델의 성과를 개선하기 위한 권장 사항도 제시하고 있다.

규제는 독점 또는 준독점 상태의 필수 서비스 제공과 관련된 분야에만 국한되지 않는다. 규제 프레임워크는 제한된 천연자원의 책임 있는 관리와 같은 다른 시장 실패를 극복하는 데에도 사용될 수 있다. 경우에 따라, 이러한 과정과 구조는 PPP와 유사할 수 있는데 예를 들어, 광업이나 석유 탐사 또는 개발, 또는 관광지 관리에 대한 양허가 이에 해당한다. 또한 이러한 유형의 규제 사이에는 약간의 경계가 모호한 부분이 있을 수 있는데, 이는 경쟁 시장에서 필수 서비스 제공의 일부 측면이 제한된 자원에 대한 접근을 요구하는 경우이다. 예를 들어, 모바일 통신을 위한 주파수 할당이나 경쟁 시장의 맥락에서 전력 생성을 위한 수력 발전 또는 기타 자원에 대한 접근이 이에 해당한다.

이러한 양허나 라이선스 절차와 PPP 간에는 몇 가지 유사점이 있지만, 대부분의 경우 이러한 사례에 관련된 계약 구조는 다르다. 본 참조 가이드의 내용은 이러한 경우에 관련성이 제한적이다.

Key References: 광범위한 PPP 프로그램 거버넌스

참고 문헌(Reference)	설명(Description)
IFC. 2007. *Stakeholder Engagement: A Good Practice Handbook for Companies Doing Business in Emerging Markets.* Washington, DC: International Finance Corporation.	프로젝트 주기 전반에 걸쳐 이해관계자 참여를 수행하고 구현하는 데 대한 여덟 가지 구성 요소 및 설명을 제공한다.
Morrissey, Billy. 2015. "The Importance of Stakeholder and Community Engagement in Engineering Projects." Engineers Journal (blog). April 21. Website.	이해관계자 참여가 인프라 프로젝트의 계획 및 실행에 가져다 주는 이점에 대해 논의한다.
Calabrese, Daniele. 2008. "Strategic Communication for Privatization, Public-Private Partnerships, and Private Participation in Infrastructure Projects." World Bank Working Paper No. 139. Washington, DC: World Bank.	이해관계자와의 협의를 위한 전략적 커뮤니케이션 프로그램의 설계 및 구현에 대해 설명한다.
EC. 2015. *Better Regulation: Guidelines on Stakeholder Consultation.* Strasbourg: European Commission.	이해관계자와 소통을 이루는 방법에 대한 설명을 제공한다.
WB. 2013c. Disclosure of Project and Contract Information in Public-Private Partnerships, Washington, DC: World Bank.	11개 관할권(국가 및 하위 국가 수준)에서의 PPP 프로젝트 및 계약에 대한 정보 공개 관행을 검토하고, 8개 국가를 대표하며, 능동적 정보 공개에 대한 권장 사항을 제시한다.
UK. 2015b. *Consideration of Consultation Responses.* Report addressing the expansion options for Heathrow and Gatwick airports. London: UK Government, Airports Commission.	히드로 공항 확장에 대한 상담에서 수집된 70,000개의 응답을 설명한다.
IEG. 2015. *Lao People's Democratic Republic: Poverty Reduction Fund.* Project Performance Assessment Report. Washington, DC: World Bank Group, Independent Evaluation Group.	라오스 인민 민주 공화국의 빈곤 감소 기금 프로젝트의 실행 및 최종 성과를 설명한다.

참고 문헌(Reference)	설명(Description)
Yong, H.K., ed. 2010. *Public-Private Partnerships Policy and Practice: A Reference Guide.* London: Commonwealth Secretariat.	본 보고서는 전 세계의 PPP 정책에 대한 포괄적인 검토를 제공하며, PPP 정책 및 프로젝트를 설계하고 구현하는 데 있어 실무자에게 중요한 측면에 대한 지침을 포함하고 있다. Chapter 4.1에서는 PPP 법적 프레임워크의 주요 문제와 PPP 법률의 원칙을 설명한다.
Groom, Eric, Jonathan Halpern, and David Ehrhardt. 2006. "Explanatory Notes on Key Topics in the Regulation of Water and Sanitation Services." Water Supply and Sanitation Sector Board Discussion Paper 6. Washington, DC: World Bank.	수자원 및 위생에 중점을 둔 인프라 거버넌스와 관련된 주제를 다룬 일련의 노트이다. 주제로는 규제에 대한 개념적 프레임워크, 규제 설계, 제도적 배치, 계약에 의한 규제, 정부 소유 공공 서비스의 규제, 개발도상국의 폐수 규제가 포함되어 있다.
Eberhard, Anton. 2007. "Infrastructure Regulation in Developing Countries: An Exploration of Hybrid and Transitional Models." Working Paper No. 4. Washington, DC: Public-Private Infrastructure Advisory Facility.	다양한 규제 모델에 대한 개요와 각 모델의 장점 및 잠재적인 단점을 제공한다. 또한 이 논문은 규제 모델의 성과를 개선하기 위해 권장 사항을 제시한다.
Bakovic, Tonci, Bernard Tenenbaum, and Fiona Woolf. 2003. "Regulation by Contract: A New Way to Privatize Electricity Distribution?" World Bank Working Paper No.14. Washington, DC: World Bank.	'계약에 의한 규제'의 주요 특징을 설명하고, 다양한 국가들이 이 메커니즘을 통해 주요 규제 문제를 어떻게 처리했는지를 설명한다. 또한, 국제 경험을 바탕으로 다양한 접근 방식의 강점과 약점을 설명한다.
Akitoby, Bernardin, Richard Hemming, and Gerd Schwartz. 2007. "Public investment and public-private partnerships." *Economic Issues* 40, Washington, DC: International Monetary Fund.	2007년 부다페스트에서 열린 IMF 회의를 바탕으로 한 PPP의 재정적 영향을 관리하는 데 관한 논문 모음집으로 Part Four: PPP 회계, 보고 및 감사는 책임성을 보장하기 위한 다양한 기관의 역할을 살펴본다.
CAG. 2009. *Public Private Partnerships (PPP) in Infrastructure Projects: Public Auditing Guidelines.* New Delhi: Comptroller and Auditor General of India.	본 지침은 인도의 회계 감사관이 PPP 프로젝트를 감사하는 데 필요한 규제 프레임워크를 설명한다. PPP 법에 따른 감사의 정당성을 제공하고 감사에 대한 방법론 및 평가 기준에 대한 개요를 제시하고 있다.

참고 문헌(Reference)	설명(Description)
INTOSAI. 2007. *ISSAI 5220 – Guidelines on Best Practice for the Audit of Public/Private Finance and Concessions.* Vienna: International Organization of Supreme Audit Institutions.	PPP 프로젝트의 전체 생애 주기 동안 평가를 위한 모범 사례에 대한 지침을 제공한다.
ZA. 2004a. *Public Private Partnership Manual.* Pretoria: South African Government, National Treasury.	남아프리카공화국의 PPP 조달 프로세스를 설명하는 포괄적인 PPP 매뉴얼이다. 비용 대비 가치 및 적정성 분석을 위한 기술적 지침을 제공하는데, 모듈 7에서는 PPP 프로젝트 감사에 대한 지침을 제공한다.
NAO. 2010b. *From Private Finance Units to Commercial Champions: Managing Complex Capital Investment Programmes Utilizing Private Finance – A Current Best Practice Model for Departments.* London: National Audit Office and HM Treasury.	인프라 영국(영국 정부의 부서 중 하나)과 협력하여 영국 국립회계감사청(National Audit Office)이 PPP/PFI 프로그램에 참여하는 부서를 위한 모범 사례 모델을 설명한다.
NAO. 2011. *Lessons from PFI and other projects.* Report by the Comptroller and Auditor General, HC 920. London: National Audit Office.	PFI 프로그램 및 기타 대규모 인프라 프로젝트에 대한 영국 국립회계감사청의 광범위한 검토로, 프로그램의 비용 대비 가치(value-for-money)와 정부 부서의 성과를 평가한다. 이 보고서의 내용은 HC 1201(UK 2011c)에서 논의된다.
NAO. 2010a. *The Performance and Management of Hospital PFI Contracts.* Report by the Comptroller and Auditor General, HC 68. London: National Audit Office.	영국 국립회계감사청의 병원 PFI 계약의 성과 및 관리에 관한 보고서이다.
NAO. 2006. *A Framework for Evaluating the Implementation of Private Finance Initiative Projects: Volume 1.* London: National Audit Office.	본 보고서는 PFI 프로젝트를 위한 보다 전문화된 프로젝트 성과 매트릭스를 제공한다.

2.6

지방정부 및 기타 지방정부 PPP

주(州), 지방(도), 그리고 시(시군)를 포함한 하위 국가 정부는 특히 물과 위생, 도시 교통 분야에서 필수적이고 기본적인 인프라 서비스를 제공한다. 예를 들어, 호주와 브라질의 주 및 캐나다의 지방정부는 탄탄한 PPP 프로그램을 구축하였으며, 이들의 재정 자립성, 신용 등급, 실행 능력은 중앙 정부와 크게 다르지 않다. 그러나 지방정부(시나 군)는 그러한 수준에 도달하지 못할 수 있다. 지방정부는 그들이 서비스하는 인구와 더 가까운 위치에 있어 지역의 필요를 충족시키는 프로젝트를 더 잘 식별할 수 있으나 그들은 추가적인 어려운 문제에 직면해 있으며 특정 문제를 제기한다.

- 지방자치단체는 프로젝트 개발 및 조달 역량이 제한적인 경우가 많다. 이러한 역량 부족은 선거 결과로 인한 잦은 인사 교체가 더욱 상황을 악화시킬 수 있다. 그러나 이러한 역량을 구축하는데 성공한 지자체의 사례도 있다. 중앙정부가 지방정부와 협력하여 역량을 구축하고 지식과 기술 지원을 제공한 사례도 있다.
- 대부분의 지방정부는 중앙 정부와 같은 신용 등급의 혜택을 받지 못한다. 이들은 시간이 지남에 따라 신용 등급을 점진적으로 구축해야 하는데 단기적으로는 대부분 중앙 정부의 지원이 필요하며, 이는 지급 보증이나 공공 재정의 형태로 이루어진다. 그러나 도덕적 해이 문제로 인해 중앙 정부는 하위 국가 정부의 재정 결정을 보장하는 것을 피하고 있다. 이는 Canuto와 Liu

가 하위 국가(지방자치단체 등) 부채에 관한 세계은행 책에서 설명한 바와 같다. **World Bank book on subnational debt**(Canuto and Liu 2013). 도덕적 해이는 하위 국가 차입자(지방자치단체 등)가 채권자에게 상환하지 않거나, 중앙 정부가 부도난 채무자를 구제할 수 있다고 인식할 경우 너무 위험하거나 잘못 구조화된 프로젝트에 참여할 동기가 생기는 상황에서 발생한다. Charbil과 Gamper의 인프라 투자 조정에 관한 기사 **Charbil and Gamper's article on coordination of infrastructure investment**(Frank and Martinez-Vazquez 2015)는 OECD 국가 샘플에서 거의 모든 하위 국가 사회기반시설 투자가 중앙 정부와의 협력 없이는 이루어지지 않는다고 언급한다. 부분 자금 지원은 종종 많은 개발도상국에서 국가 또는 초국가적 당국(정부 기관 및 국제기구와 같은)으로부터 유입되는 경우가 많고, 다른 개발도상국에서는 주 정부가 자체적으로 기반시설에 자금을 조달할 수 있지만, 지방자치단체에는 주 정부의 지원이 필요한 경우가 많다.

- 지방자치단체는 PPP 조달을 위한 효율적인 법적 체계를 갖추고 있지 않아 프로젝트에 대한 투자자의 관심이 감소하는 경우가 많다.
- 분권화는 하위 국가의 책임성과 투명성이 증가하지 않을 경우, 때때로 부패 관행을 강화할 수 있다고 **Shah**(Frank and Martinez-Vazquez 2015)가 지적한다. 그러나 분권화는 프로젝트에 직접 영향을 받는 사람들과 의사 결정 과정을 더 가깝게 연결함으로써 부패를 방지할 수 있지만, 종종 지역 프로젝트가 지역 계약자만 입찰할 수 있도록 자연스럽게 지리적으로 분리되는 경우가 있으며, 이는 퀘벡의 샤르본느 위원회 **Charbonneau Commissian in Québec**(Charbonneau and Lachance 2015)에서 확인된 바 있다. 이러한 상황은 효과적인 경쟁 프레임워크를 설정하는 데 추가적인 문제를 만들어내며, 지역 수준에서 PPP 조달의무 결성을 유지하는 데도 어려움을 초래한다.
- 많은 도시와 지방정부는 분할되고 중복된 관할권을 가지고 있다. 예를 들어, 일부 공공서비스는 지방정부에서 관리하는 반면 다른 공공 서비스는 지방자치단체에서 관리할 수 있다. 이로 인해 정책수립 및 시행에 있어 조정문제가 발생할 수 있다. 또한 PPP는 효율적인 재정적 책임 체계 없이 선택되는 경우가 있다. 명확한 재정 규칙은 지역 및 국가 재정 지속가능성을 위태롭게 하지

않으면서 의사 결정의 분권화를 가능하게 하는데 이러한 규칙에 대한 명확성이 부족하면 지방정부가 PPP를 사용하는 것을 꺼리게 하거나 재정 지속가능성을 고려하지 않고 무임승차를 조장할 수 있다.

본 섹션에서는 이러한 다섯 가지 문제를 참고 자료와 예시를 통해 하나씩 다루게 된다.

Box 2.13 베냉의 지방 상수도

1999년, 베냉은 공공 행정의 재조정을 겪으면서 분권화된 재정 자율 지방자치단체인 코뮌을 도입했다. 이 나라의 77개 지방자치단체는 수도 시설과 배관 네트워크를 소유하고 있으며, 주민들에게 물과 위생 서비스를 제공할 책임이 있다.

정부의 분권화 프로그램을 지원하고 소도시 및 농촌 지역의 물 서비스 품질을 강화하기 위해, IFC는 세계은행이 관리하는 다자간 기부자 파트너십인 물 위생 프로그램 Water Sanitation Program(WSP)과 긴밀히 협력하여 자문 서비스와 기술 지원을 제공했다. WBG의 기여에는 세 개의 지방자치단체 가정에 개선되고 확장된 물 서비스를 제공하기 위한 PPP 파일럿 계획의 구조화 및 실행에 대한 조언이 포함되었으며, 이는 소규모 국내 민간 운영자의 참여를 통해 이루어졌다.

이 프로젝트에서는 민간 운영자가 물 가격을 인상하지 않고 시스템을 설계, 엔지니어링, 재활, 운영 및 유지 관리해야 했다. 여기에는 장비 재활, 네트워크 확장, 개인 수도 연결 설치 및 이러한 활동에 대한 부분 자금 조달이 포함되었다. 양허 계약은 다음과 같이 구성되었다. 배송 확인 시 민간 사업자에게 지급되는 산출물/결과 기반 보조금. 보조금은 운영의 수익성을 보장하고 납품에 대한 인센티브를 창출한다. 또한 생산량 기반 보조금을 통해 민간 사업자가 지역 은행으로부터 자금을 조달할 수 있었다.

2007년부터 2014년까지 베냉 지방자치단체의 민간 사업자가 관리하는 배관 수도 시스템의 수는 1개에서 269개로 증가하여 인구의 28%에게 물 서비스를 제공했다. 2015년 2월 현재 베냉 전역에서 약 77개의 민간 사업이 운영되고 있다. 처음에 지방자치단체는 그러한 PPP 거래를 준비하고 재정적으로 마무리할 수 있는 기술적 역량이 부족함을 보여주었지만, 제도 개혁과 세계은행의 기술 지원 제공을 통해 그 효율성은 점차 향상되었다. 수도 시스템의 성능이 크게 향상되어 약 32km의 추가 네트워크 파이프와 1,071개의 새로운 가정용 수도 연결 파이프가 설치되었다. 파일럿 프로젝트의 성공을 고려하여 베냉 정부는 180개 이상의 배관 수자원 시스템을 포함하는 세계 은행 대출 프로젝트를 통해 이 접근 방식을 전국적으로 확대하기로 결정했다.

출처: (Adokpo Migan and Tremolet 2015)

이러한 어려움에도 불구하고, PPP는 이제 브라질, 멕시코, 호주와 같은 선진국 및 개발도상국의 주 정부 차원에서 상당히 일반화되었으며, 남아프리카와 캐나다의 지방 및 시 정부 차원에서도 마찬가지이다. 브라질과 중국의 대도시들은 점점 더 PPP를 활용하고 있고, 소규모 지방자치단체들도 인프라 프로젝트 조달을 위해 PPP를 테스트하고 있다. 인도에서는 그람 판차야트와 같은 지역 행정 기관이 농촌 지역의 도시 편의시설 제공을 위해 PPP를 활용하고 있다. 세계경제포럼의 '인프라 구축 가속화' 보고서 **The World Economic Forum report on Accelerating Infrastructure Delivery**(Maier와 Jordan-Tank, 2014)에 따르면, 1994년부터 2014년까지 EBRD(유럽부흥개발은행)가 자금을 지원한 300개 이상의 지방 프로젝트 포트폴리오가 61억 유로에 달하며, 이 중 20%는 민간 자금으로 조달된 인프라에 대한 부채 또는 자본 이었다.

지방정부 차원의 도전 과제

지방분권은 이론적으로는 바람직한 거버넌스의 원칙이지만, 중앙정부와 지방정부가 새로운 제도적 장치와 규정을 개발하고 역량을 구축하지 않으면 효율적으로 작동할 수 없다. 지방정부는 일반적으로 규모와 거버넌스 측면에서 역량 제약에 직면하게 된다. 전통적으로 하위 정부, 특히 지방 자치 단체는 중앙정부에 비해 인프라 정책과 조달에 덜 관여해 왔다. 브라질, 캐나다, 호주와 같이 주/지방정부가 인프라를 책임지는 연방국가에서는 예외적으로 미나스제라이스주 PPP 부서, 상파울루의 Companhia Paulista de Parcerias, 브리티시 컬럼비아의 Partnerships BC, Partnerships Victoria 등이 있다. 이러한 주/지방 단위는 각 국가의 국가 PPP 팀이 설립되기 전부터 상당한 PPP 지식과 경험을 쌓아왔다.

그러나 책임의 위임이라는 측면에서 분권화는 전 세계적으로 확산되고 있는 것으로 보인다. 케냐, 터키, 카자흐스탄 등 일부 국가에서는 법제도를 지방분권화 방향으로 전환하고 있으며, 법 개정 없이도 인프라 조달에 대한 책임이 중앙정부에서 지방정부로 이양되는 사례가 늘고 있다. 따라서 점점 더 많은 주 정부가 PPP를 적극적으로 조달하고 있는데, 이러한 추세는 조달 및 프로젝트 관리 역량 강화의 필요성을 증가시킨다.

프랭크와 마르티네즈-바스케스는 그들의 분권화 및 인프라에 관한 저서 **book on decentralization and infrastructure**(Frank and Martinez-Vazquez, 2015)에서 공공투자에 대한 정부 간 역량을 구축할 필요성을 강조한다. 재정 관리, 인적 자원 또는 조달과 같은 제도적 역량은 개별 정부 수준을 넘어서는 공유 접근 방식의 혜택을 받을 수 있으며, 특히 조달 시스템 설계, 모니터링 체계 및 사후 검토에서 그러하다. 상업 및 학술 기관에서 제공하는 교육은 다자개발은행(MDBs)이 후원하는 APMG 인증 프로그램으로 보완될 수 있다 **APMG Certification Program** (APMG, 2016). *Box 2.7-PPP 교육*에서는 세계은행과 미주개발은행이 개발한 여러 대규모 공개 온라인 과정 Massive Open Online Courses(MOOCs)을 설명하고 있으며, 이 과정들도 유용할 수 있다.

국가 또는 다국적 실무자 네트워크 내 지식 교류는 중앙정부뿐만 아니라 지방정부에서도 활용되고 있다. 브라질에서 PPP 협력을 촉진하기 위해 만들어진 네트워크인 **Rede PPP**(Rede PPP 2017)는 주와 지방 자치단체 간의 협력을 촉진했다. 룩셈부르크에 본부를 두고 유럽투자은행과 유럽부흥개발은행(EBRD)의 인프라 프로젝트 준비 시설 Infrastructure Project Preparation Facility(IPPF)이 자금을 지원하는 유럽 PPP 전문 센터 **European PPP Expertise Centre**(EPEC)에는 많은 지방정부가 회원 및 수혜자로 참여하고 있으며, 이들 중 일부는 **EPEC**의 파견 프로그램에 참여하여 직원들이 다른 유럽 정부와 협력하면서 EPEC에서 시간을 보내도록 하고 있다. 인도 정부가 조직한 공무원을 위한 국가 PPP 역량 강화 프로그램에 따라 여러 주 정부 내에 PPP 팀이 만들어졌으며, 이러한 PPP 팀은 PPP 계약을 통해 프로젝트 개발에 있어 일선 부서를 지원한다.

복잡한 프로젝트의 경우, 역량 제약으로 인해 주 정부는 민간기업을 고용하여 복잡한 프로젝트 준비 및 실행을 관리하도록 유도할 수 있으며, 민간 기업은 PPP 계약, 합작 투자, 관리 계약 또는 운영 및 유지 관리(O&M) 계약의 정교화에 대한 전문적인 조언을 제공할 수 있다. 그러나 민간 투자를 조달하려면 프로젝트 준비 및 입찰 과정에서 외부 컨설턴트 및 자문을 관리하고 계약 관리를 위한 지방정부 내 역량 구축이 필요하다.

지방정부의 신용도와 금융 접근성

지속 가능한 도시 인프라 자금 조달에 관한 미주개발은행 개념 참고서 **Inter-American Development Bank concept note on financing sustainable urban infrastructure**(UN-Habitat/IDB 2016)에서 지방정부의 재정적 문제에 대해 논의한다. 이 참고서는 지자체 PPP 기회와 도시의 신용도 사이의 연관성을 강조한다. 신용도가 높은 지방정부는 일반적으로 민간 부문의 투자를 유치할 수 있지만, 신용도가 낮은 지방정부는 재정적 약속에 대해 중앙정부의 보증을 요구할 것이다. 건전한 재정 관리는 지방 자치 단체의 신용도에 매우 중요하다. 중앙정부가 지방정부에 대한 약속을 지키지 않으면 지방정부 PPP 프로젝트에 대한 양질의 투자를 유치할 수 있는 기회는 위태로워질 수밖에 없다.

다자기구는 지방정부가 PPP를 포함한 인프라 프로젝트를 설계하고 계획하는 역량을 강화할 수 있도록 기술 지원 프로그램을 제공한다. 예를 들어, PPIAF의 지방정부 기술 지원(SNTA) 프로그램 **PPIAF's subnational technical assistance** (SNTA) **program**(PPIAF-Work)은 지방정부가 투자 계획 및 프로젝트 준비 기술을 개선하고, 재정 관리 관행과 프로세스를 강화하며, 재정적 책임을 보장하고, 궁극적으로 신용도를 개선하는데 도움을 준다.

신용도는 신뢰할 수 있는 자본 투자 프로그램에 의존한다. 투자 프로그램은 공공-민간 파트너십(PPP)을 식별하고 우선순위를 정하며 결국 승인 및 예산 편성을 위한 틀을 제공한다. 세계은행의 도시 신용도 툴킷 **World Bank toolkit on city creditworthiness**(WB 2017a)은 도시가 상업 기반 거래에 대한 준비 상태를 평가하는 데 사용될 수 있으며, 사용자는 다음과 같은 기능을 활용할 수 있다: (1) 복잡한 연구 없이 도시의 전반적인 재정 성과를 빠르게 파악할 수 있다; (2) 다양한 금융 계획에 대한 도시의 의지를 검증할 수 있다; (3) 프로젝트 포트폴리오와 파이프라인, 자금 필요성을 신속하게 파악할 수 있다; (4) 프로젝트를 식별하고 준비하는 데 도움이 되는 행동 계획에 합의할 수 있다. 세계은행의 지방 재정에 관한 저서 (Canuto and Liu 2013)는 지방 및 주 정부의 재정 인센티브와 파산 위험에 대해 논의하며, 여러 지방정부의 사례와 경험을 분석한다.

입법 및 규제 프레임워크

명확하고 효율적인 입법 및 규제 프레임워크, 즉 조달 규정과 재정 관리 지침의 부재는 지방정부가 공공-민간 파트너십(PPP)을 시행하는 능력을 제한하고 민간 투자자에게 불확실성을 초래할 수 있다. 여러 나라에서는 지방정부 간의 모범 사례에 대한 정보를 공유하기 위한 몇 가지 이니셔티브를 추진해왔다. 브라질, 인도, 호주, 멕시코와 같은 일부 국가들은 각 주에 자체 PPP 법률을 부여했다. 다른 경우에는 지방 차원의 조달이 국가 법률에 의해 규제된다. 일부 국가에서는 중앙 정부가 모든 정부 기관에 대해 일관된 규정을 제공하는데, 예를 들어 남아프리카 공화국에서는 중앙 및 지방 기관을 위한 하나의 PPP 매뉴얼과 지방정부를 위한 별도의 매뉴얼을 제공한다. 이는 거의 모든 EBRD 국가에서도 마찬가지이다.

브라질은 2000년에 강력한 예산 제약 법률인 재정 책임 법(Fiscal Responsibility Law)을 도입했다. 이 법은 모든 정부 수준에 적용되며, 각 수준(연방, 주, 지방 자치 단체)이 예상 수익에 따라 조달할 수 있는 PPP의 양에 제한을 두는 PPP 법으로 강화되었다. Frank and Martinez-Vazquez의 분권화 및 인프라에 관한 책 **Frank and Martinez-Vazquez's book on decentralization and infrastructure**(Frank and Martinez-Vazquez 2015)은 국가 정부가 적절한 지방 당국 조달 시스템과 역량 개발에 충분한 주의를 기울이지 않는 경우가 많다고 강조한다. 표준 법적 조항과 지침은 종종 중앙 조달 기준을 지방 차원에서 그대로 답습한다.

투명성과 거버넌스

투명성과 좋은 거버넌스를 유지하는 것은 하위 국가 PPP에서 어려울수 있으며, 특히 중앙 정부의 엄격한 감독이 제거될 때 더욱 그렇다. 하위 국가 정부의 자원 배분 및 서비스 제공에 대한 책임이 증가함에 따라, 약속, 조정, 투명성 및 책임의 중요성도 커진다. 이는 국제 예산 파트너십 **International Budget Partnership**(Lawson and Alvarez 2013)에서 강조되며, 그 파일럿 연구에 따르면 재정 투명성 수준은 매우 다양하며, 많은 주정부가 상당한 취약점을 보이고 있다. 하위 국가 정부가 엄격한 균형 예산 규칙, 차입 제한, 또는 지출이나 세금을 증가시킬 권한에 대한 제한을 받는 경우, 재정 투명성 규칙의 부재는 의사 결정자들이 재정 규칙을 우회하기 위한 방법으로 PPP를 선택하도록 유도할 수 있다. 캐나다 PPP 위원회 Canadian Council for PPPs(CCPPP 2011)의 보고서는 이와 관련하여 지방자치단체를 위한 지침을 제공하며, 여기에는 중요한 경로와 지방자치단체가 크거나 작을 때 PPP를 구현할 때 발생할 수 있는 특정 문제에 대한 비판적 시각과 논의가 포함되어 있다.

중앙 정부의 지방정부에 대한 지원

IADB의 새로운 도시 의제 자금 조달에 관한 보고서 **IADB report on Financing the New Urban Agenda**(UN-Habitat/IDB 2016)는 중앙 정부의 지원이 필요한 과테말라 지방자치단체의 폐기물 관리 시설 업그레이드 경험을 설명하고 있다. PPP 프레임워크가 확립된 일부 국가(예: 남아프리카공화국과 프랑스)에서는 중앙 PPP 부서의 주요 활동이 지방정부가 조달한 PPP를 지원하는 것과 관련이 있다. 다른 국가(예: 브라질과 호주)에서는 여러 주 정부가 중앙 정부보다 더 많은 PPP 경험을 보유하고 있는데, 중앙 PPP 부서는 종종 지식 센터 역할을 하며, 중앙 정부 차원에서 PPP 프로세스를 주도하고 지방정부를 돕는다. 남아프리카 공화국의 국가 재무부는 지방 자치단체를 위한 지침과 교육을 제공하고, 크로아티아와 탄자니아는 지방 차원의 PPP 교육을 실시했으며, 콜롬비아의 계획부(DNP)는 주와 지방 자치단체가 PPP를 평가하는 데 도움을 준다. 페루의 Proinversion은 하위 국가 차원의 프로젝트 구조를 지원하는 임무를 가지고 있으며, 캐나다의 중앙 정부는 주 및 지방 PPP 프로젝트에 자금 지원을 제공하고, 중앙 공공 부문 기관은 다른 형태의 지원도 제공한다. 인도네시아 인프라 보증 기금(IIGF)은 지방정부 PPP를 지원하고, 브라질의 BNDES와 멕시코의 Fonadin은 지방정부가 프로젝트를 구조화하고 자금을 조달하는 데 도움을 준다.

Key References: 지방 자치 단체 및 기타 지방정부 PPP

참고 문헌(Reference)	설명(Description)
FCM. 2008. *Innovative Mechanisms for Fiscal Transfers to Municipalities: The Canadian Experience in Municipal Financing.* Federation of Canadian Municipalities, Ottawa, Canada.	캐나다 연방 및 주/준 주정부가 캐나다 지방 자치단체에 자금을 이전하는 데 사용되는 혁신적인 메커니즘의 몇 가지 주요 사항을 강조한다.
UN-Habitat/IDB. 2016. *Financing the New Urban Agenda: The Challenges of Financing Sustainable Urban Infrastructure Concept Note.* Draft for Discussion Purposes. Washington, DC: United Nations Human Settlements Programme and Inter-American Development Bank.	라틴 아메리카와 카리브해의 인프라 프로젝트 자금 조달의 도전에 관한 개념 자료를 UN 해비타트와 함께 작성되었다.
PPPIRC. 2016. "India: State Sub-National PPP Policies." Public-Private Partnership in Infrastructure Resource Center. Website.	선택된 인도 주들의 지방정부의 PPP 정책을 제시한다.
PIAPPEM. Accessed March 6, 2017. "Leyes y Reglamentos." Programa para el Impulso de Asociaciones Público-Privadas en Estados Mexicanos. Website.	멕시코의 일부 지방정부의 PPP 정책을 강조한다.
ZA. 2004a. *Public Private Partnership Manual.* Pretoria: South African Government, National Treasury.	남아프리카 공화국의 국가 및 지방정부의 PPP 정책을 제공하고 있다.
Rede PPP. Accessed March 6, 2017. "Rede Intergovernamental PPP ." Brazil: Rede Parceria Público-Privada. Website.	브라질 PPP 실무자 네트워크인 Rede PPP에 대한 개요를 제공한다.
CCPPP. 2011. *Public-Private Partnerships: A Guide for Municipalities.* Toronto: Canadian Council for Public-Private Partnerships	지방정부에 중요하고 특이한 몇 가지 문제를 제시한다.

참고 문헌(Reference)	설명(Description)
PPIAF-Work. Accessed March 9, 2017. "Our Work." Public-Private Infrastructure Advisory Facility. Website.	SNTA 프로그램의 목표와 PPIAF가 지원하는 활동 유형을 강조한다. **Tip** SNTA 프로그램은 "Subnational Technical Assistance Program"의 약자로, 주로 지방정부 및 기관에 기술 지원을 제공하는 프로그램으로 주요 목표는 지방정부가 공공 서비스 제공을 개선하고, 인프라 프로젝트를 효과적으로 관리하며, 재정 자원을 효율적으로 활용할 수 있도록 돕고 있다.
WB. 2017a. "City Creditworthiness Self-Assessment & Planning Toolkit." World Bank. Website.	본 툴킷은 지방정부 단위/도시가 투자 등급에 대한 자신의 위치를 파악하고, 자가 평가를 수행하여 행동 계획을 개발하는 데 도움을 주고 있다.
Canuto, Otaviano, and Lili Liu, eds. 2013. *Until debt do us part: Subnational debt, insolvency, and markets*. Washington, DC: World Bank.	재정 연대에 대한 지침을 다룬다.
UNECE. 2008. *Guidebook on Promoting Good Governance in Public-Private Partnerships.* Geneva: United Nations Economic Commission for Europe.	본 가이드는 정책 입안자들을 위해 PPP 프로그램의 거버넌스를 개선하는 방법에 대한 자세한 지침을 제공하고 주요 도전 과제와 가능한 해결책의 프레임워크에 대한 통찰을 제공한다.
Irwin, Timothy C., and Tanya Mokdad. 2010. *Managing Contingent Liabilities in Public-Private Partnerships: Practice in Australia, Chile, and South Africa.* Washington, DC: World Bank.	호주 빅토리아 주, 칠레, 남아프리카 공화국의 PPP 프로젝트에서 승인 분석 및 잠재적 부채(및 기타 재정적 의무) 보고에 대한 접근 방식을 설명하고, 다른 국가들이 배울 수 있는 시사점을 도출한다.
Farquharson, Edward, Clemencia Torres de Mästle, E. R. Yescombe, and Javier Encinas. 2011. *How to Engage with the Private Sector in Public-Private Partnerships in Emerging Markets*. Washington, DC: World Bank.	본 가이드는 공공 부문 실무자들이 시장성이 있는 프로젝트를 개발하고 적합한 민간 파트너를 유치하여 PPP를 성공적으로 개발하고 구현하는 방법을 설명한다. Section 3에서는 PPP 프레임워크 설정에 중점을 두고 있다.

참고 문헌(Reference)	설명(Description)
Yong, H.K., ed. 2010. *Public-Private Partnerships Policy and Practice: A Reference Guide*. London: Commonwealth Secretariat.	본 보고서는 전 세계 PPP 정책에 대한 포괄적인 검토를 제공하며, PPP 정책 및 프로젝트 설계와 구현의 주요 측면에 대한 실무자들을 위한 지침을 포함하고 있다. Chapter 4에서는 PPP 프로젝트에 대한 공공 부문 평가 지침을 제공한다.
EIU. 2014b. *Evaluating the Environment for Public-Private Partnerships in Latin America and the Caribbean: The 2014 Infrascope.* London: Economist Intelligence Unit.	Infrascope는 국가들이 지속 가능한 PPP를 수행할 준비 상태를 평가하기 위한 지수를 제시하며, 이 지수를 사용하여 해당 지역의 19개 국가의 PPP 환경을 평가한다. 또한, 유사한 방법론을 기반으로 한 아시아-태평양, 아프리카, 동유럽 및 CIS 지역의 버전도 참고하기 바란다.

Did you Know…?

파리 지하철의 첫 번째 노선은 PPP로 시작되었다.

1898년, 파리 시 정부는 벨기에 기업가인 에두아르 에팡(Édouard Empain)을 도시 철도 사업자로 임명했다. 그는 파리 메트로폴리탄 회사(Compagnie du Métropolitain Parisien, CMP)를 설립하여 전력소를 건설하고, 터널 내에 철도 구조물을 설치했으며(터널은 시에서 건설함), 전기 기차를 구매하여 1900년부터 1947년까지 운영했다. PPP 계약은 성과 요구 사항과 사용자 요금 수준을 정의하는 것 외에도 CMP 직원에 대한 사회적 보호를 제공했다. 여기에는 연금 계획, 연차 휴가, 유급 병가, 무료 의료 서비스가 포함되었다. 1904년에는 베를리에르(Berlier)라는 회사와 두 번째 양허권을 체결하여 30년 동안 북남선 지하철 노선을 건설하고 운영했다.

출처: *Xavier Bezançon, 2000 Ans d'Histoire du Partenariat Public-Privé (Paris: Presses de l'École Nationale des Ponts et Chaussées, 2004*

Module

3

PPP 프로젝트 실행

3.1 PPP 프로젝트 식별

3.2 잠재적 PPP 프로젝트 평가

3.3 PPP 프로젝트 구조화

3.4 PPP 계약 설계

3.5 PPP 거래 관리

3.6 PPP 계약 관리

3.7 자발적(비입찰식) 제안 프로젝트 처리

본 모듈은 PPP 프로젝트를 개발하고 구현하는 각 단계에 대한 지침을 제공한다. PPP 후보를 식별하는 것부터 프로젝트 생애 주기 동안 계약을 관리하는 것까지 포함된다. *Section 2.3.1 - PPP 프로세스*에서는 전체 PPP 개발 및 구현 프로세스를 소개하며, 이는 *Figure 3.1 - PPP 개발 및 실행 프로세스*에서도 보인다. 이 모듈은 PPP 프로세스의 각 단계를 더 자세히 설명하며, PPP 실무자를 위한 자료, 도구 및 추가 지침에 대한 링크를 제공하고 있다.

정부는 비용 대비 편익이 정당하고 기존 공공 조달보다 더 나은 가성비를 제공하며, 재정적으로 책임질 수 있는 PPP 프로젝트만 개발해야 한다. 그러나 프로젝트가 이러한 기준을 모두 충족하는지 평가하는 것은 프로젝트가 완전히 설계되기 전까지는 어렵고, 입찰이 접수될 때까지는 이러한 결정을 내릴 수 없다. 정부는 프로젝트가 기준을 충족한다고 확신하지 못하면 PPP 개발에 막대한 비용을 지출하고 싶지 않지만, 프로젝트가 개발될 때까지는 기준을 충족하는지 알 수 없다는 딜레마가 발생한다. 성공적인 PPP 프로그램은 개발 단계별로 프로젝트를 보다 엄격하게 심사하는 접근 방식을 통해 이 문제를 해결해야 한다. 프로젝트는 공적 자금이 투입되기 전에 PPP로 개발하기에 적합한 후보여야 한다. 그런 다음 준비 과정은 더 집중적이고 비용이 많이 드는 단계로 연속적으로 나뉘게 된다. 각 새로운 단계가 시작되기 전에 프로젝트는 성공적인 PPP 기준을 충족할 가능성이 있는지 확인해야 한다.

본 모듈에서는 다음과 같이 PPP 개발을 위한 반복 프로세스를 설명한다.

- 프로젝트 식별 및 선별-PPP 개발 및 구현 과정은 일반적으로 우선순위 공공 투자 프로젝트를 식별하는 것으로 시작되며, 이는 일반적으로 공공 투자 계획 및 프로젝트 선정 과정을 통해 이루어진다. 이 과정에서 제안된 공공 투자 프로젝트 중 일부 또는 전부가 PPP로서의 잠재력을 심사 받게 된다.
- 선별 과정을 통과한 후보 프로젝트는 이후 개발 및 평가가 시작된다. 다시 말해, 이는 각 단계를 거치는 과정이며, 따라서 평가와 구조화는 *Figure 3.1 - PPP 개발 및 실행 프로세스*에서 병행하여 나타난다. 평가와 구조화는 개념적으로 다르기 때문에, 참조 가이드에서는 먼저 평가(*Section 3.2 - 잠재적 PPP 프로젝트 평가*)에 대해 논의하고, 그다음에 구조화(*Section 3.3 - PPP 프로젝트 구조화*)에 대해 다룬다. 프로젝트는 일반적으로 구조화된 후 부분적으로 평가되고, 그다음에 더 완전하게 구조화되고 더 완전하게 평가된다. 각국은 이러한 단계를 다르게 나누어 진행하는데, 프로젝트의 결과, 즉 사업 사례는 일반적으로 PPP 거래를 진행하기 위한 승인 근거가 된다.

Figure 3.1 PPP 개발 및 실행 프로세스

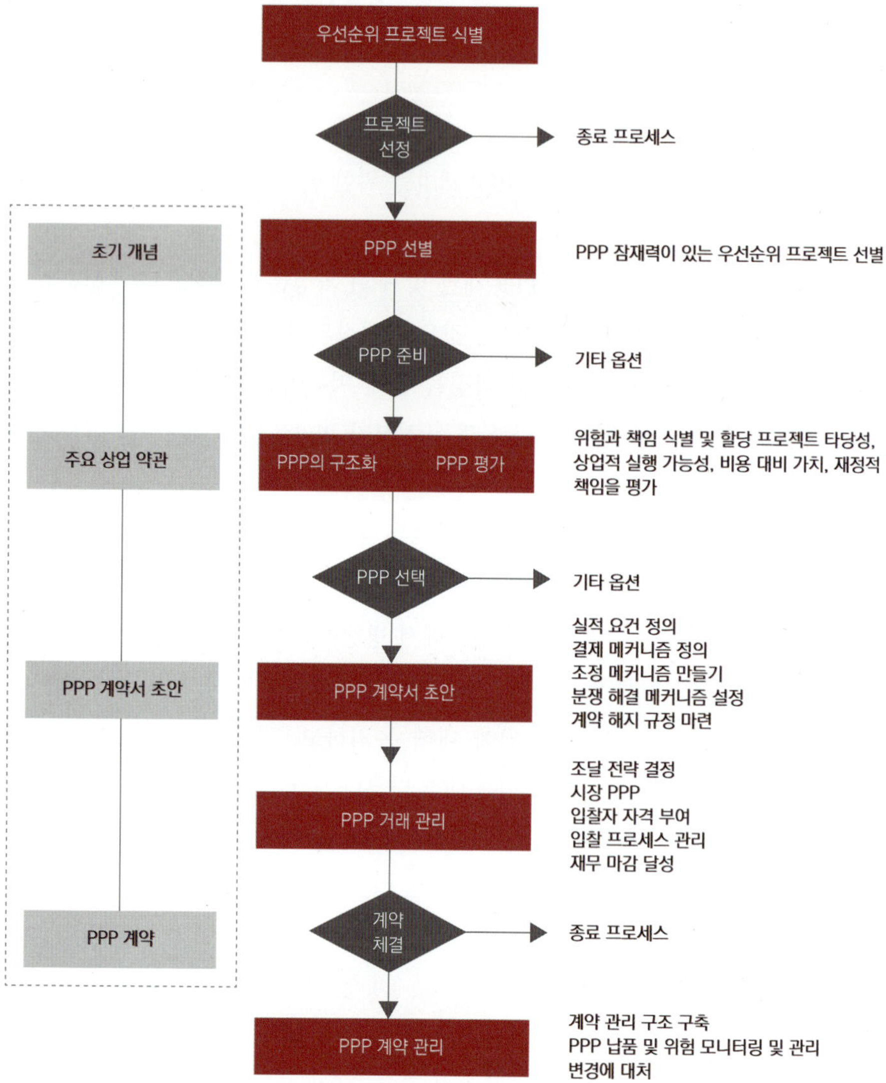

- PPP 거래를 실행하기 전에 PPP 계약 초안을 준비해야 하며, 적절한 법적 언어로 세부 사항을 명시하여 PPP 구조를 더욱 구체화해야 한다. *Section 3.4-PPP 계약 설계*에서는 PPP 계약 설계의 몇 가지 핵심 요소를 설명하고 있다.
- PPP 거래 관리는 복잡한 과정으로 잘 설계되고 잘 실행된 거래 과정은 PPP의 비용 대비 가치를 달성하는 데 있어 핵심적이다. *Section 3.5-PPP 거래 관리*에 설명된 바와 같이, 여기에는 PPP 마케팅, 입찰자의 자격 확인, 제안서 요청 및 평가, 과정 중 입찰자와의 상호 작용, 선정된 입찰자와의 계약 확인 및 마무리 등이 포함된다. 거래가 끝나면 입찰서이 접수되고 계약이 합의된 후, 정부는 PPP 프로젝트의 비용과 위험을 최종적으로 알게 된다. 이 시점에서 여전히 PPP 기준을 여전히 충족하는지 다시 한번 확인할 수 있다.
- 계약이 체결되면 PPP는 *Section 3.6-PPP 계약 관리*에 설명된 대로 계약의 수명 기간 동안 계약을 관리하는 최종적이고 장기적인 단계에 들어가게 된다.
- PPP 프로젝트 아이디어를 발굴하고 개발하는 대안적인 접근 방식으로, 일부 정부는 민간 기업으로부터 자발적인 PPP 프로젝트 제안을 수용한다. 이는 *Section 3.7-자발적(비입찰식) 제안 프로젝트 처리*에서 설명되어 있다.

본 지침 모듈은 완전한 자료는 아니다. PPP 개발은 복잡한 과정이며, 모든 프로젝트에는 고유한 특성이 있다. 공공 관계자는 PPP 프로젝트를 시행할 때 경험이 풍부한 자문가를 고용해야 한다. 인프라 분야의 PPP 자문가 고용을 위한 세계은행 툴킷 **World Bank toolkit for hiring advisors for PPP in infrastructure**(PPIAF 2001)은 자문가를 참여시키고 관리하는 데 대한 광범위한 지침을 제공한다.

PPP 프로젝트 실행에 대한 전반적인 지침

*Module 2-PPP 프레임워크 구축*에서 설명된 바와 같이, 일부 정부 및 다자간 기관(세계은행 포함)은 PPP 실무자들이 PPP 프로젝트를 개발하고 시행하는 데 도움을 주기 위해 상세한 안내 자료, 매뉴얼 및 도구 키트를 개발했다. 여기에는 특정 분야에 대한 자료도 포함되는데 '기타 지침 자료 및 도구 키트'에 대한 PPP 주요 참고 자료 표에는 최고의 PPP 지침 문서가 나열되어 있다. 관련 섹션은 본 참조 가이드에서 설명된 각 PPP 단계에 따라 추가 자료가 포함되어 있다.

3.1

PPP 프로젝트 식별

성공적인 PPP의 첫 번째 단계는 잠재적인 PPP 프로젝트를 식별하는 것이다. PPP는 공공 투자이기 때문에, 대부분의 성공적인 PPP 프로젝트는 *Section 2.3.1 - PPP 프로세스*에서 설명된 바와 같이 더 넓은 공공 투자 계획 과정에서 시작된다. 이 과정에서 우선순위가 있는 공공 투자 프로젝트는 PPP로 시행할 경우 더 나은 가치를 제공할 수 있는 잠재력을 기준으로 선별될 수 있다. 여러 정부는 이러한 선별을 지원하기 위해 도구와 체크리스트를 마련했는데, 인도의 PPP 온라인 도구 키트 **online toolkit for PPPs in India**(IN)는 PPP 프로젝트 선별 과정에 대한 좋은 개요를 제공한다.

*Figure 3.2 - PPP 프로젝트 식별*에서 볼 수 있듯이, 프로젝트 식별 단계의 결과물은 일반적으로 초기 개념과 해당 프로젝트를 PPP로 추진하기 위한 전략적 또는 개략적 비즈니스 사례이다. 많은 국가에서 이 개념은 PPP를 더 발전시키기 전(초기 개념이나 아이디어가 실제로 진행되기 전)에 공식적으로 승인을 받아야 한다.

3.1.1 우선순위 공공 투자 프로젝트 식별

잠재적인 공공-민간 파트너십(PPP)을 식별하는 출발점 또는 전제 조건은 우선적인 공공 투자 프로젝트를 식별하는 것이다. 많은 정부는 공공 투자 계획을 위한 잘 정의된 프로세스와 방법론을 가지고 있는데, 이러한 프로세스는 부문 또는 인프라 전략을 설정하고, 목표를 충족하기 위한 프로젝트 옵션을 평가하며, 상세한 타당성 및 비용-편익 분석을 수행하고, 전체 공공 투자 계획 또는 재정 범위 내에서 프로젝트의 우선순위를 정하는 것까지 포함될 수 있다.

효과적인 공공 투자 계획 및 관리는 PPP 프로젝트의 성공에 있어 중요한 요소이다. 모든 공공 투자 프로젝트와 마찬가지로, PPP는 부문별 요구에 중심이 되는 명확하게 식별된 사회경제적 목표를 다루어야 한다. 특히 PPP 계약의 장기적인 특성은 자산 및 서비스 사양을 장기간 동안 고정시키기 때문에 더욱 그렇다. 공공 투자 관리 기준을 충족하는 잘 구조화된 PPP를 제공하기 위해서는 조달 기술이 필수적이다. 세계은행의 공공 투자 관리 **World Bank webpages on Public Investment Management**(PIM) 웹페이지(WB-PIM)는 이 주제에 대한 풍부한 자료와 사례를 제공한다. Rajaram 외의 PIM에 관한 책 **Rajaram et al's book on PIM**(Rajaram et al. 2014)은 단계별 접근 방식을 제시하며, PPP를 구체적으로 다루고 있다.

Figure 3.2 PPP 프로젝트 식별

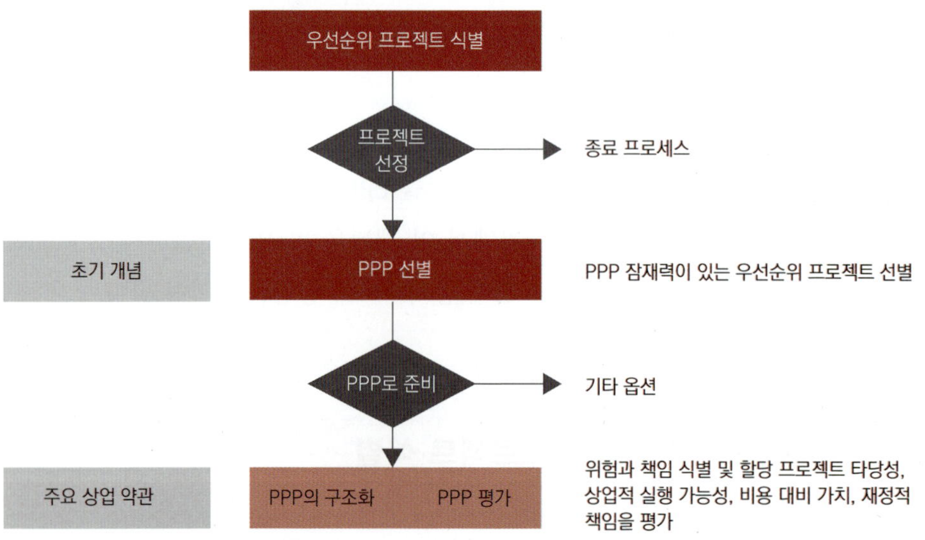

IMF의 인프라 효율성 보고서 **IMF report on infrastructure efficiency**(IMF 2015a)에 따르면 강력한 공공 투자 관리(PIM) 기관을 가진 국가들이 더 예측 가능하고 신뢰할 수 있으며, 효율적이고 생산적인 투자를 한다고 결론지었다. 이 IMF 연구는 투자결과(산출)의 질에 초점을 맞추고 있으며, 투자규모(투입)가 아닌 더 나은 공공 투자 결정이 더 높은 경제 성장을 이끌어 낸다는 것을 시사한다. 이는 PIM 기관을 강화하는 것이 추가적인 필요의 약 3분의 2에 해당하는 투자 증가만큼이나 산출 측면에서 효과적일 수 있음을 의미한다.

Tip PIM(Public Investment Management)의 약자로, 공공 투자 관리 시스템을 의미한다. 정부가 공공 자산에 대한 투자를 계획, 실행 및 평가하는 과정과 관련된 제도와 절차를 포함하는데, PIM의 목표는 공공 자원의 효율적이고 효과적인 사용을 보장하여 경제 성장과 사회적 복지를 증진하는 것으로 강력한 PIM 기관은 투자 결정의 질을 높이고, 자원의 낭비를 줄이며, 결과적으로 더 나은 경제적 성과를 달성하는 데 기여할 수 있다.

일부 경우, PPP 프로젝트 아이디어는 표준 공공 투자 계획 프로세스 이외의 다른 출처에서 발생할 수 있다. 이러한 출처에는 다음이 포함될 수 있다.

- 부문 개혁 프로세스. 성과가 저조한 인프라 부문을 개혁하는 정부는 해당 부문에서 서비스 제공을 개선하기 위해 민간 참여를 도입하는 다양한 옵션 중에서 PPP를 고려할 수 있다. 이는 *Section 1.1.2-PPP가 아닌 것: 기타 민간 참여 유형*에서 설명하고 있다. 아시아개발은행(ADB)의 PPP 핸드북 3장에서는 이러한 맥락에서 잠재적인 PPP가 어떻게 발생할 수 있는지를 설명하고 있다.
- 기업의 자발적 제안. 대부분의 정부는 Section 3.7에 설명된 대로 기업 및 기타 비정부 기관이 정부에서 고려할 수 있는 PPP 프로젝트 아이디어를 제안하도록 장려하는 법적 프레임워크를 제공한다. 이러한 접근 방식은 인프라 문제를 해결하는 방법에 대한 민간 부문의 아이디어를 활용할 수 있는 방법이 될 수 있다.

그러나 PPP가 전형적인 공공 투자 계획 프로세스를 벗어나 개발될 경우, 이러한 아이디어가 광범위한 부문 및 인프라 계획의 우선 사항과 잘 통합되지 않을 위험이 있다. 이러한 프로젝트 아이디어는 제안된 공공 투자 및 PPP와 동일한 분석 및 심사를 거쳐야 한다.

3.1.2 PPP 잠재력 평가

우선순위 공공 투자 또는 부문 개혁 옵션을 식별하는 과정에서, 특정 프로젝트가 민관 파트너십(PPP)으로 구현될 가능성을 평가하는 단계가 필요하다. 이 심사의 목적은 사용 가능한 정보를 바탕으로 해당 프로젝트가 PPP로 실행될 경우 더 나은 가치를 제공할 수 있는지를 식별하는 것이다.

실제로, 각 정부는 PPP 심사를 서로 다른 단계에서 수행하며, 이는 *Box 3.1-공공 투자 계획 과정에서의 PPP 선정*에서 설명되어 있다. 일부 정부는 포괄적인 조달 옵션 분석의 일환으로 모든 프로젝트를 심사할 수 있으며, 이는 Burger and Hawkesworth 2011, 47-50에서 설명된 바와 같다. 다른 국가들에서는 PPP 정책(*Section 2.1.2-PPP 프로그램 범위*)에서 명시된 바와 같이 특정 프로젝트 유형에 대해서만 PPP를 고려할 수 있다. 많은 국가에서 프로젝트를 PPP로 개발하기 위한 초기 추진은 시행 기관의 재량에 맡겨져 있다.

이러한 심사 과정을 지원하기 위해, 많은 정부는 프로젝트를 비교할 수 있는 PPP 잠재력에 대한 기준 또는 체크리스트를 도입하고 있다. *Box 3.2-남아프리카공화국의 PPP 잠재적 선별 요소*는 남아프리카공화국 PPP 매뉴얼 **South Africa PPP Manual**(ZA 2004a)에서 이러한 체크리스트의 예를 제공한다. 유사한 기준은 *Section 3.2.4-PPP의 비용 대비 가치 평가*에서 설명된 바와 같이 보다 상세한 평가에도 사용될 수 있다. 심사 단계에서는 프로젝트가 다음 개발 단계로 진행되기 위해 이러한 기준이 충족될 가능성이 있는지를 확인하는 것이 목적이다.

다음 자원들은 잠재적인 PPP 프로젝트를 심사할 때 고려해야 할 요소에 대한 추가 제안과 지침을 제공한다.

- 인도의 온라인 PPP 툴킷 **India's online PPP toolkit**(IN)에는 사용자가 남아프리카공화국의 Box 3.2에 설명된 것과 동일한 문제를 고려하도록 안내하는 적

합성 필터가 포함되어 있다. 이 필터는 프로젝트에 대한 공공 부문의 지원(프로젝트를 PPP로 구현하기 위한 공공 부문의 역량 평가 포함)을 고려한다. 또한, 사전 타당성 조사에서 얻은 정보를 바탕으로 프로젝트 구현에 대한 잠재적 장벽과 PPP 개발에 필요한 예상 노력 및 자원과 같은 기타 요소도 고려한다. 예를 들어, 표준 계약의 가용성을 평가한다.

- 콜롬비아의 경우, 시행 기관은 PPP 부서인 ANI에 집행 보고서를 제출하여 PPP로 프로젝트를 시행할 수 있도록 승인을 요청해야 한다. 이 보고서의 분석-예를 들어, 사전 타당성 분석은 PPP 매뉴얼(CO 2014, 34-38)에 설명되어 있다.

Box 3.1 공공 투자 계획 과정에서의 PPP 선정

PPP 과정은 보다 광범위한 공공 투자 관리 과정의 한 부분으로 볼 수 있다. 즉, 어떤 시점에서 프로젝트가 잠재적인 PPP로 선정되고, 그 이후에는 PPP에 특화된 과정으로 진행된다. 그러나 이 분기점은 공공 투자 과정의 여러 지점에서 발생할 수 있다. 예를 들어, 다음과 같은 경우가 있다.

- 호주와 네덜란드의 경우처럼 프로젝트가 공공 투자 프로젝트로 승인되고 예산이 책정된 후에야 조달 옵션(PPP 포함)을 평가하는 경우. 이후 프로젝트가 PPP로 시행되면 그에 따라 예산 배분이 조정된다.
- 공공 투자로서 프로젝트 평가 및 승인이 이루어진 후. 칠레에서는 모든 공공 투자 프로젝트가 국가 계획 위원회에 의해 비용-편익 분석을 거쳐야 하며, 공공 투자에 대한 특정 사회적 수익률을 충족해야 한다. PPP 프로젝트도 이 목록에서 선정된다.
- 사전 타당성 또는 전략적 옵션 분석 후. 한국에서는 사전 타당성 분석과 상세한 프로젝트 평가(예: 기술 타당성 조사 또는 비용-편익 분석)를 거쳐 잠재적 PPP가 식별된다. 이러한 과정은 PPP 평가 과정의 일환이다. 남아프리카공화국에서도 유사한 접근 방식이 적용되며, PPP 구현은 잠재적인 공공 투자 프로젝트의 초기 필요 분석 및 옵션 평가의 일부로 진행된다.

잘 정의된 PPP 프로세스는 일반적으로 공공 투자 관리 프로세스를 반영한다. 예를 들어, *Section 2.3.3-기관의 책임: 검토 및 승인*에서 설명된 바와 같이 동일한 기관의 승인을 요구한다.

출처: Irwin & Moktad paper on managing Contingent Liabilities(for Chile and Australia) (Irwin and Mokdad 2010); PPP projects from the Republic of Korea (Kim et al. 2011, 63); South Africa PPP manual (ZA 2004a, Module 4, 1-13)

Box 3.2 남아프리카공화국의 PPP 잠재적 선별 요소

남아프리카공화국 PPP 매뉴얼에는 프로젝트가 PPP로서 가치를 창출할 수 있는지 결정할 때 고려해야 할 요소들을 다음과 같이 나열하고 있다.

- 프로젝트 규모-거래 비용이 정당화될 가능성이 있는가?
  *Section 2.1-PPP 정책*에서는 일부 정부가 PPP 프로젝트에 대한 최소 규모를 설정하는 방법을 설명한다.
- 명확한 사양이 가능한 산출물-제공자가 책임을 질 수 있도록 계약을 작성할 수 있다고 믿을만한 이유가 있는가?
- 위험 이전 기회(및 기타 PPP 가치 창출 요소)-PPP가 전통적인 공공 조달 대안과 비교했을 때 가치를 창출할 것이라는 충분한 이유가 있는가?
  즉, 적절한 위험 분배는 위험을 가장 잘 통제하거나 감당할 수 있는 당사자에게 할당되어야 하며, *Box 1.2-PPP 가치 창출 요소*에 명시된 PPP 가치 창출 요소를 활용해야 한다.
- 시장 능력 및 수요-상업적으로 실행 가능한 프로젝트와 프로젝트에 대한 시장의 관심 수준이 있는가?
  시장 수요를 평가하기 위해 잠재적 투자자와의 초기 시장 조사(initial market sounding)가 필요할 수 있다.

출처: South Africa PPP Manual(ZA 2004a, Module 4, 13)

- 홍콩 정부의 PPP 가이드 **Government of Hong Kong's Guide to PPPs**(HK 2007, 31-32)에는 PPP 후보로 간주되기 위해 초기 심사 단계(또는 1단계 비즈니스 사례)에서 충족해야 하는 기준 목록이 설명되어 있다.
- **Caribbean PPP Toolkit**(Caribbean 2017, Module 3)은 카리브해의 사례를 사용하여 전 세계적으로 관련성이 있는 지침을 제공한다.

유엔 아시아태평양 경제사회위원회 가성비 툴킷 **UNESCAP Qualitative Value-for-Money Toolkit**(UNES-CAP 2017)에는 정부가 우선순위를 정할 때 사용할 수 있는 일련의 기준이 포함되어 있으며 프로젝트의 약점을 파악하는 데 도움이 된다. 부처, 부서 또는 부문 기관은 종종 PPP를 채택하는 데 있어 초기의 생소함이나 주저함을 극복하기 위해 지원이 필요하다. 중앙 PPP 부서가 이 역할을 수행할 수 있으며, 이는 *Section 2.3.4-PPP 전담부서*에서 설명되어 있다. PPP 거래를 개발하고 구현하는 것은 일반적으로 전통적인 공공 투자 프로젝트에 비해 더 비용이 많이 들기 때문에 기관들이 PPP를 식별하는 것을 주저하게 만들 수 있다. PPP 개발을 위한 추가 자금 지원은 이러한 불균형을 해소하는 데 도움이 될 수 있는데 예를 들어, 인도 인프라 프로젝트 개발 기금(IN 2013a)은 회전식 기금으로 설립되었으며, PPP 프로젝트 개발 비용의 최대 75%까지 자금을 지원할 수 있다.

이 선별 과정의 결과는 국가 인프라 프로그램 및 부문 전략 계획의 맥락에서 설정된 PPP 프로젝트의 파이프라인이다. 이 PPP 파이프라인을 공개하는 것은 민간 부문이 PPP에 투자하는 데 관심을 갖도록 만드는 좋은 방법이 될 수 있다. 칠레의 PPP 부서인 공공사업 양허 총무국(Coordinación de Concesiones de Obra Pública)은 그들의 프로젝트 파이프라인에 대한 모든 관련 정보를 웹사이트에 공유한다.

이 심사 과정의 결과는 국가 인프라 프로그램과 부문별 전략 계획의 맥락에서 설정된 PPP 프로젝트의 파이프라인이다. 이 PPP 파이프라인을 공개하는 것은 민간 부문의 PPP 투자에 대한 관심을 높이는 좋은 방법이 될 수 있다. 칠레의 PPP 부서인 공공사업 양허 총무국(Coordinación de Concessiones de Obra Pública)은 웹사이트를 통해 프로젝트 파이프라인에 대한 모든 관련 정보를 공개하고 있다.

Farquharson 외는 PPP 프로그램을 위한 투사 프레임워크를 정의하는 것의 장점을 설명하고 있으며, 여기에는 PPP 파이프라인과 이를 보완하는 기타 계획된 인프라 투자들이 포함된다(Farquharson et al. 2011, 21-22).

3.1.3 초기 PPP 파이프라인 구축

상대적으로 새로운 PPP 프로그램을 가진 국가에서는 프로젝트 선정을 위해 부문 기관에서 생성된 프로젝트 개념을 검토하고, *Section 3.1.2-PPP 잠재력 평가*에서 설명된 접근 방식을 사용하여 PPP 잠재력을 선별하는 과정을 거치는 경우가 많다. 이러한 맥락에서 정부는 어떤 잠재적 PPP 프로젝트를 우선 개발할지 결정할 때 추가적인 기준을 고려할 수 있는데, 이 단계에서는 상대적으로 짧은 시간 내에 프로젝트 성공을 달성하여 PPP 프로그램에서 경험과 모멘텀을 구축하는 것이 우선 과제가 되는 경우가 많다. 이 과정에는 여러 가지 요소가 작용할 수 있는데 예를 들어, 필리핀 PPP 센터는 자국의 PPP 프로그램 파이프라인(즉, PPP 목록)에 있는 프로젝트가 다음과 같은 기준에 따라 선정되었다고 언급하고 있다.

- 프로젝트 준비 상태 및 준비 단계 - 일부 프로젝트는 PPP로 제안되기 전에 다른 프로젝트보다 더 개발된 상태였으며, 이로 인해 남은 프로젝트 개발 비용이 줄어들었다.
- 부문 요구에 대한 대응력 - PPP 프로젝트의 실행 순서는 전략 계획 내 전체 부문 우선순위와 일치해야 한다. 즉, PPP는 혜택이 미미하거나 전략적 우선순위에서 벗어날 수 있는 주변 프로젝트가 아니라 해당 부문 개발의 중심이 되어야 한다.
- 높은 실행 가능성 - 성공 가능성이 높은 PPP 프로젝트를 우선시하며, 민간 부문의 관심을 가장 많이 끌 것으로 예상되고, 지역 또는 지역 시장에서 선례가 있는 프로젝트를 포함해야 한다.

PPIAF(PPIAF 2017)의 신속 지원 프레임워크에는 파이프라인 진단 및 프로젝트 우선순위 결정을 위한 컨설팅 서비스가 포함되어 있다. 카리브해 PPP 툴킷(Caribbean 2017, Module 3, Section 4)은 파이프라인 식별 및 공통과제에 대한 지침을 제시하고 있다.

2011년 Reason Foundation과의 인터뷰(Gilroy 2011)에서 푸에르토리코 PPP 당국의 이사는 당국이 시장에 나갈 준비가 가장 잘 되어 있는 PPP 프로젝트를 우선시했으며, 이러한 프로젝트가 전체 정책 우선 사항(예: 오염된 부지 학교 PPP)과 일치하도록 보장했다고 설명한다.

Key References: 후보 프로젝트 식별

참고 문헌(Reference)	설명(Description)
IN. Accessed March 15, 2017. "PPP Toolkit for Improving PPP Decision-Making Processes." Public-Private Partnerships in India. New Delhi: Government of India, Ministry of Finance.	Module 2: PPP 프로세스 진행, 1단계: 식별에서는 PPP 프로젝트 식별에 대한 광범위한 지침을 제공한다.
CO. 2014. *Manual de Procesos y Procedimientos para la Ejecución de Proyectos de Asociación Público-Privada*. Bogotá: Gobierno de Colombia, Ministerio de Hacienda y Crédito Público.	PPP 프로젝트의 프로세스 및 절차 매뉴얼에서는 시행 기관이 PPP로 프로젝트를 시행할 것을 요청하는 초기 보고서에 포함해야 하는 정보를 34~38페이지에 걸쳐 설명하고 있다.
ZA. 2004a. *Public Private Partnership Manual*. Pretoria: South African Government, National Treasury.	Module 4: PPP 타당성 조사에서는 제안된 프로젝트에 대해 전통적인 공공 조달이 최선의 선택인지 결정하기 위한 타당성 조사 수행의 첫 두 단계인 요구 사항 분석과 옵션 분석에 대해 설명한다.
IN. 2013a. *Scheme and Guidelines for Financial Support to Public Private Partnerships in Infrastructure*. New Delhi: Government of India, Ministry of Finance.	PPP 프로젝트 식별의 장벽을 극복하기 위해 IIPDF를 설립한 이유와 기금의 구조 및 운영 방안에 대해 설명한다.
PE. 2010. *Pautas para la Identificación, formulación y evaluación social de proyectos de inversión pública a nivel de perfil*. Lima: Ministerio de Economia y Finanzas.	Module 2: 공공 투자 프로젝트의 식별, 수립 및 사회적 평가를 위한 가이드라인의 '식별'에서는 투자 수요와 프로젝트를 식별하기 위한 격차 분석 접근법을 설명한다.
ADB. 2008. *Public-Private Partnership Handbook*. Manila: Asian Development Bank.	Chapter 3: PPP의 구조화: 부문 진단 및 부문 로드맵 에서는 가능한 PPP를 식별하는 것이 부문에 대한 전반적인 전략적 검토의 일부가 될 수 있는 방법을 설명한다.
HK. 2008. *An Introductory Guide to Public Private Partnerships*. Hong Kong, China: Efficiency Unit.	Chapter 4: 사업 사례 만들기의 첫 번째 Section 에서는 프로젝트가 PPP로 실행되기 위해 충족해야 하는 기준을 설명한다.

참고 문헌(Reference)	설명(Description)
Farquharson, Edward, Clemencia Torres de Mästle, E. R. Yescombe, and Javier Encinas. 2011. *How to Engage with the Private Sector in Public-Private Partnerships in Emerging Markets*. Washington, DC: World Bank.	21~23페이지의 PPP 투자 프레임워크 개발 섹션에서는 명확한 공공 부문 투자 계획과 함께 PPP 프로젝트 파이프라인 구축의 중요성에 대해 설명한다.
Caribbean. 2017. *Caribbean PPP Toolkit*. Washington, DC: World Bank, Inter-American Development Bank and Caribbean Development Bank.	PPP 프로젝트 파이프라인을 식별하는 방법론과 이 과정에서 발생하는 일반적인 문제에 대해 논의한다.

3.2

잠재적 PPP 프로젝트 평가

잠재적인 PPP 프로젝트의 개발 및 구현이 타당한가를 확인하기 위해 평가 과정을 거쳐야 한다. 제안된 PPP 프로젝트에 대해 정부가 프로젝트를 PPP로 추진할지 여부를 결정할 때 고려해야 할 다섯 가지 주요 기준이 있다.

- 프로젝트의 타당성 및 경제적 실행 가능성(*Section 3.2.1 - 프로젝트 타당성 및 경제성 평가*) - 조달 모델에 관계없이 기본 프로젝트가 타당한지 여부를 확인해야 한다. 먼저, 프로젝트가 국가 개발 및 부문 전략, 정책 우선순위, 부문 및 인프라 계획에 부합하는지를 확인하고, 그런 다음 프로젝트가 기술적으로 실현 가능한지, 해당 기술이 시장에서 쉽게 구할 수 있고 중기적으로 쓸모 없어질 가능성은 없는지를 확인하기 위해 타당성 조사, 프로젝트가 비용 대비 편익이 정당하고 예상되는 편익을 제공하는 데 가장 적은 비용이 드는 접근방식인지 확인하기 위한 경제성 평가가 포함된다. *Section 3.2.2 - 환경과 사회 연구 및 표준*에서 다루는 환경 및 사회문제(E&S) 또한 주의를 기울여야 한다.
- 상업적 실행 가능성(*Section 3.2.3 - 사업 타당성 평가*)-프로젝트가 견고하고 합리적인 재정적 수익을 제공함으로써 전문적인 후원자와 대출 기관을 유치할 가능성이 있는지를 검토한다. 이는 이후 입찰 과정을 통해 확인된다.
- PPP의 비용 대비 가치(*Section 3.2.4 - PPP의 비용 대비 가치 평가*)-제안된 프로젝트를 PPP로 개발하는 것이 다른 옵션과 비교하여 비용 대비 최상의 가치를 달성할 수 있는지 여부. 여기에는 공공 조달(옵션이 될 수 있는 경우) 및 기타 가

능한 PPP 구조와의 비교가 포함된다. 호주와 인도 같은 일부 국가에서는 평가 과정에서 공공 부문 비교 지표의 개발을 의무화하고 있다. 이는 정부가 전통적인 조달 방식으로 자금을 조달할 경우 프로젝트의 전체 생애 비용을 추정하는 방법인데, 이를 통해 제안된 구조가 비용 대비 최상의 가치를 제공하는지 확인할 수 있다.

- 재정적 책임(*Section 3.2.5 - 재정적 평가*)-프로젝트의 전체 수익 요구 사항이 사용자와 공공 기관이 인프라 서비스 비용을 지불할 수 있는 능력 범위 내에 있는지 여부를 확인한다. 이는 프로젝트의 재정적 비용(정기적인 지불과 재정적 위험 측면 모두)을 검토하고, 이러한 비용이 신중한 예산 및 기타 재정적 제약 내에서 수용될 수 있는지 여부를 파악하는 것이 포함된다.

Figure 3.3 PPP 프로젝트 평가

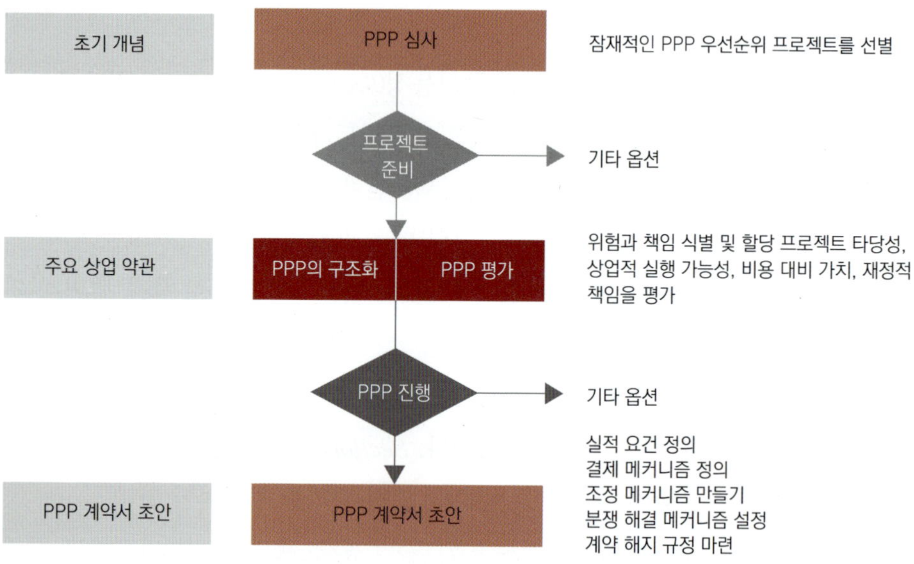

Box 3.3 '5가지 모델' 사례

영국은 Five Case Model이라는 프로젝트 평가 방법론을 개발했다. 이 방법론은 PPP 여부에 관계없이 모든 유형의 프로젝트에 적용될 수 있다. 이는 프로젝트 평가를 위한 포괄적인 프레임워크를 제공하는데 다음과 같이 다섯 가지 서로 다른 시각 또는 사례를 통해 프로젝트를 살펴보는 것으로 구성된다.

- 전략적 사례 – 프로젝트의 범위와 목표를 개괄적으로 설명하고 전반적인 전략 및 정책적 맥락에서 프로젝트의 근거를 제시하며, 요약하면 변화의 당위성을 제시해야 한다.
- 경제적 사례 – 관련 정치, 경제, 사회, 기술, 법률, 환경 요인을 고려하여 다양한 옵션을 고려했음을 보여준다. 비용 – 편익 분석은 어떤 옵션을 선택할지 결정하기 위해 어떤 옵션이 최고의 가치를 제공하는지 결정하기 위해 짧은 옵션 목록을 작성해야 한다. PPP의 경우, 민간 금융을 사용하는 것이 공공 부문에 최고의 비용 대비 가치를 제공한다는 것을 입증해야 한다. 영국에서는 이를 테스트하기 위해 정성적 평가와 정량적 수치 평가를 사용한다.
- 상업적 사례 – 프로젝트가 상업적으로 실행 가능하고 자금 조달이 가능한지, 공급업체 시장이 테스트를 거쳤는지, 계약이 적절한 위험 배분으로 잘 개발되었는지를 입증한다.
- 재정적 사례 – 프로젝트가 합리적인 가격임을 입증하고 계약 기관에서 자금을 조달할 금액, 중앙 정부 자금으로 조달할 금액, 시설 사용자가 지불할 금액을 설명한다.
- 관리 사례 – 프로젝트의 성공적인 수행을 보장하기 위한 모든 준비, 즉 프로젝트에 적절한 인력과 자원으로 구성되어 있고 적절한 거버넌스 구조, 자무, 일정이 마련되어 있어 제때에 예산 내에서 조달될 수 있도록 해야 한다.

이에 대한 지침은 United Kingdom Green Book(UK 2011a)와 Five Case Model methodology(Flanagan and Nicholls 2007)에서 확인할 수 있다.

- 프로젝트 관리(*Section 3.2.6 - 프로젝트 관리 능력 평가*) – 계약 기관이 프로젝트를 준비 및 입찰을 할 수 있는 권한, 역량 및 재정 자원을 갖추고 있는지, 그리고 계약 기간 동안 이를 관리할 수 있는지를 평가한다.

이러한 기준(일부 변형 포함)은 예스콤의 PPP 관련 저서 Chapter 5의 **Yescombe's book on PPPs**(Yescombe 2007) "공공부문 투자 결정", Chapter 4의 **Farquharson et al's book on PPPs**(Farquharson et al. 2011) "PPP 프로젝트 선정", **Caribbean PPP Toolkit**(Caribbean 2017)의 Module 3, **EPEC Guide to Guidance**(EPEC 2011b) Chapter 1 "프로젝트 식별"에 더 자세히 설명되어 있다.

Figure 3.3 - PPP 프로젝트 평가(Appraising PPP Projects)는 프로젝트 평가가 전체 PPP 프로세스에 어떻게 적합하는지를 보여준다. 각 기준에 대한 초기 평가는 일반적으로 프로젝트 식별 및 초기 선별 단계에서 수행되며, 이는 *Section 3.1 - PPP 프로젝트 식별*(Identifying PPP Projects)에서 설명된다. 상세 평가는 일반적으로 PPP 프로젝트 구조 개발과 함께 상세 비즈니스 사례의 일환으로 처음 수행되며, 이는 *Section 3.3 - PPP 프로젝트 구조화*(Structuring PPP Projects)에서 설명된다. 예를 들어, PPP의 가치 평가(value for money)는 위험 분배에 따라 달라지며, 이는 PPP 구조화의 중요한 부분이다.

PPP 평가는 일반적으로 후속 단계에서 다시 검토된다. 최종 비용, 재정적 여유 및 가치 평가(value for money)는 조달이 완료된 후 에야 알 수 있으며, 이때 정부는 계약 체결에 대한 최종 결정을 내려야 한다. 많은 정부는 이 단계에서 추가 평가 및 승인을 요구한다.

3.2.1 프로젝트 타당성 및 경제성 평가

PPP 방식으로 프로젝트를 시행하는 것은 프로젝트 자체가 타당할 때만 의미가 있다. 따라서 대부분의 정부는 제안된 PPP 프로젝트를 다른 주요 공공 투자 프로젝트와 동일한 기술적 및 경제적 평가를 받도록 하는데, 본 평가에는 일반적으로 두 가지 주요 요소가 포함된다.

- 프로젝트 콘셉트 개발 및 타당성 평가
- 경제적 타당성 분석을 기반으로 프로젝트가 좋은 공공 투자 결정인지 평가하기

본 평가는 *Section 3.1 - PPP 프로젝트 식별*에서 설명된 대로 프로젝트를 PPP로 고려하기 전에 이루어질 수 있고, 다른 경우에는 PPP 평가 프로세스의 일환으로 수행될 수도 있다. PPP의 프로젝트 타당성 및 경제적 생존 가능성 분석은 다른 주요 공공 투자 프로젝트와 마찬가지로 철저해야 한다. 본 섹션에서는 잠재적인 PPP 프로젝트에 적용되는 이러한 분석을 설명하며, 일반적으로 다루어지는 주요 문제를

강조하고 정부의 기존 지침 자료를 보완할 수 있는 다양한 출처를 제공한다.

프로젝트 정의 및 타당성 확인

프로젝트는 평가되기 전에 명확하게 정의되어야 한다. 프로젝트 정의에는 건설될 물리적 시설의 설명, 사용될 기술, 제공될 산출물, 최종 사용자 식별이 포함된다. 자본, 운영 및 유지 관리 비용은 프로젝트의 수명 동안 추정되어야 하며, 예상되는 수익도 포함되어야 한다. 이 정의는 PPP로 제공되거나 전통적인 공공 자금으로 지원되는 프로젝트 모두에 적용될 수 있을 만큼 충분히 포괄적이어야 한다. PPP 계약은 산출물에 초점을 맞추고 사용될 기술, 입력 및 프로세스를 구체적으로 명시하지 않아야 한다. 이는 민간 운영자의 책임이다. 그러나 초기 비용 평가를 위해서는 일부 기술적 정의가 여전히 필요하다.

그런 다음 프로젝트의 타당성을 여러 차원에서 테스트할 수 있다.

- 기술적 실현 가능성 - 프로젝트가 불합리한 기술적 위험 없이 검증된 기술을 사용하여 계획대로 실행될 수 있는가?
- 법적 타당성 - 프로젝트에 대한 법적 장벽은 없는가? PPP의 경우, 여기에는 정부가 PPP 계약을 체결하는 데 방해가 되는 법적 제약을 파악하기 위한 실사가 포함된다.
- 환경 및 사회지속가능성 - 최소한 프로젝트가 국가 환경 및 계획 기준을 준수하는가? 경우에 따라서는 적도 원칙(세계은행 그룹 표준에 기반한 프로젝트 금융 거래의 환경 및 사회적 위험 관리에 관한 일련의 기준)을 준수하는 등 더 높은 기준을 설정할 수도 있다(Engel et al. 2009). 이에 대해서는 *Section 3.2.2 - 환경과 사회 연구 및 표준*에서 더 자세히 설명한다.

이러한 질문에 답하기 위해서는 전문가와 함께 기술 타당성 조사, 법적 실사, 환경 및 사회적 영향 평가 등 여러 세부 연구를 수행해야 하는데 자세한 지침은 칠레(CL 2010b), 독일(DE 1998), 페루(PE Pasivos), 필리핀(PH 2010), 영국(UK 2011a) 정부가 발간한 공공 부문 투자 프로젝트 타당성 조사 수행을 위한 세부 매뉴얼을 참조한다. 카리브해 PPP 툴킷 **Caribbean PPP Toolkit**(Caribbean 2017, Modules 3 & 4)은 법적 및 기술적 주제에 대한 체크리스트를 포함하여 타당성 조사 수행에 대한 지침 또한 제공한다.

옵션 작성 및 평가

프로젝트에서 가치를 창출하기 위해서는 다양한 제공 옵션을 식별하고 평가해야 한다. 다양한 옵션을 설정하는 것이 어려울 수 있다는 점을 감안하여, 영국 그린북 **United Kingdom Green Book**(UK 2011a)은 다음과 같은 조치를 제안한다.

- 기존 보고서를 조사하고 실무자 및 전문가와 폭넓게 협의하여 프로젝트의 목표 및 범위와 관련된 일련의 데이터와 정보를 수집한다.
- 데이터를 분석하여 중요한 종속성, 우선순위, 인센티브 및 기타 동인을 파악한다.
- 조사를 통해 적절한 경우 해외 사례를 포함한 모범 사례 솔루션을 파악한다.
- 목표에 영향을 미칠 수 있는 모든 문제를 고려한다.
- 정책 목표를 달성하기 위해 사용할 수 있는 모든 정책 수단이나 프로젝트의 전체 범위를 식별한다. 이는 다양한 종류나 규모의 개입을 포함할 수 있다. 규제(또는 규제 완화) 솔루션은 자율 규제와 비교될 수 있으며, 다양한 자금 조달 및 재정 솔루션뿐만 아니라 여러 세금 옵션도 고려될 수 있다.
- 급진적인 옵션을 개발하고 고려한다. 이러한 옵션은 공식적인 평가의 일부가 될 수는 없지만 실현 가능한 솔루션의 매개변수를 테스트하는 데 도움이 될 수 있다. 브레인스토밍 세션을 잘 운영하면 이러한 다양한 아이디어를 도출하는데 도움이 될 수 있다.

동일한 그린북(UK 2011a)에서는 전략 및 운영 옵션의 예를 제공한다. 여기에는 다음이 포함된다.

- 시간과 규모의 변동
- 임대, 건설 또는 구매옵션

- 기존 시설 개조 또는 신규 시설 임대 및 구매
- 위치 또는 부지 변경
- 다른 기관과 공동으로 시설을 사용하거나 공유하기
- 자본지출과 운영지출의 조합을 변경하기(재정전략의 조정)
- 아웃소싱과 서비스 제공 간의 균형 조정하기
- 품질 목표 조정하기

프로젝트 경제적 타당성 평가

많은 정부는 제안된 프로젝트가 공공 자원의 좋은 사용인지 결정하기 위해 경제적 타당성 분석(사회경제적 타당성 분석이라고도 함)을 수행한다. 프로젝트가 경제적으로 타당하다는 것은 사회 전체를 대상으로 분석했을 때 프로젝트의 경제적 이익이 경제적 비용을 초과하는 경우를 의미한다.

프로젝트의 경제적 비용은 재정적 비용과 동일하지 않으며, 외부 효과와 환경적 영향을 고려해야 한다. 외부 효과(긍정적이든 부정적이든)는 프로젝트 범위에 반드시 포함되지 않는 사람들에게 영향을 미치는 경제적 영향이다. 경제적 편익은 프로젝트가 사회 전체에 제공할 가치를 측정하는 척도이다. 프로젝트가 창출할 수익은 일반적으로 경제적 이익의 하한선을 추정하는 것이지만, 편익은 수익보다 훨씬 더 높을 수 있다. 예를 들어, 개선된 교통으로 인해 운전자가 경험하는 이익은 고속도로에서 지불하는 통행료를 훨씬 초과할 수 있다. 더 빠른 연결, 차량 유지비 절감, 낮은 사고율 등이 중요한 요소가 될 수 있다. 또한, 프로젝트는 해당 지역의 경제 활동과 주민들의 삶의 질을 향상시킬 수 있다. 마찬가지로, 고등학교 교육의 가치는 학비가 부과되지 않더라도 그 학교에 다니는 아이들의 삶과 전망이 향상되는 것으로 측정되어야 한다. 경제적 타당성 분석은 또한 프로젝트가 확인된 혜택을 달성하는 데 가장 비용이 적게 드는 대안인지 여부를 판단하기 위해 비용 효율성 분석을 포함할 수 있다.

프로젝트 평가 및 경제적 비용-편익 분석에 관한 다양한 문헌과 안내 자료가 많이 있다. 본 섹션의 주요 참고 문헌은 정부의 안내 자료, 국제 기관의 자원, 그리고 교과서의 예시를 포함한 선택된 자료를 제공한다. 영국의 평가에 관한 그린북

(UK 2011a)은 평가의 주요 목적이 두 가지 주요 질문에 답하지 않고는 어떤 프로젝트, 프로그램, 또는 정책도 채택되지 않도록 보장하는 것이라고 명시하고 있다: 이 목표를 달성할 더 나은 방법이 있는가? 이러한 자원을 더 잘 활용할 방법이 있는가?

PPP 신청

많은 국가는 PPP 프로젝트가 타당성 및 경제성 기준을 충족하도록 요구한다.

- 필리핀의 경우, 모든 주요 인프라 프로젝트는 참조 매뉴얼(NEDA 2005a)에 자세히 설명된 대로 타당성 및 실행 가능성 평가 프로세스를 거쳐야 한다. PPP 프로젝트에도 동일한 절차가 필요하다.
- 칠레의 경우, 2010년 양허법에 따르면 잠재적 PPP 프로젝트의 사회적 영향 평가는 기획부의 승인을 받아야 하며 또한 양허위원회는 PPP 프로젝트로 실행을 허용하기 전에 이 문서를 검토해야 한다.
- 인도네시아에서는 국영 인도네시아 인프라 보증 기금에서 발행한 가이드라인에 PPP 투자자에 대한 보증 발급의 기회비용을 평가하는 기준이 명시되어 있다. 이 기준에는 기술적 타당성, 경제적 실행 가능성, 환경 및 사회적 바람직성 등이 포함된다.

낙관 편향은 모든 인프라 프로젝트, 특히 PPP와 관련된 시스템적 문제다(*Section 1.2.2-부실한 계획 및 프로젝트 선정* 참조). 이는 평가 시점에서 다루어져야 하며, 종종 프로젝트 재협상의 원인이 된다. 또한, 지나치게 낙관적인 수요 조사로 인해 정부가 궁극적으로 비용보다 이익이 더 많이 발생하는 프로젝트를 승인할 수 있다. 영국 재무부는 낙관 편향을 극복하기 위한 안내 자료 **United Kingdom Treasury has published guidance material**(UK 2013)를 발표했다.

실행 기관은 프로젝트 타당성을 평가하는 작업이 PPP 평가의 나머지 부분을 위한 기초를 마련한다는 점을 염두에 두어야 한다. 프로젝트 정의는 PPP 재무 모델 및 상업적, 재정적 타당성 분석을 개발하는 기초를 제공하며, 정량적 가치 분석의 기초도 된다. 기술적 타당성, 환경적 지속 가능성 및 사회적 지속 가능성에 대한 평가는 위험 분석의 기초를 제공할 것이다. 경제적 타당성 평가를 위해 개발된 비용 및 수요 추정치는 재무 모델링 및 PPP 가치 분석에 대한 초기 입력을 제공한다.

이해관계자 참여는 프로젝트 주기에서 가능한 한 빨리 시작해야 한다. IFC 이해관계자 핸드북 **IFC stakeholder handbook**(IFC 2007, 4)은 많은 민간 운영자들이 프로젝트의 사전 타당성 단계에서 상담 과정을 시작한다고 명시하고 있다. IFC의 핸드북은 프로젝트 개념 단계에서 상담을 시작할 것을 권장한다.

조기 참여는 긍정적인 측면과 부정적인 측면 모두를 가지고 있다. 이는 정부가 프로젝트를 긍정적으로 소개하고, 개발의 근거를 공개적으로 제시하며, 프로젝트를 홍보하는 것과 기대를 관리하는 것 사이의 균형을 맞출 수 있게 해준다. 모든 프로젝트는 잠재적인 이점을 가지고 있지만 불확실성도 존재한다. 조기 참여는 이해관계자들에게 그들의 필요와 의견이 고려되고 있다는 신호를 보내기도 한다(IFC 2007, 4-5). 초기 단계에서 긍정적인 관계를 구축하면 사회적 자본이 형성되고, 문제가 발생할 경우 이해관계자들과의 신뢰 기반이 마련된다.

조기 참여의 부정적인 측면은 잘못된 정보가 퍼질 위험과 관련이 있다. 프로젝트에 내한 공개가 시작되면 잘못된 정보와 루머가 퍼질 수 있는 창이 열리게 된다. IFC 이해관계자 참여 핸드북 **IFC stakeholder engagement handbook**(IFC 2007, 111-113)에서 설명된 바와 같이, 프로젝트 주기 초기 단계에서는 이러한 루머에 대응할 수 있는 능력이 제한적이다. 많은 세부 사항이 평가 단계의 끝에 가서야 명확해지기 때문이다. 따라서 구체적인 세부 사항이 없는 상황에서는 이해관계자들을 안심시키거나 질문에 답하기 어려울 수 있다. 정보 부족은 이해관계자들을 추측하게 만들고, 확인되지 않은 사실이나 잘못된 가정에 기반하여 프로젝트를 조기에 비난받게 만들 수 있다. 따라서 초기 상담을 위한 이해관계자는 전략적으로 선택해야 한다. 프로젝트 개념 단계에서 목표 이해관계자와의 제한된 상담을 통해 중요한 의견을 받을 수 있지만, 프로젝트가 승인되기 전에 불필요하고 잠재적으로 유해한 잘못된 정보가 퍼지는 것을 피하기 위해 주의가 필요하다. 초기 상담 이후에는 프로젝트의 구체적인 사항이 알려질 때 더 넓은 범위의 이해관계자를 식별하고 상담할 수 있다. *Box 2.11 - 델리 상수도 프로젝트*는 잘못된 정보가 통제되지 않았을 때의 결과를 보여주는 사례다.

탄탄한 프로젝트 배경이야기를 마련하면 이러한 잘못된 정보에 대응하는 데 도움이 될 수 있다. 이야기를 구성하는 데 유용한 몇 가지 단계는 다음과 같다.

- 현재 인구가 직면한 문제를 파악한다.
- 해당 문제가 영향을 받는 사람들의 삶에 미치는 영향을 설명한다.
- 정부가 문제를 어떻게 해결하고 있는지 설명한다.
- 정부가 PPP를 통해 문제를 해결하기로 선택한 이유를 설명한다.

이해관계자 협의에 관한 유럽위원회 지침 **European Commission guidelines on stakeholder consultation**(EC 2015)에 따르면 이 협의 절차에 최대 12주가 소요된다. 이 기간은 프로젝트의 규모와 범위에 따라 달라질 수 있으며, 주요 프로젝트의 경우에만 12주 협의 기간이 필요하다.

프로젝트 실행 가능성을 평가하기 위한 이해관계자 참여

이해관계자 참여는 프로젝트의 실행 가능성을 평가하고 위험을 식별하는 데 유용한 도구이다. *Section 2.5.1 - 이해관계자 소통 및 참여*에서는 프로세스를 자세히 설명한다.

기후 변화 관련 및 자연재해 위험 평가

정책 입안자와 프로젝트 개발자들이 기후 변화가 초래하는 위험에 대한 이해를 점차 높여감에 따라, 실무자들은 민간 투자자의 계약 의무와 적절한 계약 관리 구조를 설계할 수 있어야 한다. 생애 주기 접근법은 PPP 과정에 참여하는 모든 이해관계자에게 인센티브를 창출하고 투자에 대한 위험을 최소화할 수 있는 길을 열어준다. 유럽연합 집행위원회의 연구인 프로젝트 관리자 가이드라인 **European Commission study: Guidelines for Project Managers**(CLIMATE-ADAPT 2012, 17-53)는 자산 생애 주기에 기후 회복력을 통합하기 위한 가이드라인을 제시한다.

축소된 모델은 거시 정보를 사용하여 지역 수준의 기후 결과를 예측한다. 축소된 모델에 대한 기후 및 재해 위험 데이터는 점점 더 견고해지고 있지만, 이러한 위험과 그로 인한 영향에 대한 불확실성의 범위는 여전히 도전 과제가 되고 있다. 좋은 실천은 프로젝트 실행 단계에만 집중하는 대신, 위험 할당 지표와 전체 자산 수명 비용 최적화 접근 방식에 복원력 개념을 통합하는 것이다.

조달 전문가는 경쟁 환경 내에서 기후 완화 및 적응을 촉진하기 위해 PPP 조달에서 혁신을 유도하는 인센티브 구조를 개발해야 한다. 예를 들어, 자산 생애 비용 접근 방식을 사용하여 복원력에 대한 평가 기준을 입찰 문서에 도입할 수 있다. 입찰자들은 자신의 제안이 위험에 대한 복원력을 어떻게 다루는지를 보여주도록 요청받을 수 있으며, 이 과정에서 비용과 이점 모두를 강조하고, 위험 자체의 변화에 직면했을 때 프로젝트를 어떻게 관리할 것인지에 대해 설명해야 한다.

재난이 새로운 개발 프로젝트에 미치는 영향을 비전문가들이 고려할 수 있도록 돕는 두 가지 주요 자원은 다음과 같다.

- 기후 변화 지식 포털 **Climate Change Knowledge Portal**(WB - Climate)
- 세계은행 및 기타 파트너들이 개발한 웹 기반 도구 **Think Hazard**(GFDRR)

조달 당국이 이용할 수 있는 기타 혁신적인 기술 지원은 다음과 같다.

- 불확실성하에서의 의사 결정을 위한 사회 **Society for Decision Making under Deep Uncertainty**(**DMDU**)(깊은 불확실성)는 불확실성하에서 장기 투자와 관련된 주요 측면에 대한 학습과 대화를 지원하는 대화형 플랫폼이다.
- 불확실한 세계에서 정보에 기반한 투자 결정 내리기: 간단한 시연 **Making Informed Investment Decisions in an Uncertain World: A Short Demonstration** (Bonzanigo and Kalra, 2014)은 분석가들이 투자 결정에서 불확실성을 더 잘 관리할 수 있도록 동기를 부여하고 준비시키는 것을 목표로 한다.
- 세계은행의 연구: 물 부문에서의 강력한 의사결정 **World Bank study: Robust decision-making in the water sector**(Kalra et al. 2015)는 페루 리마의 수도 서비스 제공업체인 SEDAPAL이 심각한 불확실성하에서 의사 결정을 위한 최첨단 방법을 활용하여 장기적인 물 신뢰성을 보장하기 위한 현명한 투자

를 하는 데 도움을 주었다.

- 세계은행 간행물 **World Bank Publication**(WB 2016d)은 남아시아에서 기후 회복력 있는 수력 발전을 조달하는 데 사용되는 의사 결정 트리(의사 결정 과정을 시각적으로 표현한 도구)를 간략하게 설명한다.

3.2.2 환경과 사회 연구 및 표준

인프라 프로젝트를 계획할 때 환경에 대한 잠재적 피해와 인구에 미치는 영향은 중요한 문제이다. 프로젝트의 예상 이익이 잠재적인 환경 및 사회(E&S) 영향보다 큰지 여부를 판단하는 비용-편익 분석 외에도, 프로젝트의 성공 여부는 기술적 및 재정적 측면을 관리하는 것 외에도 E&S 위험과 영향을 효과적으로 관리하는 데 달려 있다는 인식이 점점 더 커지고 있다.

다자개발은행과 국제금융기관뿐만 아니라 상업은행과 사모펀드가 자금조달의 주체가 되는 경우에도 투자 결정에 E&S 리스크 및 영향관리에 대한 평가가 점점 더 많이 포함되고 있다. 또한 많은 개발도상국에서 국제 기업들은 국내법과 다자개발은행에서 개발한 국제 E&S 표준을 모두 준수해야 하는데, 이 표준은 국내법보다 더 엄격할 때도 있다.

E&S 위험 관리의 핵심 요소는 완화 계층 구조로, 여기서 영향의 회피와 최소화에 우선순위를 둔다. 잔여 위험이나 영향이 남아 있는 경우, 이주한 사람들과 영향을 받은 지역 사회를 지원하거나 환경에 대한 위험을 완화하기 위해 보상이나 상쇄가 제공된다. E&S 연구는 이러한 위험과 영향을 완화하는 방법과 영향을 받는 사람들에게 어떻게 보상할지를 결정하는 데 필요하다. 예를 들어, PPP 프로젝트의 제안된 건설 현장에 거주하는 사람들이 이주해야 하는 경우, E&S 연구는 이주를 최소화할 방법을 고려하고 이주한 사람들에게 공정하게 보상하기 위한 구체적인 조치를 제안해야 한다.

보상이 필요한 경우가 이주한 사람들의 경우처럼 명확하지 않은 경우도 있다. 예를 들어, 새로운 다리를 건설하는 것은 승객들에게 이익이 될 수 있지만, 동시에 페리 운영자가 독점 요금을 징수하지 못할 수도 있다. 독점적 지위를 상실한다고 해서 반드시 보상이 필요한 것은 아니다. 만약 페리 직원들의 생계가 크게 영향을 받는다면, 사회적 영향을 줄이기 위해 기술 훈련 및 구직 지원과 같은 해결책을 제공하거나, 가장 취약한 계층에 불균형적으로 영향을 미치지 않도록 할 수 있다.

E&S 연구는 프로젝트의 전체 생애 주기를 다루어야 하며, 여기에는 설계, 건설, 운영 및 해체가 포함된다. 평가는 부문별 및 국가 정책, 법률 및 규정, 거버넌스 프레임워크, 환경적 역량을 고려해야 한다. 이러한 연구는 프로젝트 준비 단계에서 조기에 수행되어야 하며, 그 결과가 의사 결정 과정에 반영될 수 있도록 해야 한다. PPP 맥락에서는 E&S 위험을 평가하고 PPP 준비 및 조달 과정에서 완화책을 개발하는 것으로 해석된다.

PPP 프로젝트를 구성할 때 E&S 위험 관리 단계를 도입하면 프로젝트의 품질을 개선하고, 정치적, 사회적, 환경적 지속 가능성을 달성하고, 분쟁을 예방하고, 지연을 방지할 수 있다. 프로젝트의 영향을 받는(또는 영향을 받는 것으로 인식되는) 이해관계자가 적절히 참여하고 프로젝트 설계에 완화 전략을 통합할 수 있는 단계에서 위험과 영향을 인식하면 PPP 일정에 미치는 영향과 관련 비용의 영향을 피할 수 있다. 그 예는 다음과 같다.

- **마닐라 경전철**, 필리핀, 2014. 마닐라에서 가장 인구 밀도가 높은 지역에 12킬로미터 길이의 철도 운송 및 부대시설을 설계, 건설 및 운영하고 기존 노선을 운영하면서 토지 소유권이 없는 1,000여 가구와 상당수의 소규모 기업이 이주해야 했다. IFC는 관련 국내법과 IFC E&S 성과 표준 5(PS5) 사이의 격차를 파악하고, 이러한 격차를 해소하는 데 드는 비용을 추정하며, 관련 위험 배분에 대한 수정안을 제시하기 위해 분석을 의뢰했다(WB 2015b).
- **2016년 티바르 만에 새로 건설된 항구**는 생물 다양성이 풍부한 지역에 위치한 그린필드 컨테이너 항구로, 보호종 맹그로브와 산호 서식지를 포함하고 있다. 초기 E&S 연구 결과, 선택된 항구 내에서 부지 위치가 변경되었다. 양허자는 맹그로브와 산호에 미치는 영향을 보상하기 위해 생물 다양성 상쇄 프로그램을 수립하고 있으며, 공공 당국과 협력하고 있다. 운영사는 제3자 모니터링을 통해 건설 및 운영 활동에 IFC E&S 성과 표준(PS)을 적용할 것이다(TL 2016).

환경 및 사회적 평가

국가들은 PPP 프로젝트 주기의 여러 단계에서 환경 및 사회 평가를 위한 자체 프레임워크를 만드는 데서 이점을 발견했다. 이러한 프레임워크에는 다음 조항이 포함된다.

- 부정적인 프로젝트 영향을 완화하고 사회 복지를 최적화하기 위해 PPP 프로젝트를 선택할 때 E&S 영향을 평가한다.
- 환경 및 사회적 영향에 관한 정부의 우려 사항과 솔루션을 전달하고 유용한 피드백과 제안을 받기 위해 프로젝트 준비 과정에서 이해 관계자와 협력한다. *Section 2.5.1-이해관계자 소통 및 참여*에서는 이해관계자 참여에 대해 논의한다.
- PPP에 포함될 특정 E&S 표준 정의
- 계약 기간(설계, 시공, 운영) 동안 E&S 이슈 모니터링

여러 국가에서는 프로젝트 입찰 전에 환경 및 사회(E&S) 완화 요구 사항을 정의하는 것이 효과적이라는 것을 발견했다. 이러한 접근 방식은 입찰자들이 이러한 조치의 비용을 입찰서에 반영할 수 있도록 하는 데 좋은 관행은 입찰 공고 문서에 E&S 제약 조건을 포함시키는 것으로, 이를 통해 입찰자와 양허자가 이러한 제약 조건을 충족하는 조건하에 자신의 위험을 감수하며 프로젝트를 설계하고 실행할 수 있도록 한다.

이러한 접근 방식은 IFC가 정부에 PPP 프로젝트 구조화에 대한 조언을 제공할 때 따르는 방식으로 평가 단계에서 E&S 실사를 수행한다.

- 프로젝트의 주요 E&S 리스크 및 영향을 평가한다.
- 관련 국내 법규와 국제 E&S 표준 간의 차이점을 파악한다.
- 가능한 완화 조치 및 이와 관련된 높은 수준의 비용에 대한 초기 지표를 제공한다.
- 각 조치에 대해 어떤 당사자가 실행에 가장 적합한지 평가한다.

- 주요 이해관계자 그룹 구성 및 참여 계획을 설계한다.
- 책임 당사자가 수행해야 할 환경 및 사회 영향 평가 또는 재정착 실행 계획과 같은 추가적이고 상세한 E&S 연구를 위한 조건(ToR)을 개발한다(일반적으로 책임 당사자가 식별된 위험과 영향을 적절히 처리할 수 있도록 입찰 문서에 포함).

E&S 실사를 통해 정부 관계자, 입찰자 및 기타 이해관계자는 PPP 프로젝트에 영향을 미치는 주요 E&S 문제를 이해할 수 있다. 또한 국가 법률 및 국제 E&S 표준에 따라 프로젝트를 개발할 수 있도록 지원한다.

E&S 실사 결과는 기술 타당성 평가 및 상업성 평가와 같은 PPP 프로젝트 평가 단계의 특정 단계에도 반영되며, 여기에는 확인된 완화 조치의 비용 추정이 포함되어야 한다. 또한 PPP 구조화 중 위험 배분(*Section 3.3 - PPP 프로젝트 구조화* 참조) 및 계약 초안의 E&S 관련 조항을 알려준다.

E&S 연구는 계약 체결 전에 PPP 사업자가 이행해야 할 완화 조치와 발주처가 이행해야 할 완화 조치를 구분해야 하는데 예를 들어, 이해관계자 참여(*Section 2.5.1 - 이해관계자 소통 및 참여* 참조)는 종종 PPP 준비 단계에서 계약 당국이 시작한 후 민간 파트너가 인수해야 한다.

이러한 접근 방식의 좋은 예는 유럽 환경영향평가 **European Environmental Impact Assessment**(EIA) 제도의 심사(EC 2001c), 범위 설정(EC 2001b) 및 검토(EC 2001a)에 대한 지침서에서 찾을 수 있다. 이 지침은 정부가 프로젝트 시행되기 전에 환경 당국에 EIA를 제출하도록 요구한다. 평가에 따라 환경 당국은 프로젝트에 영향을 미치는 제약 조건을 명시한 환경 허가증을 발급한다. 두 번째 단계에서는 제약사항을 어떻게 완화할 것인지 설명하는 보다 상세한 프로젝트 설계가 승인을 위해 제출된다. 이 과정은 정부가 입찰 전에 한계를 설정할 수 있게 하고, 잠재적인 수탁자가 상세한 프로젝트를 제시할 수 있게 한다.

환경 및 사회적 기준의 효과적인 사용

환경 및 사회(E&S) 기준을 PPP 프로젝트 계약 초안에 포함시키는 것이 좋다. 특정 기준은 국가 법률이나 국제 금융 기관 및 주요 상업 은행(예: 적도 원칙의 서명자)에 의해 자금 조달 조건으로 요구될 수 있다. 계약 당국은 서비스 제공자가 이러한 기준을 준수하는지를 모니터링하는 방법을 상세히 설명해야 하는데, 이러한 기준을 충족하지 못할 경우의 결과도 설정해야 한다. 프로젝트 계약 초안의 E&S 관련 조항에는 E&S 완화의 설계 및 실행에 대한 책임 분담을 반영해야 한다. 프로젝트의 E&S 위험 수준과 완화 조치의 설계 및 실행과 관련된 복잡성에 따라, (사전) 자격 기준은 E&S 관련 기준을 도입함으로써 이점을 얻을 수 있다.

대규모 프로젝트의 경우, 계약 당사자는 PPP 계약에서 서비스 제공자가 환경을 훼손하지 않도록 하는 계약 조항을 추가하여 국가 환경 보호 프레임워크를 보완할 수 있다.

IFC는 8개의 성과 기준(PS)으로 구성된 위험 관리 방법론(IFC 2012)을 개발하였다. IFC의 자금 지원을 받는 프로젝트는 이러한 기준을 준수해야 하는데 2012년 이후, IFC가 자문 의무를 가진 모든 PPP 프로젝트는 성과 기준에 따라 심사되며, 기준과의 차이가 발견될 경우 이를 조정하기 위한 권고 사항이 제시된다. IFC의 성과 기준은 프로젝트 자금 조달에서 환경 및 사회(E&S) 위험을 결정하고 평가하며 관리하기 위한 글로벌 기준으로 자리 잡고 있다. 35개국의 84개 민간 금융 기관이 IFC의 성과 기준을 기반으로 한 10개의 적도 원칙 **ten Equator Principles**(EP 2017)을 채택하였다. 적도 원칙은 환경 문제 관리를 위한 산업 표준을 수립하기 위한 움직임으로 받아들여지고 있다.

요약하자면, 환경 및 사회적(E&S) 위험에 대한 적절한 평가와 완화는 프로젝트의 인식된 가치에 상당한 영향을 미칠 가능성이 있으며, 성공 확률을 높일 수 있다. 여러 이해관계자 카테고리에 대한 가치는 아래에 강조되어 있다.

- 직접적으로 영향을 받는 지역 사회는 프로젝트의 환경 및 안전 위험을 분석하여 제안된 완화 조치를 제시하면 프로젝트를 더 긍정적으로 인식하게 된다.
- 적도 원칙 협회(EP 2017)의 회원인 기부자와 상업 은행은 국제 E&S 표준을 준수하지 않는 프로젝트를 배제할 것이다. 이 방법론을 통해 프로젝트의 지속가능성을 강화하여 프로젝트의 자금 조달 가능성이 향상될 것이다.
- E&S 문제로 인한 평판 리스크를 우려하는 입찰자, 특히 국제 입찰자는 예비 E&S 평가를 통해 안심할 수 있으며 제안 시 고려해야 할 불확실성을 줄일 수 있다.

- 정부는 입찰자에게 E&S 문제 관리를 위한 모범 사례를 채택하도록 요구함으로써 공공의 이익을 보호할 수 있다. 이러한 접근 방식은 국내 및 국제 입찰자 모두의 경쟁을 평준화하고 모든 이해관계자를 위해 E&S 표준이 향상되도록 보장한다.

3.2.3 사업 타당성 평가

프로젝트가 실행 가능한 것으로 확인되면, 다음 단계는 PPP로 구조화될 경우 시장에서 매력적일지를 판단하는 것이다. 일반적으로 민간 당사자는 프로젝트가 좋은 재무 수익을 제공하고 민간 당사자가 합리적인 수준의 위험을 감수해야 하는 경우 상업적으로 매력적이라고 판단할 것이다.

수익률 평가에는 일반적으로 재무분석, 즉 프로젝트 재무모델을 구축하고 프로젝트 현금흐름, 수익률 및 재무건전성을 확인하는 작업이 포함된다. ADB의 PPP 핸드북 **ADB's PPP Handbook**(ADB 2008, 17-18)은 PPP의 일반적인 재무분석에 대한 간략한 개요를 제공한다. 예스콤의 재무 구조화장 **Yescombe's chapter on financial structuring**(Yescombe 2007)은 보다 포괄적인 설명을 제공한다.

사용자 요금에서 발생하는 수익이 비용을 초과하고 자본에 대한 충분한 수익을 제공하는 경우, 위험이 합리적이라면 프로젝트는 상업적으로 매력적일 것이다. 사용자 요금이 이 수준에 미치지 못하는 경우, 정부는 재정 모델을 사용하여 필요한 정부 기여금을 평가할 수 있다. 이러한 기여금은 재정 분석에 통합되어야 하며, 이는 *Section 2.4.1-PPP 프로젝트의 재정적 영향 평가*에서 논의된 재정 분석의 일환으로 평가되어야 한다.

정부는 제안된 PPP에 대한 잠재적 파트너의 수요를 시장에 내놓기 전에 평가한다. 이는 해당 국가나 지역에서 유사한 프로젝트가 이전에 민간 파트너와 함께 시행된 적이 있는지를 조사함으로써 확인할 수 있다. 또한, 시장의 관심을 테스트하기 위해 시장 조사(market sounding)를 실시할 수 있는데 이는 선택된 잠재 투자자에게 프로젝트의 주요 매개변수를 제시하고 질문과 의견을 받는 과정으로, 일반적으로 *Section 3.3-PPP 프로젝트 구조화*에서 설명된 구조화 단계에서 개발된 프로젝트 개념과 초기 구조가 이에 해당한다. 다음 자료들은 시장 조사에 대한 추가 지침을 제공한다.

- **Farquharson et al's chapter on managing the interface with the private sector**(Farquharson et al. 2011, Chapter 8) Farquharson 외의 2011년 Chapter 8에서 민간 부문과의 인터페이스 관리에 대한 내용이 다루어지며, 성공적인 시장 조사 작업을 위한 10가지 주요 팁이 포함되어 있다.
- **4Ps paper on soft market testing**(4Ps, 2007) 4Ps 보고서에서는 소프트 마켓 테스트에 대한 내용이 다루어지며, 여기에는 팁, 실용적인 안내, 그리고 영국의 PPP 시장 조사 사례 연구가 포함되어 있다.
- Grimsey와 Lewis의 저서에서 조달 옵션 분석에 관한 장 **Grimsey and Lewis' chapter on procurements options analysis**(Grimsey and Lewis 2009, 409-411)에서는 가상의 병원 PPP 프로젝트를 위한 시장 조사 활동에 대해 설명하고 있다.
- 싱가포르의 PPP 핸드북 **Singapore's PPP Handbook**(SG 2012, 56-57)은 시행기관이 사전 자격 심사 전에 시장 조사를 실시할 것을 재차 요구하고 이 단계에서 공유해야 하는 정보의 유형을 설명한다.
- **The Caribbean PPP Toolkit** 카리브해 PPP 툴킷(Caribbean 2017, Module 5, Section 5)에서는 PPP 프로젝트 마케팅에 대한 지침을 제공한다.

시장 조사는 정부 기관이 직접 수행할 수도 있고, 거래 자문사에 위임할 수도 있다. 경험이 풍부한 거래 자문사는 다양한 종류의 PPP 프로젝트에 대한 가장 가능성이 높은 입찰자를 잘 알고 있는데 이들을 활용하여 시장의 관심을 평가함으로써 정부는 이러한 관계를 최대한 활용할 수 있다. 거래 자문사가 상담을 진행할 경우, 시장 피드백은 더 솔직하고 구체적일 수 있다. 정부 기관은 동일한 산업 전문성을 갖추고 있지 않거나 시장 참여자와 솔직한 대화를 나눌 수 있는 능력이 부족할 수 있다.

현지에서 경험이 풍부한 거래 자문사를 구할 수 없는 경우, 정부는 특정 부문에서 거래를 성사시킨 실적이 있는 국제 자문가를 고용하거나 IFC PPP 자문 서비스 같은 다자간 금융기구를 활용할 수 있다. 거래 비용은 다자간 투자 기금의 PPP 자문 시설(Multilateral Investment Fund PPP advisory facility)이나 글로벌 인프라 시설(Global Infrastructure Facility, GIF 2017)과 같은 다양한 준비 시설을 통해 자금을 지원받을 수 있다. 이러한 시설은 민간 부문의 투자를 유치하고 정부 프로젝트 목표를 유지하기 위해 PPP를 준비하고 구조화하는 데 필요한 자문 서비스를 제공한다.

Box 3.4 세계은행 환경 및 사회 프레임워크

다자개발은행(MDBs) 및 기타 국제 개발 기관은 인프라 프로젝트에 공동 자금을 지원할 때 환경 및 사회(E&S) 문제에 주의를 기울인다. 세계은행의 환경 및 사회 프레임워크 규칙(WB 2016c)은 종종 수혜국의 국가 법률보다 더 엄격하다. 세계은행은 해당 국가의 E&S 기준을 수용할 수도 있지만, 세계은행 자체의 E&S 안전 기준을 적용할 것을 요구할 수도 있는데 이어 이 같은 경우, 세계은행이 프로젝트의 일부만 자금을 지원하더라도 전체 프로젝트에 걸쳐 적용해야 한다. 세계은행의 E&S 표준은 총 10가지가 있다.

- 표준 1: 환경 및 사회적 위험과 영향의 평가 및 관리
- 표준 2: 노동 및 근로 조건
- 표준 3: 자원 효율성 및 오염 예방 및 관리
- 표준 4: 지역사회 건강 및 안전
- 표준 5: 토지 취득, 토지 사용 제한 및 강제 이주
- 표준 6: 생물 다양성 보존 및 지속 가능한 자연 자원 관리
- 표준 7: 원주민/사하라 사막 이남 아프리카의 역사적으로 소외된 전통 지역 공동체
- 표준 8: 문화유산
- 표준 9: 금융 중개기관
- 표준 10: 이해관계자 참여 및 정보 공개

이 표준들은 2016년 8월 이사회에서 승인되었으며, 준비 및 교육 기간을 거쳐 시행될 예정이다. 세계은행에 따르면, 새로운 E&S 프레임워크는 포괄적인 노동 및 근로 조건 보호, 포괄적인 차별 금지 원칙, 도로 안전, 비상 대응 및 재난 완화를 다루는 지역사회 보건 및 안전 조치, 프로젝트 주기 전반에 걸쳐 이해관계자 참여를 포함할 책임 부여한다. 다른 다자개발은행도 자체적으로 해당 기준을 가지고 있는데 예를 들어, 아시아개발은행(ADB-Safeguards)과 아시아인프라투자은행(AIIB 2016)은 (1) 환경; (2) 강제이주; (3) 원주민의 세 가지 안전표준을 사용한다.

3.2.4 PPP의 비용 대비 가치 평가

정부가 인프라 분야에서 PPP를 시행하는 주요 목표 중 하나는 가치를 극대화하는 것이다. 가치를 극대화한다는 것은 서비스 사용자들이 원하는 혜택과 비용의 최적 조합을 달성하는 것을 의미하는데 많은 PPP 프로그램은 PPP가 전통적인 공공 조달보다 공공에 더 나은 가치를 제공할 가능성이 있는지를 평가해야 하며, 이를 가치 극대화 분석이라고 한다.

VFM 분석은 특정 PPP 프로젝트에 대해 수행할 수 있으며, 공통 특성을 가진 프로젝트들에 대해 프로그램 수준에서도 수행할 수 있다. 예를 들어, 영국 재무부의 가치 극대화 평가 매뉴얼 **United Kingdom Treasury's manual on assessing Value for money**(UK 2011b)은 가치 극대화를 프로그램 수준과 프로젝트 수준 모두에서 어떻게 평가해야 하는지를 설명하였다(이 방법론은 나중에 편향이 있다고 간주되어 정부에 의해 회수되었다).

VFM 분석은 일반적으로 정성적 접근과 정량적 접근의 조합을 포함한다. 정성적 VFM 분석은 PPP를 사용하는 이유를 검토하는 것으로 구성된다. 여기에는 제안된 프로젝트가 민간 자금 조달에 적합할 가능성이 있는 유형인지, 그리고 PPP가 가치 극대화를 달성하기 위한 조건이 갖춰져 있는지 여부를 묻는 것이 포함된다. 예를 들어, PPP가 잘 구조화되었는지, 입찰 과정에서 경쟁 압박이 예상되는지 등을 확인하는 것이다. 이는 PPP 개발의 비교적 초기 단계에서 이루어지는 경우가 많으며, 따라서 질적 VFM 분석은 *Section 3.1.2-PPP 잠재력 평가*의 일부를 구성할 수 있다.

일부 PPP 프로그램은 가치 극대화에 대한 양적 평가도 요구한다. 이는 일반적으로 선택된 PPP 옵션을 공공 부문 비교기준(PSC)과 비교하는 것을 포함한다. 즉, 전통적인 조달 방식을 통해 프로젝트가 수행될 경우의 비용이 어떻게 될지를 비교하는 것이다. 이 비교는 여러 가지 방법으로 이루어질 수 있다. 가장 일반적인 방법은 두 옵션의 재정적 비용을 비교하는 것으로, 전통적인 조달 방식을 통해 동일한 프로젝트를 조달할 때 정부에 대한 위험 조정 비용과 PPP의 예상 비용(조달 전) 또는 실제 PPP 입찰가(조달 후)를 비교하는 것이다. 또 다른 방법은 두 옵션을 경제적 비용편익 기준으로 비교하는 것으로, 전통적인 조달 방식에 비해 PPP의 기대

편익과 추가 비용을 정량적으로 비교하는 것이다.

가치 극대화 분석, 특히 정량적 공공 부문 비교기준(PSC) 방법론을 사용하는 것에 대해서는 광범위한 논의가 이루어져 왔다. 일부는 PSC 접근 방식의 가치와 관련성을 의문시하며, 이는 실제보다 더 과학적으로 보일 수 있어 의사 결정자를 오도할 수 있다. 반대로, 이 분석이 너무 늦게 나와서 의사 결정에 실질적인 도움이 되지 못할 수도 있다. 세계은행의 가치 극대화 분석에 관한 보고서(WB 2013a)는 여러 국가의 사례와 가치 극대화 분석의 범위 및 정량적 접근과 정성적 접근의 상대적 장점에 대한 동향을 제시하고 있다. 가치 극대화 평가 접근 방식과 그 상대적 장단점에 대한 더 많은 논의는 다음을 참조한다.

- Farquharson 외의 프로젝트 선택에 관한 섹션(Farquharson et al. 2011, 41-43)에서는 가치 극대화와 비용 편익 분석에 대해 간략하게 설명하고, 정성적 접근과 정량적 접근의 가치를 고려하고 있다.
- Grimsey와 Lewis의 PPP(민관 파트너십) 및 가치 극대화에 관한 기사 **Grimsey and Lewis's article on PPPs and Value for Money**(Grimsey and Lewis 2005, 347-351)에는 가치 극대화 접근 방식에 대한 섹션이 포함되어 있으며, 다양한 국가의 접근 방식에 대한 예시를 설명하고 있다.
- 경제협력개발기구(OECD)의 PPP에 관한 간행물(OECD 2008a, 71-72)에서는 단순히 경쟁에 의존하는 방법부터 다양한 조달 옵션에 대한 완전한 비용편익 분석에 이르기까지 다양한 국가가 사용하는 방법의 범위를 설명한다.
- PPIAF 도로 및 고속도로 PPP를 위한 툴킷 **PPIAF Toolkit for PPP in Roads and Highways**에는 가치 극대화와 PSC(프로젝트 비용 비교)에 대한 섹션이 포함되어 있으며(WB 2009a), 여기에서는 가치 극대화 분석의 논리와 PSC가 어떻게 사용되는지를 설명하고 있다.
- 유럽 PPP 전문 센터 **European PPP Expertise Centre**(EPEC)의 가성비 평가 보고서(EPEC 2015)는 여러 유럽 국가의 가성비 평가 방법론을 개괄적으로 설명하고 비교한다.

본 섹션의 나머지 부분에서는 독자들을 위해 정성적 및 정량적 평가 방법론에 대한 간략한 설명과 추가 자료를 제공한다.

정성적 가성비 평가

정성적 VFM 분석은 PPP를 전달 메커니즘으로 사용하는 이유를 검토하는 것을 포함한다. 즉, 제안된 프로젝트가 민간 자금 조달에 적합할 가능성이 있는 유형인지, 그리고 가치 극대화를 달성하는 데 필요한 조건이 갖춰져 있는지를 묻는 것이다. 이는 Farquharson 외(Farquharson et al. 2011, 42-43)에서 설명한 바와 같다. 이러한 분석은 PPP 개발의 비교적 초기 단계에서 이루어지는 경우가 많으며, 따라서 정성적 VFM 분석은 앞의 *Section 3.1.2-PPP 잠재력 평가*와 과정이 겹칠 수 있지만, 프로젝트 개발 과정 전반에 걸쳐 반복될 수 있다. 일부 관할권에서는 이 분석을 위한 명확한 기준이 정의되어 있다.

- 영국 재무부는 영국의 가용성 지불 PPP 모델인 민간 금융이 이셔티브(PFI)에 대한 적합성 및 부적합성 평가 기준을 정의했다. 적합성 기준에는 장기적이고 예측 가능한 서비스 수요, 성과급 지급과 충분한 민간 자본 확보 등 위험을 효과적으로 배분할 수 있는 능력, 민간 부문 당사자의 위험 관리 및 납품 책임 능력, 안정적이고 적절한 정책과 제도의 존재, 경쟁 입찰 시장 등이 포함된다. 부적합한 능력 기준에는 너무 작거나 너무 복잡한 프로젝트, 요구 사항이 변경될 가능성이 있거나 노후화될 위험이 있는 분야(예: 영국의 ICT 부문에서 PFI 프로젝트는 더 이상 사용되지 않음), 계약 당국이 PPP를 관리할 능력이 부족한 경우 등이 포함된다(WB 2013a).
- 프랑스에서는 PPP를 예비 분석할 때 세 가지 범주에 따라 점검한다: PPP 관련성(예: 프로젝트 관리에 대한 통합된 전체 생애 주기 접근 방식의 적절성), 상업적 매력도, 최적의 위험 배분 가능성(WB 2013a).
- 미국 버지니아주에서는 잠재적인 PPP에 대한 고수준 및 세부 스크리닝 단계에서 제안된 도로 프로젝트를 특정 기준에 따라 평가하여 해당 프로젝트가 공공-민간 교통법 Public-Private Transportation Act(PPTA)하에 수행될 수 있는지를 결정한다. 이러한 기준에는 프로젝트가 민간 부문의 혁신으로부터 이익을 얻을 만큼 충분히 복잡한지, PPP가 적절한 위험 이전을 달성할 수 있는지, 이해관계자 지원의 정도가 포함된다. 또한, 프로젝트가 통행료로부터 수익을

창출할 수 있는 정도도 가능한 PPP 구조를 평가할 때 고려된다(WB 2013a).

- 카리브해 PPP 툴킷(Caribbean 2017, Module 4, Section 8)은 자메이카의 비용 대비 가치를 평가하는 방법론과 기타 전 세계적으로 관련된 지침을 제시한다.

또한 EPEC 지침서에는 비용 대비 가치를 달성할 확률을 높이기 위해 충족해야 하는 주요 조건 목록이 포함되어 있다(EPEC 2011b, Chapter 1.2.4).

공공 부문 비교기준: 재정 비용 비교

PPP 프로젝트의 가치를 평가하기 위한 가장 일반적인 정량적 도구는 1990년대 초 영국의 PFI 프로그램에서 처음 사용된 접근 방식에서 파생된 것으로, Leigland와 Shugart의 PSC에 관한 Gridlines 기사에서 설명되어 있다 **Leigland and Shugart's Gridlines article on the PSC**(Leigland and Shugart 2006). 이 도구는 PPP 제공 옵션의 재정 비용을 전통적인 공공 제공 옵션과 비교하는 방식으로, 단일 전통적 옵션이 아니라 2011년 재무부의 인프라 지출 평가 지침 **2011 Treasury Guidance on Valuing Infrastructure Spend**(UK 2015a)에서 언급된 다양한 인프라 옵션을 비교한다. 하원 2014 보고서 **NAO evidence presented in the House of Commons 2014 report**(UK 2014a)에서 제시된 NAO 증거는 PSC 식별의 여러 단점을 논의하고 있다.

재정 비용 접근법의 가치 평가 분석의 초점은 PSC(공공 부문 비교기준)의 구축에 있다. 이는 전통적인 공공 조달을 통해 프로젝트를 시행하는 데 드는 정부의 비용을 의미한다. PSC를 계산하는 것은 여러 조정이 필요하기 때문에 복잡할 수 있다. *Box 3.5 - 공공 부문 비교 지표 계산 방법*에서는 몇 가지 방법론적 논쟁을 강조하고 있다.

이러한 유형의 PSC는 조달 프로세스의 두 가지 단계에서 사용할 수 있는데, 이는 OECD에서 발간한 PPP의 경제성장 **OECD book's chapter on the economics of PPPs**(OECD 2008a, 71-72)에 설명된 대로다.

• 입찰 과정 이전에, PSC는 그림자 또는 기준 PPP, 또는 시장 비교자와 비교될 수 있다. 이는 PPP 옵션하에서 프로젝트의 예상 비용 모델이다. 이는 상세한 준비 및 조달을 진행하기로 결정하기 전에 PPP가 가치를 제공할 수 있을지를 파악하는 데 도움이 된다. 기준 PPP 모델은 *Section 3.2.3 - 사업 타당성 평가*에서 설명된 재무 모델과 동일하다.

Box 3.5 공공 부문 비교 지표 계산 방법

PSC를 계산하는 것은 복잡할 수 있다. 시작점은 일반적으로 공공 조달하에서 프로젝트를 구현하는 데 필요한 자본 비용과 평생 운영 및 유지 관리 비용에 대한 최선의 추정치이다. 이는 PSC와 PPP 간의 공정한 비교를 가능하게 하기 위해 조정된다. 호주 인프라 가이드 노트에서 PSC(Au 2011b, Section 2.3)는 두 가지 유형의 조정을 설명한다.

위험 조정 - 전통적인 조달 방식과 PPP 접근 방식의 주요 차이점 중 하나는 PPP가 더 많은 위험을 민간 당사자에게 이전한다는 것이다. 민간 당사자가 기대하는 투자 수익은 이러한 이전된 위험을 고려할 것이다. 이는 공정한 비교를 위해 PSC도 이러한 위험의 비용을 고려해야 함을 의미한다.

'경쟁 중립성' 조정 - 공공 부문 프로젝트나 기업은 민간 회사에 비해 비용상의 장점이나 단점이 있을 수 있으며, 이는 전통적으로 조달된 프로젝트의 비용을 고려할 때 일반적으로 고려되지 않는 정부에 대한 비용이나 이익을 발생시킨다. 예를 들어, 두 옵션 간의 세금 부담이 다를 수 있다. 이러한 차이는 PSC를 계산할 때 수정되어야 한다.

또한, PPP 옵션과 전통적인 조달 방식 간의 지불 시점에도 차이가 있다. PPP에서는 지불이 종종 시간에 걸쳐 분산되는 반면, 전통적인 조달에서는 정부가 건설 비용을 선불로 지불해야 한다. 지불 흐름은 일반적으로 순현재가치로 변환되어 비교를 위한 단일 가치를 제공한다. 이는 PPP와 PSC 모델 모두에서 미래 현금 흐름에 적용할 적절한 할인율을 정의해야 한다.

다음은 다양한 국가에서 PSC가 어떻게 사용되고 계산되는지에 대한 추가 설명과 예시를 제공한다: 2013년 영국 재무부는 정량적 PSC 평가에 대한 상세한 지침을 회수하였고, 정성적 평가에 대한 지침이 개발되었다.

남아프리카공화국 PPP 매뉴얼의 PPP 타당성 조사에 관한 모듈에는 PSC 계산 및 사용 방법에 대한 자세한 설명이 포함되어 있다(ZA 2004a, Module 4, 17-49).

방법론적 차이와 과제

PSC는 널리 사용되고 있지만, 각국의 방법론이 다르고 여러 방법론적 사항에 대해 지속적인 논의가 이루어지고 있다. 예를 들어, 슈가트의 PSC에 관한 기사 **Shugart's article on the PSC**(Shugart 2006)는 현재 가치를 계산할 때 사용할 적절한 할인율과 위험 비용을 어떻게 고려해야 하는지 두 가지 관련 문제를 강조한다. 그림시와 루이스(Grimsey and Lewis 2004) 및 그레이, 홀, 폴라드(Gray et al. 2010)는 모두 할인율 선택과 PPP 및 전통적인 조달에서의 위험 분배와의 관계에 초점을 맞추고 있다. IFC의 교훈에 관한 보고서(IFC 2010, 7-13)에서 호세 루이스 플로레스는 "가치 대비 비용" 평가의 구체적인 사례를 제시한다.

콜롬비아, 페루 등 라틴 아메리카의 일부 국가에서는 PSC 방법론 실행을 위한 가이드라인을 개발했다. 그러나 이러한 복잡한 방법론을 구현할 수 있는 역량과 신뢰할 수 있는 정보가 부족하기 때문에 실제로 완전한 방법론을 구현한 국가는 없다.

세계은행의 가치 대비 비용 평가 관행에 관한 보고서 World Bank report on Value for Money assessment practices(WB 2013a, 23-28)에서는 영국, 프랑스, 인도, 칠레, 미국 버지니아주, 캐나다 브리티시컬럼비아주 등 PPP 경험이 많은 여러 정부의 방법론적 발전과 관행을 검토한다.

- 입찰 과정에서 PSC를 실제 접수된 PPP 입찰과 비교하여 입찰이 가격 대비 가치를 제공하는지 평가할 수 있다. 이 접근 방식은 호주에서 사용되며, PSC 기술 노트(AU 2016a)에 자세히 설명되어 있다.

이 개념의 매력적인 논리에도 불구하고, PSC와 재정 비용 비교 접근법이 자주 사용된 국가들, 예를 들어 영국과 호주에서 유용성에 대한 많은 비판이 있었다. 예를 들어, 영국 상원에서 PPP 프로그램에 대한 검토 **United Kingdom House of Lords' review of the PPP program**(NAO 2013a)은 관련 데이터 부족과 방법론적 문제로 인해 PSC의 가치가 제한된다고 주장했다. 정부의 검토에 대한 응답은 PSC가 부분적인 그림만 제공한다고 동의하며, 앞에서 설명한 대로 정성적 분석과 함께 균형을 이루며 사용되어야 한다는 점을 강조한다.

Leigland의 Gridlines 기사에서는 PSC에 대한 비판을 요약하고 있는데(Leigland 2006, 2-3), 여기에는 장기 프로젝트에서 추정치의 불가피한 부정확성, 방법론에 대한 합의 부족, 그리고 원하는 결론에 도달하기 위한 조작 가능성이 포함된다. Grimsey와 Lewis(Grimsey and Lewis 2005, 362-371)는 이러한 비판 중 일부를 더 자세히 설명하고 있다. 이러한 도전 과제를 고려할 때, Leigland의 Gridlines 기사 Leigland's Gridlines article(Leigland 2006, 3-4)에서는 PSC 접근법이 개발도상국 맥락에서 어떻게 의미가 있을 수 있는지에 대해서도 논의하고 있다.

PPP와 공공 조달의 경제적 비용-편익 비교

PSC에 대한 비판 중 하나는 PPP나 전통적인 조달의 정부 재정적 비용에만 초점을 맞춘다는 것이다. 보다 포괄적인 접근 방식은 예상되는 편익의 차이도 고려하고, PPP와 공공 조달하에서의 순경제적 편익을 비교해야 한다. 반면, Grimsey와 Lewis가 언급했듯이(Grimsey and Lewis 2004, 353), 이는 PSC 접근 방식에 대한 가치대비 분석에 추가적인 복잡성을 더하며, 결과가 더욱 주관적이 될 위험이 있다.

예를 들어, EPEC의 PPP의 비재무적 편익에 대한 노트 **EPEC's note on non-financial benefits of PPP**(EPEC 2011c)는 *Section 1.2 - 인프라 문제와 PPP의 지원 방법*에서 설명된 PPP의 일부 편익을 어떻게 정량화 할 수 있는지 제안하며, 이를 보다 전형적인 PSC 분석에 추가할 수 있는 방법을 제시하고 있다.

실제로 국가들이 이러한 분석을 도입한 경우는 드물다. 뉴질랜드의 새로운 PPP 프로그램이 예외이다. 비용-편익 분석이 조달 옵션을 평가하는 주요 도구로 사용된다. 뉴질랜드의 PPP 가이드라인 **New Zealand's PPP guidance material**(NZ 2016, 6-12)은 실무자들에게 전통적인 공공 조달에 비해 PPP의 가능한 이점을 식별하고, 가능하다면 각 이점에 달러 가치를 부여할 것을 요청하고 있다.

많은 개발도상국의 PPP 프로그램에서는 단순히 비용을 줄이는 것이 아니라 서비스 제공 방식을 변화시키는 것을 목표로 하고 있다. 예를 들어, 정부는 도로가 더 잘 유지 관리되어 추가적인 무역 및 경제적 이점을 제공할 것이라고 기대하고 있다. 이러한 서비스 수준과 품질의 변화는 PPP와 공공 조달의 재정적 비용을 비교하는 것만으로는 파악할 수 없다. 이러한 기대편익이 중요하다고 여겨지고, 정량적인 가치 분석이 필요할 경우, 경제적 비용-편익 분석이 더 나은 접근 방식일 수 있다.

3.2.5 재정적 평가

제안된 PPP 프로젝트는 실행 가능하고 경제적으로 타당할 수 있으며, 가치 분석이 PPP가 조달을 위한 최선의 옵션임을 보여줄 수 있다. 그럼에도 불구하고 정부는 재정적 제약을 고려하여 PPP 프로젝트가 감당할 수 있는지, 재정적으로 책임이 있는지를 결정해야 한다. 많은 정부가 잠재적인 비용을 충분히 이해하지 못한 채 PPP에 참여해왔다. 이는 정부에 상당한 재정적 위험을 초래할 수 있다(*Section 1.2.1-자금 부족* 참조). 이러한 함정을 피하기 위해 정부는 PPP 프로젝트를 평가할 때 재정적 감당 능력을 평가해야 하며, 감당할 수 없는 프로젝트로 시장에 나가지 않도록 해야 한다.

재정적 의무는 직접적일 수도 있고 우발적일 수도 있다.

- 직접적인 의무는 정부가 PPP 프로젝트가 진행될 경우 반드시 이행해야 한다고 알고 있는 의무를 말한다. 예를 들어, 학교 PPP에 대한 가용성 지급이 이에 해당한다.
- 우발적 지급은 특정 사건이 발생할 경우에만 이루어지는 지급을 의미한다. 예를 들어, PPP 고속도로에서 교통량이 예상보다 낮을 경우 최소 교통 보장에 따라 지급해야 할 수 있는 금액이나, 조기 종료 시 보상 등이 이에 해당한다.

이러한 개념에 대한 자세한 내용은 *Box 2.8-PPP에 대한 재정적 의무의 유형*을 참조한다.

정부는 두 가지 유형의 재정적 의무의 예상 비용을 평가해야 한다. 예상되는 재정적 비용이 확인되면, 정부는 그것이 감당 가능한지 평가해야 한다. *Section 2.4.2-PPP 리스크 총 노출량 관리*에서는 정부가 이러한 의무의 감당 가능성을 평가하는 방법을 설명한다. 예를 들어, 연간 비용 추정치를 계약 당국의 예산과 비교하거나, 다양한 시나리오에서 부채 지속 가능성에 미치는 영향을 고려하거나, 다양한 유형의 PPP 의무에 대한 특정 한도를 설정하는 방법이 있다. 세계은행의 PPP로 인한 재정적 의무 관리에 관한 노트 **World Bank note on managing fiscal commitments from PPPs**(WB 2013b)는 PPP 프로젝트에 대한 전형적인 재정적 의무의 유형과 이를 평가하는 방법에 대한 개요를 제공한다.

직접 재정적 의무의 비용 평가

직접 재정적 의무에는 정부의 초기 자본 기여금이나 정기적인 지급(예: 가용성 지급 또는 그림 통행료)이 포함될 수 있으며, 이는 *Box 3.6-PPP 프로젝트에 대한 직접 지불 약정 유형*에서 설명되어 있다.

정부의 직접적인 의무의 성격은 *Section 3.3-PPP 프로젝트 구조화*에서 설명된 구조화 과정 동안 정의된다. 이는 평가와 구조화 간의 상호작용 과정의 중요성을 강조한다. 정부는 프로젝트를 금융 기관이나 투자자들이 관심을 가질 수 있도록 필요한 지원의 수준과 유형에 대한 아이디어를 가지고 있어야 하며, 대규모 프로젝트 준비에 투자하기 전에 재정적 감당 가능성을 평가해야 한다. 평가에서 설정된 재정적 한계는 이후 구조화 노력에 정보를 제공하여 프로젝트가 재정적으로 책임 있고 시장에 매력적인 구조로 수렴할 수 있도록 한다. 실제로 직접 재정적 의무의 가치는 때때로 주요 입찰 변수이며, 이는 *Section 3.5-PPP 거래 관리*에서 설명된다. 즉, 재정적 비용은 입찰 과정이 완료된 후에야 최종적으로 알 수 있다.

평가 단계에서 필요한 직접 재정 약정의 가치는 *Section 3.2.3-사업 타당성 평가*에서 설명된 프로젝트 재무 모델을 통해 추정할 수 있다. 이러한 직접 지불 약정의 가치는 프로젝트 비용과 비정부 수익에 의해 결정된다. 필요한 직접 재정 기여의 가치는 프로젝트 비용(투자된 자본에 대한 상업적 수익 포함)과 사용자 요금과 같은 비정부 출처에서 프로젝트가 기대할 수 있는 수익 간의 차이이다. 재정 비용은 여러 가지 방법으로 측정할 수 있다.

- 각 연도에 대한 예상 지불액, 즉 정부가 계약의 각 연도에 지불해야 할 것으로 예상되는 금액은 가장 가능성이 높은 프로젝트 결과를 기준으로 한다. 이는 프로젝트의 예산 영향력을 고려할 때 가장 유용한 측정 기준이다.
- 지불의 순현재가치-정부가 계약 기간 동안 지불의 흐름에 대해 약속한 경우(예: 가용성 지불), 해당 지불 흐름의 순현재가치를 계산하는 것도 유용하다. 이 측정 기준은 프로젝트에 대한 정부의 총 재정적 약속을 포착하며, PPP를 재무

보고 및 분석(예: 부채 지속 가능성 분석)에 포함할 때 자주 사용된다. 미래 지불의 순현재가치를 계산하려면 적절한 할인율을 선택해야 하며, PPP 프로젝트를 평가할 때 적용할 할인율의 선택은 많은 논의의 주제가 되어왔다.

두 경우 모두, 지불이 어떻게 변동할 수 있는지를 추정하는 것도 유용하다. 예를 들어, 지불이 수요에 연동되거나 외화로 표시되어 환율 변동의 영향을 받을 수 있다. Irwin의 PPP에 대한 재정 지원에 관한 논문 **Irwin's paper on fiscal support to PPPs**(Irwin 2003, 16-17 and Annex)은 다양한 종류의 재정 지원 비용을 측정하는 방법에 대한 더 많은 세부 정보를 제공한다.

직접 지불 약속의 비용을 추정한 후, 정부는 해당 약정이 적절한지 결정해야 한다. *Section 2.4.2-PPP 리스크 총 노출량 관리*에서는 일부 정부가 PPP에 따른 직접 지불 약정의 경제성을 어떻게 고려하는지 설명한다. 예를 들어, 이는 현재 지출 수준을 미래로 예측하거나 PPP에 대한 정부 지불 약속에 특정 한도를 설정하는 것을 포함할 수 있다. OECD의 PPP에 관한 간행물 **OECD publication on PPPs**(OECD 2008a, 36-46)은 유용한 개요를 제공한다.

직집 지급 약징의 비용을 추징한 후, 징부는 해당 약징이 적질한지 길정해아 한다. *Section 2.4.2-PPP 리스크 총 노출량 관리*에서는 일부 정부가 PPP에 따른 직접 지불 약정의 경제성을 고려하는 방법(예: 현재 지출 수준을 미래로 예측하거나 PPP에 대한 정부 지급 약정에 특정 한도를 설정하는 것 등)에 대해 설명한다. OECD의 PPP에 관한 출판물 **OECD publication on PPPs**(OECD 2008a, 36-46)는 유용한 개요를 확인할 수 있다.

우발적 부채의 비용 평가하기

잘 설계된 PPP 프로젝트에서는 정부가 감당할 수 있는 적합한 몇 가지 위험으로 인해 우발적 부채가 발생한다. 이러한 위험은 프로젝트 구조화 전반에 걸쳐 정의되어야 한다(*Section 3.3-PPP 프로젝트 구조화* 참조). 우발적 부채의 비용을 평가하는 것은 직접 부채보다 더 어려운데, 왜냐하면 지급의 필요성, 시기 및 가치가 불확실하기 때문이다. 일반적으로, PSC 계산을 위한 호주 인프라 지침 노트 **Infrastructure Australia guidance note for calculating the PSC**(AU 2016b,

84-109)에서 설명한 두 가지 가능한 접근 방식이 있다.

- 시나리오 분석-시나리오 분석은 우발 채무의 가치에 영향을 미치는 사건이나 변수의 결과에 대한 가정을 세우고 그러한 가정에 따라 정부가 부담해야 할 비용을 계산하는 것을 포함한다. 예를 들어, 계약의 여러 시점에서 민간 당사자의 채무 불이행과 같은 최악의 시나리오에서 정부가 부담해야 할 비용을 계산하는 것이 포함될 수 있다. 또한 특정 변수(예: 수요)에 대한 보증 비용을 다양한 수준의 수요 발생에 대해 계산하는 것도 포함될 수 있다.
- 확률적 분석-또 다른 대안적인 접근 방식은 우발적 부채의 가치에 영향을 미치는 변수가 어떻게 작용할지를 정의하는 공식을 사용하고, 수학과 컴퓨터 모델링의 조합을 통해 결과적인 비용을 계산하는 것이다. 이를 통해 분석가는 가능한 비용의 분포를 추정하고, 중앙값(가장 가능성이 높은 비용), 평균값(평균 비용), 그리고 다양한 백분위수(예: 비용이 90%의 확률로 포함될 가능성이 있는 값)와 같은 지표를 계산할 수 있다. 그러나 유용한 결과를 도출하기 위해서는 기본 위험 변수에 대한 많은 정보가 필요하다.

시나리오 분석은 보다 간단한 형태의 리스크 분석으로, 발생 가능한 결과의 범위를 파악할 수 있지만 그 가능성은 파악할 수 없다. 실제로 대부분의 정부는 우발 부채의 발생 가능 비용을 평가할 때 시나리오 분석을 사용한다. 확률론적 접근 방식은 더 많은 입력 데이터와 복잡한 통계 분석이 필요한데, 실제로 몇 가지 유형의 우발 부채를 평가하기 위해 확률론적 분석을 사용한 정부는 소수에 불과하다.

Irwin의 정부 보증에 관한 책 **Irwin's book on government guarantees**(Irwin 2007)은 정부가 PPP 프로젝트에서 보증을 제공함으로써 우발적 부채를 수용하는 이유와 방법, 그리고 이러한 보증의 가치를 어떻게 계산할 수 있는지에 대한 포괄적인 논의를 제공한다. 다음의 자료들은 특정 국가들이 이 문제에 접근하는 방법에 대한 더 많은 지침과 예시를 제공하고 있다.

- 콜롬비아 재무부는 우발 채무의 재정적, 경제적 영향 평가, 우발 채무의 회계, 예산 책정 및 재정적 영향 평가, 우발 채무의 식별, 분류, 정량화 및 관리에 대

한 접근 방식을 정의했다. 이러한 접근 방식은 우발 부채 관리에 관한 프레젠테이션(CO 2012b)에 설명되어 있다.

- 칠레 재무부는 PPP에 대한 최소 수익 및 환율 보장을 평가하기 위한 정교한 모델을 개발했다. 이 평가는 모든 PPP 프로젝트에 대해 지속적으로 업데이트되며, 우발 채무에 대한 연례 보고서(CL 2016)에 보고된다. 본 보고서에는 칠레에서 PPP 프로젝트에 대한 보증을 분석하고 가치를 평가하는 데 사용된 기법에 대한 간략한 설명이 포함되어 있다. 어윈과 목다드의 PPP 프로젝트의 우발 채무 관리에 관한 논문 **Irwin and Mokdad's paper on managing contingent liabilities from PPP projects**(Irwin and Mokdad 2010, Appendix 1)에서도 칠레의 방법론에 대해 자세히 설명한다.
- 페루 재무부는 우발 채무 관리에 관한 재무부 웹사이트 섹션(PE Pasivos)에서 우발적 부채의 평가 방법론을 발표했다.

PPP에서 우발적 부채의 가치를 평가하기 위한 방법론을 정의하고 발표하는 것은 해결책의 일부에 불과하며, 이러한 방법론을 실제로 구현하는 것은 까다로울 수 있는데, 정부는 위험 분석 역량을 구축하는 것과 실제로 구현할 수 있을 만큼 간단하고 직관적인 접근 방식을 채택하는 것 사이에서 균형을 맞춰야 할 필요가 있다.

우발적 부채의 비용을 추정한 후, 정부는 재정 제약을 고려하여 이러한 부채가 감당 가능한지 평가할 수 있다. 예를 들어, *Section 2.4.2-PPP 리스크 총 노출량 관리*에서 설명된 바와 같이, 이는 PPP 우발적 부채의 영향을 전체 부채 지속 가능성 분석의 맥락에서 고려하거나 PPP 부채에 대한 특정 한계를 설정하는 것을 포함할 수 있다. 인도네시아와 같은 몇몇 국가는 이러한 부채를 분리하고 예산을 편성하기 위해 우발적 부채 기금을 도입했다. EPEC의 PPP에서의 국가 보증에 관한 출판물 **EPEC publication on State Guarantees in PPPs**(EPEC 2011a)는 PPP 우발적 부채의 재정적 영향을 관리하는 다양한 접근 방식에 대한 유용한 개요를 제공한다.

Box 3.6 PPP 프로젝트에 대한 직접 지불 약정 유형

직접 부채는 불확실한 미래 사건의 발생에 의존하지 않는 지급 약정(가치와 관련하여 약간의 불확실성이 있을 수 있음)이다. PPP 계약에서 발생하는 직접 부채에는 다음이 포함될 수 있다.
선불 생존 격차 지급 - 선불 자본 보조금(건설에 걸쳐 단계적으로 지급하거나 지분 투자에 대해 지급할 수 있음).
가용성 지불 - 프로젝트 수명 기간 동안 정기적으로 지급되는 지불금 또는 보조금으로, 일반적으로 계약상 지정된 품질의 서비스 또는 자산을 가용될 때 조건부로 지급된다. 이 지급금은 성과와 관련된 보너스 또는 벌금으로 지급액이 조정될 수 있다.
그림자 통행료 또는 성과 기반 지불(예: 유료 도로에서 주행한 킬로미터당 지불 또는 보조금)은 서비스 단위 또는 사용자당 지불 또는 보조금이다.
지급 약정 유형에 대한 자세한 내용은 *Section 2.4 - PPP를 위한 공공 재정 관리 프레임워크*를 참조.

3.2.6 프로젝트 관리 능력 평가

프로젝트 평가에 있어서 덜 일반적이지만 여전히 매우 중요한 요소는 조달 기관이 프로젝트의 수행을 관리할 수 있는 능력에 중점을 둔다. 즉, 프로젝트 준비, 입찰 및 PPP 계약 기간 동안의 계약 관리이다. 이는 조달 기관의 현재 역량, 즉 리더십을 평가하고 미래의 필요를 식별하는 것을 요구한다. 이를 통해 다른 정부 기관의 자원을 활용하고 외부 전문가 및 거래 자문가를 고용하는 비용, 그리고 프로젝트 팀의 리더십을 강화하는 비용을 포함하는 신뢰할 수 있는 계획을 수립해야 한다.

조달 기관의 이러한 평가로 프로젝트가 적절한 자원을 확보하고 있으며 적절한 거버넌스 체계가 마련되어 있음을 입증해야 한다. 프로젝트는 현실적인 일정에 따라 세부적인 계획 과정을 거쳐야 하며, 자문가가 고용되어야 하고, 조달이 직면한 주요 위험과 이를 완화할 방법을 보여주는 위험 리스트가 준비되어야 한다. 또한 이익 실현 계획이 있어야 한다. 이 계획은 프로젝트 평가 방법과 프로젝트의 운영 단계에서 프로젝트 결과를 어떻게 포착하고 모니터링할 것인지 설명되어야 한다. 영국에서는 다섯 가지 사례 모델 방법론 **Five Case Model methodology**(Flanagan and Nicholls 2007)에 따라 이 평가(관리 사례)에 다음과 같은 구성 요소가 포함되어 있다.

- 프로그램 및 프로젝트 관리 방법론과 구조
- 프로그램 및 프로젝트 관리 계획
- 전문 자문가의 활용
- 변경 및 계약 관리 체계
- 이익 실현
- 위험 관리
- 구현 중 모니터링
- 사후 구현 평가체계
- 비상 계획

Key References: PPP 프로젝트 평가

참고 문헌(Reference)	설명(Description)
Yescombe, E.R. 2007. *Public-Private Partnerships: Principles of Policy and Finance*. Oxford: Butterworth-Heinemann.	Chapter 5: 공공 부문 투자 결정에서는 공공 기관이 PPP를 통해 새로운 공공 인프라에 투자하기로 결정할 때 고려해야 할 요소와 이를 평가하는 방법에 대해 설명한다.
Farquharson, Edward, Clemencia Torres de Mästle, E. R. Yescombe, and Javier Encinas. 2011. *How to Engage with the Private Sector in Public-Private Partnerships in Emerging Markets.* Washington, DC: World Bank.	Chapter 4: PPP 프로젝트 선택하기에서 정부가 경제성, 위험 배분, 비용 대비 가치, 시장 평가 등을 고려하여 프로젝트를 PPP로 개발할 수 있는지, 개발해야 하는지 평가하는 방법을 설명한다.
EPEC. 2011b. *The Guide to Guidance: How to Prepare, Procure, and Deliver PPP Projects.* Luxembourg: European Investment Bank, European PPP Expertise Centre.	Chapter 1: 프로젝트 식별, Section 1.2: PPP 옵션 평가에서는 정부가 제안된 PPP가 합리적인지, 위험이 적절히 배분되었는지, 은행 대출이 가능한지, 비용 대비 가치를 제공할 수 있는지 평가하는 방법에 대해 설명하고 추가 참고 자료에 대한 링크를 제공한다.

참고 문헌(Reference)	설명(Description)
ZA. 2004a. *Public Private Partnership Manual*. Pretoria: South African Government, National Treasury	Module 4: "PPP 타당성 조사"에서는 PPP 프로젝트의 비즈니스 사례를 뒷받침하는 데 필요한 분석에 대해 자세히 설명한다. 여기에는 요구 사항 및 옵션 분석, 프로젝트 실사, 비용 대비 가치 분석, 경제적 가치 평가가 포함된다.

Key References: 사업 타당성 평가

참고 문헌(Reference)	설명(Description)
ADB. 2008. *Public-Private Partnership Handbook.* Manila: Asian Development Bank.	Chapter 3.5에서는 상업적, 재무적, 경제적 문제를 평가하는 방법에 대해 설명하며, PPP 프로젝트의 일반적인 재무 모델에 대한 개요와 이를 사업 실행 가능성을 평가하는 데 사용하는 방법에 대해 설명한다.
Farquharson, Edward, Clemencia Torres de Mästle, E. R. Yescombe, and Javier Encinas. 2011. *How to Engage with the Private Sector in Public-Private Partnerships in Emerging Markets.* Washington, DC: World Bank.	Chapter 8: 민간 부문과의 초기 인터페이스 관리하기에서는 시장 건전성 검사를 준비하고 수행하는 방법에 대해 설명한다.
4ps. Accessed March 16, 2017. "Public Private Partnerships Programme (4Ps) website." Website.	시장 조사(Market Sounding) 구현에 대한 조언과 지침, 그리고 영국의 한 병원에서의 시장 조사 경험에 대한 사례 연구를 제공한다.
Grimsey, Darrin, and Mervyn K. Lewis. 2009. "Developing a Framework for Procurement Options Analysis." In *Policy, Finance and Management for Public-Private Partnerships*, edited by Akintola Akintoye and Matthias Beck. Oxford, England: Wiley-Blackwell.	시행 기관이 사전 인증 전에 시장 조사를 실시하도록 요구하고, 이 단계에서 공유해야 하는 정보의 유형을 설명한다.

참고 문헌(Reference)	설명(Description)
SG. 2012. *Public Private Partnership Handbook. Version 2.* Singapore: Government of Singapore, Ministry of Finance.	실행 기관은 사전 자격 심사 전에 시장 조사를 실시해야 하며, 이 단계에서 공유해야 할 정보의 유형을 설명한다.

Key References: 비용 대비 가치 분석

참고 문헌(Reference)	설명(Description)
UK. 2011b. *Quantitative assessment: User Guide*. London: UK Government, HM Treasury.	비용 대비 가치 평가에 대한 정량적 접근 방식(공공 부문 비교기 계산, PPP 참조 모델과의 비교 등)에 대한 자세한 지침과 작업 예시, 분석 수행을 위한 엑셀 스프레드시트 도구 등을 제공한다.
Grimsey, Darrin, and Mervyn K. Lewis. 2005. "Are Public Private Partnerships value for money?: Evaluating alternative approaches and comparing academic and practitioner views." *Accounting Forum* 29(4) 345-378.	PPP에서 비용 대비 가치를 평가하는 접근 방식을 설명하고, PSC 접근 방식과 그 장단점을 자세히 설명한다.
OECD. 2008a. *Public-Private Partnerships: In Pursuit of Risk Sharing and Value for Money*. Paris: Organisation for Economic Co-operation and Development.	Chapter 3: '공공-민간 파트너십의 경제학: PPP가 최선의 대안인가'에서는 PPP에서 비용 대비 가치를 결정하는 요소와 일반적으로 이를 평가하는 방법에 대해 설명한다.
WB. 2009a. "Toolkit for Public-Private Partnerships in Roads and Highways." World Bank. Website.	가성비 및 PSC 섹션에서는 가성비 분석의 논리, PSC의 사용 방법 및 몇 가지 단점에 대해 설명한다.
Leigland, James, and Chris Shugart. 2006. "Is the public sector comparator right for developing countries? Appraising public-private projects in infrastructure." Gridlines Note No. 4. Washington, DC: Public-Private Infrastructure Advisory Facility.	PSC 분석에 대한 일반적인 비판을 요약하고, 개발도상국 환경에서 PSC 분석을 사용하는 것이 타당한지 여부와 그 방식에 대해 설명한다.

참고 문헌(Reference)	설명(Description)
AU. 2016a. *National Public Private Partnership Guidelines – Volume 4: Public Sector Comparator Guidance*. Canberra: Commonwealth of Australia.	공공 부문 비교 지표 계산에 대한 자세한 지침과 사용된 엑셀 모델에서 발췌한 내용을 포함한 작업 예제를 제공한다.
CO. 2010. *Nota Técnica: Comparador público-privado para la selección de proyectos APP (Borrador para Discusion)*. Bogotá: Gobierno de Colombia, Ministerio de Hacienda y Crédito Público.	PSC 방법론을 소개하고, 모든 분석 단계를 설명하며, 작업 예제를 제공한다.
Shugart, Chris. 2006. *Quantitative Methods for the Preparation, Appraisal, and Management of PPI projects in Sub-Saharan Africa*. Midrand, South Africa: NEPAD.	현재가치를 계산할 때 사용하는 적절한 할인율과 위험 비용을 어떻게 고려해야 하는지 등 두 가지 관련 이슈를 중심으로 PSC의 방법론적 불일치 및 문제점에 대해 설명한다.
Grimsey, Darrin, and Mervyn K. Lewis. 2004. "Discount debates: Rates, risk, uncertainty and value for money in PPPs." *Public Infrastructure Bulletin* 1(3).	PPP와 공공 조달을 비교할 때 할인율 선택의 의미와 할인율과 위험 배분의 관계에 대해 설명한다.
Gray, Stephen, Jason Hall, and Grant Pollard. 2010. *The public private partnership paradox*. Brisbane, Australia: University of Queensland.	공공 조달 프로젝트와 비교하여 PPP를 평가할 때 할인율 선택에 대한 보다 이론적인 논의를 제공하며, 미래의 현금 유출과 유입을 할인하는 것의 차이를 강조한다.
EPEC. 2011c. *The Non-Financial Benefits of PPPs: A Review of Concepts and Methodology*. Luxembourg: European Investment Bank, European PPP Expertise Centre.	재정적 비용은 평가하지만 비재무적 비용과 편익은 고려하지 않는 표준 PSC 분석의 단점을 설명한다. PSC에 비재무적 편익을 통합하는 대안적 접근 방식을 제안한다.
NZ. 2016. "Public Private Partnership (PPP) Guidance." The Treasury. Website.	Chapter 5: '조달 옵션'에서는 프로젝트를 PPP로 조달하는 것이 비용 대비 가치를 제공할 가능성이 있는지 평가하기 위한 논리와 분석을 설명한다. 여기에는 PPP와 공공 조달의 간단한 정량적 비용-편익 비교가 포함된다.

Key References: 재정 분석

참고 문헌(Reference)	설명(Description)
Irwin, Timothy C. 2003. "Public Money for Private Infrastructure: Deciding When to Offer Guarantees, Output-Based Subsidies, and Other Fiscal Support." Working Paper No. 10. Washington, DC: World Bank.	Section 6: '다양한 수단의 비용 비교'에서는 정부가 산출물 기반 보조금, 현물 보조금, 세금 감면, 자본 출연, 보증 등 다양한 유형의 재정 지원의 비용을 평가하는 방법을 설명한다.
OECD. 2008a. *Public-Private Partnerships: In Pursuit of Risk Sharing and Value for Money.* Paris: Organisation for Economic Co-operation and Development.	Chapter 3: '공공-민간 파트너십의 경제학: PPP가 최선의 대안인가'에서는 PPP의 경제성을 평가하는 방법을 설명한다.
EPEC. 2011a. *State Guarantees in PPPs: A guide to better evaluation, design, implementation, and management.* Luxembourg: European Investment Bank, European PPP Expertise Centre.	금융 보증, 수익 보장 또는 해지 지급금과 같은 계약 조항을 포함하여 PPP에 사용되는 국가 보증의 범위를 명시한다. 이러한 보증이 사용되는 이유와 방법, 가치를 평가하는 방법, 최선의 관리 방법을 설명한다.
AU. 2016a. *National Public Private Partnership Guidelines - Volume 4: Public Sector Comparator Guidance*. Canberra: Commonwealth of Australia.	Section 16: "위험 식별, 배분 및 평가"에서는 PPP에서 위험(및 우발 부채)을 평가하는 다양한 방법론에 대해 자세히 설명한다.
Irwin, Timothy C. 2007. *Government Guarantees: Allocating and Valuing Risk in Privately Financed Infrastructure Projects*. Directions in Development. Washington, DC: World Bank.	정부가 보증을 제공함으로써 PPP 프로젝트에서 우발 채무를 수락하는 이유와 방법을 포괄적으로 설명한다. 더불어 이러한 보증의 가치를 계산하는 방법을 예시와 함께 자세히 설명하고 있다.
CO. 2012b. *Obligaciones Contingentes: Metodologías del caso colombiano*. Bogotá: Gobierno de Colombia, Ministerio de Hacienda y Crédito Público.	콜롬비아 재무부가 콜롬비아에서 우발 채무 관리를 위해 사용하는 개념 및 법적 프레임워크와 방법론에 대한 프레젠테이션을 진행했다.

참고 문헌(Reference)	설명(Description)
CL 2015. *Informe de Pasivos Contingentes 2015*. Santiago: Gobierno de Chile, Dirección de Presupuestos.	우발 부채와 정부의 우발 부채 노출을 평가하기 위한 개념적 프레임워크에 대해 설명하고 있다. 여기에는 정량적 PPP 프로젝트(양허)에 대한 정부 보증에 대한 정보(최대 가치 및 예상 비용)를 제공한다.
Irwin, Timothy C., and Tanya Mokdad. 2010. *Managing Contingent Liabilities in Public-Private Partnerships: Practice in Australia, Chile, and South Africa*. Washington, DC: World Bank.	빅토리아 주, 호주, 칠레, 남아프리카공화국의 승인 분석 및 PPP에 따른 우발 채무 보고에 대한 접근 방식을 설명한다. 부록 1에서는 칠레에서 수익 및 환율 보장을 평가하는 데 사용된 방법론을 자세히 설명한다.
PE Pasivos. Accessed March 8, 2017. "Pasivos Contingentes." Peru, Ministerio de Economía y Finanzas. Website.	페루의 PPP 프로젝트에서 우발 채무의 가치에 대한 방법론, 결과 및 배경 보고서를 제시한다.

Key References: 환경과 사회 연구 및 표준

참고 문헌(Reference)	설명(Description)
WB. 2016c. *Environmental and Social Framework: Setting Environmental and Social Standards for Investment Project Financing*. Washington, DC: World Bank.	프로젝트 투자 금융에 대한 세계은행 E&S 안전장치를 소개한다.
EP. Accessed March 6, 2017. "Equator Principles." Essex, England: The Equator Principles Association. Website.	프로젝트의 환경 및 사회적 위험을 결정, 평가, 관리하기 위해 금융 기관에서 채택한 위험 관리 프레임워크이다.
ADB-Safeguards. Accessed March 2, 2017. "Safeguards." Asian Development Bank. Website.	프레임워크 및 관련 간행물을 포함하여 ADB의 E&S 세이프가드에 대한 개요를 제공한다.
AIIB. 2016. *Environmental and Social Framework*. Beijing: Asian Infrastructure Investment Bank.	AIIB의 E&S 정책 및 안전장치에 대한 개요를 제공한다.

참고 문헌(Reference)	설명(Description)
IFC. 2012. *Performance Standards on Environmental and Social Sustainability.* Washington, DC: International Finance Corporation.	모든 투자 및 자문 고객에게 적용되는 IFC의 지속 가능성 프레임워크를 제시한다.
EC. 2001c. *Guidance on Environmental Impact Assessment: Screening.* Luxembourg: European Commission.	EIA 심사에 대한 EU 지침을 제시한다.
EC. 2001b. *Guidance on Environmental Impact Assessment: Scoping.* Luxembourg: European Commission.	EIA 범위 지정에 대한 EU 지침을 제시한다.
EC. 2001a. *Guidance on Environmental Impact Assessment: EIS Review.* Luxembourg: European Commission.	EIA에 대한 EU 지침을 제시하며, 주로 당국, 개발자 및 EIA 실무자가 사용하도록 설계되었다.

Key References: 프로젝트 타당성 및 경제성 분석

참고 문헌(Reference)	설명(Description)
EP. Accessed March 6, 2017. "Equator Principles." Essex, England: The Equator Principles Association. Website.	프로젝트 금융 투자의 사회적, 환경적 영향을 관리하기 위한 적도 원칙 프레임워크를 설명하고 모범 사례에 대한 지침 자료를 제공한다.
CO. 2006. *Metodología general ajustada para la identificación, preparación y evaluación de proyectos de inversión.* Bogotá: Gobierno de Colombia, Departamento Nacional de Planeación, Dirección de Inversiones y Finanzas Públicas.	프로젝트의 식별, 준비 및 평가를 위한 일반 조정 방법론의 79-84페이지에서는 PPP 프로젝트를 실행하는 데 필요한 자본, 기계, 노동력, 자재 및 기타 투입물을 추정하기 위해 이 단계에서 수행해야 하는 기술 타당성 조사에 대한 지침을 제공한다.
CL. n.d. *Metodología General de Preparación y Evaluación de Proyectos.* Santiago: Gobierno de Chile, Ministerio de Planificación.	공공투자사업 준비 및 평가를 위한 일반 방법론은 문제 파악, 현황 진단, 가능한 대안 파악 등 사업 준비와 비용편익 분석, 비용 효율성 분석 등 사업 평가에 대한 지침을 제공한다.

참고 문헌(Reference)	설명(Description)
PE. 2010. *Pautas para la Identificación, formulación y evaluación social de proyectos de inversión pública a nivel de perfil*. Lima: Ministerio de Economia y Finanzas.	'공공투자사업의 식별, 수립 및 사회적 평가에 관한 지침'은 공공 투자사업의 식별, 세부 타당성 조사 및 경제성 분석 수행을 위한 가이드라인을 제시한다.
NEDA. 2005a. *Reference Manual on Project Development and Evaluation*. Manila: National Economic Development Authority.	모든 공공 투자 프로젝트에 필요한 타당성 및 경제성 평가 분석에 대한 자세한 안내를 제공한다.
UK. 2011a. *The Green Book: Appraisal and Evaluation in Central Government*. London: UK Government, HM Treasury.	경제, 재무, 사회 및 환경 평가를 결합하여 사용 가능한 옵션에 대한 분석을 안내하고 자세한 기술 부록과 함께 프로젝트, 프로그램 및 정책의 평가에 대한 지침을 제공한다. 그린북은 다른 많은 정부에서 지침으로 사용된다.
EC. 2013. *Evalsed Sourcebook: Method and Techniques*. Brussels: European Commission.	사회경제적 개발 평가를 위한 정보의 일부로 사회경제적 평가의 모든 측면을 다루는 온라인 자료집이다. 비용 편익 분석과 비용 효과 분석에 대한 섹션이 포함되어 있으며, 각 사례마다 접근 방식과 사용 시기, 강점과 약점을 설명하고 추가 읽을 거리가 있는 참고 문헌을 제공한다.
WB. 1998. *Handbook on Economic Analysis of Investment Operations*. Washington, DC: World Bank.	경제 분석에 대한 소개부터 시작하여 경제적 비용과 편익을 평가하는 방법을 자세히 설명하는 상세한 핸드북이다. 이 핸드북에는 보건, 교육, 교통부문의 경제적 편익을 추정하는 챕터가 포함되어 있다.
Boardman, Anthony, David Greenberg, Aidan Vining, and David Weimer. 2010. *Cost Benefit Analysis: Concepts and Practice*. 4th ed. Cranbury, New Jersey: Pearson.	비용 편익 분석 문제에 대한 포괄적인 참조 교재이다.

참고 문헌(Reference)	설명(Description)
ADB. 1999. *Handbook for Economic Analysis of Water Supply Projects*. Manila: Asian Development Bank.	수요 분석 및 예측, 최소 비용 분석, 재무 및 경제적 비용 편익 분석, 민감도 및 위험 분석 등 상수도 프로젝트 평가에 대한 자세한 지침을 제공한다.
Hine, John. 2008. *The Economics of Road Investment*. Washington, DC: World Bank.	이 프레젠테이션에서는 도로 부문 프로젝트의 비용 편익 분석에 대한 구체적인 이슈에 대한 개요를 제공한다.
Khatib, Hisham. 2014. *Economic Evaluation of Projects in the Electricity Supply Industry*. 3rd ed. Stevenage, England: The Institution of Engineering and Technology.	Chapter 7: '프로젝트의 경제적 평가'에서는 경제적 비용-편익 분석에 중점을 둔다. 다른 장에서는 재무 분석을 다루고, 프로젝트 평가에 환경적 고려 사항을 구축하는 방법을 설명하며, 위험 분석에 대해 설명한다.
EIB and EC. 2005. *RAILPAG: Railway Project Appraisal Guidelines*. Luxembourg: European Investment Bank and European Commission.	Chapter 4: '재무 및 경제 분석'에는 재무 및 비용 편익 분석의 개발과 부문별 관련 측면에 대한 지침이 포함되어 있다.

Did you Know…?

로마 제국은 PPP를 활용했다.

로마 제국이 전성기를 맞았을 때, 대규모 인프라 프로젝트의 일부는 양허와 민간 자금을 통해 자금을 조달했는데, 이러한 프로젝트에서 공공 부문은 주로 도로, 항구, 등대 및 상수도와 같은 시설을 건설하는 책임을 졌고, 민간 부문은 양허와 민간 자금을 통해 온천 시설, 극장 및 서커스, 운하, 심지어 도로(하수관 및 상수도 포함)를 건설했다. 이 프로젝트는 사용자와 지방 자치단체, 그리고 부유한 기부자들에 의해 비용이 지불되었다. 후자는 자신의 이름을 작품에 새길 권리가 있었고, 공직에 선출될 기회를 가지게 되었다.

출처: *Xavier Bezançon, 2000 Ans d'Histoire du Partenariat Public-Privé (Paris: Presses de l'École Nationale des Ponts et Chaussées, 2004)*

3.3

PPP 프로젝트 구조화

"PPP 프로젝트 구조화"란 PPP 계약의 각 당사자에게 책임, 권리 및 위험을 할당하는 것을 의미한다. 이러한 배분은 계약서에 자세히 정의된다. 프로젝트 구조화는 일반적으로 상세한 계약서를 즉시 작성하는 것이 아니라, 확장된 과정을 통해 개발된다. 첫 번째 단계는 초기 프로젝트 개념을 주요 상업적 조건으로 발전시키는 것으로, 즉 필요한 결과물의 개요, 각 당사자가 부담하는 책임과 위험, 민간 당사자가 어떻게 보수를 받을 것인지에 대한 것이다. 주요 상업적 조건은 일반적으로 실무자들이 제안된 PPP를 평가할 수 있을 만큼 충분히 상세하게 작성되며, 이는 *Section 3.1-PPP 프로젝트 식별*에서 설명된다. 이후에 상세한 PPP 계약 초안을 개발하는 데 필요한 자원을 투입해야 한다.

*Figure 3.4-PPP 프로젝트 구조화*는 PPP 구조화가 주요 상업적 조건 수준에서 전체 개발 프로세스에 어떻게 적합하는지를 보여준다. 타당성 조사와 경제적 타당성 분석에서 얻은 정보는 PPP 구조화의 중요한 입력 요소이다. 예를 들어, 주요 기술적 위험을 식별하고 서비스에 대한 수요와 사용자의 지불 의사를 추정하는 데 사용된다. 이후 PPP 구조는 상업적 타당성, 적정성 및 비용 대비 가치를 분석하는 데 반영되며, 이 과정에서 제안된 위험 할당에 변경이 필요할 수 있다. 일반적으로 기술적으로 실행 가능하고, 경제적 및 상업적으로 타당하며, 재정적으로 책임이 있으며, 비용 대비 가치를 제공하는 PPP를 구성하는 것이 목표이다.

PPP 구조화의 출발점은 프로젝트 개념이다. 즉, 프로젝트의 물리적 개요, 사용할 것으로 예상되는 기술, 제공할 결과물, 그리고 서비스를 제공받을 대상에 대한 개념이다. 이러한 요소들은 종종 PPP로 프로젝트를 실행할지 여부를 결정하기 전에 개발된다. 이는 *Section 3.1 -PPP 프로젝트 식별*에서 설명된 바와 같다.

PPP 계약에서 성과 기준의 정의는 *Section 3.4 -PPP 계약 설계*에 설명되어 있다. PPP 프로젝트 구조화는 위험을 식별하고 배분하는 데 중점을 두는데, 이는 *Box 1.2-PPP 가치 창출 요소*에 설명된 많은 PPP 가치 창출 요소의 배후에 적절한 위험 배분이 있기 때문에 의미가 있다. 이 접근 방식에 따르면, 책임 배분 및 지불 메커니즘과 같은 PPP 구조의 다른 요소들은 위험 배분에서 비롯되는데 예를 들어, 건설 위험은 건설을 관리하는 데 가장 적합한 자격을 갖춘 민간 당사자에게 할당될 수 있다. 이는 민간 당사자에게 모든 건설 관련 결정을 내릴 수 있는 책임과 권한도 할당되어야 함을 의미하는데, 민간 당사자에게 상업적 위험을 할당하는 메커니즘은 사용자 지불 메커니즘의 형태를 취할 수 있다.

본 섹션에서는 프로젝트 위험을 식별하고 우선순위를 정하는 것(*Section 3.3.1 - 위험 식별*)부터 시작하여 위험을 할당하는 방법을 설명하고(*Section 3.3.2 - 위험 할당*), 위험 할당이 프로젝트 구조의 다른 측면과 어떻게 연관되는지 설명한다(*Section 3.3.3 - 위험 배분을 계약 구조로 전환*).

3.3.1 위험 식별

PPP 구조화의 첫 번째 단계는 프로젝트와 관련된 모든 위험을 포괄적으로 정리하는 것이다. 이러한 목록을 위험 목록이라고 한다. 이 맥락에서 위험은 특정 기본 위험 요소로 인해 프로젝트의 가치가 일부 또는 모든 이해관계자의 관점에서 예측할 수 없는 변화를 겪는 것을 의미한다. 예를 들어, 수요 위험은 프로젝트의 가치와 수익이 예상보다 낮거나 높아질 위험으로, 이는 산출물에 대한 수요가 예상보다 낮거나 높기 때문이다. Irwin의 PPP 보증 및 위험에 관한 책 **Irwin's book on PPP guarantees and risk**(Irwin 2007)에서는 위험을 더 자세히 정의하고 있다.

PPP 리스크는 프로젝트가 시행되는 국가, 프로젝트의 성격, 관련된 자산과 서비스에 따라 다르다. 그럼에도 불구하고 특정 위험은 여러 유형의 PPP 프로젝트에 공통적으로 존재하는데, 이러한 위험은 일반적으로 *Box 3.7-PPP 위험 범주*에서 설명한 대로 특정 기능(예: 건설, 운영, 자금 조달) 또는 특정 프로젝트 단계(예: 종료)와 관련된 위험 범주로 분류된다.

많은 자료에서 특정 프로젝트 유형에 대한 표준 위험 목록과 선호하는 위험배분을 제공한다. 몇 가지 예는 *Section 3.3.2 - 위험 할당*에 나와있는데, 이러한 표준 목록은 개별 PPP의 프로젝트 위험을 식별할 때 유용한 자료가 될 수 있다. 그러나 PPP 프로젝트에는 제안된 도로 노선의 특정 지질학적 조건과 같은 고유한 특징이나 상황이 있는 경우가 많은데, 이에 따라서 시행 기관은 프로젝트 위험의 포괄적인 목록을 식별하는 데 도움을 줄 수 있는 숙련된 자문을 활용해야 한다.

위험 평가 및 우선순위 지정

위험을 분배할 때 주의를 기울이기 위해 위험의 중요성을 고려하는 것이 도움이 될 때가 많다. 어떤 위험은 프로젝트 결과에 미치는 영향의 가능성과 심각도 또는 두 가지 모두에서 다른 위험보다 더 중요할 수 있다. 위험은 정량적 또는 정성적으로 평가할 수 있다.

PSC 계산에 대한 호주 인프라스트럭처 지침서 **Infrastructure Australia guidance note on calculating the PSC**(AU 2016a, 84-109)에서는 다음에 대한 자세한 지침을 제공한다.

Figure 3.4 PPP 프로젝트 구조화

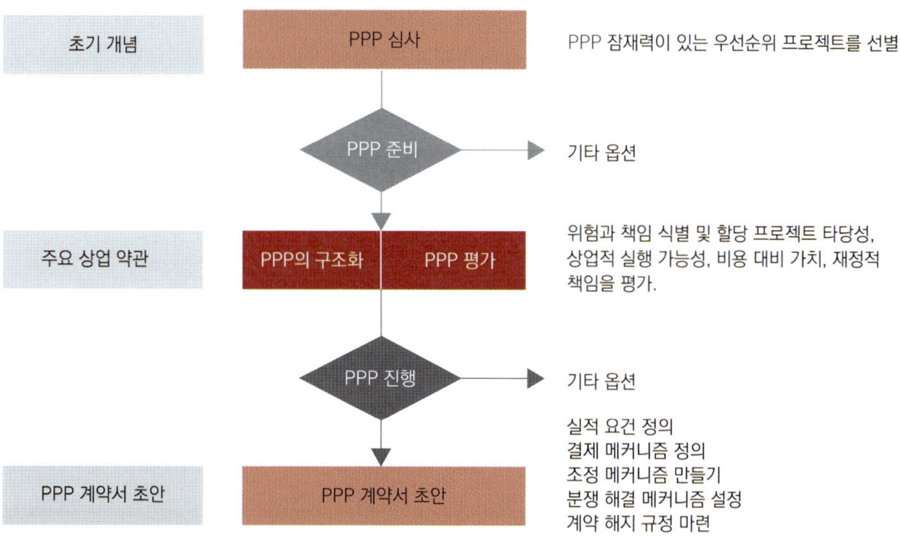

위험을 식별하고 다양한 정량적 기법을 사용하여 위험을 평가한다. 프로젝트 평가 시 리스크 분석을 위한 **ADB 핸드북 ADB handbook for risk analysis in project evaluation**(ADB 2002, 9-28)에도 리스크 평가를 위한 정량적 기법을 설명하는 장이 포함되어 있다. IMF와 세계은행이 설계한 PPP 재정 위험평가 모델 **PFRAM, the PPP Fiscal Risk Assessment Model**(IMF and WB 2016)은 재정에 영향을 미칠 수 있는 다양한 위험을 식별한다.

실제로 많은 시행 기관은 이 단계에서 보다 질적인 접근 방식을 취하게 되는데, 빅토리아 관리보험청의 위험 관리 지침 **Guidance on risk management by the Victoria Managed Insurance Authority**(VIC 2015, 79-83)는 위험 발생 가능성 및 영향에 따라 분류하는 정성적 위험 평가 접근 방식인 위험 열지도(risk heat map)에 대한 유용한 지침을 제공한다. Farquharson 외(Farquharson et al. 2011, Appendix B)는 PPP 프로젝트에 대한 '위험 등록부' 예시를 제공하는데, 이 역시 정성적 접근 방식을 취하고 있다. 각 위험은 위험 상태(가능성)와 영향력 모두에 대해 낮음, 중간, 높음으로 분류되는데, 발생 가능성이 높고 영향력이 큰 것으로 확인된 리스크를 관리하는 데 대부분의 노력을 기울여야 한다.

위험 완화

프로젝트 위험을 완전히 식별한 후에는 완화 과정이 진행되어야 한다. 이 과정에서는 비용-편익 분석을 기반으로 하여 프로젝트의 일부 특성이나 절차적 단계를 조정할 수 있는데 예를 들어, 입찰 전에 추가적인 지질 조사나 교통 조사를 실시하여 불확실성을 줄이고 입찰 비용을 통제할 수 있다. 프로젝트 성공에 필수적이지 않으며 민간 운영자에게 위험을 초래할 수 있는 등의 수용할 수 없는 성과 요구 사항은 제거될 수 있다.

3.3.2 위험 할당

PPP 맥락에서 위험 할당은 각 위험 요소로 인해 발생하는 프로젝트 결과의 변화에 대한 비용을 누가 부담할지(또는 이익을 누릴지) 결정하는 것을 의미한다. 프로젝트 위험을 효율적으로 할당하는 것은 PPP를 통해 더 나은 가치를 얻는 주요 방법 중 하나이다. **Iossa 외**(Iossa et al. 2007, 20)는 위험 할당의 두 가지 주요 목표를 설명한다. 첫 번째는 당사자들이 위험을 잘 관리하도록 유도하여 프로젝트의 이익을 개선하거나 비용을 줄이는 것이다. 두 번째는 당사자들이 감당하기 어려운 위험에 대해 보험을 제공함으로써 프로젝트 위험의 전체 비용을 줄이는 것이다. *Box 3.8-토지 취득 위험 배분* 내용은 일반적으로 PPP 프로젝트에서 중요한 위험 중 하나이다.

Box 3.7 PPP 위험 범주

다음 범주의 위험은 많은 PPP에 공통적으로 적용된다.

- 토지-프로젝트 토지의 가용성과 품질과 관련된 위험으로, 여기에는 토지 확보에 드는 비용과 시간, 필요한 허가 또는 도로의 통행권 확보, 지질학적 또는 기타 사이트 조건의 영향, 환경 기준을 충족하는 데 드는 비용 등이 포함된다.
- 설계, 건설 및 시운전-건설이 예상보다 더 오래 걸리거나 비용이 더 많이 드는 위험, 또는 설계나 건설 품질이 자산이 프로젝트 요구 사항을 충족하는 데 충분하지 않다는 것을 의미하는 위험이다.
- 운영-성공적인 운영에 대한 위험. 여기에는 서비스 중단 또는 자산 가용성의 위험, 네트워크 연결이 예상대로 작동하지 않을 위험, 또는 자산 운영 및 유지 관리 비용이 예상과 다를 위험이 포함된다.
- 수요 및 기타 상업적 위험-서비스 사용량이 예상과 다르거나 수익이 예상대로 회수되지 않을 위험이다.
- 규제 또는 정치적 위험-프로젝트에 부정적인 영향을 미치는 규제 또는 정치적 결정의 위험이다. 예를 들어, 적절한 승인 갱신 실패, 부당하게 가혹한 규제 결정, 또는 극단적인 경우 계약 위반이나 수용 등이 이에 해당할 수 있다.
- 법률 또는 규제 체계의 변경-일반 법인세의 변경, 통화 전환 또는 이익 송금에 관한 규정의 변경 등 일반 법률 또는 규정의 변경이 프로젝트에 부정적인 영향을 미칠 수 있는 위험이다.
- 불이행 - PPP 계약의 민간 당사자가 프로젝트를 이행할 재정적 또는 기술적 능력이 없는 것으로 판명되는 위험이다.
- 금리, 환율 또는 인플레이션의 변화로 인한 경제적 또는 재무적 위험은 프로젝트 결과에 부정적인 영향을 미치게 된다.
- 불가항력 - 보험에 가입할 수 없는 자연재해, 전쟁 또는 내란과 같이 계약 당사자가 통제할 수 없는 외부 사건이 프로젝트에 영향을 미치는 위험이다.

- 자산 소유권 – 기술이 쓸모 없어지거나 계약 종료 시점의 자산가치가 예상과 다를 수 있는 위험 등 자산의 소유권과 관련된 위험이다.

자세한 내용은 Yescombe의 위험 평가 및 이전에 관한 Chapter(Yescombe 2007)와 Delmon의 위험 배분에 관한 Chapter(Delmon 2015, Chapter 5)를 참조. 두 장 모두 전형적인 PPP 위험 유형에 대한 설명으로 시작한다.

위험 배분 원칙

위험 배분의 중심 원칙은 각 위험이 이를 가장 잘 관리할 수 있는 주체에게 할당되어야 한다는 것이다. Irwin의 보증 및 PPP 위험에 관한 책 **Irwin's book on guarantees and PPP risk**(Irwin 2007, 56-62)는 이 원칙을 보다 정확하게 정의하며, 각 위험은 다음의 주체에게 할당되어야 한다고 명시한다.

- 위험 발생 가능성을 가장 잘 통제할 수 있다. 예를 들어 일반적으로 해당 분야에 가장 전문성을 갖춘 민간 업체가 프로젝트 건설을 담당한다. 이는 또한 공사비 초과 또는 지연에 따른 비용을 부담해야 한다는 의미이기도 한다.
- 위험을 잘 평가하고 예측하여 이에 대응함으로써 위험이 프로젝트 결과에 미치는 영향을 가장 잘 통제할 수 있다. 예를 들어, 어느 누구도 지진 위험을 통제할 수는 없지만, 민간 기업이 프로젝트 설계를 담당한다면 지진 발생 시 피해를 줄일 수 있는 기술을 사용할 수 있다.
- 위험의 발생 가능성과 영향력을 통제할 수 없는 경우, 가장 낮은 비용으로 위험을 흡수할 수 있는 주체에게 할당되어야 한다. 위험을 흡수하는 당사자의 비용은 여러 요인에 따라 달라지며, 여기에는 위험이 다른 자산 및 부채와 얼마나 상관관계가 있는지가 포함된다. 위험을 전가할 수 있는 능력(예를 들어, 서비스 사용자에게 가격 변동을 통해 전가하거나, 제3자에게 보험을 통해 전가하는 것)과 궁극적인 위험 부담자의 성격이 중요하다. 예를 들어, 정부는 세금 납부자들 사이에 위험을 분산시킬 수 있는 능력이 있기 때문에, 궁극적인 위험 부담자가 주주인 민간 기업보다 위험 부담 비용이 낮을 수 있다.

Box 3.8 토지 취득 위험 배분

토지 취득은 PPP 프로젝트 개발에서 가장 까다로운 부분 중 하나일 수 있다. 토지 확보의 지연은 상당한 장애물을 초래하거나 심지어 몇몇 유망한 PPP 프로젝트를 중단시키기도 한다. 토지 취득 지연이나 어려움과 관련된 위험을 처리하는 방법은 여러 가지가 있다. 일부 정부는 프로젝트를 시장에 출시하기 전에 토지를 확보하는 정책을 채택하여 이러한 위험을 계약에서 수용하고 제외하고 있다. 예를 들어, 인도의 교통 프로젝트가 이에 해당한다. 다른 경우에는 민간 파트너에게 프로젝트에 필요한 토지의 부지를 식별하고, 해당 토지를 취득하고 점유에서 해제하는 데 필요한 절차를 수행할 책임을 부여한다. 또 다른 경우에는 토지 취득 과정을 신중하게 준비하고, 토지의 필요성과 소유자 식별을 상세히 설명하지만, 최종적으로는 민간 파트너에게 토지를 확보할 책임을 전가한다. 최선의 선택은 상황에 따라 달라질 수 있으며, 특히 강제 토지 취득에 관한 현행 법률에 따라 달라질 수 있다.

인도의 고속도로 도구 툴킷(IN, Module 3)에서는 토지 취득을 처리하는 여러 가지 좋은 사례와 나쁜 사례를 제시하고 있다. Jonathan Lindsay의 논문(Lindsay 2012)은 강제 토지 취득에 대해 자세히 논의하고 있다.

OECD에서 발간한 PPP의 위험 분담과 가성비에 관한 간행물 **OECD's publication on risk sharing and value for money in PPPs**(OECD 2008a, 49-50)에 설명된 바와 같이, 이러한 원칙을 적용한다고 해서 가능한 모든 위험을 민간 부문으로 이전하는 것은 아니다. 민간이 더 잘 통제하거나 완화할 수 있는 위험을 민간에 이전하면 전체 프로젝트 비용을 낮추고 비용 대비 가치를 개선하는 데 도움이 될 수 있다. 그러나 민간에 이전되는 총위험이 많을수록 지분 투자자가 요구하는 수익률, 즉 위험 프리미엄이 높아지고 부채 재원을 조달하기가 더 어려워진다.

PPP에서 위험 배분의 원칙과 관행은 학술 연구와 문헌에서도 점점 더 많이 다루어지고 있는데 예를 들어, 응과 루스모어의 PPP 위험 배분에 관한 논문 **Ng and Loosemore's article on risk allocation in PPPs**(Ng and Loosemore 2007)는 PPP 위험 범주와 배분 방식을 설명하고 호주 뉴사우스 웨일스주의 신 남부 철도 프로젝트(공항-도시 철도 지하 연결)의 위험 배분 사례 연구를 제공한다. 영국의 PPP/PFI 프로젝트에서 위험 배분에 관한 Bing 외의 논문 **Bing et al's article on risk allocation in PPP/PFI projects**(Bing et al. 2005)는 위험 배분 선호도를 파악하기 위해 실제로 PFI 프로젝트에서 위험이 어떻게 배분되었는지를 평가한다. 스페인 PPP 경험에 대한 IDB의 검토 **IDB review of the Spanish PPP experience**(Rebollo

2009)에는 도로에서 병원에 이르기까지 다양한 유형의 프로젝트에서 사용된 위험 배분의 몇 가지 예가 포함되어 있다. 세계 은행 그룹의 권장 PPP 계약 조항 보고서 ***Report on Recommended PPP Contractual Provisions***(WB 2017e)에서는 불가항력 및 법률 변경과 같은 핵심 위험과 관련된 몇 가지 계약 조항에 대해 논의한다.

위험 할당에 대한 제한

PPP 프로젝트에서 위험을 할당하는 방법에는 몇 가지 제한이 있다. 여기에는 다음과 같은 내용이 포함된다.

- **위험 할당의 세부 수준** - 이론적으로 모든 프로젝트 위험은 식별되어 이를 감당할 수 있는 당사자에게 할당될 수 있으며, 이를 통해 가치를 극대화할 수 있다. 그러나 실제로 Irwin(Irwin 2007, 63-65)이 설명한 바와 같이, 그렇게 하는 데 드는 비용이 높을 것이며, 덜 중요한 위험의 경우 이점보다 비용이 더 클 가능성이 있다. 대부분의 경우, 위험은 그룹으로 할당되며, 때때로 특정 중요한 위험에 대해서는 예외가 적용되는데, 예를 들어, 민간 당사자는 모든 건설 위험을 부담할 수 있지만, 특정 주요 지질학적 위험에 대해서는 정부가 면책을 제공할 수 있다.
- **양도할 수 없는 위험** - 특정 유형의 위험은 PPP 계약을 통해 전달될 수 없다. 예를 들어, 민간 당사자는 항상 특정 정치적 위험을 부담하게 되며, 특히 정부가 계약을 위반하거나 자산을 수용할 위험이 있다. 다자간 투자 보증 기구 Multilateral Investment Guarantee Agency(MIGA)와 같은 국제 기관은 이러한 위험을 완화하기 위해 정치적 위험 보험을 제공한다.
- **민간 당사자에게 이전되는 위험의 범위** - PPP 계약의 민간 당사자, 즉 PPP 회사의 주주들은 자신의 지분 가치만큼만 노출된다. 또한, 대출기관은 일반적으로 예상 수익에 비례하여 상대적으로 낮은 수준의 위험만을 수용한다. 실제로 이는 위험을 이전할 수 있는 범위가 프로젝트 회사의 자본 수준에 의해 제한된다는 것을 의미하며, 이는 Ehrhardt와 Irwin(Ehrhardt and Irwin 2004)에 의해 설명되었다. 만약 위험으로 인한 손실이 자본 지분을 초과하게 되면, 주주들

은 프로젝트에서 손을 떼고 떠날 수 있다. 정부가 궁극적으로 서비스 제공을 보장할 책임이 있기 때문에, 나머지 프로젝트 위험은 정부에 남아 있게 된다. 이는 Iossa 외(Iossa et al. 2007, 25)에 설명되어있다.

- **불완전한 계약서** - 잘 설계된 계약서라도 필요한 특정 조항의 부재로 인해 실패할 수 있다. PPP 계약이 모든 가능한 상황에 대한 해결책을 제공할 수는 없지만, 예측 가능한 시나리오의 범위에 대한 규칙(템플릿 또는 공식)과 기타 상황에 대한 의사 결정 방법론을 제공해야 한다.

이러한 제한 사항의 구성은 국가의 특성이 위험 이전 가능성에 영향을 미칠 수 있음을 의미한다. Ke 외의 연구 **Ke et al's study of risk allocation**(Ke et al. 2010)은 중국, 홍콩, 그리스, 영국의 프로젝트에 대한 위험 배분 비교를 통해 이를 보여준다.

위험 할당 지표

위험 배분 과정의 단계에서 결과물은 종종 위험 배분 지표이다. 위험 배분 지표는 위험을 나열하며, 보통 카테고리별로 정렬되어 있고, 각 위험을 누가 부담하는지를 정의한다. 이 위험 배분은 이후 PPP 계약에 적절한 조항을 포함시켜 실행된다. **Farquharson 외**(Farquharson et al. 2011, Appendix B)는 PPP 프로젝트를 위한 위험 등록부(또는 지표)의 예시를 제공한다.

일부 정부는 위에서 설명한 위험 배분 원칙을 선호 위험 배분에 반영하여, 이는 선호 위험 배분 지표의 형태로 제시된다. 이러한 선호 배분은 일반적일 수도 있고, 특정 부문이나 프로젝트 유형에 특화될 수도 있다. 이들은 특정 프로젝트에서 위험을 배분하는 출발점으로 사용되며, 프로젝트마다 특성이 있어 다른 위험 배분이 더 나은 가치를 제공할 수 있다. 위험 배분 지표는 계약 서명 전에 각 당사자의 책임을 검토하기 위해 다시 확인해야 하며, 이는 법적으로 구속력이 생기기 전에 이루어져야 한다. 이 최종 검토는 추가적인 게이트키핑 메커니즘으로도 작용할 수 있다. 다음은 선호하는 위험 배분 및 위험 배분 매트릭스의 예시이다.

일부 정부는 앞에서 설명한 위험 배분 원칙을 선호 위험 배분에 반영하여 선호 위험 배분 매트릭스의 형태로 제시하기도 한다. 이러한 선호 위험 배분은 일반적인 것일 수도 있고, 특정 부문이나 프로젝트 유형에 한정된 것일 수도 있다. 프로젝트마다 다른 위험 배분이 비용 대비 더 나은 가치를 제공할 수 있는 특정 특성이 있는 경우가 많기 때문에 일반적으로 특정 프로젝트에 대한 위험 배분의 출발점이 된다. 계약서에 서명하기 전에 위험 할당 매트릭스를 다시 한번 확인하여 법적 구속력을 갖기 전에 각 당사자의 책임을 검토해야 한다. 이 최종 검토는 추가적인 검증 단계의 역할도 할 수 있다.

다음은 선호하는 위험 배분 및 위험 배분 지표의 예이다.

- 호주 인프라 스트럭처 **Infrastructure Australia**는 경제 및 사회 인프라 프로젝트에 대한 표준 상업 원칙(AU 2011b)을 마련하여 위험과 책임이 어떻게 배분되는지 자세히 설명한다.
- 홍콩의 PPP 소개 가이드 **Hong Kong's Introductory Guide to PPPs**(HK 2008, Annex E)는 수처리 플랜트 PPP의 위험 지표에 대한 자세한 예를 제공한다.
- 리우데자네이루 정부의 PPP 매뉴얼 **Government of Rio de Janeiro's PPP Manual**(RJ 2008, Annex 2)은 PPP 인프라 프로젝트에 대한 위험 지표의 예를 제공한다.
- 남아프리카공화국의 PPP 매뉴얼, Module 4: PPP 타당성 조사**South Africa's PPP Manual**, Module 4: PPP Feasibility Study(ZA 2004a, Annex 4)에는 위험을 나열하고 각 위험에 대해 일반적인 위험 완화 메커니즘과 배분을 설명하는 표준화된 PPP 위험 표준이 포함되어 있다.
- 글로벌 인프라 허브 **The Global Infrastructure Hub**(GI Hub)의 공공-민간 파트너십 계약의 리스크 배분 보고서 *Allocating Risks in Public-Private Partnership Contracts*(GIH 2016a)는 교통, 에너지, 수자원 및 위생 등 다양한 인프라 구조 분야에 대한 12개의 샘플 위험 지표를 제시한다. 각 샘플 위험 지표에는 프로젝트 리스크에 대한 자세한 목록과 함께 리스크 배분, 완화 조치, 정부 지원 방안에 대한 논의가 담겨 있다. 또한 선진국과 신흥 시장의 다양한 위험 배분 범위를 비교할 수 있다. GI 허브 웹사이트(GIH)는 대화형 블로그와 Q&A 포럼도 제공한다.

3.3.3 위험 배분을 계약 구조로 전환

PPP 문헌의 대부분은 위험 분배에 초점을 맞추고 있다. 일부는 선호하는 위험 분배가 정해지면, 상세한 계약으로 매끄럽게 전환될 수 있다는 인상을 줄 수 있다. 하지만 이러한 인상은 오해를 불러일으킬 수 있다. 많은 경험이 풍부한 PPP 실무자들은 "누가 무엇을 할 것인가?"와 "대금은 어떻게 지불할 것인가?"와 같은 계약 구조의 다른 요소들을 정의하는 중간 단계를 거친다. 안타깝게도 위험 분배가 전체 계약 구조로 어떻게 전환되는지를 설명하는 자원은 상대적으로 적다.

세계은행의 물 서비스 PPP 툴킷 **World Bank's Toolkit for PPP in Water Services**(PPIAF 2006, 97-124)는 예외적인 사례이다. 이 툴킷은 책임과 위험을 함께 배분하는 과정을 제시하며, 각 책임은 여러 가지 위험과 연관되어 있다. 예를 들어, 민간 당사자는 수익 징수에 대한 책임을 질 수 있으며, 이는 일부 고객이 지불하지 않을 위험을 동반한다. 민간 당사는 건설에 대한 책임을 질 수도 있는데, 이는 여러 가지 위험을 수반한다. 인건비, 장비 배송 시기, 허가를 받는 데 드는 비용과 시간은 총 비용과 건설 기간에 긍정적이거나 부정적인 영향을 미칠 수 있다.

이 툴킷은 계약 구조화에 대한 접근 방식을 제시하며, 주요 책임 영역 또는 기능을 식별하는 것부터 시작한다: 새로운 자산의 설계 및 건설, 재무, 운영 및 유지관리(이 기능에 대한 자세한 내용은 *Section 1.1-PPP란 무엇인가? '민간협력사업' 정의* 참조). 각 기능에 대해 구체적인 책임을 정의할 수 있으며, 각 책임과 관련된 위험을 식별할 수 있다.

또한 이 툴킷은 지불 구조의 세부 사항을 정의하는 것과 위험 분배 간의 연관성을 설명한다. 이 경우, 툴킷은 사용자 부담 프로젝트에 초점을 맞추고 있기 때문에 요금 검토 구조에 해당된다. *Section 3.4.2-지불 구조*에서는 이에 대한 더 자세한 내용을 다룬다.

이 접근 방식을 일반화하면, PPP 유형에 도달하는 데 있어 공공 또는 민간 당사자가 주요 기능(설계, 건설, 운영, 유지 관리 및 금융)을 수행하는 데 더 적합한지를 고려하는 것이 도움이 될 수 있다. 이러한 기능의 분배는 각 기능과 자연스럽게 연관된 위험을 가장 잘 감당할 수 있는 당사자를 분석하는 데 기반할 수 있다. 어떤 당사자가 어떤 기능을 가장 잘 수행할 수 있는지를 결정할 때는 제도적 연계와 정치적 제약도 고려해야 한다.

기본 PPP 유형이 선택되면, 나머지 위험 분배는 기본 기능 분배를 세부 조정하는 것으로 생각할 수 있다. 예를 들어, 민간 당사자가 건설 기능에 대한 책임을 지지만, 공공 당사자가 지반 위험을 유지하기로 한다면, 이는 모든 건설 관련 위험이 민간 당사자가 관리하고 흡수해야 한다는 기본 기능 원칙에 대한 예외로 계약 설계에 포함될 것이다.

기능의 분배 외에도 계약 구조에서 또 다른 핵심 요소는 대금 지급 방식이다. 지불 구조는 기능과 위험의 분배에서 파생될 수 있다. 예를 들어, 민간 당사자가 수금 위험과 수요 위험을 더 잘 관리할 수 있는 경우, 민간 당사자는 사용자 요금으로부터 직접 보수를 받을 가능성이 높다. 그러나 민간 당사자가 수금 위험은 관리할 수 있지만 수요 위험은 감수하지 않아도 되는 경우, 지불 구조는 민간 당사자가 사용자 요금을 수금하고 이를 공공 당국에 송금하는 방식이 될 수 있으며, 공공 당국은 자산 가용성에 대해 민간 당사자에게 지급하고, 높은 수금 수준을 달성한 경우 보너스를 지급할 수 있다.

마지막으로, 지불 구조를 정의하는 데 필요한 보완 요소는 성과를 어떻게 측정하고 모니터링하며 집행할 것인지 정의하는 것이다. 예를 들어, 정부의 지불은 자산의 가용성에 따라 조건이 달라질 수 있으며, 이는 대부분의 운영 위험을 민간 부문으로 이전하는 것을 목표로 한다. 이러한 위험 이전은 “가용성”을 정의하는 기준이 명확하고 실행 가능할 때만 실제로 이루어질 수 있다. *Section 3.4.1 - 성과 요건*에서는 이에 대한 더 많은 세부 정보를 제공한다.

다음 자료들은 책임, 위험, 권리 및 지불 구조 간의 연계성에 대한 추가 지침을 제공하며, 이는 계약 구조 개발에 도움이 될 수 있다.

- Irwin(Irwin 2007, 61)은 책임, 권리, 위험을 어떻게 함께 배분해야 하는지 간략하게 설명한다. 이는 위험을 가장 잘 관리할 수 있는 당사자에게 위험을 할당한다는 위험 배분의 원칙에 따른 것으로, 당사자에게 해당 위험과 관련된 결정을 내릴 수 있는 권한과 책임이 주어질 때만 그 근거가 유지된다.
- Iossa 외(Iossa et al. 2007, 26-31)는 민간 당사자에게 할당된 기능이 다르고 지불 메커니즘이 다른 다양한 PPP 계약 유형이 일반적으로 서로 다른 위험 배분

에 어떻게 대응하는지를 설명한다. 저자들은 또한 결과물 사양, 지불 구조, 위험 배분이 어떻게 긴밀하게 연계되어야 하는지 설명한다(33-34).

- 인도의 온라인 PPP 툴킷(IN) Module 1: PPP 배경에는 다양한 PPP 계약 유형에 따른 일반적인 위험 배분을 설명하는 PPP 모델 변형에 대한 섹션이 있어 위험 배분이 기본 계약 구조 선택에 어떻게 반영될 수 있는지에 대한 가이드를 제공한다.

Key References: PPP 프로젝트 구조화

참고 문헌(Reference)	설명(Descrition)
Irwin, Timothy C. 2007. *Government Guarantees: Allocating and Valuing Risk in Privately Financed Infrastructure Projects.* Directions in Development. Washington, DC: World Bank.	Chapter 4에서는 위험의 정의와 PPP프로젝트에서 위험을 배분하는 원칙을 설명한다. Chapter 5에서는 이러한 원칙을 실제로 적용한 사례를 통해 세 가지 위험, 즉 환율 위험, 파산 위험, 정책 위험에 대한 예시를 제공한다.
Yescombe, E.R. 2007. *Public-Private Partnerships: Principles of Policy and Finance.* Oxford: Butterworth Heinemann	Chapter 14에서는 PPP 프로젝트에 일반적으로 존재하는 위험의 유형과 그 평가 및 이전 방법에 대해 설명한다.
Delmon, Jeffrey. 2015. *Private Sector Investment in Infrastructure: Project Finance, PPP Projects and PPP Frameworks.* 3rd edition. Alphen aan den Rijn, Netherlands: Wolters Kluwer.	Chapter 5에서는 PPP 프로젝트의 위험 분배에 대해 더 자세히 설명하며, 다양한 위험 범주를 다루고 있다.
AU. 2016a. *National Public Private Partnership Guidelines-Volume 4: Public Sector Comparator Guidance.* Canberra: Commonwealth of Australia.	Section 16에서 PPP의 위험을 정량적으로 평가하기 위한 다양한 방법론을 자세하게 설명하고 있다.
ADB. 2002. *Handbook for Integrating Risk Analysis in the Economic Analysis of Projects.* Manila: Asian Development Bank.	Chapter 2에서는 위험 평가를 위한 정량적 기법을 설명한다.

참고 문헌(Reference)	설명(Descrition)
VIC. 2015. *Victorian Government Risk Management Framework.* Melbourne, Australia: Victorian Government, Secretary Department of Treasury and Finance.	호주 빅토리아 주 공공 부문 관리자를 위해 개발된 위험 관리 프레임워크에 대한 일반 가이드로서, 위험 평가 및 위험 관리 템플릿의 예가 포함되어 있다.
Farquharson, Edward, Clemencia Torres de Mästle, E. R. Yescombe, and Javier Encinas. 2011. *How to Engage with the Private Sector in Public-Private Partnerships in Emerging Markets*. Washington, DC: World Bank.	Appendix B는 PPP 프로젝트를 위한 위험 등록부로, 위험 할당 지표의 예와 위험을 평가하고 우선순위를 매기는 정성적 접근 방식을 제공한다.
Iossa, Elisabetta, Giancarlo Spagnolo, and Mercedes Vellez. 2007. *Best Practices on Contract Design in Public-Private Partnerships*. Washington, DC: World Bank.	Section 3에서 위험 할당 인센티브 및 PPP 계약에서의 전형적인 위험 유형, 효과적인 위험 할당의 원칙 및 그 한계, 그리고 다양한 유형의 PPP 계약에 따른 전형적인 위험 할당에 대해 설명한다.
OECD. 2008a. *Public-Private Partnerships: In Pursuit of Risk Sharing and Value for Money.* Paris: Organisation for Economic Co-operation and Development.	Chapter 3: 공공-민간 파트너십의 경제학에서는 위험의 역할과 본질에 대한 섹션이 포함되어 있으며, 최적의 위험 이전 개념에 대해 설명하고 있다.
Ng, A., and Martin Loosemore. 2007. "Risk allocation in the private provision of public infrastructure." *International Journal of Project Management* 25(1) 66-76.	PPP 프로젝트에서의 위험 분류 및 할당을 설명하고, 호주의 철도 PPP 프로젝트에 대한 위험 할당 사례 연구를 제공한다.
Bing, Li, A. Akintoye, P.J. Edwards, and C. Hardcastle. 2005. "The allocation of risk in PPP/PFI construction projects in the UK." *International Journal of Project Management* 23(1) 25-35.	영국의 PPP 프로젝트에서 위험이 실제로 어떻게 할당되었는지를 평가한다.

참고 문헌(Reference)	설명(Descrition)
Rebollo, Andres, ed. 2009. *Experiencia española en concesiones y asociaciones público-privadas para el desarrollo de infraestructuras públicas: Marco general.* Research for Programa para el Impulso de Asociaciones Público-Privadas en Estados Mexicanos (PIAPPEM). Madrid: Deloitte España.	스페인의 PPP 경험에 대한 검토. 부문별로 나누어진 전형적인 프로젝트 구조에 대한 설명과 여러 성공적인 PPP 프로젝트의 사례를 포함하고 있다.
Ke, Yongjian, ShouQing Wang, and Albert P. C. Chan. 2010. "Risk Allocation in PPP Infrastructure Projects: Comparative study." *Journal of Infrastructure Systems* 16(4) 343-351.	중국, 홍콩, 그리스, 영국의 PPP 프로젝트에 대한 위험 분배를 비교하고, 각 국가의 특성이 실제로 달성할 수 있는 위험 분배에 어떤 영향을 미치는지 탐구한다.
AU Guidelines. Accessed March 20, 2017. "National Guidelines for Infrastructure Project Delivery." Canberra: Australian Government, Department of Infrastructure and Regional Development. Website.	3권과 7권은 사회 및 경제 인프라 프로젝트에서 위험과 책임이 어떻게 배분될 것인지에 대해 자세히 설명하고 있으며, 로드맵은 이러한 원칙들이 특정 프로젝트의 계약을 개발하는 출발점으로 어떻게 사용되어야 하는지를 설명한다.
HK. 2008. *An Introductory Guide to Public Private Partnerships.* Hong Kong, China: Efficiency Unit.	Section 6는 위험 관리에 대한 지침을 제공한다. 부록 E는 수처리 시설을 위한 예시 위험 배분 지표를 제공한다.
RJ. 2008. *Manual de Parcerias Público-Privadas-PPPs.* Conselho Gestor do Programa Estadual de Parcerias Público-Privadas. Rio de Janeiro: Governo do Estado do Rio de Janeiro.	Annex 2는 전형적인 위험 매트릭스의 예시를 제공한다.
ZA. 2004a. *Public Private Partnership Manual.* Pretoria: South African Government, National Treasury.	Annex 3는 위험 가치를 계산하는 방법에 대한 지침을 제공한다. Annex 4는 표준화된 PPP 위험 지표를 제시하며, 여기에는 위험 목록과 각 위험에 대한 전형적인 위험 완화 구조 및 할당이 설명되어 있다.

참고 문헌(Reference)	설명(Descrition)
PPIAF. 2006. *Approaches to Private Sector Participation in Water Services: A Toolkit.* Washington, DC: Public-Private Infrastructure Advisory Facility.	Section 6에서는 위험과 책임을 할당하는 과정과 원칙을 설명하며, 이러한 할당이 계약에서 어떻게 정의될 수 있는지, 요금 규칙을 통해서도 포함하여 설명하고 있다.
IN. Accessed March 15, 2017. "PPP Toolkit for Improving PPP Decision-Making Processes." Public-Private Partnerships in India. New Delhi: Government of India, Ministry of Finance.	Module 1: PPP 배경에는 다양한 PPP 계약 유형에 따른 전형적인 위험 할당을 설명하는 PPP 모델 변형에 대한 섹션이 포함되어 있다.
ES. 2011. "Real Decreto Legislativo 3/20111, de 14 de noviembre, por el que se aprueba el texto refundido de la Ley de Contratos del Sector Público." *Boletín Oficial del Estado*, 276 (1) 117729-117913. Madrid: Gobierno de España, Ministerio de la Presidencia	스페인 조달법은 스페인에서 사용할 수 있는 공공 조달 PPP 계약을 규제한다. 그중 일부는 법에 의해 부분적으로 구조화되어 있으며, 일부는 유연한 위험 할당 구조를 가지고 있다.
Toro Cepeda, Julio. 2009. *Experiencia Chilena en Concesiones y Asociaciones Público-Privadas para el desarrollo de Infraestructura y la Provisión de Servicios Públicos: Informe Final.* Research for Programa para el Impulso de Asociaciones Público-Privadas en Estados Mexicanos (PIAPPEM). Santiago, Chile.	칠레의 PPP 경험에 대한 검토. 일반적인 프로젝트 구조를 부문별로 나누어 설명하고, 여러 성공적인 PPP 프로젝트의 예를 포함하고 있다.
GIH. 2016a. *Allocating Risks in Public-Private Partnership Contracts*. Sydney: Global Infrastructure Hub.	여러 부문에서의 위험 분배 및 위험 완화 조치 개요를 설명하며, 선진 시장과 신흥 시장을 구분한다.

3.4

PPP 계약 설계

PPP 계약은 파트너십의 중심에 있으며, 당사자 간의 관계, 각자의 권리와 책임을 정의하고, 위험을 분배하며, 변화에 대처하기 위한 구조를 제공한다. 실제로 PPP 계약은 *Box 3.9-PPP 계약이란?*에 설명된 것처럼 여러 문서와 계약을 포함할 수 있다.

대부분의 PPP 프로젝트의 계약 기간은 20년에서 30년 사이이며, 그보다 짧은 기간의 프로젝트도 있고 30년 이상 지속되는 프로젝트도 있다. 계약 기간은 항상 민간 당사자가 프로젝트 설계 및 서비스 관리에 전체 수명 원가 계산 방식을 채택하여 최저 비용으로 서비스 성과를 보장할 수 있을 만큼 충분히 길어야 한다. 계약 기간은 프로젝트의 유형과 정책적 고려사항에 따라 달라지는데, 계약 기간 동안 프로젝트가 필요하고, 민간 당사자가 계약 기간 동안 서비스 제공에 대한 책임을 질 수 있어야 하며, 조달 기관이 계약 기간 동안 프로젝트에 전념할 수 있어야 한다. 금융의 가용성과 그 조건도 PPP 계약 기간에 영향을 미칠 수 있다.

*Figure 3.5-PPP 계약 설계 단계*에서 볼 수 있듯이, 일반적으로 제안 요청서(RFP)가 발행되기 전에 PPP 계약 초안이 필요하다. 세부 계약 설계에는 전문가 자문을 포함하여 상당한 시간과 자원이 소요된다. 세부 설계에 착수하고 이러한 자원을 투자하기 전에 승인이 필요한 경우가 많다.

PPP 계약서 초안은 일반적으로 예비 입찰자에게 발송되는 RFP에 포함되어 있는데 RFP와 함께 발행된 PPP 계약서는 변경할 수 없는 경우도 있다.

다른 경우에는 거래 프로세스 중 입찰자와의 상호 작용으로 인해 변경될 수 있다. 호주 국가 PPP 가이드라인 로드맵 **Australia National PPP Guidelines Roadmap**(AU 2015)과 남아공 PPP 매뉴얼 **South Africa PPP Manual**(ZA 2004a)은 PPP 계약 개발에 대한 개요와 PPP 이행의 각 단계별 진행 방식을 제공한다.

PPP 계약 설계의 목표

잘 설계된 계약은 명확하고 포괄적이며 계약 당사자에게 확실성을 부여한다. PPP는 장기적이고 위험하며 복잡하기 때문에 PPP 계약은 불완전할 수밖에 없다. 즉, 미래 상황을 완전히 예측할 수 없기 때문에 PPP 계약에는 재협상이나 계약 해지로 이어지지 않고 계약 내에서 최대한 상황 변화에 대처할 수 있도록 유연성을 확보해야 한다.

따라서 PPP 계약 설계의 목표는 가능한 경우 확실성을 확보하고 필요한 경우 제한적인 유연성을 확보하는 것이다.

양측 모두에게 명확성을 유지하고 불확실성을 제한해야 하는데, 이는 변경에 대한 명확한 프로세스와 경계를 설정함으로써 달성할 수 있다.

이러한 계약 방식을 실제로 구현하려면 *Section 3.6-PPP 계약 관리*에 설명된 대로 강력한 계약 관리 기관이 필요하다. 가능한 경우, 향후 계약 관리자를 PPP 계약의 설계 또는 검토에 참여시키면 변경 관리 프로세스를 실제로 구현하는 데 도움이 될 수 있다. PPP 계약 설계는 복잡한 작업이다. 본 섹션에서는 PPP 계약 설계의 다섯 가지 영역에서 몇 가지 주요 고려 사항을 간략하게 설명하고 도구, 예시 및 추가 리소스에 대한 링크를 제공한다.

- **성능 요구 사항**-자산과 서비스의 필요한 품질 및 양을 정의하는 데 모니터링 및 벌칙과 집행 구조를 포함한다.
- **지불 구조**-사용자 요금, 사용량 또는 가용성에 따른 정부 지불, 또는 이 둘의 조합을 통해 민간 당사자에게 지불하는 방법과 보너스와 벌칙을 설정할 수 있는 방법을 정의한다.
- **조정 구조**-관세에 대한 특별 검토 또는 서비스 요구사항 변경과 같은 변경 사항을 처리하기 위한 계약 구조를 구축한다.

- **분쟁 해결 절차** - 규제 기관 및 법원의 역할, 전문가 패널 또는 국제 중재의 활용 등 계약 분쟁을 해결하는 방법에 대한 제도적 장치를 정의한다.
- **해지 조항** - 계약 기간, 해지 조항, 조기 해지의 상황 및 그에 따르는 결과를 정의한다.

이러한 조항과 함께 계약에 따른 위험 배분을 정의한다. 이러한 조항을 작성하는 목적은 선택한 위험 배분(*Section 3.3 - PPP 프로젝트 구조화*에 명시된 바와 같이)이 달성되도록 하는 것이어야 한다.

조정 구정와 분쟁 해결을 다루는 조항은 계약이 제공하는 틀 내에서 변경을 허용하고 문제를 해결함으로써 재협상의 필요성을 피하기 위한 것이기도 하다.

일부 국가에서는 PPP 계약서 작성 및 체결에 소요되는 상당한 시간과 비용을 절감하기 위해 PPP 계약 설계 요소를 표준화 하려는 노력을 기울이고 있는데, 이들 국가는 표준화된 계약 조항을 개발하거나 표준화된 PPP 계약서를 완성하기도 했다. *Table 3.1 - 표준화된 PPP 계약 및 조항의 예*에서 몇 가지 예를 확인할 수 있다.

Figure 3.5 PPP 계약 설계 단계

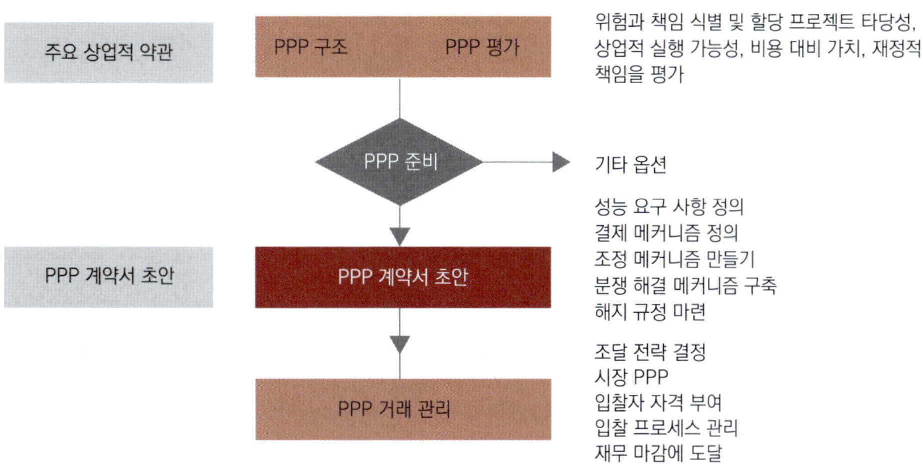

예를 들어, 칠레에서는 양허법에 대한 분쟁 해결 구조가 마련되어 있다. 세계은행 그룹의 권장 PPP 계약 조항 보고서 ***Report on Recommended PPP Contractual Provisions***(WB 2017e)는 불가항력, 해지권, 분쟁 해결 등 거의 모든 PPP 계약에서 발생하는 법적 문제를 다루는 특정 계약 조항을 명시하고 분석한다. 또 다른 유용한 자원으로는 세계은행의 온라인 인프라스트럭처 PPP 리소스 센터(PPPIRC 2017)가 있는데, 이 웹사이트에는 다양한 계약 유형과 부문에 대한 실제 PPP 계약과 샘플 계약서 모음이 게시되어 있다. 계약 조항이 통계 분류에 미치는 영향을 검토하기 위해 2016 유로스탯의 PPP 통계 처리 가이드 **2016 Eurostat Guide to the Statistical Treatment of PPPs**(EPEC 2016)에서는 유럽 정부가 지불하는 PPP 계약에서 흔히 볼 수 있는 다수의 PPP 계약 조항을 검토한다.

3.4.1 성과 요건

PPP 계약은 제공될 자산과 서비스의 질과 양 측면에서 민간 당사자에게 기대되는 사항을 명확하게 명시해야 한다. 예를 들어, 도로에 필요한 유지 관리 표준을 정의하거나 사용자에게 직접 제공되는 공공서비스에 필요한 서비스 품질 및 연결 확장 목표를 정의하는 것이 여기에 포함될 수 있다.

성과 지표와 목표는 일반적으로 기본 PPP 계약의 부속 문서에 명시된다.

PPP의 주요 특징 중 하나는 가능한 한 성과를 입력(예: 도로 포장 재료 및 설계)보다는 요구되는 출력(예: 도로 표면 품질) 측면에서 명시한다는 것이다. 이는 민간 PPP 회사가 Farquharson 외(Farquharson et al. 2011, 34)에서 설명한 요구 사항에 창의적으로 대응할 수 있도록 한다. 출력과 입력 사양의 차이에 대한 더 많은 지침과 예시는 홍콩의 아웃소싱 계약 관리 지침 **Hong Kong's guidance on managing outsourcing contracts**(HK 2007, 32-33)와 영국 국방부의 출력 사양 지침 **Guidance on output specifications from the United Kingdom's Ministry of Defence**(UK 2010a)를 참조하면 된다. 후자는 PPP 프로젝트 사양 개발 프로세스도 제시하고 있다.

입력이 아닌 출력을 명시하는 것은 경쟁을 최대한 개방적으로 유지하고 부패 행위의 기회를 줄이는 데도 도움이 된다. 세계은행의 전력 부문 거버넌스 소스북에서는 특정 기술이 제안 요청서 **World Bank's sourcebook on governance in the electricity sector**(RFP)에 명시된 전력 부문 조달 사례를 설명하고 있는데, 이는 경쟁을 제한하고 부패를 용이하게 하려는 의도가 있었다.

Box 3.9 PPP 계약이란?

본 섹션에서는 PPP 계약이라는 용어를 공공과 민간 당사자 간의 관계를 규율하는 계약 문서를 의미하는 것으로 사용한다. 실제로 PPP 계약은 하나 이상의 문서로 구성될 수 있다. 예를 들어, 새로운 발전소를 설계, 건설, 금융, 운영 및 유지 관리하는 PPP는 전력 구매 계약(PPA)과 같은 문서에 의해 규율될 수 있으며, 이는 송전 회사와 PPP 회사 간의 계약이다. 또한, 책임 있는 정부 부처와 PPP 회사 간의 이행 계약도 포함될 수 있다. 각 계약은 특정 세부 사항을 명시하기 위해 일정이나 부록을 참조할 수 있으며, 예를 들어, 세부 성과 요구 사항 및 측정 방법을 포함할 수 있다.

PPP 계약 외에도 SPV(특수목적법인)와 그 공급업체 및 금융 제공자 간의 여러 계약이 있을 것이다. 그중 가장 중요한 것은 SPV와 대출자 간의 금융 계약과 주주 간의 주주 계약이다(PPP 계약 구조에 대한 자세한 내용은 *Section 1.3 - PPP의 자금 조달 방법* 참조). PPP 계약은 이러한 다른 계약이 체결되기 전까지는 효력이 없을 수 있다. EPEC 가이드(EPEC 2011b, 23)는 일반적인 PPP 계약에서 다루어야 할 주제를 나열하고 있으며, *Table 3.1 - 표준화된 PPP 계약 및 조항의 예*가 추가적인 예시를 제공한다. PPIAF 고속도로 PPP 툴킷(WB 2009a)에서 계약 섹션은 다양한 유형의 PPP에 일반적으로 관련된 계약의 범위를 설명하고 있다.

PPP 계약에는 다음 사항이 명시되어 있어야 한다.

- **명확한 성과 목표 또는 산출 요구 사항**. Farquharson 외(Farquharson et al. 2011, 34-36)는 성과 목표가 SMART해야 한다고 언급한다. 즉, 구체적(Specific), 측정 가능(Measurable), 달성 가능(Achievable), 현실적(Realistic), 그리고 시기적절(Timely)해야 한다고 지적하며, 정부 숙박시설 PPP에 대한 SMART 목표의 예를 제공한다.
- **성과 모니터링 방법** - 어떤 정보를 수집하고, 누가, 누구에게, 얼마나 자주 보고해야 하는지를 지정한다. 여기에는 정부의 계약 관리팀, 민간 당사자, 외부 모니터, 규제 기관, 사용자의 역할이 포함될 수 있다(*Section 3.6 - PPP 계약 관리* 참조).

- 필요한 성과 목표에 도달하지 못했을 때의 결과를 명확하게 명시하고 시행할 수 있다. 여기에는 다음이 포함될 수 있다.
  - 벌금 지급, 예정 손해 배상 또는 성과 보증금의 구체화. Iossa 외(2007, 47-49)는 이러한 집행 구조의 장단점을 설명한다. 영국의 표준화된 PPP 계약서에도 서비스 시작 지연에 대한 보호 조항이 포함되어 있으며 **United Kingdom's standardized PPP contracts**(UK 2007, Chapter 4), 예정 손해 배상이나 성과 보증금이 언제 어떻게 사용될 수 있는지를 설명하고 있다.
  - 지급 구조에 포함된 부진한 성과에 대한 지급 공제(또는 우수한 성과에 대한 보너스)를 지정한다(*Section 3.4.2-지불 구조* 참조).
  - 정식 성과 경고 절차에 따라, 대출기관은 성과를 개선하고 계약 위반을 피하기 위해 단계 개입 권리를 행사할 수 있다. 지속적인 불만족스러운 성과는 계약 위반으로 인한 해지로 이어질 수 있으며, 이는 *Section 3.4.5 해지 조항*에서 설명되어 있다.
- **공공 당사자의 단계 개입 권리**는 잘 정의된 상황에서 양허권을 (일반적으로 일시적인) 통제할 수 있는 권리를 의미한다. Iossa 외(Iossa et al. 2007, 81-83)에 의해 설명된 바와 같이, 이러한 권리의 목적은 공공 당사자가 서비스 제공을 위협하는 문제를 해결할 수 있도록 하는 것으로, 예를 들어 PPP 교도소에서의 폭동과 같은 상황에서 이러한 문제를 더 잘 처리할 수 있을 때 적용된다.

다음 자료에서는 성능 요구 사항 설정의 세 가지 요소에 대한 자세한 지침과 예시를 제공한다.

- Kerf 외의 양허에 대한 가이드 **Kerf et al's Guide to Concessions**(Kerf et al. 1998, 70-74)는 공공 서비스에 대한 양허 계약의 맥락에서 성과 목표와 관련된 문제를 설명하고 사례를 제공한다.
- 4Ps의 영국 PFI 경험에 관한 보고서 **4Ps paper on the United Kingdom's PFI experience**(4Ps 2005, 7-10)는 성과 요구 사항을 명확히 하는 데 있어 배운 교훈을 제시한다. 여기에는 해석의 차이를 피하기 위한 명확성의 필요성과 보고 요구 사항이 충분해야 한다는 점이 포함된다. 이러한 차이는 분쟁으로 이어질 수 있다.

- 남아프리카공화국 PPP 매뉴얼 Module 6, PPP 계약 관리 **South Africa PPP Manual** Module 6 *Managing the PPP Agreement*(ZA 2004a, Module 6, 25-26)는 성과 요구 사항, 모니터링 및 집행 메커니즘을 어떻게 설정해야 하는지를 간략하게 설명한다. 성과 모니터링에 대한 더 자세한 내용은 남아프리카공화국의 표준화된 PPP 조항(ZA 2004a, Standardized PPP Provisions, 121-133)에 나와 있다.

Table 3.1 표준화된 PPP 계약 및 조항의 예

관할권(Jurisdiction)	표준(Standard)	링크(Links)
호주	사회 및 경제 인프라 PPP를 위한 표준 상업 원칙에 대한 호주 인프라에서 발행한 지침	Infrastructure Australia's PPP Guidelines(AU 2017): Volume 3 on social infrastructure and Volume 7 on economic infrastructure.
인도	다양한 교통 분야의 PPP 모델 계약에 대한 설명	Former Planning Commission (IN 2014d), (IN 2009)
네덜란드	건물의 DBFM(설계-건축-운영-유지 관리) 및 인프라의 DBFMO(설계-건축-운영-유지 관리-소유)에 대한 표준 PPP 계약	Ministry of Finance Publications(NL 2017)
뉴질랜드	표준 PPP 계약 초안	National Infrastructure Unit (NZ 2013)
필리핀	대량 급수, 정보통신기술(ICT), 고형 폐기물 관리 및 도시 대중 교통을 위한 PPP 샘플 계약. PPP 센터는 현재보다 널리 적용할 수 있는 표준화된 조건을 개발 중임.	Public-Private Partnership Center: PEGR Sample Contracts(PEGR 2009)
남아프리카 공화국	남아프리카 공화국 PPP 매뉴얼과 함께 발표된 표준화된 PPP 조항	National Treasury Standardized PPP Provisions (ZA 2004c)
영국	PFI 프로젝트를 위한 표준화된 계약서, 계약의 각 요소에 대한 광범위한 지침 포함	Her Majesty's Treasury: *Standardized contracts*(UK 2012c)

- 스코틀랜드 정부는 PFI 학교를 위한 표준 산출물 기반 성과 요건(SCT 2004)을 마련했으며, 여기에는 성과 요건을 정의하는 데 있어 몇 가지 주요 이슈도 설명되어 있다.
- 미국 교통부의 '공공-민간 파트너십의 주요 성과 지표' **United States Department of Transportation's Key Performance Indicators in Public-Private Partnerships**(US 2011)에서는 여러 국가에서 사용되는 지표와 그 효율성을 재조명한다.

3.4.2 지불 구조

지불 구조는 PPP의 민간 당사자가 보상을 받는 방법을 정의한다. 성과 또는 위험 요소를 반영하기 위한 대금 조정은 EPEC 지침서 **EPEC Guide to Guidance**(EPEC 2011b, 24)에 설명된 대로 PPP 계약에서 인센티브를 창출하고 위험을 분산하는 데 중요한 수단이 된다.

Iossa 외(Iossa et al. 2007, 41-49)는 PPP의 지불 구조에 대한 유용한 개요를 제공한다. PPP 지불 구조의 기본 요소에는 다음이 포함될 수 있다.

- **사용자 요금** - 개인 당사자가 서비스 사용자로부터 직접 징수하는 결제 수단.
- **정부 지급** - 정부가 제공한 서비스 또는 자산에 대해 민간 당사자에게 지급하는 대가. 이러한 지불은 다음과 같다.
  - 사용량 기반(예: 그림자 통행료 또는 생산량 기반 보조금)

Tip 그림자 통행료(Shadow Toll)는 PPP 프로젝트에서 지불 구조로 사용되는데 도로와 같은 인프라 프로젝트에서 민간 파트너가 수익을 창출할 수 있도록 설계되어 있다. 이는 실제로 도로를 이용하는 차량에 대해 직접 요금을 부과하는 대신, 정부가 민간 당사자에게 차량 통행량에 따라 일정 금액을 지급하는 보조금 방식이다.

  - 가용성에 따라, 즉 특정 품질의 자산이나 서비스가 제공되는 조건에 따라 조건부 지불

- 특정 이정표를 달성하는 데 기반한 선불 보조금

• **보너스와 벌금, 또는 과태료**-특정 성과 또는 기준에 도달하지 못할 경우 민간 당사자에게 지급되는 금액의 공제, 또는 민간 당사자가 지급해야 하는 벌금이나 과태료. 반대로, 특정 성과에 도달할 경우 민간 당사자에게 지급되는 보너스

PPP 지불 구조에는 이러한 요소의 일부 또는 전부가 포함될 수 있으며, 실제로 지불하는 시기와 구조를 명시하는 것을 포함하여 계약서에 완벽히 정의되어야 한다. 각 경우의 주요 고려사항은 본 섹션의 뒷부분에 간략하게 설명되어 있다.

사용자 요금 정의

사용자에게 요금을 부과하여 양도권이 지급되는 경우, 요금 설정 및 조정 방식은 중요한 위험 분배 구조가 된다. 일부 PPP에서는 민간 당사자가 요금 및 요금 구조를 자유롭게 설정할 수 있지만, 많은 경우 사용자 지불 PPP는 독점적 특성을 가진 분야에 있으며, 요금은 일반적으로 정부에 의해 규제되어 사용자 보호를 위해 서비스 기준과 함께 관리된다. PPIAF의 통행료 원칙에 관한 노트 **PPIAF note on tolling principles**(Bull and Mauchan 2014)은 통행료 정책의 거래 및 위험에 대해 논의한다. 위험 분배에 대한 핵심 질문은 '요금이 어떻게 변경될 수 있는가?'이다. 예를 들어, 인플레이션이나 기타 경제 변수의 변화, 또는 다양한 유형의 비용 변화에 따라 요금 조정이 어떻게 이루어지며, 누가 요금 조정을 촉발할 수 있는가 하는 것이다.

요금은 PPP 계약에서 요금 공식을 설정하거나 규제를 통해, 또는 두 가지의 조합을 통해 통제될 수 있다. 예를 들어, 초기 요금 수준을 설정하는 요금 공식과 인플레이션에 따라 자동으로 조정되는 요금 공식을 설정할 수 있다. 계약에는 정기적인 요금 공식 검토를 위한 조항이 포함될 수 있으며, 이때 다른 요소들도 고려될 수 있다. 이는 *Section 3.4.3-조정 구조*에서 더 자세히 설명된다.

Kerf 외의 **Guide to Concessions**(Kerf et al. 1998, *Section 3.3* and *3.4*)는 사용자 부담형 양허 계약의 가격 설정 및 가격 조정에 대한 유용한 개요를 제공한다. 세계은행의 물 부문 PPP 툴킷 **World Bank's toolkit on water sector PPPs**(PPIAF 2006,

108-118) 또한 사용자 부담형 PPP의 위험 분배 구조로서 요금 조정 및 재설정에 대해 논의하고 있다.

요금 설정 및 조정에 대한 추가 정보는 인프라 규제를 위한 다양한 요금 설정 접근 방식에 관한 방대한 문헌이 있다. 세계은행의 인프라 규제 지식체계 **World Bank's Body of Knowledge on Infrastructure Regulation**(PURC 2012)에는 가격 설정(즉, 전체 가격 수준 설정)과 요금 설계(즉, 다양한 고객이나 상황에 따라 요금이 어떻게 달라질 수 있는지)에 관한 모듈이 포함되어 있다. 두 모듈 모두 주요 이슈를 설명하고 추가 자료에 대한 광범위한 링크를 제공한다.

정부 지급 정의

정부 지급을 정의할 때 고려해야 할 주요 사항은 다음과 같다.

- **다양한 정부 지급 구조의 위험 분배 의미**. 예를 들어, 사용 기반 구조에서는 수요 위험이 민간 부문에 의해 부담되거나 공유되지만, 가용성 지급 구조는 수요 수준과 관련이 없는 대체 보상 구조를 생성한다. 초기 자본 보조금을 제공하면 민간 측이 계약 기간 동안 가용성 기준으로 동일한 보조금을 제공받는 경우보다 위험을 덜 부담하게 된다. Irwin의 재정 지원 결정에 관한 논문 **Irwin's paper on fiscal support decisions**(Irwin 2003)은 인프라 프로젝트에 대한 다양한 유형의 보조금(사용자 지불과 함께) 간의 거래 관계와 정부가 적절히 결정하는 방법을 설명한다.
- **명확한 출력 사양 및 성과 기준과의 연계**-지급을 잘 정의된 성과 요구 사항에 연결하는 것은 실제로 위험 분배를 달성하는 데 핵심적이다. 계약에서 출력 및 성과 목표를 명시하는 데 대한 더 많은 자료는 *Section 3.4.1-성과 요건* 참조. 보너스 및 페널티 정의 섹션에서 지급 조정이 어떻게 명시되어야 하는지에 대한 추가 정보를 제공한다.
- **지급 공식의 지수화**-요금 사양과 마찬가지로, 지급은 특정 위험 요소에 대해 전액 또는 일부가 지수화될 수 있으므로 정부가 위험을 부담하거나 공유하게 된다.

EPEC 지침서 **EPEC Guide to Guidance**(EPEC 2011b, 24)는 정부 지불 PPP의 지불 구조를 정의하는 방법에 대한 유용한 개요를 제공한다. 예스콤(Yescombe 2007)은 다양한 옵션과 그 옵션이 위험 배분 및 금융권에 미치는 영향에 대해 자세히 설명한다.

스코틀랜드 정부에서 작성한 메모 **note developed by the Scottish Government**(SCT 2007)는 PPP에서 지불 구조를 정의하고 구현한 경험을 설명한다.

보너스 및 불이익 정의하기

정부가 지불하는 PPP와 사용자가 지불하는 PPP 모두에서 보너스와 불이익은 특정 성과에 연동될 수 있다. 정부가 지불하는 계약에서 보너스와 불이익은 일반적으로 정기적인 지급액에 대한 조정이다. 정부는 사용자 지불 계약에 따라 보너스를 제공하거나 불이익을 행사할 수도 있다.

Iossa 외(Iossa et al. 2007, 46-47)는 성과 기반 지불에 대한 개요를 제공한다. 스코틀랜드 정부의 PPP 지불 구조 설계에 관한 참조 자료 **Scottish Government note on designing payment mechanisms for PPPs**(SCT 2007, 9-13)는 지불 메커니즘을 조정할 필요성, 즉 성과 미달의 다양한 상황에 따른 위약금 및 재정적 영향을 점검할 필요성을 강조하고 있다. *Table 3.1-표준화된 PPP 계약 및 조항의 예*에 있는 표준 계약서는 보너스 또는 위약금 사용에 대한 추가 예시를 제공한다. 예를 들어, 영국의 표준화된 PPP 계약서에는 지불 구조에 관한 장이 포함되어 있으며 **United Kingdom's standardized PPP contracts**(UK 2007, Chapter 7), 여기에는 재무 분석을 기반으로 한 위약금 및 보너스 보정에 대해서도 설명되어 있다.

3.4.3 조정 구조

PPP 프로젝트는 장기적이며, 종종 위험하고 복잡하다. 예를 들어, 새로운 유료 고속도로는 수요 변동과 같은 명백한 위험에 직면할 뿐만 아니라 미래에 더 많은 교차로 제공 또는 교통 관리 기술 설치 요구와 같은 숨겨진 위험도 있다. 물 공급 계약과 같은 더 복잡한 PPP는 예측할 수 없는 변화에 훨씬 더 노출되어있다. 네트워크 자산은 예상보다 더 오래 지속되거나 덜 지속될 수 있다. 새로운 건강 연구로 인해 처리 및 분배 기술에 대한 변화 요구가 발생할 수 있으며, 도시 성장으로 인해 예측하지 못한 위치에서 대규모 투자 요구가 생길 수 있다.

PPP 계약은 필연적으로 불완전하다는 의미다. 즉, 모든 미래의 가능성을 완전히 명시할 수는 없다. 따라서 PPP 계약에는 유연성이 내재되어 있어야 하며, 이는 변화하는 상황을 계약 내에서 최대한 처리할 수 있도록 하여 재협상이나 계약 종료로 이어지지 않도록 해야 한다. 이러한 조정 구조는 일반적으로 변화에 대한 명확한 프로세스와 경계를 설정하는 것을 목표로 한다.

민법 시스템에서 일반적으로 사용되는 재정적 균형 개념은 여러 가지 유형의 변화를 처리하기 위한 폭넓은 구조를 제공한다. 다른 구조보다 구체적이며, 서비스 요구 사항의 변경, 요금 공식의 변경, 시장 변화에 따른 기타 비용 조정, 또는 재융자 이익을 처리하는 구조 등이 있다.

EPEC 지침서 **EPEC Guide to Guidance**(EPEC 2011b, 37-38)에 설명된 바와 같이, 계약 변경을 위한 행정적 준비와 절차는 계약 관리 프레임워크 및 자료의 일부로 추가 정의되는 경우가 많다(*Section 3.6.1-계약 관리 구조 수립* 참조). 변경에 대한 규칙과 과정을 지정할 수 있지만, 재량의 여지가 남아있을 가능성이 높다. 따라서 계약서에는 공공 및 민간 당사자 모두가 자신의 이익이 존중될 것이라는 확신을 줄 수 있는 과정으로 정의해야 한다.

재정적 균형 조항

민법 시스템에서는 계약에서 재정적 균형 개념을 일반 행정법에서 채택하거나 PPP 특정 법률 또는 특정 계약에서 더 자세히 정의하는 경우가 많다. 재정적 균형 조항은 운영자가 그들의 통제를 벗어난 특정 사건에 대해 계약의 주요 재정 조건의 변경을 요구할 수 있는 권리를 부여한다. 조정은 계약 기간 동안 유지되는 상호 합의된 재정 모델을 기반으로 하는데, 재정적 균형 수정을 정당화하는 예상치 못한 변화의 세 가지 원인은 일반적으로 불가항력(주요 자연 재해 또는 시민 소요), 공권력의 행사(정부의 조치), 그리고 경제 조건의 예기치 않은 변화(ius variandi)로 정의된다. PPPIRC 웹사이트(PPPIRC)에서는 민법 또는 관습법 시스템의 주요 특징 섹션에서 재정적 균형 조항에 대한 더 많은 정보와 참고 자료를 제공한다.

서비스 요구 사항 변경

계약 당사자가 계약 기간 동안 서비스 요구 사항을 정확하게 예측하는 것은 어려울 수 있다. 계약은 일반적으로 변화하는 상황(변화하는 기술을 포함할 수 있음)에 대응하여 서비스 요구 사항의 변화를 처리하는 접근 방식을 포함한다. 예를 들어, 홍콩 PPP 가이드 **Hong Kong PPP Guide**(HK 2008, 68-71)는 상황 변화에 어떻게 대처할 수 있는지를 설명하고 있다. 남아프리카공화국의 표준 계약 조항 **South Africa standardized contract provisions**(ZA 2004a, Part K: 50)은 네 가지 변동 범주를 제공한다.

- 추가 비용이 없는 변동
- 소규모 작업 변동
- 제도적 변동(서비스 요구 사항 변경)
- 민간 당사자가 요청한 변동

요금 또는 지불 규칙 또는 공식의 변경

인플레이션과 같은 요인에 대한 정기적인 조정을 허용하기 위해 *Section 3.4.3-조정 구조*에 설명된 대로 요금이나 지불은 대체로 공식 지정된다. PPP 계약은 이러한 공식 검토를 위한 구조를 포함할 수 있으며, 이는 정기적이거나 특별한 상황에서의 일회성 변경(지정된 유발요인과 함께)일 수 있다. 이러한 과정은 규제 요금 검토와 유사하므로, 규제 지침 자료가 유용할 수 있다. 세계은행의 인프라 규제에 관한 지식 체계 **World Bank's body of knowledge on infrastructure regulation**(PURC 2012)에서 가격 수준 규제에 대한 섹션은 요금 규제의 주요 문제를 설명하고, 독자가 다양한 참고 자료에 접근하는 데 도움을 준다.

시장 테스트 및 운영 비용 벤치마킹

일부 PPP 계약은 시장 상황에 맞게 비용을 조정할 수 있도록 계약의 특정 하위 서비스에 대한 주기적인 시장 테스트 또는 벤치마킹을 요구한다. 이는 일반적으로 학교나 병원 시설과 같이 수명이 긴 자산과 청소와 같이 시장 계약 기간이 짧은 소프트 서비스를 함께 제공하는 PPP의 경우 수행된다. 이러한 접근 방식은 영국의 민간 금융 이니셔티브(PFI) 전통의 PPP 계약에서 가장 흔하게 나타난다. 한 가지 목표는 소프트 서비스에 대해 청구되는 가격 조정의 유연성과 다른 유사한 계약을 비교하여 시장 조건에 맞게 유지되도록 하는 것이다. 소프트 서비스에 대해 시장 테스트를 하는 또 다른 이유는 서비스 제공자가 일반적으로 이러한 서비스를 장기간 동안 단순한 인플레이션 지수화로 고정 가격을 제공하는 것을 꺼리기 때문이다. 실제 비용이 지수화와 일치하지 않을 가능성이 높기 때문이다.

영국 운영 태스크포스 노트 **United Kingdom Operational Taskforce note**는 벤치마킹 및 시장 테스트 접근법에 대한 자세한 지침을 제공한다(UK 2006a). 영국 보건부 **United Kingdom's Department of Health** 또한 병원 PFI의 벤치마킹 및 시장 테스트에 관한 모범 사례 규범을 마련했다(NAO 2010b). 이 강령은 의료 시설 계약에 초점을 맞춘 시장 테스트 프로세스 관리 방법에 대한 지침을 제공한다(NAO 2011).

리파이낸싱

프로젝트 실행 중에 재무위험이나 자본 시장의 변화로 인해 PPP 회사가 원래의 부채를 더 유리한 조건으로 대체하거나 재협상할 수 있다. *Section 1.3-PPP 자금 조달 방법*에서 설명했듯이, 많은 PPP 계약은 재융자에서 발생하는 이익을 결정하고 공유하는 규칙을 명시하고 있다. 예를 들어, 2004년 영국 재무부는 표준 PFI 계약에 투자자와 정부 간의 재융자 이익을 50:50으로 나누는 조항을 도입했다. EPEC의 PPP 가이드 **EPEC Guide to Guidance**(EPEC 2011b)도 PPP 계약에서 재융자를 어떻게 처리할 수 있는지에 대한 간결한 요약을 제공한다.

3.4.4 분쟁 해결 구조

PPP 계약은 장기적이고 복잡하기 때문에 계약이 불완전한 경우가 많다. 이러한 불완전성은 해석의 차이를 초래할 수 있으며, 이로 인해 분쟁이 발생할 수 있다. 분쟁 해결 과정을 정의하는 것은 서비스 중단 없이 신속하고 효율적으로 분쟁을 해결하는 데 도움이 된다. 분쟁 해결 구조는 PPP 계약에 포함될 수 있다. 일부 정부는 모든 PPP 계약에 적용될 수 있는 국제 문서(예: 양자 투자 조약 또는 다자간 협정)나 지역 PPP 법률에 분쟁 해결 구조를 정의하기도 한다.

Kerf 외(Kerf et al. 1998, Section 3.10)에 따르면, PPP를 위한 분쟁 해결 구조 에는 다음과 같은 것들이 포함될 수 있다.

- **중재 및 조정** - 중립적인 제3자가 분쟁을 해결하기 위해 임명되어 당사자들이 의견 차이를 조정하도록 돕는다. 이는 공식적인 중재에 들어가지 않기를 희망하며 사용될 수 있다. 중재자는 일반적으로 촉진자 역할을 하며, 당사자들이 최상의 협상 해결책이나 합의를 찾도록 돕는다. 해결책 자체는 분쟁 당사자들이 스스로 개발하게 된다. 조정자는 중립적인 역할을 유지하면서도 더 적극적인 역할을 하며, 해결책과 합의 조건을 적극적으로 제안한다.
- **부문 규제 기관에 대한 의뢰** - 독립 규제 기관의 관할하에 있는 부문에서의 PPP의 경우, 규제 기관이 특정 분쟁을 해결하는 책임을 맡을 수 있다. 이는 상대적으로 간단하고 비용이 낮은 옵션이지만, 규제 기관의 독립성이나 역량에 대한 우려가 있는 경우 민간 당사자에게는 위험할 수 있다.
- **사법 시스템** - 일반적으로 계약 분쟁은 법원의 관할권에 속하며, PPP 계약도 일반적으로 마찬가지이다. 그러나 PPP 당사자들은 법원 시스템이 분쟁 해결에 적합하지 않다고 생각하는 경우가 많다. 법원 시스템은 느릴 수 있고, 특히 개발도상국에서는 기술적 전문성이 부족할 수 있기 때문이다. PPP의 분쟁 해결 구조는 가능한 한 법원 시스템을 피하려고 한다.
- **전문가 패널을 중재자로 지정** - PPP 계약이나 법률에서 독립 전문가 패널을 지정하여 분쟁 발생 시 중재자로 활동하도록 할 수 있다. 결정은 비구속적(non-binding)으로 정의될 수 있으며(이 경우 추가적인 점층적인 구조안이 필요하다),

구속력(binding)이 있는 것으로 정의할 수 있다.

- **국제 중재** - 많은 PPP의 최후의 수단은 국제 중재이다. 이는 국제 투자 분쟁 해결 센터(International Centre for Settlement of Investment Disputes)와 같은 상설 중재 기관(*Box 3.10 - 국제 투자 분쟁 해결센터(ICSID)*)에서 이루어질 수 있으며, 국제 전문가 패널과 같은 임시 중재 기구에 의뢰할 수 있다.

간단한 방법이 실패할 경우 분쟁을 확대할 수 있도록 접근 방식 중 두 가지 이상을 사용할 수 있다. 예를 들면 다음과 같다.

- 칠레 양허. **Chile concessions** 칠레의 PPP 계약 분쟁 해결 구조는 양허법에 규정되어 있으며, 전문가 집단에 대한 칠레의 경험, Jadresic의 검토 **Jadresic's review of Chile's experience with expert panels**(Jadresic 2007, 25 - 26)에 명시된 바와 같이 독립적인 전문가 집단의 역할에 중점을 두고 있다. 계약마다 전문가 조정 패널이 설치되며, 정부에서 선정한 전문가 1명, 민간 당사자가 선정한 전문가 1명, 노사 합의에 의한 전문가 3명 등 총 3명으로 구성된다. 조정 집단은 분쟁 해결을 위한 조정 조건을 제안하여 당사자 간 합의를 유도할 수 있다. 합의에 이르지 못하면 민간 당사자는 조정 집단을 중재 집단으로 전환 요청하거나(구속력 있는 결정을 내릴 수 있음), 법원제도를 이용할 수 있다.
- 부쿠레슈티 수자원 서비스 양허 계약 **Bucharest Water Service Concession**에서 분쟁 해결 구조는 PPP 계약에 정의되어 있다. 여기에는 지방정부에 소속된 기술 규제 기관인 환경 규제 기관이 포함되며, 이의 제기가 있을 경우 국제 전문가 집단에 의뢰할 수 있다.
- 멕시코의 연방법인 조달, 임대 및 서비스법 **Mexico, the Federal Law on Acquisitions, Leases and Services**(MX 2014)는 PPP 계약 이행 중 분쟁 해결 절차를 규정하고 있다. 이 과정은 Secretaría de la Función Pública(공공기능부)가 담당한다. 법에 따르면, 이해관계자는 분쟁 해결 지원을 위해 장관에게 요청해야 한다. 장관은 분쟁 해결 회의를 주선하며, 이 절차를 통해 도달한 합의는 구속력이 있으며, 관련 당사자들은 합의 이행의 진행 상황을 보여주는 보고서를 작성해야 한다.

- 우루과이의 PPP 계약에 관한 법률 **Uruguay, the Law on PPP Contracts**(UY 2011)는 분쟁을 해결하기 위해 당사자들이 임시 중재 패널에 합의해야 한다고 규정하고 있다.

*Table 3.1 - 표준화된 PPP 계약 및 조항의 예*에 나열된 표준화된 계약은 분쟁 해결 조항 및 옵션에 대한 추가 검토를 제공한다.

3.4.5 해지 조항

대부분의 경우 PPP 계약에는 정해진 기간이 있다. 계약서에는 일반적으로 계약 종료일과 계약 종료 및 자산 인계 절차가 명시되어 있는데, PPP 계약서 또는 경우에 따라서는 관련 PPP 법에 계약이 조기에 종료될 수 있는 상황과 각 경우의 종료 결과가 명시되어야 한다.

계약 기간 및 자산 인계

PPP 계약은 일반적으로 계약 기간과 프로젝트 자산을 정부에 인계하는 방식에 대해 정의한다. 가장 일반적인 접근 방식은 정부가 초안 계약에서 계약 기간을 선택하여 민간 당사자가 합리적인 요금 또는 지불 수준에서 요구되는 수익을 달성하는 데 필요한 시간을 가장 잘 추정하는 것이다. 두 번째 옵션은 유사한 결과를 가져오며, 요금이나 연간 지불금을 정의하고 계약 기간을 입찰자가 주요 입찰 변수 중 하나로 결정할 수 있도록 하는 것이다. 이 접근 방식은 예를 들어 멕시코의 통행료 도로 프로그램에서 사용되었으며 **Mexico's toll road program**(Fisher and Babbar 1996), 가장 짧은 기간을 제안한 입찰자에게 양허권이 부여되었다.

세 번째 대안은 Kerf 외(Kerf et al. 1998, 83)가 설명한 대로 양허 기간을 자체적으로 결정하도록 하는 것으로, **최소 현재 가치 수익**(Least Present Value of Revenue, LPVR)을 기준으로 입찰을 초대하는 방식이다. 이는 해당 가치에 도달하면 양허가 종료된다는 의미로, 교통량이 많을수록 양허가 더 빨리 종료된다. 이 접근 방식은

Engel, Fischer and Galetovic(Engel et al. 2002)이 고정 기간 양허의 위험을 관리하기 위해 제안하였으며, 칠레와 콜롬비아의 통행료 도로에서 사용되었다.

Kerf 외(Kerf et al. 1998, 81-82)와 Iossa 외(Iossa et al. 2007, 73-78)는 짧은 양허 기간의 장단점을 설명하고 있다. 짧은 양허 기간은 정부가 시장으로 돌아가 양허를 재입찰할 수 있게 해주지만, 이는 특히 양허 기간이 끝날 무렵에 양허 업체가 투자하도록 유도하는 데에는 단점이 될 수 있다.

주어진 이러한 단점을 고려할 때, PPP 계약은 계약 종료 시 자산 및 운영의 전환 방식을 명확히 정의해야 한다. 이는 일반적으로 자산의 품질을 정의하고 평가하는 방법, 계약 종료 몇 년 전 자산 상태를 검토하는 시기와 방법, 자산 인수 시 지급이 이루어질지 여부, 그리고 지급 금액이 어떻게 결정될지를 정의하는 것을 포함한다. 기 계약의 시작 단계에서 인수 기준을 정의하는 것은 특히 어려울 수 있다. 또한, 양측이 계약 기간 종료에 가까워질수록 민간 측이 투자 약속을 이행하도록 하는 것이 어려울 수 있다. 다음의 자료들은 몇 가지 가능한 접근 방식을 설명한다.

- 세계은행의 도로 및 고속도로 PPP 툴킷 **World Bank's toolkit for PPPs in roads and highways**(WB 2009a, Module 5, Stage 5)는 자산의 잔여 년수를 기준으로 인도 시 자산 표준을 정의하는 방법을 설명한다.
- 호주의 표준 상거래 원칙 **Australia's standard commercial principles**(AU 2011b, 120-124)는 자산의 품질을 평가하고 필요한 인도 조건을 정의하기 위해 계약 기간이 끝날 무렵에 임명되는 독립 평가자의 사용을 명시하고 있다.
- 영국의 표준 PFI 계약 **The United Kingdom's standard PFI contract**(UK 2007)에 따르면 계약 종료 약 2년 전에 점검을 실시해야 하며, 이를 바탕으로 시설물을 필요한 표준으로 끌어올리는 데 필요한 작업이 명시되어 있다. 계약 기관은 수수료 지급을 보류하고 필요한 작업이 수행된 경우에만 지급할 수 있다.

EPEC 지침 가이드 **EPEC Guide to Guidance**(EPEC 2011b, 42)에서는 인도 시 자산 품질을 보장하기 위해 채권 또는 보증을 사용하는 방법을 설명한다.

조기 해지 관련 조항

PPP 계약은 계약이 조기 종료될 수 있는 조건을 명시해야 하며, 이 경우 프로젝트 자산의 소유권은 일반적으로 공공 부문으로 돌아간다. 여기에는 누가 종료할 수 있는지, 어떤 이유로 종료할 수 있는지, 그리고 각 경우에 어떤 보상 지급이 이루어질 것인지가 포함된다.

조기 종료의 세 가지 주요 이유는 다음과 같다.

- 민간 당사자의 채무 불이행
- 공공 당사자에 의한 종료, 이는 채무불이행이나 공익적 이유
- 외부 사유(불가항력)로 인한 조기 종료

각각의 경우에 정부는 일반적으로 민간 측에 지급을 하고 프로젝트 자산에 대한 통제권을 넘겨받으며, 이는 새로운 PPP 계약에 따라 재입찰될 수 있다. 계약상 정의된 종료 지급은 종료 사유에 따라 달라지며, 이는 *Table 3.2-조기 해지 및 해지 지급금의 유형*에 요약되어 있다.

Table 3.2 조기 해지 및 해지 지급금의 유형

해지 (Termination)	일반적인 해지 발생 원인 (Typical Triggers)	해지 보상금 정의 (Defining Termination Payment)
민간 측의 채무불이행	• 공사를 완료하지 못하는 경우 • 성능 기준을 지속적으로 충족하지 못하는 경우 • 프로젝트 회사의 파산 대출기관은 일반적으로 성과가 저조한 계약자 문제를 해결할 수 있도록 단계 개입 권한(step-in rights)을 부여받는다. 해지는 이러한 개입이 효과가 없거나 대출기관이 개입하기를 원하지 않을 경우에만 발생한다.	해지 지급금은 일반적으로 주주가 채무불이행의 부담을 지도록 정의된다. 대출기관도 문제를 해결하려는 유인을 강화하기 위해 일부 손실에 노출될 수 있지만, 이는 은행 건전성에 영향을 미칠 수 있다. 선택 사항으로는 다음과 같은 것들이 있다. • 미지급 채무의 전체 가치 또는 특정 비율 • 자산의 감가상각 장부 가치

해지 (Termination)	일반적인 해지 발생 원인 (Typical Triggers)	해지 보상금 정의 (Defining Termination Payment)
		• 미래 현금 흐름의 순현재가치(해결 비용을 차감한 후) • 공개 시장에서의 양도 재입찰 수익-이로 인해 예상치 못한 해지 지급 의무를 위한 예산 공간을 찾는 어려움을 극복할 수 있다.
공공 측의 채무불이행	공공 당사자가 계약상의 의무를 이행하지 못했을 경우	공정한 계약은 공공 당사자가 채무 불이행을 선택할 경우 민간 당사자가 손해를 보지 않도록 해야 한다. 이 경우 해지 지급금은 일반적으로 채무의 가치와 일부 자본 측정을 더한 금액으로 설정되며, 향후 손실 이익(있는 경우)도 포함될 수 있다.
공익을 위한 해지	많은 PPP 또는 공공조달법에서는 공익을 이유로 계약 당사자가 계약을 종료하는 것을 허용 한다.	공정한 계약은 공적 당사자가 채무 불이행을 선택하더라도 사적 당사자가 손해를 보지 않도록 보장해야 한다. 이 경우 해지 지급금은 일반적으로 부채 가치에 일정 수준의 자본을 더한 금액으로 설정되며, 미래 수익 손실(있는 경우)도 포함될 수 있다.
장기적인 불가항력 피해	계약서에 신중하게 정의되어야 하며, 보험에 가입될 수 없는 장기간의 불가항력적인 사건으로 제한되어야 한다.	일반적으로 위 두 가지 옵션의 중간에 해당하며, 두 옵션 사이에 어느 쪽도 잘못이 없는 경우이다.

Box 3.10 국제 투자 분쟁 해결센터(International Centre for Settlement of Investment Dispute, ICSID)

세계은행 그룹의 일원인 ICSID는 1966년 국가와 다른 국가 국민 간의 투자 분쟁 해결에 관한 협약(ICSID 또는 워싱턴 협약)에 따라 설립된 자율적 국제기구로, 153개 이상의 회원국을 보유하고 있다.

ICSID는 국제 투자 분쟁 해결을 위한 시설과 서비스를 제공한다. 또한 분쟁이 발생하기 전에 사실을 조사하고 보고하는 사실 조사 절차를 제공한다.

ICSID 협약은 비상업적 위험과 투자 분쟁 해결을 위한 전문화된 국제적 방법의 부재로 인해 발생하는 민간 투자의 자유로운 국제적 흐름에 대한 주요 장애물을 제거하기 위해 마련되었다. ICSID는 이 협약에 따라 민간 투자자와 투자 유치국 간의 법적 분쟁을 조정 또는 중재 절차를 통해 해결하는 기능을 제공하는 공정한 국제 포럼으로 창설되었다. ICSID 시설 이용은 항상 당사자의 동의를 전제로 한다. 다른 중재 구조와 비교할 때 ICSID 협약의 가장 큰 장점은 전문적이고 완전히 분산된 중재 구조와 판정의 집행 가능성을 제공한다는 점이다.

ICSID 웹사이트(ICSID 2017)는 도로, 철도, 항만, 공항, 에너지, 폐기물, 물, 폐수 및 기타 부문에 관한 사례를 포함하여 국제 분쟁 해결에 대한 자세한 정보와 사례를 제공한다. 많은 판결이 웹사이트에서 영어, 프랑스어 및/또는 스페인어(ICSID-Cases)로 제공된다. 또한 이 웹사이트는 영어, 프랑스어, 스페인어로 조정 및 중재에 관한 모델 조항 세트를 제공한다. ICSID는 중재자 패널과 조정자 패널(중재자)(ICSID-패널)을 유지하고 있다.

프로젝트 자산의 가치와 연결된 해지 지급 정의에 대한 이러한 접근 방식 중 일부는 신중한 정의가 필요하다. 다음 자료는 해지 사유, 조정 및 지급에 대한 추가 지침을 제공한다.

- EPEC 지침 가이드 **EPEC Guide to Guidance**(EPEC 2011b, 40-42)에서는 이러한 각 해지 사유와 각 경우의 해지 지급금 정의 옵션에 대해 설명한다.
- 해지 조항에 대한 보다 자세한 EPEC 간행물 **EPEC publication on termination provisions**(EPEC 2013)에서는 PPP 계약의 해지 및 불가항력 조항에 대한 현재 유럽 관행과 지침을 검토한다.
- **Yescombe**(Yescombe 2007)에서도 해지 사유와 해지 지급 옵션에 대해 자세히 설명한다.
- **Ehrhardt and Irwin**(Ehrhardt and Irwin 2004, 46-49)은 많은 PPP 해지 조항이 대출기관을 손실로부터 보호(즉, PPP 회사의 파산을 허용하지 않음)한다고 지적하며, 이것이 왜 문제를 일으킬 수 있는지, 파산이 어떻게 현실적인 선택이 될 수 있는지에 대해 설명한다.
- **Clement-Davies on PPPs in Central and Eastern Europe**(EBRD 2007, 46)의 논문은 대출기관의 단계적 참여권에 대한 자세한 정보를 제공한다.

*Table 3.1 - 표준화된 PPP 계약 및 조항의 예*에 나열된 표준화된 계약서에는 실제 해지 조항의 추가 예시가 나와 있다.

계약서에 신중한 조항이 있음에도 불구하고 조기 해지는 일반적으로 양 당사자 모두에게 비용이 많이 들며, 다른 방법이 모두 소진된 후 최후의 수단이다. EPEC 지침서 **EPEC Guide to Guidance**(EPEC 2011b, 40)에 설명된 바와 같이, 이는 계약상 정의된 종료 지급금이 종료가 발생하지 않더라도 중요하다는 것을 의미한다. 왜냐하면 이는 분쟁 해결이나 재협상 시 각 당사자의 대체 입장(대안적 권리나 의무를 명확히 하는)을 정의하기 때문이다.

조기 해지 지급금은 일반적으로 채무 제공자가 계약을 유지하고 서비스를 운영하는 데 항상 관심을 가지도록 맞춤화되어있다. 이는 이행 불량 문제가 민간 당사자의 채무 불이행으로 이어지기 전에 개입하도록 유도하는 방식으로 된다.

Key References: PPP 계약 설계하기

참고 문헌(Reference)	설명(Description)
EPEC. 2011b. *The Guide to Guidance: How to Prepare, Procure, and Deliver PPP Projects*. Luxembourg: European Investment Bank, European PPP Expertise Centre.	Section 2.2.5에서는 초안 계약 준비에 대해 간략하게 설명하며, 일반적인 계약 내용에 대해 다룬다. Box 3에서는 지급 메커니즘 정의에 대한 더 자세한 내용을 제공하고 Section 4에서는 프로젝트 실행에 대해 계약 내에서의 변경 처리, 분쟁 해결, 그리고 계약 종료에 대해 설명하고 있다.
WB. 2009a. "Toolkit for Public-Private Partnerships in Roads and Highways." World Bank. Website.	Module 4: "법률 및 계약"에는 PPP 계약 유형과 일반적인 계약 내용 및 조항, Boiler plate 조항을 설명하는 계약에 대한 섹션이 포함되어 있다. 계약, 보증금 및 보증에 관한 섹션에서는 대출자와의 계약을 포함하여 계약 구조의 다른 일반적인 요소를 설명한다.
AU Guidelines. Accessed March 20, 2017. "National Guidelines for Infrastructure Project Delivery." Canberra: Australian Government, Department of Infrastructure and Regional Development. Website.	사회 기반 시설(정부 지불)과 경제 기반 시설(사용자 지불) 계약에서 주요 위험과 책임을 어떻게 할당해야 하는지에 대한 이유와 방법을 설명한다(AU 2008 및 AU 2011b). 로드맵 문서(AU 2011a)는 계약 개발 프로세스를 설명하고 어떤 상업적 원칙 구성을 사용할지 결정하는 데 대한 지침을 제공한다.

참고 문헌(Reference)	설명(Description)
PPPIRC. Accessed March 13, 2017a. "PPP Arrangements / Types of Public-Private Partnership Agreements." Public-Private Partnership in Infrastructure Resource Center. Website.	인프라 자원 센터의 PPP는 다양한 계약 유형과 분야에 대한 실제 PPP 계약 및 샘플 계약 모음을 제공한다.
Farquharson, Edward, Clemencia Torres de Mästle, E. R. Yescombe, and Javier Encinas. 2011. *How to Engage with the Private Sector in Public-Private Partnerships in Emerging Markets*. Washington, DC: World Bank.	Chapter 4에서는 프로젝트 선택에 관한 내용이 포함되어 있으며, 결과 요구 사항을 명시하는 섹션이 있다. 이 섹션에서는 SMART 결과 사양을 정의하고 예시를 제공한다.
HK. 2007. *Serving the Community By Using the Private Sector: A User Guide to Contract Management*. Hong Kong, China: Efficiency Unit.	아웃소싱 서비스의 맥락에서 계약 관리에 대한 가이드이다. PPP 계약 설계와 관련된 여러 섹션이 포함되어 있으며, 서비스 사양 개발, 계약 종료 및 분쟁 해결에 대한 내용도 포함되어 있다.
UK. 2010a. *Output-Based Specifications for PFI/PPP Projects: Version 0.2 Consultation Draft*. London: Ministry of Defence.	성과 기반 사양(output-based specification)에 대한 자세한 지침과 PPP 프로젝트를 위한 사양 개발 프로세스를 제공한다.
Iossa, Elisabetta, Giancarlo Spagnolo, and Mercedes Vellez. 2007. *Best Practices on Contract Design in Public-Private Partnerships*. Washington, DC: World Bank.	계약 설계의 여러 요소에 대한 지침을 제공한다. 여기에는 위험 분담, 지급 메커니즘 설계, 유연성 구축 및 재협상 방지, 계약 기간, 변화에 대처하는 데 관련된 기타 계약적 문제 등이 포함된다.
UK. 2007. *Standardization of PFI Contracts: Version 4*. London: UK Government, HM Treasury.	영국 PFI PPP에서 사용되는 PPP 계약의 모든 측면에 대한 자세한 안내와 적절한 경우 표준 문구를 제공한다. 웹사이트 http://www.hm-treasury.gov.uk/ppp_standardised_contracts.htm에서는 이전 버전에서 변경된 내용을 표시한 수정된 버전 등 추가 자료를 제공하고 있다.

참고 문헌(Reference)	설명(Description)
Kerf, Michael, R. David Gray, Timothy Irwin, Celine Levesque, Robert R. Taylor, and Michael Klein. 1998. "Concessions for Infrastructure: A guide to their design and award." World Bank Technical Paper No. 399. Washington, DC: World Bank.	Section 3: "양허 설계"에서는 PPP 계약 설계에 대한 자세한 안내를 제공하며, 민간 당사가 사용자에게 직접 서비스를 제공하는 계약에 중점을 둔다. 다루는 주제에는 책임 분담, 가격 설정 및 조정, 성과 목표, 벌칙 및 보너스, 계약 해지, 예기치 않은 변화에 대한 대응, 분쟁 해결 등이 포함된다.
4ps. 2005. *4ps Review of Operational PFI and PPP Projects*. London: Public-Private Partnerships Programme.	영국의 운영 중인 PPP 프로젝트 이해관계자와의 인터뷰 결과를 요약한다. 여기에는 성과 사양, 지급 구조 및 계약 유연성에 대한 교훈이 포함된 섹션이 포함되어 있다.
ZA. 2004a. *Public Private Partnership Manual*. Pretoria: South African Government, National Treasury.	매뉴얼 Module 6, "PPP 계약 관리"는 성과 요구 사항, 모니터링 및 집행 구조를 어떻게 설정해야 하는지를 간략하게 설명한다. 표준화된 PPP 조항은 PPP 계약의 모든 요소에 걸쳐 주요 조항을 설정하고 설명한다.
SCT. 2004. *Output Specification-Building our Future: Scotland's School Estate*. Edinburgh: Scottish Executive.	학교 PPP 프로젝트를 위한 모델을 제시하고, 결과 기반 사양을 정의하는 데 있어 주요 문제에 대한 몇 가지 지침을 제공한다.
US. 2011. *Key Performance Indicators in Public-Private Partnerships: A State-of-the-Practice Report*. Washington, DC: United States Government, Department of Transportation, Federal Highway Administration.	PPP에서의 주요 성과 지표에 대한 국내외 관행의 최신 동향 설명으로, 포괄적인 문헌 검토와 호주, 브리티시컬럼비아, 영국, 미국의 8개 사례 연구를 기반으로 한다.
PPIAF. 2006. *Approaches to Private Sector Participation in Water Services: A Toolkit*. Washington, DC: Public-Private Infrastructure Advisory Facility.	Section 6.3: "위험 분담 규칙 설계"에서는 사용자 부담 PPP의 계약 설계와 관련된 여러 측면-지불 구조 및 계약 해지 조항 등을 설명한다. 섹션 7에서는 관계 관리를 위한 기관 개발에 대한 논의가 포함되어 있으며, 분쟁 해결에 대한 내용도 다루고 있다.

참고 문헌(Reference)	설명(Description)
Irwin, Timothy C. 2003. "Public Money for Private Infrastructure: Deciding When to Offer Guarantees, Output-Based Subsidies, and Other Fiscal Support." Working Paper No. 10. Washington, DC: World Bank.	인프라 프로젝트에 대한 보조금을 위한 다양한 지급 구조-성과 기반 지급 및 선불 자본 보조금 등을 설명하고, 정부가 어떤 방식이 가장 적합한지를 결정하는 방법에 대해 논의한다.
Yescombe, E.R. 2007. *Public-Private Partnerships: Principles of Policy and Finance*. Oxford: Butterworth-Heinemann.	Chapter 13: "서비스 수수료 메커니즘"에서는 다양한 지불 구조(정부가 지급하는 PPP에 중점을 두고)와 그에 따른 위험 분배 및 은행 가능성에 대해 설명한다. Chapter 15: "상황 변화 및 종료"에서는 비용 및 위험 변화에 대처하기 위한 구조(보상 및 구제 사건), 개입 및 대체, 그리고 다양한 종료 원인에 대한 종료 지급 조항에 대해 설명한다.
SCT. 2007. *Briefing Note 1: Payment Mechanisms in Operational PPP Projects*. Edinburgh: Scottish Government.	정부가 지급하는 지급 메커니즘을 정의하고 구현하는 경험에 대해 설명한다.
HK. 2008. *An Introductory Guide to Public Private Partnerships*. Hong Kong, China: Efficiency Unit.	Section 9: "상황 변화"는 PPP 계약이 처리할 수 있어야 하는 변화의 유형에 대한 지침을 제공한다.
Jadresic, Alejandro. 2007. "Expert Panels in Regulation of Infrastructure in Chile." Working Paper No. 2. Washington, DC: Public-Private Infrastructure Advisory Facility.	칠레에서 규제 갈등을 해결하기 위해 사용되는 전문가 집단 접근 방식을 설명하고, Section 6은 공공 사업 양허 계약에서 전문가 집단의 사용에 중점을 두고 있다.
Ehrhardt, David, and Timothy C. Irwin. 2004. "Avoiding Customer and Taxpayer Bailouts in Private Infrastructure Projects: Policy toward Leverage, Risk allocation, and Bankruptcy." World Bank Policy Research Working Paper 3274. Washington, DC: World Bank.	민간 당사자의 채무 불이행으로 인한 계약 해지 시 대출기관을 손실로부터 보호하는 데 관련된 문제를 설명하고, 대안에 대한 몇 가지 정책 제안을 제공한다.

참고 문헌(Reference)	설명(Description)
EBRD. 2007. *Law in Transition 2007: Public-private partnerships and legal reform in Russia*. London: European Bank for Reconstruction and Development.	전환 국가(Transition countries)에서 양허 계약을 개발하는 데 있어 주요 문제들을 논의한다. 여기에는 위험 분배, 요금 구조, 성과 기준, 변화에 대한 대응, 계약 해지 및 대출자를 위한 개입 권리가 포함된다.
Cassagne, Juan Carlos, and Gaspar Ariño-Ortiz. 2005. *Servicios Públicos: Regulación y Renegociación*. Buenos Aires: Abeledo-Perrot.	공공 서비스에서의 규제 개혁을 설명하며, 효과적인 PPP 계약을 통해 규제를 달성하는 방법을 포함한다. 요금 변경 구조와 분쟁 해결을 위한 지침도 포함되었다.

3.5

PPP 거래 관리

거래 단계에서는 정부가 PPP를 실행할 민간 파트너를 선택한다. 이 과정은 계약의 유효한 조건도 결정하게 된다. 이 단계는 이전 섹션에서 설명한 PPP의 구조화, 평가 및 세부 준비 단계를 거친 후 진행된다. 이 단계는 PPP가 재정적 마감(financial close)에 도달할 때 종료되며, 이는 정부가 민간 파트너를 선택하고 계약을 체결하고, 민간 파트너가 필요한 자금을 확보하여 프로젝트에 자금을 투입할 수 있는 상태가 되는 것을 의미한다.

PPP 거래 단계의 목표는 두 가지이다.

- 유능한 기업이나 컨소시엄을 선택하는 것
- 제안된 프로젝트의 목표에 대한 가장 효과적이고 효율적인 해결책을 기술적 관점과 비용 대비 가치 관점에서 식별하는 것

후자의 목표를 달성하기 위해, 이 과정은 일반적으로 정부가 지불할 금액이나 사용자들이 제공된 자산과 서비스에 대해 지불할 수수료와 같은 계약의 주요 정량적 매개변수를 설정한다. 이러한 목표를 달성하기 위해서는 일반적으로 경쟁적이고 효율적이며 투명한 조달 과정이 필요한데 이는 PPIAF의 도로 및 고속도로 조달 섹션 **PPIAF toolkit for PPPs in roads and highways procurement section**(WB 2009a)에서 경쟁 입찰에 대한 지침, 카리브해 PPP 툴킷 **Caribbean PPP Toolkit**(Caribbean 2017, Module 5), 그리고 Farquharson 외(Farquharson et al. 2011,

112)가 조달 단계의 결과를 설명하면서 제시한 내용에 따라 이루어진다.

대부분의 정부는 투명성과 비용 대비 가치를 달성하기 위한 최선의 방법으로 경쟁적 선정 프로세스를 통해 PPP 계약을 추진하므로, 본 섹션에서는 경쟁 프로세스를 따르는 것으로 가정한다. 실제로는 직접 협상이 좋은 선택이 될 수 있는 몇 가지 상황이 있을 수 있다.

그러나 Box 3.11에 설명된 바와 같이 직접 협상을 해야 하는 이유로 제시된 많은 이유들이 타당하지 않은 경우가 많다.

*Box 3.16 - 비입찰식 제안 프로젝트의 직접 협상*에서 조달 기관을 위한 몇 가지 준비 요건을 설명한다.

Figure 3.6 PPP 거래 관리

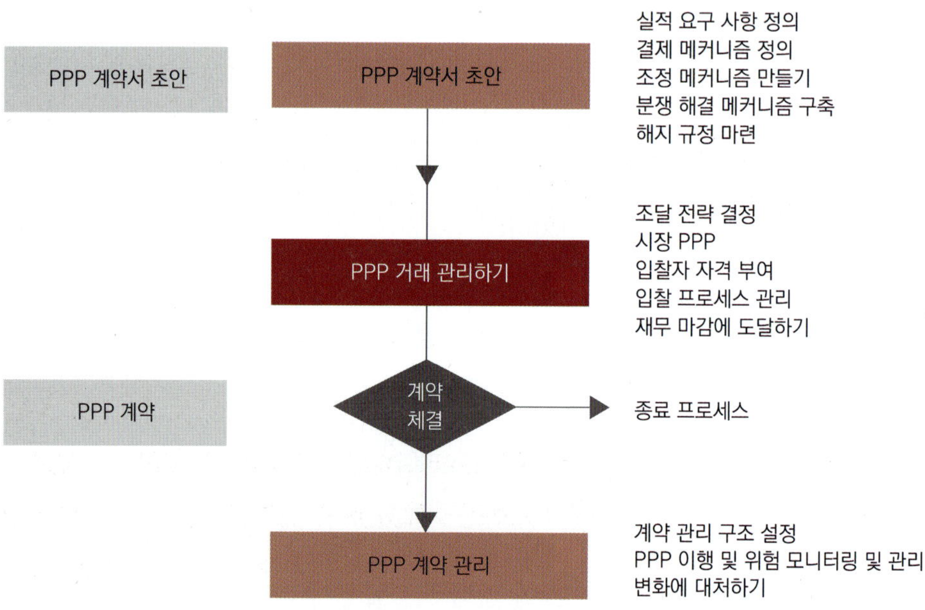

Box 3.11 경쟁 조달 또는 직접 협상

경쟁적 선정 프로세스는 PPP 계약을 조달하는 데 권장되는 경로이다. 주요 장점은 투명성과 경쟁을 통해 최고의 제안, 즉 비용 대비 가치를 창출할 가능성이 가장 높은 구조를 선택할 수 있다는 점이다. 경쟁 프로세스의 대안은 민간 기업과 직접 협상하는 것이다.

직접 협상을 해야 하는 타당한 이유가 있을 수 있지만, 이는 상대적으로 적은데, 예를 들어 Kerf et al. 1998, 109-110와 세계은행 World Bank(2017) USP 정책 개발 가이드라인 Guidelines for the Development of a USP Policy(WB 2017d)의 직접 협상 섹션을 참조하자. 이러한 이유는 다음과 같다.

- 비용이 알려진 소규모 프로젝트의 경우, 기대 수익률을 고려할 때 경쟁 프로세스의 비용이 엄청나게 높을 수 있다.
- 경쟁상 이익이 없다고 믿을 만한 상당한 이유가 있는 경우(예: 이미 계약이 체결된 자산의 소규모 연장).
- 긴급 상황이나 자연재해의 경우 신속한 조달이 필요하기 때문에 가성비를 고려할 때 속도가 더 중요할 수 있지만, 긴급한 상황보다는 장기적인 수요에 더 잘 대처할 수 있는 PPP의 경우에는 그렇지 않은 경우가 많다.

정부가 특정 상황에서 직접 협상을 허용하는 경우, 이러한 상황과 이와 연관된 기준은 조달 법률 프레임워크에 명확하게 명시되어야 한다. 직접 협상은 가격 대비 가치, 투명성, 책임성, 공익성에 대한 적절한 안전 장치가 확립되고 운영되는 경우에만 추진해야 한다.

반면, PPP의 민간 제안자와 직접 협상해야 한다고 일반적으로 제시되는 몇 가지 이유는 오해의 소지가 있다(도로 및 고속도로 PPP를 위한 PPIAF 툴킷), PPIAF's toolkit for PPPs in roads and highways(WB 2009a) *Module 5: 조달의 전반적인 원칙에 대한 조달* 참조. 예를 들어, 일부에서는 직접 협상이 더 빠르다고 주장하지만, 실제로는 여러 가지 문제로 인해 프로세스가 더 오래 걸리는 경우가 많다.

민간 기업의 자발적인 제안으로 PPP 아이디어가 시작된 경우에도 종종 직접 협상을 고려한다. 그러나 *Section 3.7-자발적(비입찰식) 제안 프로젝트 처리*에서 설명한 대로 이 경우에도 경쟁을 도입하여 프로젝트의 가성비를 보장할 수 있는 방법이 있다. 이러한 고려 사항에 따라 브라질과 같이 일부 국가에서는 2004년 연방 PPP 법 Brazil, under the Federal PPP Law of 2004(BR 2004a)에 따라 비경쟁 조달 프로세스를 전혀 허용하지 않는다. 다른 곳에서는 특정 상황에서 직접 협상이 허용될 수 있다. 예를 들어, 푸에르토리코의 PPP 법은 투자 가치가 5백만 달러 미만인 경우, 제안 요청서(RFP) 발행 후 관심이 없거나, 정상적인 조달 절차가 부담스럽거나 비합리적 또는 비실용적인 경우, 필요한 기술이 단일 기업에서만 가능한 경우 직접 협상을 허용한다(PR 2009, Article 9.(b).ii).

거래 단계는 일반적으로 다음의 다섯 가지 단계를 포함하며, 이는 *Figure 3.7 - 거래 단계*에 나타나 있다.

- PPP 계약자 선정 절차 및 기준을 포함한 조달 전략 결정
- 잠재적 입찰자(잠재적 대출기관 및 하도급업체)의 관심을 끌기 위해 예정된 PPP 프로젝트 마케팅 진행
- 제안서 요청 전 별도의 단계 또는 입찰 프로세스의 일부로 자격 프로세스를 통해 자격을 갖춘 입찰자 식별
- 제안 요청서 작성 및 발행, 제안서 작성 시 입찰자와의 상호 작용, 우선협상대상자 선정을 위한 접수된 입찰서 평가 등 입찰 프로세스 관리
- PPP 계약을 체결하고 모든 조건을 충족하여 계약의 효력을 발생시키고 재정적 결론에 도달하기 위해 정부 감독 기관의 최종 승인이 필요할 수 있음

*Section 3.5 - PPP 거래 관리*에서는 이러한 각 단계에 대해 설명하고, PPP 거래 관리에 관심이 있는 실무자를 위한 추가 자료 및 도구를 제공한다.

3.5.1 조달 전략 결정

PPP 거래 관리의 첫 번째 단계는 조달 전략을 정의하는 것이다.
여기에는 조달 과정의 다음과 같은 주요 측면을 정의하는 것이 포함된다.

- 사전 자격 심사 - 입찰에 참여할 업체 또는 컨소시엄을 선정하기 위해 사전 자격 심사 프로세스를 사용할지 여부를 결정한다.

Figure 3.7 거래 단계

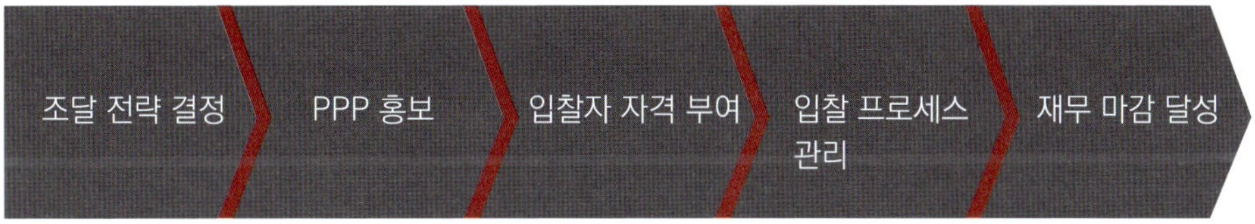

- 입찰 프로세스 - 우선협상대상자를 선정하기 위해 단일 단계 프로세스를 사용할지, 아니면 제안서와 입찰 문서를 검토하고 반복할 수 있는 다단계 프로세스를 사용할지 결정한다.
- 입찰자와의 협상 - 입찰자와의 협상을 통해 초기 계약 초안을 변경할 수 있는 범위를 다루며 이는 입찰 과정 중(복수의 입찰자가 있는 경우) 또는 최종 입찰이 제출된 후에 이루어질 수 있다.
- 선정 기준 - 단일 재무 또는 가치 관련 기준(기술적 장점 심사 후)에 따라 제안서 순위를 매기고 우선협상대상자를 선정할지, 아니면 재무 및 기술 기준에 대한 일부 가중치 평가에 따라 우선협상대상자를 선정할지 결정한다.

본 섹션에서는 이러한 각 측면에 대해 간략하게 설명하며, 각 사례에 대한 지침, 자료 및 사례에 대한 링크도 제공한다. 본 섹션에서 설명하는 추가 고려 사항은 입찰 비용에 관한 것으로, 입찰 절차에 참여하기 위해 수수료를 부과하거나 보증금을 요구할지 또는 반대로 입찰 비용 지원을 제공할지 여부이다.

위에서 설명한 바와 같이 조달 전략의 주요 목표는 프로젝트의 목표에 가장 적합한 솔루션을 찾고(기술 및 비용 대비 가치 관점에서), 그 솔루션을 구현할 경쟁사 또는 컨소시엄을 선정하는 것이다. 이를 위해서는 일반적으로 공정하고 경쟁적이며 투명하고 효율적인 조달 프로세스가 필요하지만, 이러한 목표를 달성하기 위한 최선의 조달 전략은 상황에 따라 달라질 수 있다.

Figure 3.7a 조달 전략

예를 들어, 입찰자와의 대화를 허용하면 더 강력한 제안을 이끌어낼 수 있다. 그러나 프로세스의 투명성을 떨어뜨릴 수도 있으므로 투명성을 확보하고 부패 위험을 최소화하는 것이 더 중요한 고려 사항인 국가에서는 올바른 선택이 아닐 수도 있다. 즉, 최적의 조달 과정은 국가별 상황, 관련 정부 기관의 성격과 역량, 그리고 특정 프로젝트의 특성에 따라 달라질 수 있다.

조달 전략을 정의하는 방법에도 몇 가지 제약이 있을 수 있다.

첫째, *Section 2.2-PPP 법적 프레임워크*에서 설명한 바와 같이, PPP의 조달 전략은 전반적인 정부 조달에 관한 법률이나 규정에 의해 제약을 받을 수 있다. 또한, 많은 정부는 프로젝트별 조달이 아닌 PPP 프로그램 전체에 대한 조달 전략을 정의하는 PPP 법률, 규정 또는 지침 자료에서 PPP 관련 조달 규칙을 설정하는 방식을 선택한다. 이렇게 하면 PPP 조달의 투명성을 높일 수 있지만, 특정 프로젝트의 필요에 따라 프로세스를 조정할 수 있는 유연성을 유지할 수 있다는 장점도 있다. *Table 3.3-PPP 조달 절차의 예*는 국내 또는 국제 법률 및 규정에 정의된 PPP 조달 절차의 예를 제공한다. 마지막으로, 프로젝트에 다자개발은행 또는 기타 기관의 자금이 투입되는 경우, 조달 옵션은 자금 지원 기관의 조달 규칙에 의해 제약을 받을 수 있다. 예를 들어, 세계은행은 세계은행의 자금 지원을 받는 모든 프로젝트가 따라야 하는 조달 프레임워크 Procurement Framework(WB 2017f)에 대한 규정과 지침을 발표하고 정기적으로 업데이트하며, 이 프레임워크에는 PPP 조달에 대한 구체적인 권장 사항이 포함되어 있다.

적격 입찰자

대부분의 입찰 프로세스는 모든 참여 업체가 충족해야 하는 자격 기준을 명시하고 있다. 입찰자가 자신의 자격 요건은 프로젝트를 수행할 수 있는 역량을 갖춘 유능한 업체를 선정하는 데 도움이 되고, 더불어 명확한 자격 요건은 저품질 업체가 매우 낮은 입찰가를 제출하여 입찰 프로세스가 훼손될 위험을 줄여주기 때문에 숙련된 업체가 참여하고 양질의 제안서 작성에 투자하도록 장려할 수 있다.

대부분의 정부는 입찰자 수를 제한하기 위해 입찰 절차가 시작되기 전에 입찰자의 자격을 확인하는 사전 자격을 요구한다. 일반적으로 사전 자격 심사에는 지정된 자격 기준에 따라 잠재적 입찰자의 순위를 매기는 작업이 포함된다. 그런 다음 일반적으로 3~6위 사이의 상위권 입찰자에게 제안서를 제출하도록 요청한다.

다른 대안은 합격/불합격 자격 기준을 설정하고 이를 통과한 모든 업체의 제안서를 평가하여 진행하는 것이다. 이 방식은 사전 자격 심사 과정에서도 사용할 수 있지만, 일반적으로 입찰 과정과 동시에 수행되는 경우가 더 많으며, 이를 사후 자격 심사라고도 한다. 이 방식에서는 입찰자가 제안서 작성에 자원을 투자하기 전에 공개된 자격 기준에 따라 자체적으로 심사할 수 있다. 규모가 크고 매우 복잡한 일부 프로세스의 경우, 자체 선정 프로세스(금융 당사자가 예비 입찰자에게 실시하는 실사의 과정으로)가 충분히 엄격하여 자격 심사가 필요하지 않을 수 있다.

사전 자격 부여에는 장점과 단점이 있다.

- 가장 큰 장점은 입찰자 수를 제한하는 것이다. 입찰자 수를 줄임으로써 입찰 성공 확률이 높아지고 입찰자는 효율적인 프로젝트를 개발하고 경쟁력 있는 입찰을 제시하는 데 더 많은 노력을 기울이도록 장려할 수 있다. 동시에 정부가 입찰을 평가하는 데 필요한 노력과 자원도 줄일 수 있다.
- 가장 큰 단점은 사전 자격을 갖춘 입찰자 명단을 공개하면 담합 행위가 발생할 수 있다는 것이다. 또한, 일정 수의 입찰자를 사전 자격을 부여하면 특정 부문에서 동일한 상위권 기업이 입찰에 참여되는 경향이 있어 입찰 과정에서 담합의 유혹을 더 높일 수 있다.

일부 개발도상국(특히 신규 PPP 사업의 경우)에서는 입찰자가 너무 많아서가 아니라 너무 적어서 문제가 될 수 있는데, 이 경우 사전 자격 검증의 이점이 없고 조달 프로세스가 불필요하게 길어질 수 있다.

다음 자료에는 사전 자격 검증의 장단점에 대한 자세한 설명과 토론의 내용이 담겨 있다.

- 도로 및 고속도로 PPP를 위한 PPIAF의 툴킷 **PPIAF's toolkit for PPPs in roads and highways**(WB 2009a)에는 "양허: 경쟁 입찰의 주요 단계"가 포함되어 있다.
- **Farquharson** 외(Farquharson et al. 2011, 118-120)는 사전 적격성 평가 프로세스와 그 장단점, 발생 가능한 잠재적 문제들에 대해 설명한다. 이어서 저자는 조달법상 사전 적격성 평가가 허용되지 않는 국가에서 사용할 수 있는 사전 개정 단계의 옵션에 대해서도 설명한다.

실제로는 국가마다 접근 방식이 다르다. 예를 들어, 호주 인프라 실무자 가이드 **Infrastructure Australia Practitioner's Guide**(AU 2015, 16)에서는 특정 수의 입찰자를 선정하기 위해 최소 3곳 이상, 때로는 그 이상의 입찰자를 선정하기 위해 사전 자격심사를 실시할 것을 권장하는 반면, 싱가포르 PPP 핸드북 **Singapore PPP Handbook**(SG 2012, 60)은 경쟁 제한이 될 수 있기 때문에 입찰 자격을 갖춘 입찰자의 수를 미리 결정하는 것을 금지하고 있다. *Table 3.3 - PPP 조달 절차의 예*에서는 사전 자격 검증 절차의 포함 여부와 유형을 포함하여 PPP 조달 절차에 대한 더 많은 예시를 제공한다.

입찰 프로세스

입찰 절차는 제안 요청서 발행부터 우선협상대상자 선정까지의 과정을 말한다. 가장 빠르고 간단한 방법은 입찰자가 기술 및 재무 제안서를 모두 제시하고 이를 평가하여 우선협상대상자를 선정하는 단일 단계 입찰 프로세스이다.

대안으로 2단계 또는 다단계 입찰 프로세스가 있다. 이 방식에서는 입찰자가 제안 요청서(RFP)와 계약서 초안에 대한 의견이 포함된 초기 제안서를 제출하며, 여기에는 재정 입찰이 포함될 수도 있고 포함되지 않을 수도 있다.

정부는 이러한 제안을 바탕으로 RFP와 계약 초안을 검토하고 수정할 수 있으며, 이에 따라 수정된 제안서를 다시 요청한다. 정부는 입찰 과정 중 입찰자와의 협상에서 설명한 대로 다양한 범위에서 입찰자와 논의에 참여할 수 있다. 정부는 이 단계에서 일부 입찰자를 탈락시킬 수도 있으며, 수정 프로세스는 두 번 이상 반복될 수 있다. 그런 다음 입찰자는 최종 재정 입찰을 포함한 최종 제안서를 제출한다. 이러한 여러 단계 프로세스는 특히 개선의 여지가 있는 복잡한 프로젝트의 경우 단일 단계 프로세스에 비해 이점이 있을 수 있다. 솔루션이 요구 사항에 부합하도록 보장되고 제안서의 최종 품질을 입증하는 데 도움이 될 수 있다. 반면에 여러 단계의 프로세스는 시간이 오래 걸리고 관리가 복잡하며 관련된 모든 당사자에게 더 많은 비용이 든다. 경쟁의 긴장을 유지하고, 지적 재산을 보호하며, 투명성을 유지하기 위해 주의를 기울여야 한다.

Table 3.3 PPP 조달 절차의 예

예제 (Example)	참조 (Reference)	사전자격 (Pre-qualification)	입찰 프로세스 (Bid Process)	입찰자와의 협상 (Negotiations with Bidders)	선정 기준 (Basis for Award)
브라질	Federal Concessions Law (BR 1995, Law 8987) and Federal PPP Law (BR 2004a, Law 11079)	필수 사전 인증 단계 없음	1단계 입찰 절차	입찰 중 입찰자와의 협상에 관한 법률 규정이 없음	정부에 대한 최저 관세 또는 최대 지불금 또는 이 둘의 조합. 동점인 경우 시행 기관은 브라질 회사를 고용해야 한다.

예제 (Example)	참조 (Reference)	사전자격 (Pre-qualification)	입찰 프로세스 (Bid Process)	입찰자와의 협상 (Negotiations with Bidders)	선정 기준 (Basis for Award)
칠레	Concessions Law (CL 2010b, Law 20410)	법률에 명시된 5가지 요소 중 하나를 기준으로 한 사전 자격 요건: 법률 준수, 기술 및 재무 경험, 이전 공공사업 수행 결과, 노동 및 사회보장법 준수 등 5가지 요소를 기준으로 함.	1단계 입찰 절차	입찰 과정 중 입찰자와의 협상에 관한 법률 조항이 없고, 이행 중 협상에 대한 안내 문구가 있음	금융 또는 금융/기술 결합
이집트	Executive Regulations under PPP Law (EG 2011)	설정된 규정 준수 기준에 따른 사전 자격 검증	1단계 절차 또는 두 단계 모두에서 기술 및 재무 입찰서를 제출하는 2단계 절차를 사용할 수 있음. 1단계 입찰은 구속력이 없음.	최종 입찰서가 제출되기 전 2단계 절차를 통해 협상을 위한 대화가 허용됨.	금융 또는 금융/기술 결합
EU 공개 절차	Described in **EPEC Guide to Guidance** (EPEC 2011b, 22)	사전 자격 요건 없음	1단계 입찰 절차	입찰자와의 협상이나 대화는 허용되지 않으며, 해명만 허용함.	최저가 또는 경제적으로 가장 유리한 입찰

예제 (Example)	참조 (Reference)	사전자격 (Pre-qualification)	입찰 프로세스 (Bid Process)	입찰자와의 협상 (Negotiations with Bidders)	선정 기준 (Basis for Award)
EU 제한 절차	Pre-qualification—number of bidders may be restricted to no less than five	1단계 입찰 절차	입찰자와의 협상이나 대화는 허용되지 않으며, 해명만 허용함.	최저가 또는 경제적으로 가장 유리한 입찰	
EU 협상 절차	Pre-qualification—number of bidders may be restricted to no less than three	현재 진행 중인 다단계 협상 과정	모든 절차에서 허용됨으로 유리한 입찰	최저 가격 또는 가장 저렴한 가격	
EU 경쟁적 대화	Pre-qualification—number of bidders may be restricted to no less than three	다단계 입찰 절차(협상 절차의 변형)	최종 입찰을 제출하기 전에 모든 측면에서 대화가 허용됨. 최종 입찰 제출 후 추가 변경 불가(해명 허용)	경제적으로 가장 유리한 입찰	
멕시코	Law on Purchases, Leases, and Services to the Public Sector (MX 2014)	필수 사전 인증 단계 없음	1단계 입찰 절차	입찰 중 입찰자와의 협상에 관한 법률 규정이 없음	기술적, 재정적 기준의 조합[1]

예제 (Example)	참조 (Reference)	사전자격 (Pre-qualification)	입찰 프로세스 (Bid Process)	입찰자와의 협상 (Negotiations with Bidders)	선정 기준 (Basis for Award)
필리핀	BOT Law Implementing Rules and Regulations (PH 2006)	사전 자격은 표준으로 설정됨. 기관은 대안으로 동시 자격을 선택할 수 있음.	1단계 입찰 프로세스	한 업체만 자격을 갖추고 적합한 제안서를 제출한 경우 단일 입찰자와의 직접 협상이 허용됨.	재무(합격/불합격 자격 및 기술 기준에 따름)
남아프리카 공화국	South Africa PPP Manual Module 5: Procurement (ZA 2004a)	사전 자격-가능한 경우 입찰자 수는 최소 3명, 최대 4명으로 유지되어야 함.	단일 단계 프로세스, 명확한 우선협상대상자가 없는 경우(이 경우 최종 입찰을 유도하기 위해 최고 및 최종 제안(BAFO) 단계가 추가될 수 있음).	RFP 발행 전 사전 자격을 갖춘 입찰자의 피드백 적극 권장, 제안서 작성 및 평가 시에만 해명, BAFO 요청서 발행 전 입찰자와 대화 가능	결합된 재무, 기술 및 흑인 경제 역량강화

다음 자료에서 입찰 절차 옵션에 대한 자세한 정보를 확인할 수 있다.

- Farquharson 외(Farquharson et al. 2011, 113-114)는 여러 단계에 걸친 심사보다 순차적 심사가 입찰의 품질을 향상시킨다는 이점을 요약한다.
- PPIAF의 도로 및 고속도로 PPP를 위한 툴킷 **PPIAF's Toolkit for PPPs in Roads and Highways**(WB 2009a) 섹션: "양허: 경쟁 입찰의 주요 단계"에서는 1단계 및 2단계 입찰 프로세스에 대해 설명한다.

많은 국가의 PPP 프레임워크는 프로젝트의 성격에 따라 단일 또는 여러 단계 입찰 프로세스를 사용할지 여부를 결정할 수 있도록 열어두고 있다. 또한 일부 국가에서는 단일 단계 입찰에서 명확한 입찰자가 나타나지 않는 문제를 해결하기 위해 2차 입찰을 요청할 수 있는 옵션을 열어 두기도 하는데 예를 들어, 남아공 PPP 매뉴얼 조달 모듈 **South Africa PPP Manual procurement module**(ZA 2004a, Module 5, 51-52)은 명확한 낙찰자가 있는 단일 단계 프로세스를 선호하지만, 2개 이상의 입찰자에게 최고 및 최종 제안을 요청할 수 있다고 명시하고 있다. *Table 3.3 - PPP 조달 절차의 예*는 추가 사례를 보여준다.

입찰자와의 협상: 입찰 진행 중

국가별 조달 접근 방식의 주요 차이점은 정부가 입찰자와 협상에 참여하는 정도에 따라 달라진다. 어느 단계에서든 협상은 어려울 수 있으며 입찰 과정의 투명성을 떨어뜨릴 위험이 있다. 이러한 이유로 일부 정부에서는 입찰 과정의 어떤 단계에서도 계약에 대한 협상을 허용하지 않는다(입찰자의 제안에 대한 협상의 여지는 남아있을 수 있음).

다단계 입찰 절차(*Section 3.5.4 - 입찰 프로세스 관리* 참조)에서 정부는 입찰 단계 사이에 여러 입찰자와 대화 또는 협상을 선택할 수 있다. 이를 통해 입찰 제안 요청서, 계약서 초안, 입찰자의 초기 제안서의 내용을 명확히 하고 정부의 요구사항에 더 부합하는 제안을 이끌어낼 수 있다. 다른 경우에는 정부가 우선협상대상자를 선정한 후 단일 입찰자와 협상을 진행할 수도 있는데 예를 들어, 2004년에 유럽연합 집행위원회는 유러피안 연합에서 PPP 조달을 위한 경쟁적 대화 절차를 도입했다. 이 절차에 따라 초기 입찰을 받은 정부는 입찰 제안서, 계약서 또는 제안서의 모든 측면에 대해 입찰자와 대화를 나눈 후 최종 버전의 입찰 제안서를 다시 발행하고 최종 입찰을 요청할 수 있다. 영국 재무부의 경쟁적 대화 절차에 관한 지침 **United Kingdom Treasury's guidance on the competitive dialogue procedure**(UK 2008)에서 자세한 내용을 확인할 수 있다. 호주에서도 대화형 입찰이라는 유사한 절차를 사용할 수 있다. 호주 국가 PPP 실무자 가이드 **Australian National PPP Practitioners' Guide**(AU 2015, 70-71)에서는 대화형 입찰 절차에 대해 설명하며, 해당 절차에 대한 프로토콜도 부록으로 제공된다.

Kerf 외(Kerf et al. 1998, 110-112)는 경쟁적 협상에 대한 추가 사례와 그것이 유용할 수 있는 경우를 제공한다. 세계은행의 물 부문 툴킷 **World Bank's water sector toolkit**(PPIAF 2006, 169-170)에서도 이 접근법의 장단점을 설명하고 있다. 일반적으로 경쟁적 협상(Competitive Negotiation)은 저개발국에서는 덜 사용되어 왔다.

입찰자와의 협상: 입찰 이후

우선협상대상자가 결정되면 정부는 입찰 후 협상, 즉 해당 입찰자와의 추가 대화를 통해 PPP 계약을 마무리할 수 있다. 우선협상대상자와의 협상이 결렬되면, 예비협상대상자가 차선책으로 유지되더라도 시행기관은 더 이상 가격 대비 가치를 보장하기 위해 경쟁적 긴장에 의존할 수 없게 된다. 이로 인해 민간 당사자에게 추가 혜택을 주거나 이행 요건을 완화하는 조항이 포함될 수 있다. 입찰 후 협상에 대한 기대는 기회주의적 입찰자를 끌어들일 수 있고, 결과적으로 진지한 입찰자의 의욕이 저하되어 입찰 과정 자체의 경쟁을 감소시킬 수 있다. 이러한 이유로 대부분의 정부는 입찰 후 상호 작용의 범위를 제안서에 대한 설명과 미세 조정으로 제한하고 있으며, 특히 절차의 투명성이 주요 관심사인 경우 전혀 허용하지 않는 정부도 있다. *Table 3.3-PPP 조달 절차의 예*는 몇 가지 사례를 제공한다.

입찰 후 협상의 필요성은 일반적으로 두 가지 이유로 발생한다: RFP(제안 요청서) 요구 사항이나 초안 계약이 명확하지 않거나, 입찰자와 그들의 대출기관(특히 제안된 위험 분배와 관련하여)이 수용 가능하지 않기 때문이다. 이러한 이유로 인해 입찰자들은 제안서에 변경 사항을 반영할 수 있으며, 이는 제안서가 정부의 요구 사항이 완전히 충족하지 않음을 의미한다. 일부 법적 프레임워크는 조건부 제안이 제외되도록 의무화하여 이 문제를 완화하고 있다.

다음의 자료들은 입찰 후 협상과 관련된 문제, 그리고 선호 입찰자와의 협상이나 대화를 허용할지 여부 및 그 정도에 대한 추가 지침을 제공한다.

- EPEC의 지침 가이드 **EPEC's Guide to Guidance**(EPEC 2011b, 31)는 입찰 후 협상의 대상이 되는 사항과 그렇지 않은 사항, 협상 프레임워크의 일반적인 요소에 대해 간략하게 설명한다.
- **Yescombe**(Yescombe 2007)에서도 입찰 후 협상의 위험과 일반적으로 발생하는

이유에 대해 설명한다.

- Kerf 외의 양허 가이드 **Kerf et al's Guide for Concessions**(Kerf et al. 1998, 123)은 입찰 후 단계에서 협상 범위를 제한하는 것의 중요성과 이를 달성하는 방법에 대해 중점적으로 설명한다.

입찰 후 협상의 필요성을 피하는 가장 좋은 방법은 명확하고 포괄적인 RFP와 계약 초안을 미리 작성하는 것이다. 시장 조사 및 입찰자와의 사전 RFP 협의, 그리고 경험이 풍부한 자문가를 고용하는 것은 투자자가 수용할 수 있는 계약 구조를 확보하는 데 도움이 될 수 있다. 특히 복잡한 계약의 경우 위에서 설명한 경쟁협상 절차가 최선의 대안이 될 수 있다.

선정 기준

정부는 접수된 제안서를 평가하여 제안서의 순위를 매기고 우선협상대상자를 선정해야 한다. 이러한 평가 기준에는 일반적으로 제안서의 기술적 장점과 비용, 즉 비용 대비 가치 또는 비용과 혜택의 최적 조합을 달성하려는 전반적인 목표를 고려한 일부 비용 측정이 포함된다. 제안서를 평가하고 우선협상대상자를 선정하는 방법에는 두 가지의 광범위한 옵션이 있다.

- 재무 기준에 따른 선정 - 한 가지 접근 방식은 평가를 두 단계로 나누어 재무 입찰 변수에 따라 최종 선정하는 것이다. 이 방식에서는 먼저 기술 제안서를 합격과 불합격 기준으로 평가하고, 기술 평가를 통과한 입찰자만 재무 평가를 진행한다. 낙찰자는 기술 평가를 통과한 입찰자 중 가장 우수한 재무 제안서를 기준으로 선정된다. 일부 국가에서는 부패에 대한 우려로 인해 정부가 사용자 수수료나 연간 가용성 지불금과 같은 객관적인 기준에 초점을 맞추고 있다. 따라서 재무 제안서만 요구하고 입찰자의 자격을 통해 품질은 심사한다.
- 재정적 및 기술적 기준에 따른 선정 - 경우에 따라 제안서는 재정적 기준과 기술적 기준의 가중치 조합에 따라 평가된다. 이는 비용 대비 가치 극대화의 개념을 더 잘 표현한다. 반면에 적절한 정량적 기준을 정의하고 가중치를 부여

하는 것은 어렵고 평가팀의 주관적인 판단에 의존할 수 있어 입찰 과정의 투명성을 저해할 수 있다. 이러한 기술 기준은 입찰자가 제안서를 준비할 때 특정 기술 문제에 집중하도록 유인하는 역할을 한다.

다음 자료에서는 이러한 옵션에 대해 예시와 함께 자세히 설명된다.

- PPIAF의 도로 및 고속도로 PPP를 위한 툴킷 **PPIAF's Toolkit for PPPs in Roads and Highways**의 "양허: 경쟁 입찰의 주요 단계" 섹션에서는 평가 규칙, 재무 평가 기준 및 다중 매개변수 접근 방식에 대해 설명 하고 이어서 13개의 라틴 아메리카 도로 양허에 대한 평가 기준도 제시한다.
- 카리브해 PPP 툴킷 **Caribbean PPP Toolkit**(Caribbean 2017, Module 5, 6)에서는 PPP 프로젝트의 수주 기준에 대한 몇 가지 사례를 제시하고 논의한다.
- 양허 가이드 **Kerf et al Guide to Concessions**(Kerf et al. 1998, 118-123)에는 기술 및 재정 제안서 평가에 관한 섹션이 있다. 여기에는 기술 및 재무 기준과 관련된 선택 사항과 합산 점수 접근법의 장단점이 각 사례의 예와 함께 설명되어 있다.

최고의 옵션과 구체적인 재정적 및 기술적 기준은 프로젝트의 특성에 따라 달라질 수 있다. 또한, 공공 부문이 더 복잡한 평가를 수행할 수 있는 능력이나 부패의 위험, 또는 부패인식에 따라 달라질 수 있으며, 이 경우 투명성이 가장 중요한 목표가 될 수 있다.

많은 정부는 두 가지 접근 방식을 모두 허용한다. 브라질에서는 사용자 부담 PPP를 위한 연방 양허법(BR 1995, Article 15)과 정부 부담 PPP를 위한 연방 PPP 법(BR 2004a, Article 12) 모두 두 가지 접근 방식을 허용한다. 모든 경우에 접근 방식과 기준은 사전에 설정되어야 하며, 잠재적 입찰자에게 명확하게 전달되어야 한다. *Section 3.5.4 - 입찰 프로세스 관리*에서는 특정 평가 기준 선택에 대한 추가 지침과 자료를 제공한다.

입찰 채권

많은 정부에서는 입찰자에게 입찰 보증서를 제출하도록 요구하여 입찰 절차에 대한 약속을 확실히 하고 낙찰자가 정당한 사유 없이 입찰을 철회하는 것을 방지한다. 예를 들어, 스페인 조달 법 **Spanish procurement law**(ES 2011)은 입찰자가 제안서를 뒷받침하기 위해 임시 보증을 제시하고 계약이 체결되면 최종 보증을 충족할 수 있도록 보증금을 증액하도록 규정하고 있다. 필리핀 BOT법 **Philippines BOT Law**(PH 2006, Section 7.1 Clause b (vi))의 시행령은 추정 프로젝트 비용의 1~2%에 해당하는 입찰 보증금을 요구한다. Kerf 외의 양허 가이드 **Kerf et al's guide to concessions**(Kerf et al. 1998, 126)는 더 많은 예를 제시하고 입찰 보증금 요구의 장단점을 간략하게 설명한다. 예를 들어, 저자들은 영국 정부가 입찰 보증금이 비싸다는 이유로 PPP 프로젝트에 입찰 보증금을 사용하는 것을 반대하고 있으며, 예외적인 상황에서만 사용해야 한다고 지적한다.

입찰 비용 및 결제에 대한 접근 방식

PPP 프로젝트에 대한 제안서를 작성하는 것은 많은 비용이 소요된다. 마찬가지로 PPP를 위한 고품질 조달 프로세스를 운영하는 것도 정부에 많은 비용이 든다. 정부는 입찰 비용과 약정을 처리하는 데 있어 다양한 접근 방식을 가지고 있다.

각국 정부는 입찰 준비 비용을 처리하는 다양한 방법을 찾아냈는데, 일부 관할권에서는 더 많은 입찰자의 참여를 독려하기 위해 정부가 입찰 비용 부담을 할 수 있다. 예를 들어, 호주의 PPP 실무자 가이드 Australia's PPP Practitioners' Guide (AU 2015, 29)는 입찰 비용을 환급할 수 있지만, 매우 제한적이고 명백한 경우에만 환급할 수 있다고 명시하고 있다. 반대로 칠레는 사전 자격을 갖춘 입찰자에게 정부가 거래를 준비하는 데 필요한 엔지니어링 및 기타 연구에 공동으로 자금을 조달하도록 요청하는 구조를 가지고 있다(CL 2010b). 이는 2010년에 이루어진 PPP 법 개정의 한 부분이었다.

호주의 PPP 조달에 대한 KPMG 검토 **KPMG review of PPP procurement in Australia**(KPMG 2010)에서는 여러 국가의 PPP 민간 당사자의 일반적인 입찰 비용에 대해 설명한다. 이 보고서는 또한 PPP 실무자를 대상으로 한 설문조사를 바탕으로 입찰 비용을 절감할 수 있는 방법에 대한 권장 사항을 제공한다. 이러한 권장 사항은 PPP 조달 프로세스의 효율성을 개선하고 입찰 비용에 기여하는 정부의 장단점을 다루는 데 중점을 두고 있다.

3.5.2 PPP 홍보

PPP를 마케팅하는 것은 입찰자와 투자자를 유치하는 데 도움이 된다. 이는 PPP 프로그램의 초기 단계에서 특히 중요하며, 정부는 경쟁 압력을 높이기 위해 입찰자 관심을 구축하기 위한 긍정적인 노력을 기울여야 한다. 마케팅은 또한 잠재적인 입찰자가 누구인지 파악하는 데 도움을 준다. 이는 자격 기준을 설계하는 데 반영되어, 아무 기업도 입찰 자격을 갖추지 못하는 상황을 피하는 데 기여할 수 있다고 **Kerf** 외(Kerf et al. 1998, 114)는 설명한다.

최소한 PPP를 마케팅하려면 입찰 절차의 시작을 광고해야 한다. 많은 정부는 PPP 입찰이 어떻게 광고되어야 하는지에 대한 요구 사항을 가지고 있다. 예를 들어, EPEC 가이드 **EPEC Guide to Guidance**(EPEC 2011b, 27)는 EU 정부가 유럽 연합 공식 저널에 공지를 게시해야 한다고 언급하고 있다. 남아프리카 PPP 매뉴얼 **South Africa PPP Manual**(ZA 2004a, 24)은 정부 관보, 기관 웹사이트, 그리고 언론 광고를 통해 조달을 광고해야 한다고 설명하고 있다. 카리브해 PPP 툴킷 **Caribbean PPP Toolkit**(Caribbean 2017, Module 5, Section 5)은 PPP 마케팅에 대해 논의하고 실용적인 예를 제시한다.

Figure 3.7b PPP 홍보

일부 정부는 공식 프로젝트가 출시 전에 투자자의 관심을 유도하기 위해 보다 적극적인 마케팅 접근 방식을 취하고 있다. 여기에는 다음과 같은 방법이 포함될 수 있다.

- 프로젝트를 소개하기 위해 투자자 프레젠테이션, 미팅 또는 로드쇼를 진행한다. 미팅의 규모와 장소는 예상되는 관심 투자자(예: 국내 또는 해외 투자자)에 맞게 조정될 수 있다. 예를 들어 투자자가 국내 투자자인지, 국제 투자자인지 등을 고려할 수 있다.
- 프로젝트에 대한 티저 자료 공개. 여기에는 Global Water Intelligence와 산업 출판물이나 Zanbato와 같은 전용 프로젝트 개발 플랫폼에 자료를 게시하는 것이 포함될 수 있다.

PPP 프로젝트 마케팅에 대한 지침자료는 제한적이다. Farquharson 외(Farquharson et al. 2011, 10)는 공식 출시 전에 프로젝트에 대한 정보를 공개하는 것이 입찰자의 관심을 끌기 위한 장점이 있음을 간략하게 설명한다. 또한 단일 기회가 아닌 프로젝드 파이프라인을 마케팅하는 깃의 가치를 설명힌다. 득히 새로운 PPP 프로그램의 경우, 이는 투자자들이 참여할 수 있는 더 강력한 인센티브를 제공한다.

글로벌 인프라 허브는 각국 정부의 PPP 프로젝트 마케팅을 지원하기 위해 무료로 이용할 수 있는 글로벌 인프라 허브 프로젝트 파이프라인 Global Infrastructure Hub Project Pipeline(GIH 2016b)을 개발했다. 이 파이프라인을 통해 정부는 프로젝트에 대한 조기 가시성을 시장에 제공하고 프로젝트 개발의 어느 단계에서 마케팅 캠페인을 시작해야 하는지 선택할 수 있다. 또한 정부는 파이프라인을 통해 다양한 개발 단계에서 프로젝트의 진행 상황을 보여줄 수 있다.

3.5.3 적격 입찰자

다음 단계는 입찰자 사전 자격 심사 과정을 수행하여 제안서를 제출하도록 초대할 회사와 컨소시엄을 선정하는 것이다. 모든 국가가 사전에 자격을 갖춘 입찰자를 선정하는 것은 아니며, 대신 공개 입찰 과정의 일환으로 자격을 평가한다. 두 가지 접근 방식의 장단점은 *Section 3.5.1 - 조달 전략 결정*에서 설명되어 있다.

사전 자격 심사 절차는 *Section 3.5.2 - PPP 홍보*에 설명된 대로 입찰 절차의 시작을 알리는 광고와 함께 입찰참가자격요청서(RFQ)를 작성 및 발행하고, 접수된 정보를 평가하여 적격 입찰자 그룹을 선정하는 것으로 구성된다.

카리브해 PPP 툴킷 **Caribbean PPP Toolkit**(Caribbean 2017, Module 5, Section 6.4)에서는 자격 기준에 대해 설명한다. 파쿼슨 외(Farquharson et al. 2011, 113-120)는 사전 적격성 평가의 목적, 일반적인 유형의 기준 및 프로세스를 설명하고 프로젝트 시작에 대한 간략한 지침을 제공한다. EPEC 지침서 **EPEC Guide to Guidance** (EPEC 2011b, 27-28)에서도 사전 적격성 평가 절차에 대한 유용한 개요를 제공한다.

Figure 3.7c 입찰자 자격

자격 요청서 준비 및 발행

사전 자격 심사 단계가 포함된 조달의 경우, 입찰참가자격요청서(RFQ)가 발행되면 조달 절차가 공식적으로 시작된다. RFQ에는 일반적으로 잠재적 입찰자가 관심 여부를 결정할 수 있도록 프로젝트에 대한 충분한 정보와 프로젝트 조달 방식에 대한 정보가 포함된다. 또한 적격성 심사 과정과 요구 사항을 명확하게 명시해야 한다.

이 단계의 프로젝트 정보에는 기술 및 서비스 요구 사항에 대한 개요, 주요 상업적 조건(일반적으로 계약서 초안은 아님), 조달 단계에서 제공될 추가 정보 목록이 포함될 수 있다. 자격 심사 절차에 관한 정보에는 일반적으로 자격 기준(*Box 3.12 - 기업 자격 기준* 참조), 업체에게 요구되는 정보 및 해당 정보가 제시되어야 하는 형식, 평가 일정 및 절차가 포함된다. 다음 자료에서는 RFQ 문서의 일반적인 내용에 대해 자세히 설명한다.

- 남아공 PPP 매뉴얼 조달 모듈 **South Africa PPP Manual procurement module**(ZA 2004a, 23-24)은 RFQ 문서의 내용을 개괄적으로 설명한다. 여기에는 프로젝트에 대한 정보, 조달 프로세스, 응답자에 대한 지침, 입찰에 필요한 정보, 평가 프로세스가 포함되어 있다.
- 싱가포르의 PPP 핸드북 **Singapore's PPP Handbook**(SG 2012, 56-60)에는 RFQ 계약이 나열되어 있으며, 이 단계에서 계약 초안을 포함할 필요는 없다고 강조한다.
- 호주의 국가 PPP 실무자 가이드 **Australia's National PPP Practitioners' Guide**(AU 2015)에서는 RFQ를 관심의향서(EoI)라고 부른다. 11~14페이지에는 배경, 프로젝트 범위 및 일정, 재무 및 상업 정보, 평가 기준, 일반 약관, EoI 응답 요건 등 EoI 요청에 포함되어야 하는 내용이 나열되어 있다.
- 세계은행의 고속도로 양허를 위한 툴킷 **World Bank's toolkit for concessions in highways**(WB 2009a) 사전적격성 평가 섹션에서는 RFQ에 포함되어야 하는 정보와 기업에게 요청해야 하는 정보를 설명한다.

다음은 모델 또는 예제 RFQ 문서를 제공한다.

- 인도 기획위원회 PPP 가이드라인 **India Planning Commission Guidelines for PPPs**: 입찰자 사전 자격 검증(IN 2014b)에는 RFQ 모델과 자격 검증 절차 단계에 대한 지침이 포함되어 있다.
- 세계은행 PPPIRC 웹사이트 **World Bank PPPIRC website**(WB 2009a)에는 조달 프로세스 및 표준화된 입찰 문서에 대한 페이지와 전력 구매 계약에 대한 표준 RFQ 초안 링크, RFQ를 포함한 실제 입찰 문서에 대한 링크가 있다.

일부 정부는 *Section 3.5.2-PPP 홍보*에 설명된 대로 조달 공고를 발행하기 전에 RFQ 문서에 대한 승인을 요구한다. 조달 공지는 일반적으로 기업에게 RFQ 패키지를 받는 방법을 알려준다. 정부가 직접 투자자에게 RFQ 패키지를 이용할 수 있음을 알릴 수도 있다.

수신된 정보를 평가하여 적격 입찰자 식별하기

수행기관(또는 지정된 평가팀)은 관심 있는 업체로부터 자격요건 명세서를 받은 후 사전 정의된 자격 기준에 따라 해당 자격을 평가해야 한다.

*Box 3.12-기업 자격 기준*에서는 일반적인 회사 자격 기준을 자료 및 예시와 함께 설명한다. 이러한 기준은 합격/불합격 기준으로 정의하여 적용하거나, 기업 순위를 매기고 특정 숫자의 자격을 부여하는 데 사용할 수 있다.

Box 3.12 기업 자격 기준

조달 프로세스의 목표 중 하나는 프로젝트를 수행할 수 있는 역량을 갖춘 유능한 업체를 선정하는 것이다. 각 제안서를 제출한 업체의 자격을 고려하는 것이 중요한데, 이는 입찰자를 식별하기 위한 사전 자격 검증 프로세스를 통해 수행하거나 입찰 프로세스의 첫 번째 단계(사후자격 검증이라고도 함)의 일부로 수행할 수 있다. 어떤 경우든 조달 프로세스를 시작하기 전에 명확한 자격 기준을 설정해야 한다.

기업 자격 기준은 정량적 또는 정성적일 수 있다. 일반적으로 스폰서 기업의 재정적 견고성, 유사한 프로젝트에 대한 이전 경험, 주요 경영진 주요 구성원의 경력 등을 고려한다.

이러한 기준을 신중하게 선택해야 좋은 파트너가 될 수 있는 회사(예: 소규모 회사)를 제외하거나 자격이 부족한 회사를 포함시키지 않을 수 있다. 다음은 회사 자격 기준에 대한 논의 및 예시이다.

- Kerf 외 Guide to Concessions(Kerf et al. 1998, 115-6)는 여러 PPP 프로젝트에서 사용된 사전 자격 기준 및 절차의 예를 제공한다.
- 호주 국가 PPP 실무자 가이드의 '표현의 관심 평가' 섹션 Australia National PPP Practitioner's Guide section *Evaluating Expressions of Interest*(AU 2015, 60-62)은 EOI 단계에서 적용될 기준에 대한 자세한 설명을 포함하고 있다.

필리핀의 BOT법 시행규칙 및 규정 Philippines' Implementing Rules and Regulations under the BOT Law(PH 2006, Section 5.4)는 법적 요건, 경험 또는 실적, 재정 능력의 세 가지 범주를 설명한다.

평가가 완료되면, 시행 기관은 자격을 갖춘 기업이나 컨소시엄과 불합격한 기업 모두에게 통보해야 한다. 남아프리카공화국 PPP 매뉴얼 **South Africa PPP Manual**의 조달 모듈(ZA 2004a, 25)에 설명된 바와 같이, 자격을 갖춘 기업 목록은 일반적으로 공개된다. 또한 기관은 낙찰되지 않은 기업에게 결정에 대한 충분한 정보를 제공해야 한다.

3.5.4 입찰 프로세스 관리

PPP 프로젝트 조달의 핵심 단계는 일반적으로 입찰 프로세스를 관리하는 것이다. 이 단계는 참여 입찰자를 선정하기 위한 사전 자격 심사(항상 그렇지는 않지만, *Section 3.5.1 - 조달 전략 결정*에 설명된 대로)를 거칠 수 있다. 입찰 프로세스는 우선협상대상자를 선정하는 것으로 끝나며, 우선협상대상자는 시행사와 협력하여 계약을 체결하고 재정적 결론에 도달하기 위해 노력한다.

입찰 프로세스 관리 단계는 Section 3.5.1에 설명된 대로 선택한 입찰 프로세스 및 수상 기준에 따라 달라진다. 이 섹션에서는 입찰 프로세스를 관리 하는 네 필요한 다음 요소에 대한 설명과 지침을 제공한다.

- 제안 요청서(RFP) 문서 준비 및 발행
- 입찰 기간 동안 입찰자와 상호작용
- 입찰서 접수
- 입찰 평가를 통해 우선협상대상자 선정하기
- 단일 입찰서만 접수되거나 완전한 입찰서가 없는 경우와 같은 문제 처리
- 우선협상대상자와 계약 체결 완료

Farquharson 외(Farquharson et al. 2011, 121-124)는 입찰 절차에 대한 개요를 제공하고 이 단계에서 수행 기관이 고려해야 할 몇 가지 중요한 사항을 강조한다.

Figure 3.7d 입찰 프로세스 관리

제안 요청서(RFP) 준비 및 발행

입찰 절차는 정부가 입찰 참여 업체에게 제안 요청(RFP) 문서를 발행하면 공식적으로 시작된다. 이 문서에는 프로젝트 구조, 요구 사항, 입찰 절차의 세부 사항이 명시되어 있다. 고품질의 상세하고 명확한 RFP 문서는 경쟁적인 프로세스와 비용 대비 가치를 달성하는 PPP를 보장하는 데 중요하다. RFP 문서에는 일반적으로 다음이 포함된다.

- PPP 프로젝트에 대한 정보
  - 프로젝트의 주요 특징과 PPP의 상업적 조건을 설명하는 정보 각서
  - *Section 3.4 - PPP 계약 설계*에 설명된 상세 PPP 계약 설계 프로세스의 결과물인 프로젝트 계약서 초안
  - 프로젝트에 대해 취득한 모든 허가 또는 승인 사본
  - 입찰자의 데이터룸 제공될 프로젝트 준비 단계에서 수집된 상세 기술 정보에 대한 설명
- 입찰 절차에 대한 정보
  - 입찰자에게 제공되는 상세한 입찰 규칙 및 지침, 프로세스 및 요구 사항을 명시
  - 입찰자가 품질 높은 제안을 준비할 수 있도록 충분한 시간을 고려한 일정
  - *Box 3.13 - 평가 기준*
  - *Section 3.5.1 - 조달 전략 결정*에서 입찰 비용 및 지급 접근 방식에 대한 섹션에 설명된 바와 같이 입찰 보증금 요구 사항(있는 경우)

Table 3.4-RFP 문서 작성 예시 및 지침. 추가 예시를 보려면 세계은행 **World Bank PPPIRC website**(PPPIRC) 웹사이트의 조달 프로세스 및 표준화된 입찰 문서 페이지에서 전력 구매 계약 및 도로 BTO PPP에 대한 RFP 초안과 실제 PPP 프로젝트의 입찰 문서에 대한 링크를 참조해 보자. 세계은행은 또한 산출물 및 성과 기반 도로 계약에 대한 샘플 입찰 문서(WB 2006c)를 발행했으며, 문서 서문에 몇 가지 지침을 제시하고 있다.

제안서 준비 중 입찰자와 소통하기

RFP가 발행되면 입찰자는 해당 요구 사항에 부합하는 세부 제안서를 준비하게 된다. 이 과정에서 정부 기관은 입찰자가 제안서를 준비할 때 입찰자와 어느 정도까지 어떻게 상호 작용할 것인지 정의해야 한다. 입찰자와 소통할 수 있는 채널과 허용되는 주제에 대한 규칙은 일반적으로 입찰제안요청서(RFP)에 명시되어 있으며, 이는 투명성을 위해 중요하다.

이러한 상호작용에는 최소한 입찰자에게 정보를 제공하고 RFP에 대한 설명 요청에 응답하는 것이 포함된다. 경우에 따라 정부는 그 결과로 RFP 문서를 업데이트하는 것을 고려할 수 있다. 이러한 유형의 커뮤니케이션을 위한 일반적인 채널은 다음과 같다.

- 입찰자가 프로젝트와 관련된 모든 사용 가능한 정보를 찾을 수 있는 물리적 또는 가상 공간인 데이터룸(data room)이다.
- 질의응답 반복을 통해 입찰자는 서면으로 질문을 제출할 수 있으며, 시행 기관은 모든 입찰자에게 서면으로 답변한다(모든 입찰자가 동일한 정보에 접근할 수 있도록 보장).
- 입찰자 컨퍼런스를 통해 시행 기관은 프로젝트에 대해 발표하고 입찰자의 질문에 답변할 수 있다. 일부 정부에서는 입찰 마감일에 가까워질수록 일부 입찰자에게 유리할 수 있는 정보가 공개되는 것을 피하기 위해 해명을 요청할 수 있는 시기에 제한을 두고 있다.

다음은 입찰자와의 상호작용에 대한 이러한 접근 방식에 대한 자세한 정보와 예시이다.

- PPIAF의 도로 및 고속도로 PPP를 위한 툴킷 **PPIAF's Toolkit for PPPs in Roads and Highways**(WB 2009a)에서는 "양허: 경쟁 입찰의 주요 단계" 섹션에서 데이터룸에 제공되어야 할 기술 정보를 설명하고 있다.
- ADB PPP 핸드북 **ADB PPP Handbook**(ADB 2008, 71)에는 데이터룸 색인 샘플이 나와 있다.
- 호주의 국가 PPP 실무자 가이드 **Australia's national PPP practitioners' guide** (AU 2015, 24- 25)에는 데이터룸의 사용과 쿼리 프로세스(Query Process)에 대해 간략하게 설명되어 있다.

Tip 쿼리 프로세스(Query Process)는 일반적으로 프로젝트나 계약의 제안 요청서(RFP)와 관련하여 이해관계자들이 질문을 하고 그에 대한 답변을 받는 절차를 의미한다.

- 싱가포르 PPP 핸드북(SG 2012, 61-62)은 RFP가 발행된 후 피드백 기간 동안 교환할 정보의 유형을 제시한다.
- 콜롬비아에서는 1993년 법률 80 **Colombia, Law 80 of 1993**(CO 1993)에 따라 사전 선정된 입찰자에게 RFP 문서를 배포한 후, 입찰자가 요청하는 경우 계약 기관은 입찰자와 회의를 개최하여 입찰자의 의문을 해소하고 우려 사항과 의견을 청취해야 한다. 계약 담당기관은 이 회의를 바탕으로 입찰서류에 변경 사항을 반영하거나 제출기한을 최대 6일까지 연장할 수 있다.

*Section 3.5.1 - 조달 전략 결정*의 입찰자와의 협상: 입찰 과정에서 설명한 바와 같이, 일부 정부는 입찰자가 제안서를 준비할 때보다 광범위한 참여를 포함하는 대화형 입찰 또는 경쟁적 대화 프로세스를 사용한다. 이러한 유형의 프로세스에서 입찰자는 일반적으로 1차적으로 기술 제안서를 제출한 다음, 최종 제안서를 제출하기 전에 계약 당국과 피드백 및 논의를 통해 당국의 요구 사항을 충족하도록 제안된 솔루션을 개선한다. 일부 입찰자는 이러한 여러 단계의 과정에서 탈락할 수 있다.

EU 규정에 따른 이 절차에 대한 자세한 내용과 지침은 영국 정부의 경쟁적 대화 사용에 관한 지침 **Government of the United Kingdom's Guidance on the Use of Competitive Dialogue**(UK 2008)을 참조해 보자. 호주의 국가 PPP 실무자 가이드**Australia's National PPP Practitioners' Guide**(AU 2015, 70-71)에서는 호주에서 유사한 대화형 입찰 절차가 일반적으로 어떻게 사용되는지 설명한다.

입찰 받기

신뢰할 수 있고 믿을 수 있는 시스템은 입찰이 비밀리에 처리되도록 보장하는데 중요하다. 이는 입찰 조작의 기회를 방지하고 입찰서에 포함된 상업적으로 민감한 정보를 보호하기 위해 필요하다.

대개 입찰서는 밀봉된 봉투에 하드 카피로 제출된다. 일반적으로 재무 입찰서와 기술 입찰서는 별도의 봉투에 담겨 제출되며, 재무 입찰서는 기술 평가를 통과한 입찰자에 대해서만 개봉된다. 재무 입찰서는 입찰 조작의 가능성을 피하기 위해 공개적으로 개봉되는 경우가 많다. 예를 들어, 필리핀 BOT 법의 규칙과 규정 **Philippines BOT law rules and regulations**은 입찰을 받기 위한 두 개의 봉투 시스템을 설정하고 있다(PH 2006, Rule 7). 세계은행의 성과 기반 도로 계약을 위한 샘플 입찰 문서 **World Bank sample bidding documents for output-and performance-based road contracts**(WB 2006c, 19-21)에서도 밀봉된 입찰 시스템을 설명하지만, 전자 밀봉 입찰 시스템을 대안으로 사용할 수 있도록 허용하고 있다. 전자 시스템의 한 가지 장점은 입찰자가 물리적인 입찰 전달을 모니터링하거나 간섭하는 것을 방지할 수 있다는 것이다.

Dumol의 마닐라 수도 민영화에 관한 기록장 **Dumol's diary of the Manila Water privatization by concession**(Dumol 2000, 85-98)에는 입찰 제출 및 개봉 과정에 대한 자세한 설명이 포함되어 있다.

입찰 평가

파트너십 빅토리아 실무자 안내서 Partnerships Victoria Practitioner's Guide(VIC 2001, 40-42)에 설명된 대로 평가 프로세스에는 다음이 포함된다.

- 입찰 과정과 최소 요구 사항에 대한 입찰의 완전성 및 준수 평가
- 프로젝트 개요의 요구 사항에 대한 적합성 평가. 가이드에 따르면 적합한 입찰서가 비적합한 입찰서보다 먼저 평가된다고 언급하지만, 적합한 입찰이 없는 경우 비적합 입찰서가 고려될 수 있다고 한다.
- 입찰 설명회에는 입찰자 프레젠테이션과 Q&A 세션이 포함될 수 있다. 가이드에서는 입찰을 변경할 수 있는 기회가 포함되지 않아야 한다고 명시하고 있다.
- 사전 정의된 평가 기준에 따라 평가팀이 세부적으로 검토한다. *Box 3.13 - 평가 기준*에서는 평가 기준을 설정하기 위한 옵션과 지침을 제공한다.

Box 3.13 평가 기준

평가 기준의 선택은 PPP가 비용 대비 가치를 제공하는지 확인하는 데 핵심이 될 수 있다. 평가 기준은 사전에 결정하여 RFP 문서에 명시해야 하는데, 일부 국가에서는 법률에 평가 기준 옵션을 명시하기도 한다. 평가 기준은 일반적으로 기술적 요소와 재정적 요소를 통합한다. 이러한 요소는 개별적으로 평가할 수도 있고(일반적으로 기술 평가의 합격/불합격 후 재무 기준에 따라 순위를 매기는 방식), 결합하여 가중치를 부여하여 입찰 순위를 매길 수도 있다(*Section 3.5.1 - 조달 전략 결정*에 설명된 대로).

구체적인 기준의 옵션은 프로젝트의 성격에 따라 달라지는데, 예를 들어 기존 자산이 관련되어 있는지 여부, 프로젝트가 사용자 부담인지 정부 부담인지 여부 등 Kerf 외(Kerf et al. 1998, 118-122)가 설명(예시 포함)한 바와 같이 프로젝트의 성격에 따라 달라질 수 있다.

많은 PPP는 다른 기술 및 재정 요건을 통과한 후 재정 기준에 따라 순위가 매겨진다. 재정적 평가 기준의 가장 일반적인 옵션은 민간 부문의 보수이다. 이는 사용자에 대한 최저 관세 또는 정부에 대한 최저 비용(정부가 지불하는 PPP 또는 사용자 요금에 추가되는 보조금)이 될 수 있다. 칠레와 페루에서 유료 도로에 도입된 최소 현재 가치 수익 기준도 또 다른 대안으로, Engel, Fischer, Galetovic이 설명한다(Engel et al. 2002). 관련 기준에는 양허 기간 또는 투자 금액이 포함될 수 있다.

기술 요구 사항이 제안서에 명확하게 설정된 경우, 기술 평가는 해당 요구 사항 준수를 확인하는 것을 요구한다. Kerf 외(Kerf et al. 1998, 118-119)는 일부 프로세스에서 입찰자에게 프로젝트 설계, 비즈니스 또는 투자 계획을 제출하도록 요청하며, 이러한 계획은 여러 기준에 따라 평가된다고 설명한다. 저자들은 이 접근 방식의 단점으로 계획 평가의 주관성 개입 여부와 양허 기간 동안 계획이 상당히 변경될 가능성을 지적한다.

조달 당국은 거래 자문가와 함께 현재의 프로젝트와 초안 계약이 상업적으로 실행 가능하고 은행에서 자금을 지원할 수 있는지를 평가해야 한다. 이는 계약 서명 전이나 재정 마감 전의 입찰 후 협상을 피하기 위함이며, 이러한 협상은 프로젝트와 그 위험 분배를 상당히 변경할 수 있지만 입찰 과정에서 평가되지 않았던 사항이다. 이러한 입찰 후 협상의 위험 분배에 대한 영향은 입찰 과정에서 평가된 사용자 요금 및 기타 기준보다 훨씬 더 중요할 수 있다. 입찰자에게 제안서에서 초안 계약에 대한 변경 사항을 제시하도록 허용하는 경우, 조달 당국은 허용되는 특정 변경 사항과 입찰 평가 기준에서 어떻게 배점을 해야할지 정의해야 한다.

다음 자료에서는 평가 기준 선택에 대한 추가 지침과 예시를 제공한다.
EPEC의 지침 가이드 EPEC's Guide to Guidance(EPEC 2011b, 23)에서는 입찰자 선정에 사용할 수 있는 기준에 대해 간략하게 설명한다.
Guash(Guasch 2004, 97-105)는 라틴 아메리카에서 양허 계약의 재협상을 초래하는 요인에 대한 광범위한 검토를 바탕으로 보상 기준의 선택을 설명한다.
세계은행 물 분야 PPP 툴킷 World Bank Toolkit for PPP in the water sector(PPIAF 2006, 171-179)는 기술, 금융, 복합 접근법 등 물 분야 사용자 부담 PPP 계약 체결을 위한 평가 기준 옵션에 대한 설명과 사례를 제공한다.
호주의 국가 PPP 실무자 가이드 Australia's *National PPP Practitioners' Guide*(AU 2015, 62-65)는 입찰 평가에 대한 보다 총체적인 접근 방식을 설명한다. 여기에는 정량적 및 정성적 가성비, 상업적 및 재무적 평가, 서비스 제공 평가, 프로젝트 설계 평가가 포함된다.

- 평가 보고서 작성, 진행 과정 및 평가 팀의 분석을 자세히 설명한다. 포괄적인 보고서 작성은 프로세스의 투명성을 위해 중요하다. 경우에 따라 입찰자에게 보고서 초안에 대해 공식적으로 의견을 제시하도록 요청할 수 있으며, 평가팀은 최종 버전에서 의견을 반영해야 한다.

Partnerships Victoria Practitioners' Guide(VIC 2001, Chapter 19.2)는 평가를 위한 팁을 제공하고 평가 보고서에 포함되어야 할 내용을 나열한다. **South Africa PPP Manual** Module 5: Procurement(ZA 2004a, 45-51) 또한 입찰 평가 방법에 대한 자세한 지침과 평가 팀을 정의하는 남아프리카의 접근 방식에 대한 설명을 제공한다.

문제 처리 – 입찰이 한 건만 접수됨

입찰이 한 건만 접수되면 해당 입찰이 가격 대비 가치를 제공할 수 있는지에 대한 우려가 제기될 수 있다. EPEC의 지침 가이드 **EPEC's Guide to Guidance** (EPEC 2011b, 29-30)에 설명된 대로 크게 두 가지 대응 방안이 있다.

- 입찰에 결함이 있어 투표율이 낮은 경우 입찰서를 다시 작성하여 재입찰하는 것이 최선의 방법일 수 있다.
- 입찰자가 경쟁이 치열할 것으로 판단되고 요구 사항을 완전히 준수하는 것으로 보이는 경우 철저한 실사를 수행하고 단독 입찰자를 선택하는 것이 더 나은 선택일 수 있다.

세계은행 조달 가이드라인 **World Bank procurement guidelines**(WB 2011b, 25)은 유효 경쟁이 부족한 경우 모든 입찰을 거부하는 것이 정당하다고 언급하면서도 "단 하나의 입찰서만 제출된 경우에도 입찰이 만족스럽게 광고되었고 자격 기준이 과도하게 제한적이지 않으며 가격이 시장 가치에 비해 합리적이라면 입찰 절차는 유효한 것으로 간주될 수 있다"고 명시하고 있다. 영국 정부의 경쟁입찰 절차에 관한 지침 **United Kingdom Government's guidance on the competitive dialogue procedure**(UK 2008, Box 5.7)에서 자세한 지침을 확인할 수 있다.

Table 3.4 RFP 문서 작성 예시 및 지침

관할권(Jurisdiction)	참고 문헌(Reference)	설명(Description)
호주	National PPP Practitioners' Guide (AU 2015, 17-22)	RFP의 내용을 자세히 설명한다.
브라질	Federal PPP Law (BR 2004a, Law 11079, Article 11)	입찰 문서에 포함되어야 하는 최소 정보를 설명한다. 여기에는 초안 PPP 계약, 입찰자로부터 요구되는 제안 보증(총 계약 금액의 최대 1%), 갈등 해결 절차, 그리고 정부가 지급을 보장하기 위해 제공할 보증이 포함된다.

관할권(Jurisdiction)	참고 문헌(Reference)	설명(Description)
칠레	Concessions Law (CL 2010b)	칠레의 PPP 유닛은 공공사업부 내에 위치하며, 모든 PPP 프로젝트의 완전한 제안 요청서(RFP)에 대한 접근을 제공한다.
콜롬비아	Law 80/1993, General Statute for Procurement by the Public Administration (CO 1993, Articles 14 and 30)	Article 24는 PPP 입찰 문서에 포함되어야 할 정보를 설명하고 있는데 여기에는 입찰자로 참여하기 위한 자격 요건, 입찰 준비 규칙, 프로젝트 수행에 필요한 물품, 작업 및 서비스의 비용과 품질, 계약 기간, 그리고 입찰자 선정 규칙이 포함된다. 제30조는 입찰 프로세스를 규정하며, 여기에는 관련 당사자의 권리와 책임, 각 단계의 마감일 및 일정이 포함된다.
콜롬비아	Law 1150 (2007) Law to Introduce Efficiency and Transparency Measures in Law 80 of 1993 (CO 2007, article 8)	계약 기관은 입찰 문서의 초안 버전을 공개해야 한다고 규정한다. 이는 구속력이 없는 활동으로, 즉 계약 기관은 이러한 초안 문서를 공개한 후 입찰을 진행할 의무가 없다.
인도	Ministry of Finance Model RFP Document (IN 2014a)	국가 차원의 계약 당국이 사용할 수 있도록 설계된 전체 일반 모델 RFP(제안요청서)를 제공한다.
남아프리카공화국	PPP Manual module on procurement (ZA 2004a, 27-41)	먼저 입찰자가 RFP 최종화에 어떻게 참여할 수 있는지 설명한 후, RFP의 내용에 대해 자세히 설명한다,

문제 처리－명확한 우선협상대상자가 없거나 적합한 입찰이 없는 경우

경우에 따라 여러 입찰이 접수되었음에도 불구하고 명확한 선호 입찰자가 없을 수 있다. 예를 들어, 이는 요구 사항에 부합하는 입찰이 없거나, 비적합 입찰이 적합 입찰보다 더 나은 가성비를 제공하는 것으로 보일 때 발생할 수 있다.

이 문제의 일반적인 원인 중 하나는 RFP 문서의 명확성이나 품질이 부족한 것이다. 위에서 언급한 RFP 문서 준비 및 발행에 대한 참고 자료는 명확하고 포괄적이며 잘 구조화된 RFP를 준비하는 데 도움을 준다. *Section 3.5.1-조달 전략 결정*에서 설명된 다단계 및 경쟁 대화 절차는 입찰 과정 중 RFP를 변경할 수 있게 하여 최종 입찰이 모두 비교 가능하고 준수하도록 보장함으로써 이 문제를 피하는 데 도움을 준다.

만약 어떤 입찰도 기준에 부합하지 않거나 품질이 높아 보이지 않는 경우, 프로젝트를 재포장하고 재입찰하는 것이 하나의 옵션이다. 대안으로는 조달 과정을 연장하여 선호 입찰자를 식별하는 방법이 있다. 일반적으로는 비적합한 부분에 대해 상위 순위 입찰자와 논의한 후 수정된 입찰을 요청하는 방식이다.

추가적인 안내를 원한다면, 호주의 국가 PPP 실무자 가이드(AU 2015, 27-28)를 참고해 보자. 이 가이드는 선호 입찰자를 선택할 수 없는 경우 두 가지 옵션—두 입찰자와의 최종 제안(Best and Final Offer, BAFO) 과정에 들어가거나 구조화된 협상—을 설명하고 있다. 남아프리카공화국 PPP 매뉴얼 모듈 5 **South Africa PPP Manual Module 5**(ZA 2004a, 51-56)에서도 명확한 선호 입찰자를 식별할 수 없는 경우 BAFO 과정을 언제 어떻게 진행해야 하는지에 대해 자세히 설명하고 있다.

우선협상대상자와 PPP 계약 체결하기

선호 입찰자가 선정된 후, 정부는 PPP 계약을 최종화하기 위해 추가 논의에 들어가는 경우가 있다. 이 단계에서의 광범위한 협상은 경쟁 입찰 프로세스를 저해할 수 있으며, 이는 *Section 3.5.1-조달 전략 결정*에서 설명되어 있다. 그러나 제안서나 계약의 요소를 명확히 하기 위해 어느 정도의 협상은 필요할 수 있으며, 특히 입찰 과정에서 상당한 상호작용이 없었던 경우에는 더욱 그렇다. 만약 자금 조달 방식에 대한 결론이 나지 않았다면, 대출기관들이 이 단계에서 계약 요소와 위험 분배에 대해 협상 압력을 가할 수 있다.

많은 정부는 이 단계에서 가능한 협상의 범위를 정의하고 제한한다. 예를 들어, EPEC의 가이드라인 **EPEC's Guide to Guidance**(EPEC 2011b, 31)는 조달에 중요한 문제를 변경할 수 없다는 유럽연합 규칙을 설명하고 있다. 이는 입찰 과정에서 다른 결과를 초래할 수 있는 변경은 사후 협상 단계에서 포함되어서는 안 된다는 의미이다. 이 단계에서 변경이 허용되는 경우, 최종 계약은 종종 추가 승인을 받아야 한다.

다음 자료들은 사후 협상을 신중하게 관리하는 데 대한 지침을 제공한다.

- 호주의 국가 PPP 실무자 가이드 **Australia's National PPP Practitioners' Guide**(AU 2015, 30)는 협상 이슈 및 일정 정의, 분쟁 해결 프로세스 설정, 참여자가 조직을 대신하여 결정을 내릴 수 있는 권한 확보 등을 포함하는 협상 프레임워크 설정에 대한 지침을 제공한다.
- 남아공 PPP 매뉴얼 모듈 5 **South Africa PPP Manual** Module 5(ZA 2004a, 59-61)에는 협상 원칙과 협상 프로세스가 자세히 설명되어 있다.
- ADB PPP 핸드북 **ADB PPP Handbook**(ADB 2008, 79-80)에는 차순위 입찰자가 될 수 있는 예비 계획 마련을 포함하여 협상을 위한 중요한 요소에 대해 간략하게 설명되어 있다.

3.5.5 계약의 효율성 및 재무 마감 달성

정부와 우선협상대상자가 PPP 계약에 서명하면, 이들은 계약상 PPP를 이행할 의무가 있다. 그러나 프로젝트 실행을 시작하기 전에 몇 가지 추가 단계가 있다. 우선협상대상자는 PPP를 위한 파이낸싱 계약을 체결해야 할 수 있으며, PPP 구조의 다른 당사자(예: 하청업체 및 보험사)와 계약을 체결해야 할 수도 있다. 시행 기관은 일반적으로 인허가 마무리와 같은 업무도 수행해야 한다. 이 기간 동안 세부적인 계약 관리 프로토콜과 매뉴얼도 개발되는 경우가 많다(자세한 내용은 *Section 3.6 - PPP 계약 관리* 참조).

PPP 계약에는 일반적으로 이러한 요소 중 일부의 완성이 선행 조건으로 포함되며, 계약이 효력을 발생하기 위해 반드시 충족되어야 한다. PPP 계약에는 선결 조건이 충족되지 않을 경우 계약이 종료되거나 입찰 보증금이 몰수되는 최종 날짜가 명시되는 경우가 많다. 도로 및 고속도로 PPP를 위한 PPIAF 툴킷 **PPIAF Toolkit for PPPs in Roads and Highways**(WB 2009a)의 계약 수주 섹션에서 언급했듯이, 요구 사항을 명시하지 않고 재정 마감 기간을 명시하지 않으면 프로젝트 실행이 수년간 지연될 수 있다.

Figure 3.7e 재무 마감

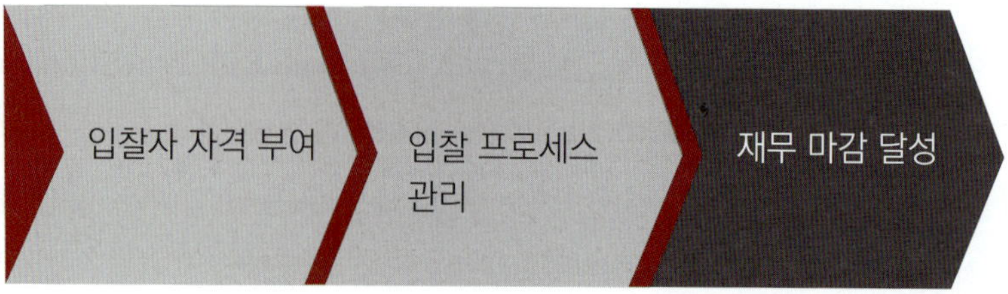

금융 계약 체결 완료

EPEC 지침서 **EPEC Guide to Guidance**(EPEC 2011b, 31-33)에서는 일반적인 PPP에 대한 금융 계약의 범위를 설명한다. 이러한 금융 계약은 계약이 체결될 때까지 확정되지 않는 경우가 많다. 대부분의 경우 관심 있는 대출 기관은 제안 단계에서 파악되지만 대출기관들은 금융 제공을 약속하기 전에 프로젝트와 PPP 계약에 대한 상세한 실사를 실시하는 경우가 많다(Farquharson et al. 2011, 124-125). 이 과정에는 대출 기관이 프로젝트 자금 조달에 동의하기 전에 PPP 계약의 변경을 요구하거나 금융 조달 조건이 제안서에서 가정한 것과 달라질 수 있는 위험이 있다. 이러한 위험을 완화하는 한 가지 방법은 제안 단계에서 확고한 자금 조달 약속을 요청하는 것이지만, 이는 조달이 어렵고 비용이 많이 들며 경쟁이 줄어들 위험이 있다.

*Section 1.3 - PPP의 자금 조달 방법*에서는 PPP 자금 조달 및 재무 마감과 관련된 위험에 대한 자세한 정보를 제공한다.

계약 효력 및 재무 마감 조건 충족

재무 마감(financial close)은 모든 프로젝트 및 금융 계약이 서명되고, 해당 계약의 모든 조건이 충족되며, PPP의 민간 당사자가 프로젝트 작업을 시작하기 위해 자금을 인출할 수 있는 시점을 의미한다. Yescombe에서 언급된 바와 같이, 재무 마감 조건은 종종 순환적이다. 즉, 자금이 인출 가능해지기 전까지 PPP 계약은 효력을 발생하지 않으며(즉, 자금 확보는 계약 효력 발생의 선행 조건이다), 그 반대의 경우도 마찬가지이다(Yescombe 2007).

EPEC 지침서 **EPEC Guide to Guidance**(EPEC 2011b, 34)에는 일반적인 조건 선례가 간략하게 설명되어 있으며, 정부가 PPP 계약을 마무리하고 재무마감에 도달하기 위한 체크리스트가 포함되어 있다. 요구 사항의 예는 다음과 같다.

- 모든 프로젝트 계약 및 계약서 마무리
- 관련 정부 기관의 최종 승인 확보(예: 조달 프로세스 및 최종 계약의 검토 및 승인)
- 허가 및 승인계획 확보
- 프로젝트 토지 취득 시작 또는 완료

이 과정에서 거래 단계를 마무리하고 프로젝트 실행을 시작하려면 공공 및 민간 당사자 모두의 많은 세부적인 작업과 노력이 필요한 경우가 많다.

Did you Know…?

런던의 대부분의 도시 인프라는 장기 임대 계약에 따라 건설되었다.

17세기 런던에서 일부 지주들은 자신의 토지를 99년 BOT 계약에 따라 건축업자에게 임대하는 단위로 나누었다. 민간 투자자들은 각 단위에 주택과 도로, 공공 광장, 시장, 교회 등을 건설한 후 주택을 임대했다. 99년 후에는 주택이 지주의 소유가 되었다. 퀸 스퀘어, 러셀 스퀘어, 토링턴 스퀘어와 같은 지역 및 런던의 많은 다른 광장들은 도시 계획의 결과가 아니라 민간 주도와 장기 계약의 결과였다.

출처: *Peter Ackroyd, London: A Biography (Chatto & Windus, 2000)*

Key References: PPP 거래 관리

참고 문헌(Reference)	설명(Description)
WB. 2009a. "Toolkit for Public-Private Partnerships in Roads and Highways." World Bank. Website.	Module 5: "이행 및 모니터링, 단계 3: 조달" 및 4: "계약 체결"
Farquharson, Edward, Clemencia Torres de Mästle, E. R. Yescombe, and Javier Encinas. 2011. *How to Engage with the Private Sector in Public-Private Partnerships in Emerging Markets.* Washington, DC: World Bank.	Chapter 9: "조달 관리"는 조달 프로세스의 각 단계를 설명한다. 이 장에서는 남아프리카의 잉코시 알버트 루투리 중앙 병원의 사례 연구가 포함되어 있으며, 병원의 조달 프로세스는 다변수 입찰 평가·접근 방식(multi-variable bid evaluation approach)을 포함하고 있다.
Kerf, Michael, R. David Gray, Timothy Irwin, Celine Levesque, Robert R. Taylor, and Michael Klein. 1998. "Concessions for Infrastructure: A guide to their design and award." World Bank Technical Paper No. 399. Washington, DC: World Bank.	Section 4: "양허 계약 체결"은 조달 프로세스 선택, 사전 자격 심사 및 후보자 선정, 입찰 구조 및 평가, 입찰 규칙 및 절차에 대한 자세한 지침과 예시를 제공한다.
GIH. 2016b. "GI Hub Launches Project Pipeline." Press release. Global Infrastructure Hub. December 6. Website.	GI 허브 파이프라인은 정부가 잠재적인 입찰자, 대출기관 및 기타 주요 민간 부문 이해관계자에게 PPP 프로젝트를 홍보할 수 있는 무료 플랫폼이다.
PPIAF. 2006. *Approaches to Private Sector Participation in Water Services: A Toolkit.* Washington, DC: Public-Private Infrastructure Advisory Facility.	Section 9: "운영자 선택"은 조달 방법 선택, 평가 기준 설정, 입찰 과정 관리 및 기타 문제 처리에 대한 지침을 제공한다.
EPEC. 2011b. *The Guide to Guidance: How to Prepare, Procure, and Deliver PPP Projects.* Luxembourg: European Investment Bank, European PPP Expertise Centre.	Section 2: "상세 준비"는 조달 방법 선택 및 입찰 평가 기준에 대한 정보를 포함하고 있으며, 섹션 3: "조달"은 입찰 과정부터 PPP 계약 최종화에 이르기까지의 내용을 설명하고 재정 마감에 도달하는 데 필요한 상세 정보를 제공한다.

참고 문헌(Reference)	설명(Description)
UK. 2008. *Competitive Dialogue in 2008: OGC/HMT joint guidance on using the procedure.* London: UK Government, HM Treasury.	경쟁 대화 조달 절차(Competitive dialogue procurement procedure)를 수행하는 방법에 대해 설명하고 안내한다. 단일 입찰만 접수되는 것과 같은 몇 가지 도전 과제도 설명하고 있으며 이어서, 입찰 후 단계에 대한 입찰 후 해결될 수 있는 문제에 대한 안내를 제공한다.
Yescombe, E.R. 2007. *Public-Private Partnerships: Principles of Policy and Finance.* Oxford: Butterworth-Heinemann.	Section 6.5 '실사(Due Diligence)'는 계약이 완료되기 전에 시행 기관이 확인해야 할 몇 가지 문제를 설명하고 있으며, 재정적 마감(financial close)에 도달하기 위한 요구 사항도 포함하고 있다.
KPMG. 2010. *PPP Procurement: Review of Barriers to Competition and Efficiency in the Procurement of PPP Projects.* Sydney: KPMG Australia.	PPP 실무자들의 설문조사를 바탕으로 PPP 조달 프로세스의 효율성을 개선하고 진입 장벽을 줄이기 위한 권장 사항을 제공한다. 이 권장 사항은 PPP 조달 프로세스의 효율성을 개선하는 데 중점을 두며, 정부가 입찰 비용에 기여하는 것의 장단점에 대해서도 언급하고 있다.
ADB. 2008. Public-Private Partnership Handbook. Manila: Asian Development Bank.	Section 7: 'PPP 구현'에서는 PPP 조달의 여러 측면, 즉 프로세스 선택, 사전 자격 심사, 입찰 평가 및 입찰 문서 준비에 대해 설명한다.
WB. 2011c. *Guidelines Procurement of Goods, Works, and Non-Consulting Services under IBRD Loans and IDA Credits and Grants by World Bank Borrowers.* Washington, DC: World Bank.	세계은행 자금을 받는 모든 프로젝트가 사용해야 하는 조달 절차를 명시하고 있다.
Dumol, Mark. 2000. *The Manila Water Concession: A key government official's diary of the world's largest water privatization.* Washington, DC: World Bank.	마닐라 수자원 양허의 전체 과정을 자세히 설명하고 있는데 여기에는 민영화 최선의 옵션 결정, 입찰 과정 운영, 그리고 발생한 여러 문제 처리 등이 포함된다.

참고 문헌(Reference)	설명(Description)
Engel, Eduardo, Ronald Fischer, and Alexander Galetovic. 2002. "A New Approach to Private Roads." *Regulation* 25 (3).	칠레의 유료 도로 프로그램에서 도입된 최소 현재 수익 가치(Least Present Value of Revenue, LPVR) 기준의 장점에 대해 설명한다.
Guasch, José Luis. 2004. *Granting and Renegotiating Infrastructure Concessions: Doing it right.* Washington, DC: World Bank.	Chapter 7에서는 라틴 아메리카에서의 양허 계약 재협상 현황에 대한 이전 분석을 바탕으로 최적의 양허 설계에 대한 지침을 제공한다. 적절한 평가 기준 선택에 대한 지침도 포함되어 있다.
BR. 2004. *Lei No. 11.079 de 30 de dezembro de 2004.* Brasília: Presidência da República, Casa Civil.	PPP 프로세스를 명확히 하며, RFP(제안 요청서) 문서의 내용과 가능한 평가 기준을 설명한다.
BR. 1995. *Lei No. 8.987 de 13 de fevereiro de 1995.* Brasília: Presidência da República, Casa Civil.	브라질에서 (사용자 부담) 수익권에 대한 입찰 절차를 설정하며, 이는 정부 부담 PPP에도 적용된다.
CL. 2010b. *Ley y Reglamento de Concesiones de Obras Públicas: Decreto Supremo MOP Nº 900.* Santiago: Gobierno de Chile, Ministerio de Obras Públicas.	Chapter Ⅲ은 PPP의 조달 프로세스에 대해 자세히 설명하고 있으며, 여기에는 사전 자격 심사, 입찰 프로세스, 가능한 평가 기준 및 계약 수여 절차가 포함된다.
EG. 2011. *Executive Regulation of Law No. 67 of 2010, Issued through Prime Minister Decree No. 238 of 2011.* Cairo: Government of Egypt.	Part Three는 PPP의 입찰, 수여 및 계약 절차에 대해 자세히 설명하고 있으며, 여기에는 사전 자격 심사, 입찰 단계, 경쟁적 대화, 수여 및 계약 절차가 포함되어 있으며 또한 항소를 위한 접근 방식도 명시하고 있다.
IN. 2007. *Panel of Transaction Advisors for PPP Projects: A Guide for Use of the Panel.* New Delhi: Government of India, Ministry of Finance.	본 사용자 가이드는 패널을 사용하여 PPP 거래를 위한 거래 자문사를 임명하는 과정과 관련된 작업을 설명하고 있다.
MX. 2014. *Ley de Adquisiciones, Arrendamientos y Servicios del Sector Público.* Mexico City: Gobierno de México, Cámara de Diputados.	멕시코에서 입찰 절차를 수행하기 위한 규칙을 설정한다. 여기에는 공개 입찰, 단독 계약, 그리고 최소 세 명의 잠재 입찰자에게 직접 입찰 요청을 포함한 가능한 계약 옵션이 포함되어 있다.

참고 문헌(Reference)	설명(Description)
PH. 2006. *The Philippine BOT Law R.A. 7718 and its Implementing Rules and Regulations.* Revised 2006. Manila: Public-Private Partnership Center.	Rules 3-11의 시행 규칙은 각 단계에서의 조달 프로세스와 요구 사항을 자세히 설명한다: 사전 자격 심사, 입찰 프로세스 및 평가, 협상 절차를 사용할 수 있는 시기와 방법, 자발적 제안 처리, 계약 체결 및 서명.
ZA. 2004a. *Public Private Partnership Manual.* Pretoria: South African Government, National Treasury.	Module 5: 조달 프로세스와 지침을 제시한다: 사전 자격 심사, RFP 발행, 입찰 수령 및 평가, 선호 입찰자와의 협상, PPP 계약 관리 계획 최종화.
AU. 2015. *National Public Private Partnership Guidelines - Volume 2: Practitioners' Guide.* Canberra: Commonwealth of Australia.	주요 프로젝트 단계, 특히 세 가지 조달 단계인 관심 표현(Expressions of Interest), 제안 요청(Request for Proposal), 협상 및 완료(Negotiation and Completion)를 설정한다. 또한 상호 작용 입찰 프로세스에 대한 지침과 프로토콜을 제공하고 있다.
SG. 2012. *Public Private Partnership Handbook. Version 2.* Singapore: Government of Singapore, Ministry of Finance.	3절에서는 PPP 조달 프로세스 옵션 및 원칙을 설명하고 있다.
IN. 2014b. *Public-Private Partnership Request for Qualification: Model RFQ Document.* New Delhi: Government of India, Planning Commission.	개요와 함께 RFQ(Request for Quotation) 견적요청서를 제시한다.
PPPIRC. Accessed March 9, 2017. "Public-Private Partnerships in Infrastructure Resource Center website." Website.	모델 및 예시 조달 문서를 포함한 PPP 문서 라이브러리를 제공한다.
WB. 2006c. *Procurement of works and services under output-and performance-based road contracts and sample specifications. Sample bidding documents.* Washington, DC: World Bank.	포괄적인 샘플 입찰 문서와 함께 부록에 샘플 사양이 포함되어 있다. 서문에서는 개요 지침을 제공한다.

참고 문헌(Reference)	설명(Description)
CO. 1993. *Ley 80 de 1993.* Bogotá: Congreso de Colombia.	일반 조달 법률은 PPP에도 적용되며, 입찰 절차를 수행할 수 있는 권한이 있는 주체, 투명성 요구 사항, 입찰 문서의 내용 및 계약 절차의 구조를 규정한다.
CO. 2007. *Ley 1150 de 2007.* Bogotá: Congreso de Colombia.	선정된 입찰의 객관성을 보장하기 위한 규칙과 입찰자가 제출한 정보의 진위를 검증하기 위한 절차를 규정한다.
IN. 2014a. *Public-Private Partnership Model RFP Document.* New Delhi: Government of India, Planning Commission.	본 보고서는 PPP 프로젝트를 위한 제안 요청서(RFP) 템플릿과 PPP 프로젝트의 재정 입찰 제안에 대한 간단한 지침을 제공한다.
IN. 2014c. *Model Request for Proposals (RFP): Selection of Technical Consultant.* New Delhi: Government of India.	개요와 함께 모델 RFP(Model Request for Proposals)를 제시한다.
VIC. 2001. *Practitioners' Guide.* Melbourne, Australia: Victorian Department of Treasury and Finance, Partnerships Victoria.	앞에서 설명한 프로젝트 단계들을 호주 빅토리아 주 PPP 프로그램에 적용하여 제시하고 있다. 국가적 접근 방식과 유사하지만, 입찰 평가 단계에 대한 더 많은 세부 정보를 포함한다.

3.6

PPP 계약 관리

PPP 계약 관리에는 PPP 계약 요건 모니터링 및 집행, 공공 및 민간 파트너 간의 관계 관리가 포함된다. 계약 관리 단계는 계약 발효일부터 계약 기간이 끝날 때까지 PPP 계약의 전체 수명에 걸쳐 이루어진다.

PPP 계약 관리는 기존의 정부 계약 관리와 다르다. PPP는 장기적이고 복잡하며, 계약은 필연적으로 불완전하다. 즉, 모든 시나리오의 요구 사항과 규칙을 계약서에 명시할 수는 없다. 따라서 PPP 계약 관리는 가용 자원과 기술 모두에서 유연성을 발휘하여 계약의 전체 수명 기대치를 충족해야 한다. PPP 계약 관리의 목표는 다음을 보장하는 것이다.

- 서비스가 지속적으로 제공되고 높은 기준에 따라 계약에 따라 이루어지며, 이에 따라 지불 또는 벌금이 부과된다.
- 계약상 책임과 위험 배분은 실제로 유지되며, 정부의 책임과 위험은 효율적으로 관리된다.
- 외부 환경의 변화(위험과 기회 모두)를 감지하고 효과적으로 대응할 수 있다.
- 계약의 효율성 기대치를 달성하고 계약의 반환 조항이 충족된다.

이러한 계약 관리의 목표는 영국의 PFI 및 PPP 계약에 대한 계약 관리 가이드 **4ps Guide to Contract Management for PFI and PPP Contracts in the United Kingdom**(4ps 2007, 5)에 자세히 설명되어 있다. 남아프리카공화국의 PPP 계약

관리에 관한 매뉴얼 섹션 **South Africa PPP Manual section on PPP Agreement Management**(ZA 2004a, Module 6, 11-12)는 PPP 계약의 성공적인 관리를 위해 무엇이 필요하고 성공적인 관리가 무엇을 의미하는지, 어떤 문제가 발생할 수 있으며 그 이유는 무엇인지에 대해 설명하고 있다. EPEC의 2014 PPP 관리 지침 **EPEC's 2014 Guidance for Managing PPPs**(EPEC 2014b)에는 이 주제에 대한 유럽의 경험이 요약되어 있다. 카리브해 PPP 툴킷 **Caribbean PPP Toolkit**(Caribbean 2017, Module 6)은 카리브해 사례를 제시하고 계약 관리 모범 사례에 대해 논의한다.

효과적인 계약 관리를 위한 토대는 PPP 초기 과정에서 마련된다. 변경 처리 절차, 분쟁 해결 구조 등 계약 관리의 여러 측면은 *Section 3.4-PPP 계약 설계*에 설명된 대로 PPP 계약에 명시되어 있다.

본 섹션에서는 PPP 프로젝트의 계약 관리를 실행하는 데 필요한 네 가지 주요 측면에 대해 설명한다.

- 계약 관리 기관 설립 - 계약에 대한 공공 및 민간 파트너 간의 능동적이고 효과적인 관계를 가능하게 하는 주요 책임과 소통구조를 정의하고 수립한다.
- PPP 납품 및 위험 모니터링 - 민간 당사자의 계약 준수 및 서비스 이행을 모니터링하고 실행하며, 정부가 계약에 따른 책임을 효율적으로 이행하도록 보장한다. 또한 계약 기간 동안 반복적이고 강력한 보고 체계를 구현하여 위험을 모니터링하고 완화하는 것이다.
- 변화에 대처하기 - 계약 조정, 분쟁 해결 및 계약 종료를 다루기 위해 *Section 3.4-PPP 계약 설계*에서 설명된 구조를 실제로 적용하고, 재협상 여부, 시기 및 방법을 결정하는 것이다.
- 계약 만료 및 자산 인도 관리 - 계약 기간 종료 시 자산의 인도 기준 또는 계약된 인도 조건이 충족될 수 있도록 자산 및 운영의 전환을 조기에 관리한다.

영국 재무부의 운영 태스크포스 **United Kingdom Treasury's Operational Taskforce**는 PPP 부서의 일부로 PPP의 계약 관리에 관한 여러 주제를 포괄하는 포괄적인 지침서를 작성했다(UK 2006a).

3.6.1 계약 관리 구조 수립

계약 관리 구조를 수립한다는 것은 정부 내에서 계약 관리에 대한 책임과 민간 당사자와의 관계를 어떻게 관리할 것인지 정의하는 것을 의미한다. 또한 계약 기간 동안 시기별로 다른 계약 관리 기술이 요구되는 장기적이고 주기적인 운영이 필요한 PPP 계약의 특성을 감안해야 한다.

여기에는 시행 기관 내에 PPP 계약 관리를 전담할 PPP 계약 관리자(또는 관리팀)를 지정하고, 정부 내 다른 기관의 역할을 정의하는 것이 포함된다. PPP 계약을 효과적으로 관리하기 위해서는 헌신, 협력, 조정이 필요한데, 정부는 계약 관리자가 자율권을 갖고 재량권을 행사할 수 있는 영역과 상위 책임자 또는 재무부와 같은 다른 기관과 협의하거나 승인을 얻어야 하는 영역을 명확히 해야 한다. 또한 민간 업체와의 관계에 대한 소통 및 계약 관리 규정을 수립해야 한다.

영국 재무부 운영 태스크포스 프로젝트 전환 지침 **United Kingdom Treasury Operational Taskforce project transition guidance**(UK 2006a)은 효율적인 계약 관리 기관을 설립하는 데 필요한 리소스에 대한 유용한 개요를 제공한다. 이 가이드는 계약 관리를 위한 자원 계획, 모니터링 및 관리 체계 설정, 소통 집근 방식 수립을 다룬다.

PPP 계약 관리자 및 관리 역할 지정하기

실행 기관은 일반적으로 계약 기간 동안 계약 관리에 대한 주요 책임을 진다. 이러한 책임은 지정된 PPP 계약 관리자를 중심으로 이루어지며, 이 관리자는 PPP와 관련된 모든 문제에 대한 정부 내 주요 연락 창구이다.

Figure 3.8 PPP 프로세스의 계약 관리 단계

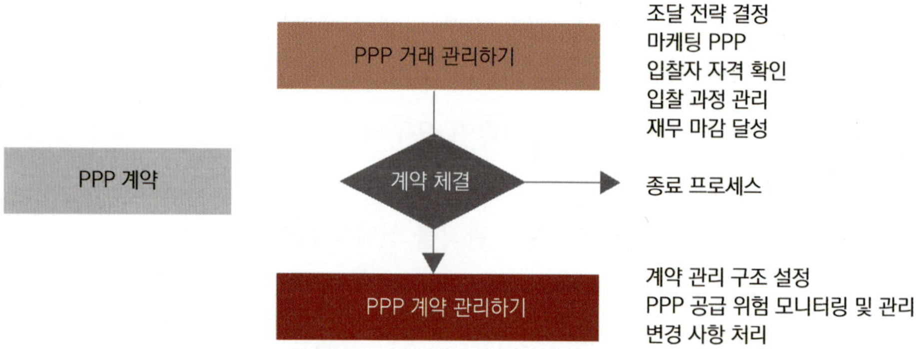

일부 국가에서는 조달 책임의 전문 팀이나 기관에 할당하여 PPP 입찰 및 협상에 대한 전문 지식을 활용한다. 이러한 접근 방식의 근거는 계약 협상이 계약 관리에 필요한 기술과는 다른 고도로 전문화된 기술을 요구한다는 것이다. 그러나 이러한 구성에서는 계약에 대한 협상 과정의 기록이 문서화되고 계약 관리 팀에 전달되는 것이 중요한데 특히, 계약의 중요한 조항 초안 작성에 관한 논의의 배경기록은 계약 관리 팀에 귀중한 정보를 제공할 수 있다.

PPP 계약은 일반적으로 특정 공공 부문 기관을 계약 상대방으로 지정한다. 예를 들어, 새로운 병원의 경우 보건 위원회가 해당되는데, 계약서에 개별 연락 지점을 지정할 수 있으며(이 연락 지점은 민간 당사자에게 통지함으로써 간단히 변경할 수 있도록 해야 한다) 계약 창구 또는 상대방의 의무와 책임을 명시해야 한다. 실제로 계약관리에는 계약서에 명시된 내용보다 훨씬 더 많은 것이 포함된다. PPP 계약 관리자 또는 관리 팀은 다음과 같은 것이 필요하다.

- 충분한 자원. 계약의 복잡성 및 사용 가능한 자원에 따라, 관리자는 계약 관리의 다양한 측면을 담당하는 팀의 지원을 받을 수 있다. 동일한 개인이나 팀이 여러 개의 PPP 계약을 관리할 수도 있다. Farquharson 외의 계약 관리에 관한 장 Farquharson et al's chapter on contract management(Farquharson et al. 2011, 136-137)는 시행 기관이 팀의 비용과 그들의 교육을 위한 예산을 책정할 필요성을 강조한다.

- 적절한 기술. 영국의 PFI 및 PPP 프로젝트 계약 관리 4P 가이드 **4Ps Guide to Contract Management for PFI and PPP Projects in the United Kingdom**(4ps 2007, 15-16)은 계약 관리자에게 요구되는 일반적인 직무 프로필과 기술을 제공한다. 영국 운영 태스크포스 지침 **United Kingdom Operational Task force guidance**(UK 2006a, 2)는 소통, 협상, 변경 관리, 재무적 이해(지불 구조 이해), 분석 기술 등 다섯 가지 핵심 기술을 강조한다. 이 태스크포스는 공공 기관에서 상업적으로 숙련된 계약 관리자의 부족에 대한 우려를 해결하기 위해 설립되었다.
- 적절한 직급. 남아프리카공화국 PPP 매뉴얼의 계약 관리 모듈 **South Africa PPP Manual module on contract management**(ZA 2004a, 15-16)는 계약 관리자가 실행 기관 및 기타 정부 기관의 고위 직원들과 소통할 수 있을 만큼 충분히 고위직이어야 한다고 언급한다. 고위직은 또한 상대방에게 신속하고 효과적으로 결정을 내릴 수 있다는 신뢰를 주기 위해 필요하다.

PFI 및 PPP 프로젝트를 위한 계약 관리에 대한 4Ps 가이드 **4Ps Guide to Contract Management for PFI and PPP Projects**(4ps 2007, 8-10)는 계약 관리 팀을 구성하는 과정을 설명한다. 영국의 계약 관리자의 경험을 바탕으로 이 가이드는 계약 관리 조항이 설계될 때, 즉 계약 관리자가 초기 단계에서 참여하는 것이 중요하다고 강조한다. 계약 기간 동안의 연속성도 중요한데, 왜냐하면 계약이 관리 팀보다 더 오래 지속될 가능성이 높기 때문이다. 이 가이드는 신중한 인수인계 계획과 상세한 계약 관리 매뉴얼이 연속성을 보장하는 데 어떻게 도움이 될 수 있는지를 설명한다(4Ps 2007, 19).

계약 관리에서 다른 주체의 역할

정부 내 여러 다른 기관들도 PPP 계약 관리에서 역할을 할 수 있으며, 일반적으로 계약 당국 및 지정된 계약 관리 팀과 협력한다. 여기에는 다음과 같은 기관들이 포함될 수 있다.

• 부문 규제 기관은 종종 PPP 회사가 대중에게 직접 서비스를 제공하는 경우 서비스 기준을 모니터링하고 요금 변동을 관리하는 책임을 맡고 있다(*Section 2.3-PPP 프로세스 및 기관의 책임* 참조). 예를 들어, 페루에서는 교통 부문에서 계약 관리 책임이 주로 OSITRAN에 할당된다. OSITRAN은 공공 교통 인프라의 관리 규제 및 감독을 담당하는 기관이다. OSITRAN은 양허 계약에 대한 양허자의 계약 준수 여부를 모니터링하는 역할을 한다. 여기에는 계약의 경제적, 상업적, 운영적, 투자적, 행정적 및 재무적 측면을 모니터링하는 것이 포함된다. OSITRAN은 또한 사용자와 양허자 간의 분쟁을 해결할 권한을 가지고 있다. 페루의 다른 인프라 부문에도 유사한 규제 기관이 존재한다.
• 재무부는 때때로 계약 변경이 재정적 영향을 미칠 수 있는 경우에 관여한다. 칠레의 양허법(2010년 개정)에 따르면, PPP 계약의 이행 중에 도입되는 모든 변경 사항은 공공사업부의 최고 법령을 통해 이루어져야 하며, 이 법령은 재무부의 승인을 받아야 한다(CL 2010b).
• 중앙 PPP 부서나 기타 전문 지원 부서는 계약 기관의 계약 관리 팀을 지원하는 역할을 할 수 있다. Farquharson 외는 이것이 프로젝트 생애 주기에서 한 번만 발생할 수 있는 복잡한 문제, 예를 들어 재융자와 같은 문제를 처리하는 데 특히 유용할 수 있다고 언급한다(Farquharson et al. 2011, 137-138). 예를 들어, 영국에는 중앙 PPP 부서가 있으며, 이 부서는 영국 재무부에 직접 보고하고 PPP 계약과 관련된 모든 중앙 정부 부서와 협력한다. PPP 부서는 PPP 프로젝트의 계약 관리 전략 및 실행, 벤치마킹, 기술 운영 준수, 전체 생애 가치 극대화, 운영 계약의 재융자에 대해 공공 부문 관리자에게 도움과 지침을 제공한다.

세계은행의 물 PPP 툴킷 **World Bank's Water PPP Toolkit**(PPIAF 2006, 126-130)은 사용자에게서 서비스를 제공하는 PPP에 초점을 맞추어 PPP를 모니터링하고 관리하기 위한 제도적 구조에 대한 다양한 제도적 구조 옵션을 예시와 함께 설명하고 있다. 또한 가장 적합한 기관을 선택하기 위한 기준도 제시한다.

정부 안팎의 다른 주체들도 특정 역할을 수행하기 위해 투입될 수 있다. 예를 들어, 민간 계약자와 최종 사용자는 서비스 모니터링에서 역할을 할 수 있으며, 이는 *Section 3.6.2 - PPP의 제공과 위험 모니터링 및 관리*에서 설명되어 있다. 독립적인 전문가 자문위원이나 패널도 PPP 계약의 변경이나 운영 준수 분쟁을 처리하는 데 자주 사용되며, 이는 *Section 3.6.3 - 변경사항 처리*에서 설명되어 있다. 칠레에서는 상설 PPP 자문 위원회(Panel técnico de concesiones)가 당사자 간의 분쟁이 발생할 경우, 권고안을 제시한다(CL - Panel).

소통 및 계약 관리 규정

정부는 제도를 마련하는 것 외에도 공공 수행 기관과 민간 당사자 간의 소통 구조를 구체화해야 한다. 이를 위해서는 계약의 새로운 문제를 다루는 고위급부터 계약 관리를 주로 담당하는 담당자, 일상적인 운영 직원에 이르기까지 양쪽 기관의 다양한 수준에서 관계를 맺어야 하는 경우가 많다. 예를 들면 다음과 같다.

- 영국의 PFI 및 PPP 프로젝트 계약 관리 가이드 **4ps Guide to Contract Management for PFI and PPP Projects in the United Kingdom**(4ps 2007, 11-13)은 영국의 시의회에 권장되는 구성에 대해 설명하며, 가장 고위급인 파트너십 이사회, 계약 관리 이사회, 일상적인 관리를 담당하는 운영 관리팀으로 구성된다. 이 가이드는 각 위원회가 얼마나 자주 만나고 어떤 유형의 문제를 다루는지에 대해 설명하고 있다.
- 계약 관리에 관한 남아공 PPP 매뉴얼 모듈 **The South Africa PPP Manual module on contract management**(ZA 2004a, 13-17)는 유사한 구조를 설명하며 전략적, 사업적, 운영적 수준에서 의사소통의 초점과 일반적인 당사자를 설정하는 유사한 구조를 설명하고 있다.

일부 정부는 계약 관리 매뉴얼 또는 계획서에서 의사소통 및 관계 관리 방안을 공식적으로 수립한다. **4ps Guide**(4ps 2007, 19-20)에서는 거버넌스 구조와 소통 방식을 정의하는 등 계약 운영 매뉴얼을 위한 제안 내용을 설명하고 제공한다.

정부 기관과 민간 당사자 간의 관계도 중요하다. 영국 운영 태스크포스의 프로젝트 전환에 관한 노트 **United Kingdom Operational Taskforce note on project**

transition에서는 계약자와의 좋은 관계 구축의 중요성을 설명하고 있다(UK 2006a, 21-22). **4ps Guide**(4ps 2007, 26) 또한 신뢰의 필요성을 설명하면서도 경계를 설정하고 도전할 준비가 되어 있어야 한다고 강조한다. 이 가이드는 기회주의로 이어질 수 있는 '편안한' 관계를 발전시키는 것을 피해야 한다는 필요성을 강조한다.

계약에 따른 규정

대부분의 정부는 전반적인 분야 규제 체계를 구축하지 않고 PPP를 시행한다. 분야 규제에 대한 일반적인 접근 방식은 민간 서비스 제공자와의 계약을 통해 요금 및 서비스 기준을 직접 다루는 것이다. 이 접근 방식에서는 특별한 도구나 규제 기관이 필요하지 않다. 계약 자체에 달성해야 할 서비스 기준을 명시한다.

양허 계약의 경우, 계약은 요금을 설정하고 요금을 조정하기 위한 규칙 및 절차를 수립한다. 임대 또는 임대 계약의 경우, 요금 설정 권한은 정부가 보유할 수 있지만, 운영자에게 지급되는 금액(이는 제공되는 서비스의 양과도 연결됨)은 계약에서 정해진다. 이러한 접근 방식은 많은 국가에서 사용되는데 예를 들면 다음과 같다.

- 도시 수자원 양허, 세네갈 - 1995년, 정부는 수자원 부문의 성과 개선을 목표로 민간 운영자를 유치하기 위한 임대 및 성과 계약을 도입하는 개혁을 시행했다. 계약 내 조항은 성과 기준 및 지표를 명시하고, 위원회에 의한 모니터링을 허용하며, 효과적인 분쟁 해결 구조를 포함했다. 민간 운영자는 계약에 명시된 기준(예: 수질, 접근성, 비수익 수량)을 충족할 법적 의무가 있었다(WB 2006b).
- 필리핀 마닐라 수자원 양허 - 필리핀 정부는 마닐라의 수자원 위기를 해결하기 위해 도시의 물 공급을 위한 두 개의 양허 계약을 제안하기로 결정했다. 정부는 독립적인 법정 규제 기관을 설립하는 방안을 고려했으나, 필요한 법안을 통과시키기 위해 의회에 가는 것이 너무 시간과 위험이 따른다는 판단을 내렸다. 따라서 두 개의 양허 계약을 위한 규제 사무소를 공공 서비스 시설 내에 설립했다(공공 서비스 시설은 자산 소유자이자 PPP 계약의 상대방으로 남아 있다). 양허 계약의 조항 중 하나는 민간 운영자가 규제 사무소와 협력할 것을 요구했으

며, 규제 사무소는 계약의 규정을 해석할 책임이 있었다(Dumol 2000).

- 부쿠레슈티의 물 양허 계약(concesion)은 계약에 따라 만들어진 규제 구조의 흥미로운 예를 제공한다. 이 계약은 두 개의 서로 다른 규제 기관을 두고 있는데, 하나는 민간 운영자의 기술 성과를 양허 계약에 명시된 지표에 따라 모니터링하기 위해 설립된 기술 규제 기관이며, 다른 하나는 양허 계약에 명시된 공식에 따라 요금 조정을 승인하는 경제 규제 기관이다.

계약에 의한 규제와 관련된 특정 문제 및 사례 연구에 대한 추가 논의는 **Regulation by Contract: A New Way to Privatize Electricity Distribution?**(Bakovic et al. 2003)과 **Explanatory Notes Series on Key Topics in Regulation of Water and Sanitation Services**(Groom et al. 2006)를 참조하기 바란다.

3.6.2 PPP의 제공과 위험 모니터링 및 관리

PPP가 약속한 전체 생애 가치를 실현하기 위해 정부는 계획된 책임과 위험의 할당이 실제로 실행되고, 모니터링되며, 기록되고, 지속적으로 분석되고 검증되도록 해야 한다. 계약 기간 동안 계약 관리자는 다음과 같은 작업을 수행한다.

- 민간 당사자의 계약 준수 및 서비스 성과를 모니터링하고, 적절하게 보너스나 벌금이 지급되도록 보장한다.
- 계약에 따른 정부의 책임 준수를 모니터링하고 보장한다.
- 위험을 모니터링하고 완화한다.
- 계약 변경으로 인한 리스크를 평가하여 적절한 당사자에게 할당한다.

실제 수행되는 활동과 필요한 기술은 설계, 건설, 이행, 계약 체결 준비, 프로젝트 종료 등 이행 단계마다 다를 수 있다. 위험 관리 및 성과 관리의 핵심 요소를 포함한 서비스 제공 관리에 대한 전반적인 관점은 남아프리카공화국 PPP 매뉴얼의 계약 관리 모듈 **South Africa PPP Manual module on contract management**(ZA

2004a, 20-28)와 스페인의 프로젝트 모니터링 프로세스를 설명하는 Fortea 외의 Seguimiento de una Concesión(Fortea et al. 2011)을 참조한다.

서비스 성능 및 계약 준수 모니터링 및 시행

실행 기관은 민간 당사자가 파트너십에 따른 의무를 이행하는지 확인하기 위해 서비스 및 성과 기준에 대한 결과물에 대해 모니터링해야 한다. 이는 일반적으로 민간 당사자의 책임인 건설에 대한 세부적인 모니터링을 포함하지 않는다. 대신, 계약서에 명시된 성과 지표에 대한 모니터링을 의미하며, 이는 *Section 3.4.1 - 성과 요건*에서 설명되어 있다. 많은 경우, 인프라와 장비는 신뢰할 수 있는 독립 엔지니어링 회사에 의해 계약 사양을 준수하는 것으로 인증되며, 이는 철저한 공공 부문 감시하에 이루어진다. PPP 계약 관리에 대한 **4ps guide to contract management for PPPs**(4ps 2007, 28-36) 4ps는 서비스 성과 관리에 대한 개요(정부가 비용을 지불하는 PPP에 중점)를 제공하며, 주요 이슈에 대한 체크리스트를 포함하고 있다.

*Section 3.6.1 - 계약 관리 구조 수립*에서 설명된 바와 같이, 서비스 성과 및 계약 준수 모니터링은 종종 계약 관리자와 관리 팀의 책임이다. 규제가 있는 분야의 PPP의 경우, 해당 분야의 규제 기관이 일부 또는 모든 모니터링 책임을 수행할 수도 있다. 어떤 경우든, 모니터링 정보의 출처는 다음과 같을 수 있다.

- 민간 당사자가 제공하는 데이터. 일반적으로 민간 당사자는 계약 당국에 정기적으로 프로젝트 성과 데이터를 제공할 책임이 있다. 이러한 보고서의 내용, 형식 및 빈도는 계약서에 명시되어야 한다. 예를 들어, 파트너십 빅토리아 계약 관리 가이드 **Partnerships Victoria Contract Management Guide**(VIC 2003, 54-55)는 보고 요구 사항을 어떻게 명시할 수 있는지, 다양한 계약 단계에 대한 제안된 템플릿을 포함하여 설명하고 있다. 민간 당사자가 제공하는 데이터의 유용성은 공공 부문에 의한 감사 및 검토에 달려 있다.
- 독립적인 전문가를 활용하면 편향된 결과의 우려를 피하면서 시공, 서비스 표준 유지에 대한 점검을 수행할 수 있다. 예를 들어, 파트너십 빅토리아 계

약 관리 가이드 **Partnerships Victoria Contract Management Guide**(VIC 2003, 55)는 건설 및 서비스 제공 단계에서 독립 검토자를 활용하는 방법을 설명한다. 인도의 PPP 프로젝트 모니터링 가이드라인 **India's guidelines on monitoring PPP projects**(IN 2012)에서도 설계, 시공, 운영 중 규정 준수 여부를 모니터링하기 위해 독립적인 엔지니어를 활용하는 방법을 설명한다.

- 서비스 이용자는 서비스 품질과 결함의 발생에 대한 풍부한 정보를 가지고 있으며, 정부는 피드백을 위한 프로세스를 설정함으로써 이를 활용할 수 있다. 4ps 계약 관리 가이드 **4ps Guide to Contract Management**(4ps 2007, 33)는 서비스 제공 업체가 구축해야 할 유지 관리 헬프데스크가 좋은 사례로 설명되어 있다. 또 다른 좋은 사례는 사용자 피드백을 수집하고, 계약자에게 최소한 연간 고객 만족도 조사를 실시할 의무를 부여하는 것이다.

이러한 약정은 *Section 3.4.1 - 성과 요건*에 명시된 대로 계약서에 명시되어야 한다.

또한 실행 기관은 수신된 모니터링 정보를 기반으로 적절한 집행 절차가 시행되도록 해야 한다. 이는 계약의 규칙에 따라 정부가 지불하는 PPP의 경우 지불 조정이 포함될 수 있으며, 심각한 경우에는 이행 보증을 요청하는 것이 포함될 수 있다. 또한 계약자와의 소통 및 성과 부족을 시정하기 위한 모니터링을 하는 것도 포함된다. 불필요한 분쟁의 누적을 피하기 위해, 일상적인 관리 논의, 고위 경영진 논의, 중재 및 공식적인 분쟁 해결 절차에 이르도록 상승 사다리를 만드는 것을 권장한다. 모든 방법이 실패할 경우, 계약 집행은 사법적 판결을 요구할 것이다. 마지막으로, 기본 위반이 발생했을 때, 대출기관이나 공공 단체의 개입 또는 계약 해지를 위한 발화지점이 언제인지를 식별하는 것도 포함될 수 있다(*Section 3.6.3 - 변경사항 처리* 참조).

정부 책임 및 위험 모니터링 및 관리

PPP 계약에 따라 우수한 성과와 지속적인 서비스 제공을 보장하는 데 있어 중요한 요소는 정부에 할당된 위험과 책임을 모니터링하고 관리하는 것이다. 이를 위해 실행 기관이 자주 사용하는 핵심 도구는 위험 관리 계획이다.

위험 관리 계획에는 정부가 부담하거나 공유하는 각 위험과 관련 책임이 나열되어 있으며, PPP의 지속 가능성을 저해하여 채무 불이행 또는 성과 저하로 이어질 수 있는 위험을 식별한다. 각 위험에 대한 계획은 위험을 모니터링하는 데 필요한 정보와 위험 또는 그 영향을 완화하기 위한 가능한 조치도 식별해야 한다. 이러한 정보 요구사항은 계약서에 정의된 보고 요구 사항의 일부가 되어야 한다.

Farquharson 외는 위험을 나열하고 각 위험에 대해 소유자, 상태, 예상 영향, 의견, 완화 조치, 조치 목표 날짜 및 현재 위험 상태를 설명하는 PPP의 위험 관리 계획 샘플을 제공한다(Farquharson et al. 2011, 153-158).

민간 당사자에게 계약적으로 할당된 일부 위험은 공공 당사자가 모니터링해야 할 필요가 있을 수 있다. 이는 위험이 공공 당사자에게 위험을 초래할 수 있기 때문이다. 예를 들어, 생애 주기 및 유지 관리 활동이 계획에 따라 수행되지 않으면 장기적인 성과와 자산 인수에 위험이 발생할 수 있으며, 이는 공공 부문에 영향을 미칠 수 있기 때문이다.

위험 관리 계획은 계약 시작 전에 계약 관리자가 개발해야 한다. 그런 다음 계약 기간 동안 지침 역할을 해야 하는데, 계약 관리자는 일반적으로 민간 당사자로부터 관련 위험 모니터링 정보를 수집하고, 경제 동향과 같은 관련 외부정보를 수집하여 계획을 정기적으로 업데이트한다. 그런 다음 계약 관리자는 다음과 같은 작업을 수행해야 한다.

- 예상 수준에 대한 지표를 모니터링하여 새로운 위험을 식별한다. 예를 들어, 교통량이 예상대로 증가하지 않는 경우, 이는 최소 교통 요금이 발생할 위험이 있음을 나타낼 수 있다.
- 실행 기관이 통제할 수 있는 위험에 대해 계획된 완화 조치를 취한다(또는 민간 당사가 동일한 조치를 취하도록 보장한다). 예를 들어, 일정이 늦어지고 있는 관련 인프라에 대한 책임이 정부에 있는 경우, 해당 인프라에 대한 책임을 정부 내 상위 팀 또는 민간 당사자에게 이양하는 계획을 세울 수 있다.
- 위험을 통제할 수 없는 경우에도 가능한 조치와 대응 방안을 고려한다. 예를 들어, 홍수로 인해 주요 수자원 서비스 시설이 위협받는 경우, 정부는 민간 당

사자와 함께 비상 대응 작업을 시작할 수 있으며, 여기에는 대체 공급, 배급, 서비스 복구 계획 등이 포함될 수 있다.

Box *3.14 - 취약한 위험 모니터링의 예 - 빅토리아 트램과 기차*는 정부의 계약 모니터링이 위험 정보를 수집했지만 이를 조치하지 않은 취약한 위험 관리의 예를 제공한다.

다음 자료에서는 위험 관리 접근법에 대한 추가 지침과 사례를 제공한다.

- 남아공 PPP 매뉴얼의 계약 관리 모듈 **South Africa PPP Manual**(ZA 2004a, 20-24)에서는 위험 관리 계획을 중심으로 위험 모니터링과 관리가 어떻게 이루어져야 하는지 설명한다.
- 파트너십 빅토리아 계약 관리 가이드 **Partnerships Victoria Contract Management Guide**(VIC 2003, 49-54)에서는 정부가 계약의 지속 가능성에 대한 위험을 모니터링하기 위해 일반적으로 수집하는 KPI(핵심성과지표) 이외의 모니터링 정보에 대해 설명한다.

3.6.3 변경사항 처리

일반적인 PPP 계약 기간(10~30년) 동안 계약 체결 당시에는 예측할 수 없었던 상황이 발생할 수 있다. 또한 양쪽 당사자가 계약 해석에 대해 이의를 제기하거나 양쪽 당사자가 합의한 대로 계약을 체결했는지 여부에 대해 이의를 제기할 가능성도 있다. 경우에 따라 이러한 분쟁으로 인해 계약이 조기 해지될 수도 있는데, 이러한 위험은 피할 수는 없지만 관리할 수는 있다.

PPP 변경에 대처하는 데 사용할 수 있는 몇 가지 일반적인 지침 자료는 다음과 같다.

- 영국 감사원의 PFI 관계 관리에 관한 간행물 **United Kingdom's National Audit Office publication on managing the PFI relationship**(NAO 2001)은 공

공 기관이 프로젝트 준비 초기에 계약 관리 문제를 해결하고 공공 기관 내에 적절한 기술을 보유해야 할 필요성을 강조한다. 또한 개방적이고 협력적인 태도의 중요성을 강조한다.

- 유사한 주제에 대한 간략한 개요는 PPP 계약 관리에 관한 Quick의 아티클 **Quick's article on managing PPP contracts**(Quick 2003)에서 확인할 수 있으며, 여기에는 호주의 관점도 추가되어 있다.
- 유엔 아시아태평양 경제사회위원회(UNESCAP)의 PPP 가이드북 **UNESCAP's PPP guidebook**(UNESCAP 2011, Chapter 6)에서는 개발도상국을 위한 계약 관리에 대한 개요를 제공한다. 본 가이드북은 계약 관리를 위한 제도적 장치와 분쟁 해결 구조에 초점을 맞추고 있다.

본 자료는 정부 관계자에게 도움이 될 만한 자세한 지침을 제공하지는 않는다. 따라서 본 섹션에서는 실무자가 시사점을 얻을 수 있도록 이러한 문제가 발생한 사례와 이를 처리한 방식에 대한 예시를 제공한다. 이러한 변화 상황은 네 가지 범주로 나누어 유용하게 논의할 수 있다.

- 계획된 검토 및 조정
- 재협상
- 분쟁
- 계약 만료 또는 해지

계획된 검토 및 조정

잘 구조화된 PPP 계약은 *Section 3.4.3 - 조정 구조*에서 설명된 것처럼 보다 일반적인 유형의 예상치 못한 변화에 대처하기 위한 조정 체계를 구축한다. 계약 규칙을 숙지하고 준수하는 것 외에도, 계약 관리자는 EPEC 가이드에 설명된 대로 필요한 제도적 요소가 마련되어 있는지 확인해야 한다. **EPEC Guide to Guidance** (EPEC 2011b, 37-38). 예를 들어, 전문가 패널이 식별되고 자격이 갖추어졌는지 확인하고, 모든 단계가 관련된 모든 당사자에게 명확하게 전달되는 것을 포함할 수 있다.

재협상 또는 계약 변경

많은 PPP 계약은 때때로 조기에 재협상되는데, 이는 Guasch가 PPP 재협상에 관한 그의 저서에서 설명한 대로이다. **Guasch in his book on renegotiation in PPPs**(Guasch 2004). 재협상은 계약서에 규정된 조정 체계를 통하지 않고 계약 조항을 변경하는 것을 말한다. 재협상은 가능한 한 피해야 한다. 위에서 설명한 대로 조정 조항을 잘 활용하면 재협상의 필요성을 없앨 수 있다.

그럼에도 불구하고, 때때로 재협상이 필요할 것이며, 정부는 이를 수행하기 위한 좋은 정책을 이해함으로써 이익을 얻을 수 있다. 파트너십 빅토리아의 계약 관리 매뉴얼 **Partnerships Victoria's Contract Management Manual**(VIC 2003, 7.3절)은 공공 당사자가 민간 당사자의 재무 건전성과 프로젝트 성과에 대해 가져야 할 이해를 설명하고 있다. 재협상에 특별히 초점을 맞추고 있지는 않지만, 이러한 정보와 이해를 갖추는 것은 정부가 재협상으로 이어질 수 있는 결정을 고려할 때 도움이 될 것이다.

일부 좋은 사례에 대한에 통찰을 제공할 수 있는 재협상의 예시로는 다음과 같은 것들이 문서화되어 있다.

- 멜버른 트램 및 기차 운영권 사례(**The United Kingdom National Air Traffic Services**(NATS)). 이 운영권이 재정적 어려움에 처했을 때, 정부는 계약을 종료하기보다는 재협상하기로 결정했다. 이는 더 나은 비용 대비 가치를 제공할 것으로 예상되었기 때문이다(Ehrhardt and Irwin 2004). 정부는 과정의 투명성과 품질 보증을 위해, 협상이 완료된 후에는 사후 비용 대비 가치 분석이 이루어질 것이라고 초기 단계에서 발표했다. 이 분석은 재협상 과정과 결과를 설명하는 감사원 보고서 **Auditor General's report**(VIC 2005) 자료로 발행되었다.
- 영국 국립항공교통서비스(**The United Kingdom National Air Traffic Services, NATS**) **PPP**는 Ehrhardt and Irwin(Ehrhardt and Irwin 2004)이 설명한 것처럼 구조조정에 대한 논란이 많았던 사례이다. PPP는 미국 9.11 테러 이후 항공 여행이 급격히 감소하면서 매출 감소에 직면했다. 이 회사는 채무 불이행이 확실해 보였고 민간항공청(PPP의 공적 당사자)이사회는 분열되었다. 계약에 직접 책임이

있는 한 이사회 위원은 민간 부문의 금융 구조조정을 통해 대출 기관이 손실을 일부 부담하는 것이 해결책이라며 정부가 재협상을 해서는 안 된다고 주장했다. 그러나 이 사회 대다수는 이에 동의하지 않았고, 대신 일부 채무 재조정을 포함하는 패키지 거래의 일환으로 계약 조건을 변경하는 데 동의했다.

Box 3.14 취약한 위험 모니터링의 예–빅토리아 트램과 기차

호주 멜버른의 트램과 기차 프랜차이즈는 위험 모니터링 부실의 결과를 보여주는 교육적인 사례다. 정부는 도시의 대중교통 시스템에 대한 일련의 프랜차이즈를 부여했다. 수요 위험은 주로 민간 기업이 부담하게 되었고, 실제 수요는 예상보다 상당히 낮아져 기업들이 재정적 어려움을 겪게 되었다. 정부의 계약 모니터링는 민간 기업으로부터 재정 성과가 악화되고 있다는 정보를 받고 있었지만, 경고 신호를 듣지 못하고 어떤 개선 조치도 취하지 않았다. 성과는 계속 악화되어 민간 기업의 최선의 선택은 계약에서 물러나는 것이 되었고, 정부는 재협상할 수밖에 없는 상황에 처하게 되었다.

출처: (Ehrhardt and Irwin 2004)

영국 NATS의 경험과는 달리, 뉴사우스웨일스 정부 **Government of New South Wales**는 시드니 중심업무지구의 고속도로 터널에 대한 PPP 계약이 재정적 어려움에 처했을 때 재협상을 피할 수 있었다. 대신, 이 문제는 전적으로 민간 부문의 재정 구조 조정을 통해 해결되었다. **Johnston and Gudergan** 이후 이 경험을 검토하여 PPP 거버넌스에 대한 시사점을 도출했다(Johnston and Gudergan 2007). OECD의 미국 PPP 재협상에 관한 논문 **OECD paper on PPP renegotiation in the US** (Gifford et al. 2014)는 미국의 재협상 사례를 제시하고, 이들이 기회주의와 어떻게 연결되어 있으며 인프라 개발에 어떤 영향을 미칠 수 있는지를 보여준다. 포르투갈과 스페인에서 최근 경제 및 재정 위기 동안의 도로 계약 재협상은 재정적 압박 하에서의 재협상의 흥미로운 사례를 제시하지만, 아직 시사점은 보고되지 않았다. 영국 국립회계감사청(NAO 2013b)은 서비스 수준을 줄이고 프로젝트 절감을 얻기 위한 유사한 재협상에 대해 보고했다.

분쟁

계약 분쟁은 한 당사자가 다른 당사자가 계약상 의무를 이행하지 않았다고 믿을 때 발생하지만, 해당 당사자는 자신의 의무가 무엇이었는지 또는 상황을 해결하기 위해 무엇을 해야 하는지에 대해 동의하지 않기 때문에 발생한다.

파트너십 빅토리아 계약 관리 가이드 **Partnerships Victoria Contract Management Guide**(VIC2003, Section 8.3)에는 분쟁 해결에 대한 섹션이 포함되어 있다. *Table 3.5 - 서비스 제공 문제와 분쟁의 구분*에 명시된 대로 문제와 분쟁을 구분하는데 도움이 된다.

파트너십 빅토리아 계약 관리 가이드 **Partnerships Victoria Contract Management Guide**에는 문제 해결 방법 및 분쟁 해결 방법(VIC 2003, Template N)을 명시하기 위한 샘플 템플릿도 포함되어 있다. 제공되는 실용적인 조언은 분쟁의 신속하고 비공식적인 해결, 상대방의 입장 이해, 부적절한 분쟁 절차가 장기적인 관계를 손상시킬 수 있으므로 이를 피하는 것이 바람직하다는 데 중점을 두고 있다.

분쟁을 해결할 때 실용적인 해결책을 신속하게 찾고 상대방의 입장을 고려하는 데 초점을 맞추면 종종 긍정적인 결과를 얻을 수 있다. 그러나 국가들이 비공식적인 방법을 통해 해결책을 모색하는 것이 반드시 적절한 것은 아니다.

여러 가지 이유로 계약서에 명시된 공식적인 절차를 따르는 것을 선호하는 경우가 많은데, 어떤 경로를 선택하든 실질적인 해결책을 찾기 위해 노력해야 한다.

정부가 부적절한 분쟁 해결 방법을 선택함으로써 발생하는 비용의 예는 많다. 예를 들어, 탄자니아 정부는 다르에스살람의 수도 시스템을 운영하는 민간 기업의 성과에 불만을 가졌다. PPP 계약에는 정부가 원하는 구제를 얻고 계약자로부터 손해배상을 받을 수 있는 분쟁 해결 구조가 포함되어 있었다. 그러나 분쟁 사례에 대한 검토에서 설명된 바와 같이(Triantafilou 2009, 6):

"계약 관계가 불가피하게 해소 방향으로 나아가고 있는 가운데, 탄자니아 정부 관계자들은 선거와 같은 여러 가지 이유로 인해 계약상 정해진 절차를 훨씬 넘어서는 일련의 극단적인 조치를 취했다. 2005년 5월, 탄자니아 정부 관계자들은 대중의 격렬한 반발을 일으키며 시티 워터와의 임대 계약을 일방적이고 공개적으로

파기하고, BGT가 제출한 성과 보증금을 청구하며, 시티 워터의 구매에 대해 이전에 면제되었던 부가가치세(VAT)를 다시 부과하고, 시티 워터에 임대되었던 자산을 강제로 회수하며, 시티 워터의 BGT 경영진을 퇴출시켰다."

PPP 분쟁 사례와 그 처리 방법은 국제투자분쟁해결센터(ICSID, 세계은행 그룹의 일부)의 웹사이트에서 확인할 수 있다. 2010년 7월, ICSID 중재 재판소는 아르헨티나 정부가 2001년 아르헨티나 페소의 평가절하 이후 민간 양허 업체들이 요금을 인상하는 것을 불공정하게 거부했다고 판결하였고, 민간 기업들에게 손해배상을 명령했다. 이 분쟁에 대한 자세한 내용은 "PPP가 실패할 때-부에노스아이레스의 1993년 물 공급 양허 사례"에서 확인할 수 있다.

Overly는 다양한 PPP 및 유사 사례에서 국제 중재의 사용에 대한 비판적인 검토를 제공한다(Overly 2010). 이러한 사례들 중 많은 부분은 정부가 공공 부문의 분쟁 비용을 최소화할 수 있는 방법을 제시한다. 정부가 비용을 최소화하기 위해 할 수 있는 방법은 다음과 같다.

- 문제가 발생하기 시작하면 신속하게 조치한다.
- 문제 해결을 위해 적절한 기술과 의사 결정 권한을 가진 팀을 구성한다.
- 계약서에 명시된 절차를 따른다.
- 공공의 이익과 민간 당사자의 옵션을 고려하여 윈-윈 솔루션을 찾는다.

가능한 가장 낮은 수준에서 문제를 해결하고 해결되지 않는 경우에만 상위 단계로 전환한다.

3.6.4 계약 만료 및 자산 인계

PPP 계약 관리의 최종 과제는 계약 기간 종료 시 자산 및 운영의 전환을 관리하는 것이다. 이 전환에 대한 접근 방식은 계약서에 명확하게 정의되어야 한다. *Section 3.4-PPP 계약 설계*에서 설명된 바와 같이, 이는 일반적으로 자산의 품질을 정의하고 평가하는 방법, 자산 인수 시 지급이 이루어질지 여부, 그리고 지급 금액이 어떻게 결정될지를 포함한다. 옵션으로는 명확하게 지정된 인수 요구 사항이나 독립 평가자의 참여가 포함될 수 있다.

PPP 계약의 원칙 중 하나는 전체 수명 동안 가치를 극대화하는 것이다. 전체 수명 가치 극대화에는 계약된 인수 기준을 달성하는 것이 포함되며, 이는 시기적절하고 견고한 방식으로 관리되어야 한다. 계약 관리 팀은 예상되는 계약 인수 조건을 인식하고, 준비 작업, 유지 관리 및 자산 관리가 완료되었는지 확인하며, 계약 종료 후 조건이 충족될 수 있도록 해야 한다.

Table 3.5 서비스 제공 문제와 분쟁의 구분

제공 서비스 문제(Service Delivery Issues)	분쟁(Disputes)
당사자 간의 의견이나 입장의 차이를 포함하지 않아도 됨.	당사자 간의 의견이나 입장의 차이를 포함하는 경우(정의에 따라)
서비스 제공의 중단 또는 기타 서비스 제공 방해	서비스 제공의 중단이나 기타 장애를 수반하지 않아도 됨.
서비스 요금의 감면 또는 기타 구제 조치를 촉발할 수 있음.	일반적으로, 그 자체로는 서비스 요금 감면을 유발하지 않음.

출처: (VIC 2003)

세계은행의 도로 및 고속도로 분야 PPP를 위한 툴킷의 계약 종료 시 시설물 인도 섹션 **The World Bank's Toolkit for PPPs in Roads and Highways section on handover of facilities at contract end**(WB 2009a, Module 5, Stage 5)에서 언급했듯이, PPP 계약 완료에 대한 실무 경험은 상대적으로 제한되어 있다. 마찬가지로 이 계약 관리 단계를 다루는 데 대한 실무 지침도 제한적이다.

PPP 계약 관리의 마지막 과제는 계약 기간이 끝날 때 자산과 운영의 전환을 관리하는 것이다. 이러한 전환에 대한 접근 방식은 계약서에 명확하게 정의되어 있어야 한다. *Section 3.4-PPP 계약 설계*에 명시된 바와 같이, 여기에는 일반적으로 자산의 품질을 정의하고 평가하는 방법, 자산 인수 시 대금 지급 여부, 대금 지급액 결정 방법 등을 정의하는 것이 포함된다. 옵션에는 명확하게 명시된 인수 요구 사항이나 독립 평가자의 참여가 포함된다.

계약은 정기적으로, 즉 합의된 양허 기간이 끝날 때 종료될 수도 있고, 예를 들어 사전에 정의된 심각한 사건이 발생한 경우 공공 기관 또는 양허권자가 조기에 종료할 수도 있다. 예를 들어 다음과 같다.

- 장기적인 불가항력
- 양허자 채무 불이행
- 양허자의 지급 불능 또는 파산
- 서비스 제공의 심각한 결함(예: 건강이 또는 안전이 위협받는 경우)으로 즉시 시정되지 않는 경우
- 계약 기관에 의한 자발적 해지

*Section 3.4.5 - 해지 조항*에서는 여러 가지 조기 종료 유형과 해당 계약 조항에 대해 논의한다. 조기 종료의 가능성은 계약 관리자가 계약 시작 시부터 종료 계획을 마련해야 함을 의미한다.

정기 종료

계약 종료의 가장 중요한 요소는 PPP 계약 기간이 끝날 때 프로젝트 자산과 서비스를 계약 당국에 다시 인계하는 것이다. 자산을 공공 기관에 이전하기 위해서는 인계 시 자산의 품질을 철저히 평가해야 한다. 일반적으로 PPP 계약에는 계약 기간 종료 시 자산과 시설이 충족해야 하는 품질 기준이 포함된다.

감사는 종료 날짜 몇 년 전에 자산의 상태를 평가한다. 이 감사는 인계가 이루어지기 전에 어떤 자산을 증명해야 하는지를 나타낸다. 이 절차는 프로젝트가 PPP 계약 만료 후 계약 당국에 자산으로 남기 때문에 특히 중요하다. 따라서 계약 당국은 자산이 가능한 최상의 상태로 반환되도록 할 재정적 인센티브를 제공해야 한다.

때때로 양허업체는 계약 기간의 마지막 몇 년을 보장하기 위해 특정 보증금이나 보증서를 발행해야 한다. 이 보증금은 양허업체가 계약 종료일까지 계약을 지속할 수 있는 충분한 재정적 유인을 갖도록 보장하는 최소 가치를 가져야 하며, 정의된 품질로 자산을 인수인계할 수 있도록 해야 한다.

조기 종료

PPP 계약에는 프로젝트의 조기 종료에 대한 명확한 절차와 조항이 포함되어야 한다. 계약서에는 계약 기관이 계약을 해지할 수 있는 특정 상황이 자세히 설명되어 있어야 하며, 양 당사자 모두에게 가능한 보상이 포함되어야 한다. 계약 위반은 본질적으로 중대한 사안이어야 하며, 가능한 경우 치유 기간이 명시되어야 한다.

일반적으로 (반드시 그렇지는 않지만) 공공 기관에서 사업자에게 지급하는 금액이 있다. 또는 사업자가 공공기관에 지급하는 보상은 PPP 계약서에 명확히 명시된 규칙에 따라야 한다.

조기 종료는 계약 당국이 갑자기 서비스의 이행 또는 운영을 인수해야 할 수도 있기 때문에 심각한 사건이다. 조기 종료는 향후 PPP 프로젝트에도 부정적인 영향을 미칠 수 있으므로 최후의 수단이 되어야 하며, 계약 관리자는 가능하면 조기 종료로 발전하지 않도록 파트너 간의 성과 부진과 커뮤니케이션 부족을 신중하게 해결해야 한다.

Key References: PPP 계약 관리하기

참고 문헌(Reference)	설명(Description)
4ps. 2007. *A Guide to Contract Management for PFI and PPP Projects.* London: Public-Private Partnerships Programme.	영국의 PPP 계약을 모니터링하는 책임이 있는 지방 당국을 위한 지침을 제공한다. 계약 관리 접근 방식을 설정하는 것부터 서비스 성과, 관계 및 계약 관리를 관리하는 것까지 포함된다. 체크리스트와 문제 해결 가이드도 포함되어 있다.
ZA. 2004a. *Public Private Partnership Manual.* Pretoria: South African Government, National Treasury.	남아프리카공화국의 PPP 계약 관리에 대한 포괄적인 가이드를 제공한다. 이는 제도적 프레임워크 설정, 프로젝트 생애 주기 관리, 변화 대응, 계약 종료에 이르기까지의 모든 과정을 포함한다. 두 가지 주요 도구인 PPP 계약 관리 계획과 PPP 계약 관리 매뉴얼에 대해 설명한다.

참고 문헌(Reference)	설명(Description)
UK. 2012d. "Operational Taskforce website." Infrastructure. HM Treasury Website Archives. Website.	PPP 시행 기관을 위한 PPP 계약 관리의 네 가지 요소에 대한 자세한 지침을 제공한다: 벤치마킹 및 시장 테스트, 계약 관리 프레임워크 설정을 포함한 프로젝트 전환, 계약 변동 관리, 그리고 계약 만료 관리이다.
Farquharson, Edward, Clemencia Torres de Mästle, E. R. Yescombe, and Javier Encinas. 2011. *How to Engage with the Private Sector in Public-Private Partnerships in Emerging Markets.* Washington, DC: World Bank.	Chapter 10에서는 계약 체결 후 성공적인 계약 관리를 위해 필요한 사항에 대한 개요를 제공하며, 신흥 시장에서의 경험에 중점을 둔다. 계약 관리에 대한 팁과 불가리아 소피아의 수자원 양허 계약에 대한 사례 연구가 포함되어 있다.
PPIAF. 2006. *Approaches to Private Sector Participation in Water Services: A Toolkit.* Washington, DC: Public-Private Infrastructure Advisory Facility.	Section 7에서는 PPP 계약 관계를 관리하기 위한 제도적 구성에 대한 지침을 제공한다. 여기에는 어떤 정부 기관이 어떤 역할을 맡아야 하는지 결정하는 방법, 관계 관리, 변화에 대처하기 위한 도구에 대한 지침이 포함되어 있다.
Fortea, Carlos Sorni, Emilio Gardeta Torrodellas, Sergio Herrán Vitoria, Juan Pablo Matute Tejerina, and Jorge Vitutia San Millán. 2011. "Proyecto Fin de Master: Seguimiento de una concesión." Universidad Politécnica de Madrid. Website.	스페인 PPP 프로젝트 모니터링 방법론에 대한 설명이다.
VIC. 2003. *Partnerships Victoria Guidance Material: Contract Management Guide.* Melbourne, Australia: State of Victoria, Partnerships Victoria.	효과적인 관계 및 계약 관리의 주요 요소를 설명하고 계약 관리의 모든 단계에 대한 자세한 지침, 템플릿 및 도구를 제공한다.
IN. 2012. *Institutional Mechanism for Monitoring of PPP Projects: Guidelines.* New Delhi: Government of India, Planning Commission.	PPP를 모니터링하기 위한 제도적 프레임워크를 설명하고 샘플 모니터링 보고서가 포함된 부록을 제공한다.

참고 문헌(Reference)	설명(Description)
NAO. 2001. *Managing the Relationship, to Secure Successful Partnership in PFI Projects.* Report by the Comptroller and Auditor General HC 375. London: National Audit Office.	본 보고서는 성공적인 PFI 계약 관리를 위한 요소에 대해 계약자와 정부 관계자를 대상으로 한 설문조사를 바탕으로 작성되었다. 보고서는 공공 당국이 프로젝트 준비 초기 단계에서 계약 관리 문제를 다룰 필요성, 공공 당국의 적절한 기술 보유, 그리고 개방적이고 협력적인 태도의 중요성을 강조하고 있다.
Quick, Roger. 2003. "Long-Term Ties: Managing PPP contracts." *Public Infrastructure Bulletin* 1 (2).	호주에서의 경험을 바탕으로 성공적인 계약 관리 체계의 주요 특징을 간략히 설명한다.
UNESCAP. 2011. *A Guidebook on Public-Private Partnership in Infrastructure.* Bangkok: United Nations Economic and Social Commission for Asia and the Pacific.	Chapter 6에서는 개발도상국 정부를 위한 계약 관리 지침을 제공하며, 주로 제도적 구성과 분쟁 해결에 중점을 두고 있다.
Groom, Eric, Jonathan Halpern, and David Ehrhardt. 2006. "Explanatory Notes on Key Topics in the Regulation of Water and Sanitation Services." Water Supply and Sanitation Sector Board Discussion Paper 6. Washington, DC: World Bank.	Note 4에서는 분야 규제와 PPP 계약 간의 관계를 설명한다.
EPEC. 2011b. *The Guide to Guidance: How to Prepare, Procure, and Deliver PPP Projects.* Luxembourg: European Investment Bank, European PPP Expertise Centre.	Chapter 4: 프로젝트 실행, Section 4.1: 계약 관리의 몇 가지 주요 이슈에 대해 설명하고 관련 참고 자료에 대한 링크를 제공한다. 여기에는 관리 책임 할당, 프로젝트 전달 관리, 변경 관리, 분쟁 해결 및 계약 종료가 포함된다.
PURC. 2012. "Body of Knowledge on Infrastructure Regulation." University of Florida, Public Utility Research Center. Website.	Section Ⅳ: 요금 규제의 주요 이슈를 설명하고, 독자가 다양한 참고 자료에 접근할 수 있도록 안내한다.
UK. 2006b. *Benchmarking and Market Testing in NHS PFI projects: Code of Best Practice.* London: National Health Service.	보건 분야 PPP에서 소프트 서비스 비용을 검토하기 위해 계약 관리자들이 시장 테스트를 활용하는 방법에 대한 지침을 제공한다.

참고 문헌(Reference)	설명(Description)
Guasch, José Luis. 2004. *Granting and Renegotiating Infrastructure Concessions: Doing it right.* Washington, DC: World Bank.	라틴 아메리카의 PPP 계약에서 재협상의 발생과 원인을 검토하고, 조기 재협상의 빈도를 줄이기 위한 몇 가지 정책적 시사점을 제공한다.
Ehrhardt, David, and Timothy C. Irwin. 2004. "Avoiding Customer and Taxpayer Bailouts in Private Infrastructure Projects: Policy toward Leverage, Risk allocation, and Bankruptcy." World Bank Policy Research Working Paper 3274. Washington, DC: World Bank.	멜버른 트램 및 기차 양허 계약, 그리고 영국 국가 항공 교통 서비스 PPP를 포함한 여러 PPP 계약에서의 채무불이행 및 재협상 경험을 설명한다.
Johnston, Judy, and Siegfried P. Gudergan. 2007. "Governance of Public-Private Partnerships: Lessons learnt from an Australian case?" *International Review of Administrative Sciences* 73.	시드니 크로스 시티 터널 PPP 계약의 경험을 검토하고, PPP 계약 관리에 대한 시사점을 도출한다.
Triantafilou, Epaminontas E. 2009. "No Remedy for an Investor's own Mismanagement: The Award in the ICSID Case Biwater Gauff v. Tanzania." *White & Case International Disputes Quarterly* Winter 2009, 6-9.	탄자니아의 수자원 서비스 PPP의 국제 중재 해결 방안 검토이다.
Overly, Megan Shepston. 2010. "When Private Stakeholders Fail: Adapting Expropriation Challenges in Transnational Tribunals to New Governance Theories." *Ohio State University Law Journal* 71 (2).	국제 중재 시스템의 도전 과제 및 중재 사례 연구이다.
WB. 2009a. "Toolkit for Public-Private Partnerships in Roads and Highways." World Bank. Website.	Module 5: 계약 종료 시 시설 반환에 대한 섹션이 포함되어 있으며, 이 단계에서 고려해야 할 몇 가지 주요 사항을 설명한다.

3.7

자발적(비입찰식) 제안 프로젝트 처리

비입찰식 제안(USP)은 민간 기업이 정부의 요청에 응답하는 것이 아니라, 민간 기업의 주도로 PPP 프로젝트를 수행하기 위해 제출하는 제안이다. 정부가 비입찰식 제안을 적절히 관리함으로써 이 접근 방식에서 이익을 얻고 잠재적인 위험을 줄일 수 있다. 그러나 비입찰식 제안은 정부가 프로젝트 제안자와 직접 PPP를 협상하기로 선택할 경우, 비용 대비 가치가 낮아질 문제를 야기할 수 있으며, 부족한 재원을 우선순위가 낮은 프로젝드에 진용할 위힘이 있다.

- *Section 3.7.1 - 비입찰식 제안 프로젝트의 장점과 단점*에서는 비입찰식 제안의 강점과 약점을 논의하고, 일부 국가들이 PPP에 대한 비입찰식 제안을 처리하기 위해 특정 정책을 도입한 방법을 설명한다. 이러한 정책은 민간 제안자에게 고품질의 PPP 제안을 제출하도록 유도하고, 저품질 제안을 억제하며, 경쟁적인 긴장감을 유도하고, 투명성을 촉진하기 위해 설계되었다.
- *Section 3.7.2 - 경쟁적 긴장감 조성*에서는 경쟁적 긴장감을 조성하는 방법과 함께 원래 제안자에게 어떤 형태의 이점이나 보상을 제공하는 방법에 대해 설명한다.
- *Section 3.7.3 - 지적 재산권 및 기밀 유지 관리*에서는 기밀성 요청에 대처하는 방법에 대한 지침과 리소스를 제공한다.
- *Section 3.7.4 - 명확한 정책 및 프로세스 정의*에서는 PPP 프로젝트에 대한 자발적인 제안을 접수하고 평가하며 구현하는 프로세스에 대한 설명과 예시를 제공한다.

3.7.1 비입찰식 제안 프로젝트의 장점과 단점

비입찰식 민자 프로젝트를 고려하면 정부는 민간 부문의 지식과 아이디어로부터 혜택을 받을 수 있다. 예를 들면 다음과 같다.

- 자발적인 제안(USP)은 정부가 프로젝트를 식별하고 우선순위를 정할 수 있으며, 초기 단계의 프로젝트 식별 및 평가와 관련된 문제를 극복하고 인프라 문제에 대한 혁신적인 솔루션을 창출할 수 있다.
- 정부의 인프라 계획에 맞는 프로젝트 아이디어를 민간 기업이 제안할 수 있도록 적절하게 설계된 자발적 제안(USP) 프로세스는 민간 부문이 상업적으로 실행 가능한 프로젝트 솔루션을 개발하는 데 관심을 끌 수 있다.
- 정부가 예비 타당성 조사를 개발할 기술 및 재정적 자원이 없는 경우, 잘 체결된 USP 프로세스는 USP 제안자가 이러한 조사를 USP 제출의 일부로 포함하도록 요구할 수 있다. 이렇게 하면 PPP 프로세스의 초기 단계에서 병목 현상을 줄일 수 있다.
- 또한 USP는 인프라 격차를 해소할 수 있는 잠재적 솔루션의 범위를 넓힐 수 있다. 민간 기술 제공업체는 계획 프로세스를 주도하는 공공 부문 공무원보다 인프라 문제에 대한 잠재적 솔루션에 대해 더 많은 지식을 보유하고 있는 경우가 많다.

하지만 원치 않는 제안은 상당한 문제를 야기하기도 한다.

- 대부분의 PPP는 정부의 재정 지원을 필요로 한다. 정부는 일반적으로 위험과 관련된 잠재적 부채를 수용하며, 직접적인 보조금이 필요하지 않더라도 그렇다. 세계은행의 도로 및 고속도로 PPP를 위한 PPIAF 도구 키트 **PPIAF Toolkit for PPPs in Roads and Highways**(WB 2009a, Module 5, Stage 3: "Procurement")에 설명된 바와 같이, 민간 기업이 제출한 제안서는 종종 프로젝트와 관련된 위험을 충분히 평가하지 못하는 경향이 있으며, 이러한 위험은 정부가 부담할 수 있다.

- 비입찰식 민자 프로젝트는 정부 계획 과정의 일환으로 발생하지 않으며, 경우에 따라 정의상으로도 부문 계획의 일부가 아니다. 이는 제안된 서비스가 다른 부문 계획과 충분히 통합되어 있는지, 그리고 수요와 이익이 변화하는 상황과 우선순위에 대해 견고한지에 대한 의문이 제기될 수 있다.
- 비입찰식 프로젝트는 정부가 전체 인프라에 대한 계획된 접근 방식에서 주의를 분산시킬 수 있다. 정부의 계획 과정에서 공공 기관은 인프라 계획과 이전에 확인된 사회적 및 경제적 요구에 직접적으로 대응하는 프로젝트를 식별한다. 그러나 민간 주체가 프로젝트 아이디어를 제출하는 주요 동기는 자신의 이익을 증진하는 것이며, 이는 정부나 사회의 이익과 일치하지 않을 수 있다. 정부의 역할은 제안된 비공식 프로젝트가 사회적 요구를 충족하도록 구조화되고 공정한 조건과 가격으로 입찰될 수 있도록 보장하는 것이다.
- 투명하거나 경쟁적인 조달 과정이 없는 상태에서 비공식 제안에 기반하여 프로젝트 제안자와 협상하는 것은 문제를 일으킬 수 있다. 경쟁적인 긴장이 부족할 경우 PPP 프로젝트에서 가성비가 떨어질 수 있으며, 부패의 기회를 제공할 수도 있다. 부패의 명확한 징후가 없더라도, 한 회사가 경쟁자에게 기회를 열지 않고 PPP에서 이익을 얻는 것으로 보일 경우, 이는 과정의 공정성에 대한 불만을 초래할 수 있다. 이러한 투명성 부족은 PPP 프로그램에 대한 정당성과 대중의 지지를 약화시킬 수 있다.

Box 3.15 직접 협상 비용–탄자니아 독립 전력

탄자니아 정부와 탄자니아 전력 공급 회사는 말레이시아의 독립 전력 탄자니아 제한 회사(IPTL)와 20년 동안 100메가와트의 전력을 공급하기 위한 계약을 체결했다. 이 거래는 민간 투자자들의 접근에 따라 전력 위기 상황에서 직접 협상되었다. 그러나 이 거래는 일부 정부 관계자, 국제 기부자 커뮤니티 및 기타 이해관계자들에 의해 이의 제기를 받았다. 이의 제기의 근거는 잘못된 기술(토착 가스 대신 중유)이 사용되었고, 최소 비용 발전 계획의 일환이 아니었으며, 투명하고 경쟁적인 방식으로 조달되지 않았고, 전력이 필요하지 않았다는 것이었다.

결국 정부는 이 사건을 중재에 제출했다. 최종 중재 판정에 따라 프로젝트 비용은 약 18% 감소했지만, 그럼에도 불구하고 비용은 여전히 국제 비교 기준보다 높았다. 중재 청문회에서 정부는 계약 수여가 부패했다고 주장했지만, 이를 입증할 증거를 제시하지 못했다. 이후 정부는 부패 조사에 대한 조치를 취하지 않았다. 그러나 IPTL과 정부 간의 법적 분쟁은 계속되었다.

출처: (WB 2009b); (Eberhard and Gratwick 2010)

*Box 3.15 - 직접 협상 비용 - 탄자니아 독립 전력*은 민간 투자자의 자발적인 접근에 따라 직접 협상된 탄자니아의 전력 프로젝트 사례를 제공하며, 중재 결과 이는 가치 대비 성능이 낮고, 부패 가능성이 있는 것으로 밝혀졌다.

비입찰식 제안 프로젝트에 관한 도로 및 고속도로 PPP를 위한 PPIAF 툴킷 섹션 **PPIAF Toolkit for PPPs in Roads and Highways section on unsolicited proposals**(WB 2009a, Module 5, Stage 3: "Procurement")에서는 비입찰식 제안의 이러한 문제점에 대해 자세히 설명한다. 여기에는 다음과 같은 세계은행의 견해가 제시되어 있다.

"…진정하고 혁신적인 [자발적] 제안이 있을 수 있지만, 이는 예외적인 경우이다. 민간 부문은 정부의 편에서 재정적으로 약하고, 위험이 크며, 정부의 상당한 인적 자원을 소모하고, 이러한 어려움으로 인해 정상적인 시간보다 더 오랜 시간이 걸릴 가능성이 있는 프로젝트를 지원하는 데 끌려들기 전에, 민간 부문은 자발적 제안에 대한 강력하고 독립적으로 분석된 사례를 초기 단계에서 제시해야 한다."

3.7.2 경쟁적 긴장감 조성

많은 민간 기업이 제안된 프로젝트에 대한 계약을 직접 협상하기 위해 비입찰식 민자 프로젝트를 제출하는데, 이는 *Section 3.7.1 - 비입찰식 제안 프로젝트의 장점과 단점*에서 설명한 문제를 야기한다. *Box 3.11 - 경쟁 조달 또는 직접 협상*에서는 직접 협상을 하는 것이 합리적일 수 있는 몇 가지 상황과 종종 제시되는 근거가 부족한 주장에 대해 설명한다. *Box 3.16 - 비입찰식 제안 프로젝트의 직접 협상*에서는 비 입찰식 제안을 직접 협상하고자 하는 조달 기관을 위한 몇 가지 준비 사항을 설명한다.

대안은 비입찰식 민자 프로젝트를 경쟁 프로세스에 적용하는 것이다. 일부 국가에서는 제안을 수락하고 일반적인 경쟁 조달 절차를 따르기도 한다. 그러나 이는 제안자가 입찰에서 잠재적 경쟁자보다 프로젝트에 대해 더 잘 알고 잠재적 평판 혜택을 얻는 것 외에는 프로젝트 아이디어에 대한 투자의 직접적인 수익을 얻지 못하기 때문에 상대적으로 많은 수의 USP를 생성할 가능성이 낮다.

다른 국가들은 경쟁 입찰 프로세스를 조정하여 프로젝트 제안자가 프로젝트를 개발하는 데 대한 일부 이점이나 보상을 제공하면서도 경쟁의 긴장감을 유지하고 투명성을 보장한다. 자발적인 제안(USP)을 경쟁에 부치면서 동시에 민간 부문이 USP를 제출할 수 있도록 충분한 인센티브를 제공하는 최선의 방법에 대한 국제적인 합의는 없다. USP 제안자에게 인센티브를 제공하기 위해 여러 가지 접근 방식이 채택되었다.

- 자동 단기 목록 작성 - 2단계 입찰 프로세스가 사용되며, 첫 번째 단계에서 가장 높은 순위를 받은 입찰자들이 두 번째 단계에서 최종 제안을 제출하도록 요청한다(*Section 3.5.4 - 입찰 프로세스 관리* 참조). 제안자는 자동으로 두 번째 단계에 포함된다. 이 접근 방식은 남아프리카 공화국 도로 부문에서 사용되며, 남아프리카 도로청 정책 노트 **South Africa Roads Agency policy note** (ZA 2004a)에 명시되어 있다.
- 입찰 보너스 - 제안자는 공개 입찰 프로세스에서 평가 점수에 추가되는 비율로 정의된 우대 점수를 받는다. 이 접근 방식은 칠레에서 사용되며, 입찰 보너스는 재무 평가 점수의 3%에서 8% 사이일 수 있다(또한 제안자는 상세 연구 비용을 환급받는다)(CL 2010c).
- 매칭 권리 - 매칭 권리(일부 국가에서는 '스위스 챌린지'로 알려짐)는 상당한 반경쟁적 특성을 나타낸다. 필리핀에서는 매칭 권리 접근 방식에 따라 2006년까지 비공식 제안으로 수여된 11개의 PPP 계약이 모두 원 제안자에게 돌아갔다. 이 방식은 다음과 같이 작동한다: 비공식 제안이 이루어진 후 공개 입찰 프로세스가 진행된다. 만약 원 제안자가 입찰에 실패할 경우, 그는 우승 입찰가와 동일한 금액을 제시하여 계약을 따낼 수 있는 옵션을 가진다.
- 개발자 수수료 - 제안자는 정부 또는 우승 입찰자로부터 수수료를 지급받는다. 이 수수료는 단순히 일부 프로젝트 개발 비용을 보상하는 형태일 수도 있고, 프로젝트 개념 및 제안 개발에 대한 수익을 제공하도록 정의될 수도 있다. 이는 인도네시아에서 PPP를 규율하는 대통령 규정 **Indonesia under the presidential regulations governing** PPP(ID 2005)하에 허용되는 비공식 제안에 대한 처리 방

법 중 하나이다. 개발자 수수료 옵션은 입찰 과정에서의 이점으로 적용되지 않는다는 점에서 위에서 언급한 다른 인센티브와 다르다는 점에 유의해야 한다.

*Table 3.5 - 서비스 제공 문제와 분쟁의 구분*은 추가적인 예시와 참고 자료를 제공한다. 이러한 대안들은 경쟁을 촉진하는 데 있어 모두 동일하게 효과적이지는 않았다. 예를 들어, 칠레는 명확한 예외로, 2015년까지 비공식 제안으로 수여된 19개의 양허 중 원래 제안자에게 수여된 것은 단 7개에 불과했다.

3.7.3 지적 재산권 및 기밀 유지 관리

독점 정보 및 지적 재산권 보호를 위한 법적 조항은 투자자들이 혁신적인 비공식 제안을 제출하도록 장려하고 동시에 정부는 제안자들이 경쟁을 제한하기 위해 제안의 (일부) 요건에 대한 기밀성을 너무 쉽게 주장하지(기밀성의 남용) 않도록 주의해야 한다.

지적 재산은 일반적으로 법으로 보호된다. 정부가 비입찰식 민자 프로젝트를 관리할 때 지적 재산권을 존중해야 하는 것은 당연하지만, 일반적으로 특별한 추가 보호가 필요한 것은 아니다.

비공개 제안서에서 지적 재산을 다루는 방법은 제안서의 성격에 따라 여러 가지가 있으며, 이는 제안서의 성격에 따라 달라질 수 있다. 예를 들어, 비입찰식 민자 프로젝트에 관한 유엔 국제상거래법 위원회 입법 가이드의 비입찰식 제안서 섹션 **UNCITRAL Legislative Guide for Privately-Financed Infrastructure Projects section on unsolicited proposals**(UNCITRAL 2001, 91-97)에는 두 가지 옵션이 설명되어 있다.

- 가능한 경우, 정부는 요구되는 기술이 아닌 요구되는 결과물을 명시함으로써 프로젝트를 경쟁 입찰할 수 있다. 이 접근 방식은 *Section 3.4.1 - 성과 요건*에서 성과 기반 요구 사항을 정의하는 좋은 사례와 일치한다.
- 지적 재산이 프로젝트에 매우 중요하여 다른 방법으로는 구현할 수 없는 경우

에는 프로젝트 비용을 벤치마킹하는 절차와 함께 직접 협상이 필요할 수 있다고 UNCI-TRAL 지침은 제안한다.

파트너십 빅토리아 실무자 가이드 **Partnerships Victoria Practitioner's Guide**(VIC 2001)도 지침을 제공하며, 약간 다른 접근 방식을 취한다. 제안자는 보호하고자 하는 기밀 정보를 식별해야 하며(정부와의 합의에 따라), 프로젝트는 기술 정보를 공개하지 않고 결과 사양에 기반하여 입찰된다. 만약 지적 재산권이 "서비스 수요의 결정적"이라면, 정부는 제안자와 협상하여 필요한 지적 재산권을 확보한 후 프로젝트를 경쟁적으로 조달한다.

지적 재산권으로 엄격히 분류되지 않는 정보도 상업적으로 민감하거나 기밀로 간주될 수 있다. 일반적으로 정부는 이러한 정보를 보호하지 않고, 자발적 제안서에 포함된 모든 정보를 공개하도록 권장된다. 이렇게 함으로써 정부는 제안자들이 자발적 제안서에 기밀로 간주하는 정보를 포함하지 않도록 유도하게 되며, 이는 추가적인 공개 및 기밀성 문제를 피하는 데 도움이 된다.

이 접근 방식에 대한 예외가 엄격히 필요할 경우, 정부는 다음 단계의 프로젝트 실행으로 넘어가기 전에 제안자와 특정 요소의 비공개에 대해 합의하는 것이 좋다. 정부는 제안자가 제공한 주장을 바탕으로 기밀로 간주되는 정보를 공개하지 않기로 결정할 경우, 이해관계자들 사이에서 부패에 대한 인식이 증가할 수 있다. 이러한 문제는 혁신적인 기술이나 대체 기술 솔루션을 포함하는 자발적 제안서(USP)의 경우 특히 관련이 있다. 지적 재산권 및 기밀성 문제에 대한 지침은 세계은행의 자발적 제안서 프레임워크 보고서 **World Bank report on the Framework for Unsolicited Proposals**(WB 2017d)에서 추가로 제공된다.

3.7.4 명확한 정책 및 프로세스 정의

세계은행 보고서 '비입찰식 민자 프로젝트를 위한 프레임워크' **The World Bank report on the Framework for Unsolicited Proposals**(WB 2017d)에서는 USP에 대한 명확한 프레임워크의 필요성에 대해 논의한다. 정부는 먼저 PPP 프로그램의 일부로 USP 허용 여부를 결정해야 한다. 이 결정은 USP의 장단점에 대한 충분한 이해를 바탕으로 내려져야 한다. USP에 대한 정부의 결정은 영구적일 필요는 없으나, 정부의 입장은 명확해야 하며, 이를 보장할 수 있는 충분한 근거가 있어야 한다.

- 민간 기업은 정부가 자신들의 제안을 고려할 것이라는 확신이 있을 때만 자원을 투자한다.
- 공공 기관은 이러한 제안을 수용할지 여부와 그에 대한 대응 방법을 알고 있다.

USP 정책의 효과는 민간 및 공공 주도의 PPP에 대한 더 넓은 제도적 및 정치적 환경에 의해 영향을 받을 것이다. 정부는 다음과 같은 사항을 보장해야 한다.

- 국제 모범 사례를 따르는 효과적인 PPP 정책 및 규정
- 공공 및 민간이 주도하는 PPP를 모두 관리하는 효과적인 제도적 조직
- PPP 개발 및 실행을 담당하는 공무원과 기관의 제도적, 인적 역량의 개발

USP 정책의 성공 여부는 부분적으로 PPP 법률 및 정책 프레임워크의 효과성에 의해 결정될 것이다. USP 정책은 PPP 정책이나 조달법을 대체하는 것이 아니라 민간이 주도하는 PPP에 특화된 영역에서 이를 보완하는 역할을 할 것으로 예상된다. 정부는 다음과 같은 요소에 대해 표준 PPP 프로세스를 따르는 것이 좋다. 공공 및 민간이 주도하는 PPP 모두에 공통적으로 적용된다.

USP 정책을 채택할 때는 공공 및 민간이 주도하는 PPP 프로젝트를 모두 처리하는 제도적 구조의 효과성에 대한 평가가 수반되어야 한다.

공공 및 민간이 주도하는 PPP 프로젝트 제도적 구조에는 PPP 시작, 준비, 실행 및 감독에 관여하는 정부 기관이 포함된다. 이러한 각 기관은 업무 중복을 피하고 필요한 견제와 균형이 제도적 구조에 통합되도록 PPP 프로세스의 각 단계에서 명확한 역할과 임무를 가져야 한다.

USP 정책의 효과는 USP를 담당하는 공무원의 역량과 경험에 따라 달라질 수 있다. 따라서 정부는 USP를 수용하기 전에 관련 공무원의 경험 수준을 평가하고,

필요한 경우 시간이 지남에 따라 제도적 수용성을 높이기 위한 전략을 수립하는 것이 좋다.

USP 정책의 목적은 공공 기관과 민간 기업 모두에게 명확성, 예측 가능성, 투명성 및 책임성을 보장하는 것이다. 정부는 기존 법률 체계에 USP 정책을 통합하는 방법을 결정해야 한다. 정부는 다음과 같은 다양한 법적 수단에 USP 정책을 통합할 수 있다.

- 전통적으로 수행되는 프로젝트(PPP와 무관한 프로젝트)에 사용되는 일반 조달 법률
- PPP 관련 법률 또는 정책 문서
- 독립형 문서로

각국 정부는 USP 법적 프레임워크를 정의하기 전에 해당 국가의 고유한 상황을 고려하는 것이 좋다. 상황별 요인은 USP 정책 기능의 선택에 큰 영향을 미친다. 이러한 상황별 요인에는 다음이 포함될 수 있다.

- 국가 인프라의 현재 상태와 향후 인프라 요구 사항
- 인프라 프로젝트 수행을 위한 정부의 인적, 제도적, 재정적 역량
- PPP를 지원하는 환경이 구축된 정도
- 정부의 공공 및 민간 주도 PPP에 대한 경험

정부가 받는 USP의 매개변수를 정의하는 방법에는 여러 가지가 있다.

- 프로젝트 개념의 공공 정의: 공공기관이 프로젝트 개념을 식별하고 정의하여 민간 기업이 동일한 프로젝트 수행을 위한 제안서를 제출할 수 있도록 한다.

Table 3.6 자발적 제안 프로젝트 조달 전략의 예

관할권 (Jurisdiction)	참고문헌 (Reference)	주요 특징 (Key Features)
칠레	Public works concession regulations (CL 2010b, Title II: Bids Submitted by Private Parties)	민간 제안서 접수 절차는 2단계로 진행되며, 최초 제안서를 심사하고, 제안서가 접수되면 민간은 세부 제안서를 작성해야 한다. 그런 다음 정부는 세부 제안서를 바탕으로 입찰 서류를 작성하고 해당 프로젝트를 경쟁 입찰에 부친다. • 연구 수행 비용은 상환된다(낙찰자가 지불하거나 프로젝트가 입찰 단계까지 진행되지 않은 경우 정부가 지불). 비용은 초기 프로젝트 승인 단계에서 합의된다. • 제안자는 재무 평가 점수에 사전 정의된 비율(프로젝트에 따라 3~8%)의 입찰 보너스를 추가로 받는다.
콜롬비아	National PPP Law (CO 2012a, Law 1508, Title III)	• 기존 프로젝트를 수정하지 않거나 국가 기관에서 이미 추진 중인 프로젝트와 관련이 없는 요청하지 않은 제안은 허용된다. • 비공식 제안을 수락하는 절차는 2단계로 이루어진다. - 사전 타당성 검토: 민간 당사자는 제안된 프로젝트를 자세히 설명하는 문서(프로젝트 범위, 예상 비용 및 사양 포함)를 제출해야 한다. 수락되면 민간 당사자는 타당성 단계를 시작한다. - 타당성: 민간 파트너는 프로젝트를 실행할 수 있는 역량을 입증하고 여러 프로젝트 조사(예: 위험, 환경 및 사회, 기술적 타당성)를 수행해야 한다. • 제안이 받아들여지면 민간 측에 프로젝트 조건을 안내하고 연구비 보전을 위한 추가 금액을 지급한다.
인도네시아	Presidential Regulation 56 (ID 2011, Chapter IV)	우선순위 목록에 없는 프로젝트에 대한 비공개 제안도 환영한다. 수락된 제안은 일반적인 경쟁 절차를 거치게 되는데 제안자는 최대 10%의 입찰 보너스를 받거나 제안에 대한 개발자 수수료를 지급받을 수 있다. 이 방식은 독립적인 평가를 바탕으로 계약 기관에서 정하게 된다.

관할권 (Jurisdiction)	참고문헌 (Reference)	주요 특징 (Key Features)
이탈리아	Legislative Decree no. 163 (IT 2006, Articles 153-155)	계약 당국은 매년 3개년 계획을 발표하고, 민간 기업은 이 계획에 나열된 인프라에 대한 제안서를 제출할 수 있다(세부 연구 및 일정을 포함한 명확한 내용 요건에 따라). 제안서는 계약 당국에서 평가한다. • 일종의 우선 매칭 권리 프로세스가 프로젝트 조달에 사용된다. 첫 번째 단계에서는 두 명의 경쟁 입찰자를 식별하고, 이들과 제안자가 협상 조달 절차에 참여한다. 만약 경쟁자의 제안이 선택되는 경우, 제안자는 해당 제안을 매칭할 권리를 부여받으며, 이 경우 제안자에게 경쟁 입찰자의 제안과 동일한 조건으로 계약을 체결할 수 있는 기회를 얻게 된다.
멕시코	Ley de Asociaciones Público Privadas - amended (MX 2012, chapter 3)	비입찰식 제안서는 존재하지 않거나 완료된 프로젝트에 대해 접수된다. **Tip** 즉, 현재 진행 중인 프로젝트 에 대한 제안서는 요청이 있어야만 접수가 된다는 의미이다. • 제안자는 제안서와 함께 프로젝트에 대한 타당성 조사를 제출해야 한다. • 제안서가 수락될 경우, 제안자는 조사 비용에 대한 보상을 받게 되며 최대 10%의 개발자 수수료를 받을 수 있으며, 경쟁 입찰 과정이 시작된다.
필리핀	BOT Law 1994 (Republic Act No. 7718) Rules and Regulations (PH 2006, Rule 10)-last amended with Executive Orders 8 (PH 2010) and 136 (PH 2013).	아직 우선순위 목록에 없는 프로젝트에 대한 비입찰식 민자 프로젝트도 환영한다. • 계약 기관은 최소 3주 동안 사업 기회를 광고하고 60일 기한 내에 경쟁 제안을 요청해야 한다. • 경쟁 제안이 접수되면, 매칭 권리 과정이 진행되고, 만약 제안자가 낙찰가가 아닐 경우, 낙찰가와 동일한 금액을 제안할 기회를 부여받고 계약을 따낼 수 있다. • 경쟁 제안이 접수되지 않은 경우, 당국은 제안자와 협상할 수 있다.

관할권 (Jurisdiction)	참고문헌 (Reference)	주요 특징 (Key Features)
남아프리카 공화국 (도로 부문)	SANRAL policy for unsolicited proposals (ZA 1999a); USPs specifically addressed in National Treasury Practice Note No 11 of 2008/2009	비입찰식 민자 프로젝트는 명확한 내용 요건을 준수해야 하며, 기관에서 평가한다. • 제안이 수락되면 기관과 개발자는 계획 개발 계약을 체결하며, 이 계약에 따라 민간 당사자는 입찰 문서 개발을 포함하여 PPP의 세부 개발을 책임진다. 이 계약에는 낙찰자가 제안자에게 지불해야 하는 개발자 수수료가 포함된다. • 프로젝트는 2단계의 최고 및 최종 제안 프로세스를 통해 경쟁 입찰에 부쳐진다. 첫 번째 라운드의 상위 두 입찰자는 최고 및 최종 제안을 다시 제출하도록 요구되며, 상위 두 입찰자에 포함되지 않은 제안자 역시 초대된다.
대한민국	ADB review of PPP experience in the South Korea (Sanghoon n.d., 67-69)	비입찰식 민자 프로젝트는 계약 기관과 PPP 부서(PIMAC)에서 평가해야 한다. • 기회가 공개되고 90일의 제한 시간 내에 대체 제안을 요청할 수 있다. • 제안자는 전체 입찰 평가 점수에 더해 최대 10%의 입찰 보너스를 받을 수 있다. 제안자는 입찰 단계에서 원래 제안을 수정할 수 있지만 보너스는 최대 5%로 감소한다. 보너스는 대체 제안 요청서에 공개된다. • 낙찰되지 않는 입찰자는 제안 비용의 일부에 대해 보상을 받아 경쟁을 장려한다.
우루과이 버지니	Article 37 of Law Number 18.786 (UY 2011)-last amended in 2015	제안자는 최종 평가 점수의 최대 10%에 해당하는 입찰 보너스를 받을 수 있다. • 제안자는 계약 체결에 성공하지 못한 경우에만 세부 연구 비용을 상환받는다.
아 연방, 미국 (고속도로부문)	Virginia PPP Implementation Guidelines (VA 2005)	상세 요구 사항을 준수하는 제안은 환영하며, 정부에서 주도하는 프로젝트와 동일한 방식으로 평가한다. • 정부의 감독이나 지원이 필요 없는 PPP 제안은 90일 동안, 정부의 지원이 필요한 PPP 제안은 120일 동안 광고된다. 경쟁 제안이 접수되지 않으면 정부는 제안자와 직접 협상할 수 있다.

- 인프라 수요에 대한 공공의 정의: 공공 기관이 광범위한 인프라 수요 또는 우선순위를 정의하고 민간 기업이 이러한 수요에 대응하는 특정 프로젝트에 대한 제안서를 제출할 수 있도록 허용한다.
- 공개 모집: 공공 기관은 지침을 제공하지 않으며 이전에 정의된 프로젝트 개념 또는 인프라 계획에 해당하는지 여부에 관계 없이 모든 유형의 민간 주도 제안을 고려한다.

이러한 옵션은 상호 배타적이지 않으며 USP 정책 내에서 결합할 수 있다.

비입찰식 제안서를 처리하는 명확한 프로세스는 투명성을 위해 중요하며, 비입찰식 제안서를 통해 개발된 프로젝트가 비용 대비 가치를 제공한다는 모든 이해관계자의 신뢰를 구축하는 데 도움이 된다. 또한 명확한 프로세스는 민간 개발자가 양질의 프로젝트 제안서를 개발하는 데 자원을 투자하도록 장려하고 잠재적 경쟁자가 입찰 과정에 참여하도록 유도하는 데 도움이 될 수 있다.

비입찰식 민자 프로젝트에 대한 프레임워크에 관한 세계은행 보고서 **The World Bank report on the Framework for Unsolicited Proposals**(WB 2017d)은 *Figure 3.9-USP 프로세스 흐름*에서 볼 수 있듯이 비입찰식 제안에서 프로젝트를 평가, 증명 및 입찰하는 잘 정의된 프로세스를 설명하고 있다.

먼저, 민간 기업이 비요청 제안을 제출한다. 잘 짜인 제출 프레임워크는 USP가 정부의 요구 사항을 충족하고 효율적으로 처리될 수 있도록 도와준다. 또한 USP 제안자가 공공 기관의 요구 사항을 준수하는 양질의 제안서를 개발할 수 있도록 지침을 제공한다.

그다음, 공공 기관은 비요청 제안을 평가하고 이를 더 자세히 개발할지 여부를 결정한다. USP 평가 프로세스가 잘 정립되어 있으면 공공의 목표와 기본 타당성 기준을 충족하는 프로젝트만 프로젝트 개발 단계에 고려할 수 있다.

프로젝트 개발 단계에서 타당성 조사는 USP 제안자가 USP 제출의 일부로 개발한 (예비) 타당성 조사보다 더 상세하게 개발된다. 이 단계가 끝나면 공공기관은 평가 단계에서 사용한 것과 동일한 평가 기준에 따라 프로젝트를 재평가한다.

공공기관은 평가를 바탕으로 프로젝트가 조달 단계에 진입해야 하는지 여부를 결정한다.

정부는 USP 제안자가 이 과정에 어느 정도 관여할지 결정해야 한다. 프로젝트 개발에서 USP 제안자의 역할과 관련하여 두 가지 주요 옵션이 있다.

- 공공 기관의 프로젝트 개발: 공공 기관이 외부 자문의 지원을 받아 프로젝트 개발을 수행한다. 이 옵션은 경쟁을 극대화하고 프로젝트 개발 및 구조에 대한 정부의 통제권을 최대한 유지한다. 이 옵션은 비용 대비 가치와 공익적 고려 사항을 극대화할 가능성이 가장 높다.
- 공공 기관 및 USP 제안자에 의한 프로젝트 개발: 공공 기관이 특정 타당성 조사를 위해 USP 제안자를 참여시킬 수 있다. 그러나 공공 기관이 USP 제안자를 참여시키면 경쟁 입찰자가 프로젝트 개발 단계부터 참여하여 USP 제안자가 부당한 이점을 가지고 있다고 인식할 수 있으므로 경쟁 입찰 과정에서 경쟁을 유발하는 데 어려움을 겪을 수 있다.

조달 단계에서 공공 기관은 조달 프로세스를 준비하고 실행한다. 효과적인 조달 프로세스는 PPP 계약이 공정한 시장 가격을 반영하고 지속 가능하고 견고한 위험 배분을 통해 프로젝트 기간 동안 정부와 사회의 이익을 보호할 수 있도록 보장한다. 또한 투명하고 책임감 있는 조달 프로세스는 이해관계자의 지원을 보장하고 추후 프로젝트에 대한 법적 또는 정치적 논란의 가능성을 최소화한다.

대부분의 경우 경쟁 입찰을 통해 정부는 최종 프로젝트 비용을 낮추고 더 큰 가치를 창출할 수 있다. 그러나 일부 정부는 특정 상황에서 USP 프로젝트 제안자와 직접 협상하는 것을 허용할 수도 있다. 또한 정부는 제안자에게 인센티브를 제공할지 여부를 결정해야 한다.

USP 정책 개발 및 USP 관리에 대한 자세한 내용은 세계은행 보고서 '비공식 제안에 대한 프레임워크(WB 2017d)를 참조한다.

Figure 3.9 USP 프로세스 흐름

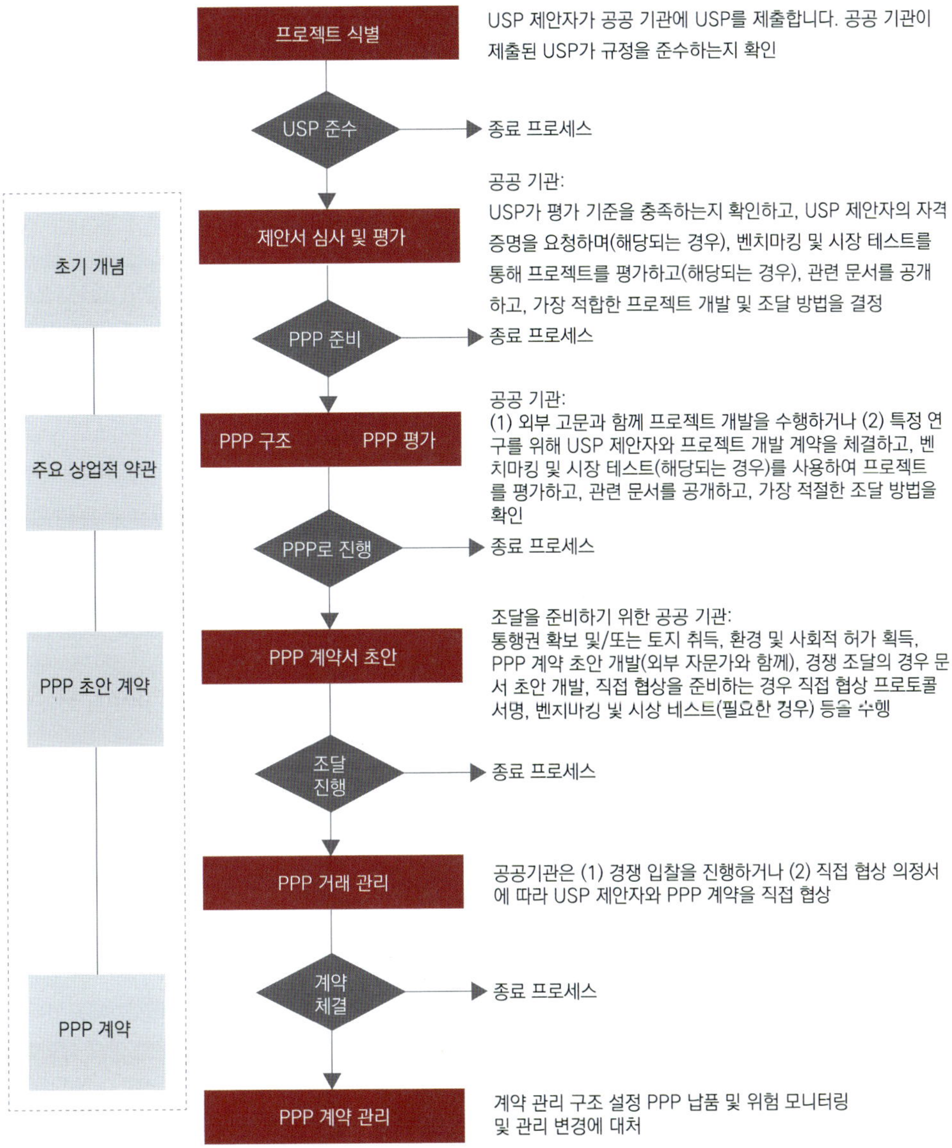

Key References: 자발적(비입찰식) 제안 프로젝트 처리

참고 문헌(Reference)	설명(Description)
WB. 2017d. *Guidelines for the Development of a Policy for Managing Unsolicited Proposals in Infrastructure Projects*. Washington, DC: World Bank and Public Private Infrastructure Advisory Facility.	본 가이드라인은 인프라 프로젝트에서 비공식 제안(USP) 정책의 개발과 실현을 고려하는 정부를 위한 조언과 권장 사항을 제공한다.
PPIAF. 2014. *Unsolicited Proposals–An Exception to Public Initiation of Infrastructure PPPs: An Analysis of Global Trends and Lessons Learned.* Washington, DC: Public-Private Infrastructure Advisory Facility.	국가별로 프로젝트 식별, 우선순위 결정, 준비 및 조달 역량, PPP 프로젝트 실행 역량, PPP 시장 및 프레임워크의 성숙도 등이 다르다는 점을 인식하여 각국이 USP를 더 잘 관리하기 위해 채택할 수 있는 조치를 권고하고 있다.
WB. 2009a. "Toolkit for Public-Private Partnerships in Roads and Highways." World Bank. Website.	Module 5: "실행 및 모니터링, 3단계: 조달"에는 비입찰식 민자 프로젝트에 대한 섹션이 포함되어 있으며, 이 섹션에서는 비입찰식 민자 프로젝트의 장점과 과제를 설명하고, 비공식 제안을 통해 성공한 PPP와 실패한 PPP의 사례를 제공한다.
PPPIRC. Accessed March 9, 2017. "Public-Private Partnerships in Infrastructure Resource Center website." Website.	조달 프로세스 및 표준화된 입찰 문서 섹션에서는 비입찰식 민자 프로젝트에 대한 세계은행의 견해를 간략하게 설명하고, 일부 국가의 관련 법률 및 정책의 예와 링크를 제공한다.
UNCITRAL. 2001. *Legislative Guide on Privately Financed Infrastructure Projects.* Vienna: United Nations Commission on International Trade Law.	Section E에서는 비입찰식 민자 프로젝트를 처리하는 정책과 절차에 대한 지침을 제공한다. 독점 기술이 필요한 제안과 그렇지 않은 제안을 구분하고 있다.

Key References: 자발적(비입찰식) 제안 프로젝트 처리(예)

참고 문헌(Reference)	설명(Description)
ZA. 1999a. *Policy of the South African National Roads Agency in Respect of Unsolicited Proposals.* Pretoria: The South African National Roads Agency.	정책을 설명하고 국가도로 PPP에 대한 비공식 제안서를 처리하는 절차를 설명한다. 제안서에 필요한 내용, PPP 및 입찰 서류의 세부 준비 과정, 적용될 입찰 절차에 대한 설명이 포함되어 있다.
ID. 2005. *Peraturan Presiden Republik Indonesia Nomor 67 Tahun 2005.* Jakarta: President of the Republic of Indonesia.	제4장에서는 우선순위 목록에 없는 프로젝트에 대해서는 비입찰식 민자 프로젝트를 접수할 수 있다고 명시하고 있으며, 그 절차와 조달 방식에 대해 간략하게 설명한다. 규정 56의 영문 버전은 바페나스 웹사이트(ID 2011)에서 확인할 수 있다.
CL. 2010b. *Ley y Reglamento de Concesiones de Obras Públicas: Decreto Supremo MOP Nº 900.* Santiago: Gobierno de Chile, Ministerio de Obras Públicas.	공공사업 양허 규정 956번의 제2장에서는 초기 제안서의 필수 내용, 세부 연구 관리 방법, 제안서 평가 및 조달 방법 등 비입찰식 민자 프로젝트를 처리하는 절차와 방법에 대해 자세히 설명한다.
IT. 2006. *Decreto Legislativo 12 aprile 2006, n. 163.* Rome: Presidente della Repubblica.	Articles 153-155에서는 비입찰식 민자 프로젝트의 수락 시기, 평가 방법, 적용되는 조달 절차에 대해 설명한다.
Kim, Jay-Hyung, Jungwook Kim, Sunghwan Shin, and Seung-yeon Lee. 2011. *Public-Private Partnership Infrastructure Projects: Case Studies from the Republic of Korea. Volume 1, Institutional Arrangements and Performance.* Manila: Asian Development Bank.	61-69페이지에서는 비입찰식 민자 프로젝트로 시작된 프로젝트를 포함하여 PPP 프로젝트의 이행 절차에 대해 설명한다.

참고 문헌(Reference)	설명(Description)
PH. 2006. *The Philippine BOT Law R.A. 7718 and its Implementing Rules and Regulations.* Revised 2006. Manila: Public-Private Partnership Center.	Rule 10은 우선순위 목록에 없는 프로젝트에 대해 비입찰식 민자 프로젝트를 수락할 수 있다고 명시하고, 제안서를 평가하는 방법, 경쟁 입찰을 유도하는 방법(스위스 챌린지 절차에 따라), 경쟁 입찰이 없는 경우 정부가 제안자와 협상할 수 있는 방법을 명시한다.
VA. 2005. *Public-Private Transportation Act Guideline.* Richmond: Commonwealth of Virginia, Virginia Department of Transportation.	요청된 제안과 비입찰식 민자 프로젝트 모두에 대한 PPP 개발 및 구현 과정을 설명한다. 비공식 제안서의 필수 내용에 대한 자세한 지침이 포함되어 있다.
UY. 2011. *Ley Nº 18.786: Contratos de Participación Público-Privada para la Realización de Obras de Infraestructura y Prestación de Servicios Conexos.* Montevideo: Gobierno de la República Oriental del Uruguay, Poder Legislativo.	Article 37에서는 비공식 제안을 제출한 제안자에게 부여되는 혜택에 대해 설명한다.
VIC. 2001. *Practitioners' Guide.* Melbourne, Australia: Victorian Department of Treasury and Finance, Partnerships Victoria.	Section 21: 비공식 제안은 재무 및 금융, 파트너십 빅토리아 비공식 제안이 어떻게 처리되는 설명하고 있다.
CO. 2012a. *Ley 1508 de 10 de enero de 2012.* Bogotá: Congreso de Colombia.	Title Ⅲ에서는 비공식 제안의 처리에 대해 설명한다.
MX. 2012. *Ley de Asociaciones Público Privadas.* Mexico City: Gobierno de México, Cámara de Diputados.	Chapter 3에서는 비공식 제안서 선정 프로세스를 간략하게 설명한다.

Key References: PPP 프로젝트 실행을 위한 실무 지침–PPP 프로그램 자료

참고 문헌(Reference)	설명(Description)
AU. 2015. *National Public Private Partnership Guidelines – Volume 2: Practitioners' Guide.* Canberra: Commonwealth of Australia.	프로젝트 식별, 평가, PPP 구조화, 입찰 프로세스 및 계약 관리를 포함하여 국가 PPP 정책에 따라 PPP 프로젝트를 수행하는 방법에 대한 수행 기관을 위한 자세한 지침 자료이다.
CO. 2014. *Manual de Procesos y Procedimientos para la Ejecución de Proyectos de Asociación Público-Privada.* Bogotá: Gobierno de Colombia, Ministerio de Hacienda y Crédito Público.	기술 주제에 대한 자세한 지침이 부록에 포함되어 있다. 국가, 지역 및 지방정부의 공무원을 위한 안내서로, PPP 계약의 식별, 평가, 준비, 입찰 및 이행에 대한 절차와 요건을 자세히 설명하고 있다.
IN. Accessed March 15, 2017. "PPP Toolkit for Improving PPP Decision Making Processes." Public-Private Partnerships in India. New Delhi: Government of India, Ministry of Finance.	PPP 프로세스를 설명하고 PPP 관리의 모든 단계에서 실무자를 위한 부문별 지침과 도구를 제공하는 온라인 툴킷이다.
RJ. 2008. *Manual de Parcerias Público-Privadas – PPPs.* Conselho Gestor do Programa Estadual de Parcerias Público-Privadas. Rio de Janeiro: Governo do Estado do Rio de Janeiro.	리우데자네이루 주 공무원을 위한 PPP 개발 및 실행 가이드이다. PPP를 정의하고 예비 제안서 작성, 세부 기술 연구 수행, 입찰 관리 및 계약 관리에 대한 지침을 제공한다.
ZA. 2004a. *Public Private Partnership Manual.* Pretoria: South African Government, National Treasury.	이행 기관을 위한 매뉴얼로, 국가 PPP 규정에 따라 PPP를 개발하고 이행하기 위한 절차와 요건을 자세히 설명한다. PPP 시작, PPP 타당성 조사, PPP 조달, PPP 계약 관리에 대한 모듈이 포함되어 있으며, 각 단계에서 사용할 수 있는 도구와 템플릿이 부록에 포함되어 있다.
PPIDB. Accessed March 7, 2017. "Private Participation in Infrastructure Database." The World Bank. Website.	PPP에 대한 상세한 방법론 가이드북으로, PPP의 근거, PPP 개발 및 실행 프로세스를 설명하고 각 단계에 대한 자세한 지침을 제공한다.
APMG. 2016. Accessed March 19, 2017. *PPP Certification Program Guide*. In eight chapters. APMG-International. Website.	PPP의 기본 사항과 개발 및 구현 프로세스를 자세히 설명하는 종합 매뉴얼이다.

참고 문헌(Reference)	설명(Description)
Caribbean. 2017. *Caribbean PPP Toolkit*. Washington, DC: World Bank, InterAmerican Development Bank and Caribbean Development Bank.	PPP 정책 및 제도 구조, 프로젝트 발굴 및 심사, 비즈니스 사례 개발 및 프로젝트 구조화, 거래 이행 및 입찰 프로세스, 이행 후 프로젝트 모니터링에 대해 논의하며, 민간 투자를 유치하면서 공익을 보호하는 방법도 다루고 있다. 카리브해 및 전 세계 PPP 프로젝트의 경험을 바탕으로 경험의 시사점을 도출하고 인정받는 모범 사례를 강조하고 있다.

Key References: PPP 프로젝트 실행에 관한 실무 지침, 기타 지침 및 툴킷

참고 문헌(Reference)	설명(Description)
Kerf, Michael, R. David Gray, Timothy Irwin, Celine Levesque, Robert R.Taylor, and Michael Klein. 1998. "Concessions for Infrastructure: A guide to their design and award." World Bank Technical Paper No. 399. Washington, DC: World Bank.	사용자 부담 PPP 또는 양허에 초점을 맞춘 PPP 개발 및 이행의 몇 가지 중요한 단계에 대한 설명과 사례를 제공한다. 세부 설계, 입찰 프로세스, 계약 관리를 위한 제도적(규제적) 구조에 대한 섹션이 포함되어 있다.
Farquharson, Edward, Clemencia Torres de Mästle, E. R. Yescombe, and Javier Encinas. 2011. *How to Engage with the Private Sector in Public-Private Partnerships in Emerging Markets*. Washington, DC: World Bank.	개발도상국의 경험을 중심으로 전체 PPP 프로세스에 대한 설명과 지침을 제공한다. 프로젝트 선정에 대해 간략하게 다루며, 프로젝트의 준비와 출시, 민간 부문과의 협력에 중점을 두고 있다.
WB. 2009a. "Toolkit for Public-Private Partnerships in Roads and Highways." World Bank. Website.	모듈 5: 실행 및 모니터링에서는 프로젝트 식별, 타당성 조사 및 분석, 조달, 계약 체결 및 계약 관리에 대한 지침과 추가 자료에 대한 링크를 제공한다.
PPIAF. 2006. *Approaches to Private Sector Participation in Water Services: A Toolkit*. Washington, DC: Public-Private Infrastructure Advisory Facility.	계획 및 업스트림 정책(Upstream Policy)부터 PPP 구조화 및 거래 실행의 세부 사항까지 PPP 프로세스에 대한 지침을 제공한다. 수자원 부문의 사용자 지불 PPP에 중점을 둔다.

참고 문헌(Reference)	설명(Description)
WB. 2007a. *Port Reform Toolkit. 2nd ed.* Washington, DC: World Bank.	다음을 포함하여 항만 부문 PPP의 여러 측면에 대한 지침을 제공하며 위험 식별, 재무 분석, 계약 구조화에 대한 지침, 계약 관리 접근 방식에 대한 지침을 제공한다.
Flanagan, Joe, and Paul Nicholls. 2007. *Public Sector Business Cases using the Five Case Model: A toolkit*. Westchester, Illinois: Healthcare Financial Management Association.	비즈니스 사례를 제작하는 방법에 대한 지침을 제공한다. 프로젝트에 참여하거나 감독하는 모든 사람이 투자 사례를 입증하는 데 필요한 작업을 이해하는 데 도움을 주기 위한 것이다.
IN. Accessed March 15, 2017. "PPP Toolkit for Improving PPP Decision-Making Processes." Public-Private Partnerships in India. New Delhi: Government of India, Ministry of Finance.	인도 전역의 PPP 실무자의 의사 결정을 개선하기 위해 설계된 온라인 툴킷이다.
IN. 2013b. *Guidelines for Formulation, Appraisal and Approval of Central Sector Public Private Partnership Projects*. New Delhi: Government of India, Ministry of Finance.	인도 중앙정부가 중앙 부문 PPP 프로젝트의 수립, 평가 및 승인을 위해 고시한 지침을 한데 모은 개요서이다. 또한 생존력 격차 자금 지원 제도에 따라 인프라 분야 PPP에 대한 재정 지원을 위한 체크리스트가 포함된 템플릿을 제공하고 있다.

Did you Know…?

정부의 체계적인 지원으로 한국은 수백 개의 PPP 프로젝트를 완료했다.

한국 정부는 1990년대에 PPP 프로젝트를 추진하기 시작했지만, 1997년 금융 위기로 인해 성공은 제한적이었다. 민간 참여 인프라에 관한 법률의 제정은 상황을 변화시켰고, 사용자 부담형 PPP 프로젝트의 수가 증가하기 시작했다. 2005년 개정안은 학교, 군인 주택, 주택 및 문화 시설을 포함한 정부 부담형 사회 인프라의 범위를 확대했다. 일관되고 체계적인 정부 지원은 한국이 어려움을 극복하고 경험에서 배우며 안정적인 PPP 시장을 구축하는 데 도움을 주었고, 수백 개의 성공적인 PPP 프로젝트를 낳았다. 2008년 말까지 400개 이상의 프로젝트가 진행 중이었다. 2017년까지 약 110개의 사용자 부담형 프로젝트와 140개의 정부 부담형 프로젝트가 운영되고 있었다.

출처: *Public-Private Partnership Infrastructure Projects: Case Studies from the Republic of Korea. Volume 1, Institutional Arrangements and Performance. Asian Development Bank (2011)*

PPP 참조 가이드 버전 3의 모든 참조 자료는 전체 가이드 및 PDF 버전과 함께 PPP 지식 연구소 라이브러리에서 확인할 수 있다. 가이드와 참고 자료는 모두 다음 주소에서 액세스할 수 있다: pppknowledgelab.org.

각 문서에는 각 참조의 끝에 표시되는 고유 ID 번호(예: [#2279])가 있으며, 라이브러리에서 이 ID 번호와 제목 또는 작성자를 기준으로 문서를 검색할 수 있다.

Reference

이 QR코드를 스캔하면 참고문헌을 열람할 수 있습니다.

4ps. 2005. *4ps Review of Operational PFI and PPP Projects*. London: Public-Private Partnerships Programme. [#2279]

4ps. 2007. *A Guide to Contract Management for PFI and PPP Projects*. London: Public-Private Partnerships Programme. [#4326]

4ps. Accessed March 16, 2017. "Public Private Partnerships Programme (4Ps) website." Website. [#4575]

ADB-Safeguards. Accessed March 2, 2017. "Safeguards." Asian Development Bank. Website. [#4431]

ADB. 1999. *Handbook for Economic Analysis of Water Supply Projects*. Manila: Asian Development Bank. [#4174]

ADB. 2002. *Handbook for Integrating Risk Analysis in the Economic Analysis of Projects*. Manila: Asian Development Bank. [#2286]

ADB. 2008. *Public-Private Partnership Handbook*. Manila: Asian Development Bank. [#2268]

ADB. 2011. *Guidelines for Climate Proofing Investment in the Transport Sector: Road Infrastructure Projects*. Manila: Asian Development Bank. [#4454]

ADB. 2013. *Guidelines for Climate Proofing Investment in the Energy Sector*. Manila: Asian Development Bank. [#4455]

Adokpo Migan, Sylvain with Tremolet Consulting. 2015. *Benin-Innovative Public-Private Partnerships for Rural Water Services Sustainability: A Case Study*. Water and Sanitation Program Report. Washington, DC: World Bank Group. [#2620]

AfDB. 2011. *Climate Screening and Adaptation Review and Evaluation Procedures*. Abidjan: African Development Bank Group. [#4453]

AfDB. 2013. *Initiative for Risk Mitigation: Needs Assessment for Risk Mitigation in Africa, Demands and Solutions. Final Report.* Abidjan: African Development Bank Group. [#4533]

Ahmad, Aijaz, and Shyamala Shukla. 2014. *A Preliminary Review of Trends in Small-Scale Public-Private Partnership Projects*. Washington, DC: World Bank Group. [#1058]

AIEF. 2014. "Islamic Finance for Public-Private Partnerships." Africa Islamic Economic Foundation. Website. [#4395]

AIIB. 2016. *Environmental and Social Framework*. Beijing: Asian Infrastructure Investment Bank. [#4519]

Akitoby, Bernardin, Richard Hemming, and Gerd Schwartz. 2007. "Public investment and public-private partnerships." *Economic Issues 40*, Washington, DC: International Monetary Fund. [#4173]

Alcazar, Lorena, Manuel A. Abdala, and Mary M. Shirley. 2000. *The Buenos Aires Water Concession*. Washington, DC: World Bank. [#4467]

APMG-PPP. Accessed March 19, 2017. "APMG Public-Private Partnerships Certification Program website." APMGInternational. Website. [#3216]

APMG. 2016. Accessed March 19, 2017. *PPP Certification Program Guide*. In eight chapters. APMG-International. Website. [#4495]

ASCE-IRC. Accessed March 19, 2017. "Infrastructure Report Card website." American Society of Civil Engineers. Website. [#4662]

ASCE. 2009. *Report Card for America's Infrastructure*. Washington, DC: American Society of Civil Engineers. [#2211]

AU. 2008. "National PPP Guidelines: PPP Policy Framework." Canberra: Infrastructure Australia. [#4177]

AU. 2011a. *National Public Private Partnership Guidelines: Roadmap for Applying the Commercial Principles*. Canberra: Commonwealth of Australia. [#4596]

AU. 2011b. *National Public Private Partnership Guidelines-Volume 7: Commercial Principles for Economic Infrastructure*. Canberra: Australian Government, Department of Infrastructure and Regional Development. [#4178]

AU. 2012. *Disincentivising overbidding for toll road concessions*. Canberra: Australian Government, Department of Infrastructure and Transport. [#4678]

AU. 2015. *National Public Private Partnership Guidelines – Volume 2: Practitioners' Guide*. Canberra: Commonwealth of Australia. [#2269]

AU. 2016a. *National Public Private Partnership Guidelines-Volume 4: Public Sector Comparator Guidance*. Canberra: Commonwealth of Australia. [#2312]

AU. 2016b. *National Public Private Partnership – Policy Framework*. Canberra: Commonwealth of Australia. [#1325]

AU Guidelines. Accessed March 20, 2017. "National Guidelines for Infrastructure Project Delivery." Canberra: Australian Government, Department of Infrastructure and Regional Development. Website. [#4603]

Bain, Robert, and Lidia Polakovic. 2005. *Traffic Forecasting Risk Study Update 2005: Through Ramp-Up and Beyond*. London: Standard and Poor's Financial Services. [#4184]

Bain, Robert, and Michael Wilkins. 2002. *Infrastructure Finance: Traffic Risk in Start-Up Toll Facilities*. London: McGraw-Hill International UK. [#4183]

Bakovic, Tonci, Bernard Tenenbaum, and Fiona Woolf. 2003. "Regulation by Contract: A New Way to Privatize Electricity Distribution?" World Bank Working Paper No.14. Washington, DC: World Bank. [#2322]

Bettcher, Kim Eric, Benjamin Herzberg, and Anna Nadgrodkiewicz. 2015. *Public-Private Dialogue: The Key to Good Governance and Development*. Washington, DC: Center for International Private Enterprise, Economic Reform Feature Service. [#4389]

Bing, Li, A. Akintoye, P.J. Edwards, and C. Hardcastle. 2005. "The allocation of risk in PPP/PFI construction projects in the UK." *International Journal of Project Management* 23 (1) 25-35. [#4190]

BNDES. Accessed March 2, 2017. "Banco Nacional de Desenvolvimento Econômico e Social website." Rio de Janeiro, Brazil. [#4188]

Boardman, Anthony, David Greenberg, Aidan Vining, and David Weimer. 2010. *Cost Benefit Analysis: Concepts and Practice*. 4th ed. Cranbury, New Jersey: Pearson. [#4191]

Bonzanigo, Laura, and Nidhi Kalra. 2014. "Making Informed Investment Decisions in an Uncertain World: A Short Demonstration." Policy Research Working Paper 6765. Washington, DC: World Bank. [#4446]

BR. 1995. *Lei No. 8.987 de 13 de fevereiro de 1995*. Brasília: Presidência da República, Casa Civil. [#4192]

BR. 2004. *Lei No. 11.079 de 30 de dezembro de 2004*. Brasília: Presidência da República, Casa Civil. [#2088]

BR. 2005. *Lei de Responsabilidade Fiscal*. Brasília: Senado Federal. [#4680]

Brault, Jean-Martin, Zael Sanz Uriarte, and Bruno Julien Le Bansais. 2015. *Delivering Water Supply and Sanitation Services in Fragile States: Professionalizing drinking water service delivery in small towns of Haiti*. Water and Sanitation Program Field Note. Washington, DC: World Bank Group. [#4388]

Bull, Matt, and Anita Mauchan. 2014. *Tolling principles*. Executive brief. Washington, DC: Public-Private Infrastructure Advisory Facility. [#2064]

Burger, Philippe, and Ian Hawkesworth. 2011. "How To Attain Value for Money: Comparing PPP and Traditional Infrastructure Public Procurement." *OECD Journal on Budgeting* 2011 (1). Paris: Organisation for Economic Cooperation and Development. [#2295]

Burger, Philippe, Justin Tyson, Izabela Karpowicz, and Maria Delgado Coelho. 2009. "The Effects of the Financial Crisis on Public-Private Partnerships." IMF Working Paper WP/09/144. Washington, DC: International Monetary Fund. [#4196]

Burger, Philippe. 2006. "The Dedicated PPP Unit of the South African Treasury." Paper presented at the Symposium on Agencies and Public-Private Partnerships. Madrid, July 5-7. [#4195]

CAG. 2009. *Public Private Partnerships (PPP) in Infrastructure Projects: Public Auditing Guidelines*. New Delhi: Comptroller and Auditor General of India. [#4488]

Calabrese, Daniele. 2008. "Strategic Communication for Privatization, Public-Private Partnerships, and Private Participation in Infrastructure Projects." World Bank Working Paper No. 139. Washington, DC: World Bank. [#4412]

Canuto, Otaviano, and Lili Liu, eds. 2013. *Until debt do us part: Subnational debt, insolvency, and markets*. Washington, DC: World Bank. [#4427]

Caribbean. 2017. *Caribbean PPP Toolkit*. Washington, DC: World Bank, Inter-American Development Bank and Caribbean Development Bank. [#4496]

Casier, Liesbeth. 2015. "Why Infrastructure is Key to the Success of the SDGs." International Institute for Sustainable Development (blog). September 9. Website. [#4404]

Cassagne, Juan Carlos, and Gaspar Ariño-Ortiz. 2005. *Servicios Públicos: Regulación y Renegociación*. Buenos Aires: Abeledo-Perrot. [#4197]

Castalia. 2014. *Barriers to Infrastructure Delivery in Sub-Saharan Africa and South Asia*. Washington, DC: Castalia Strategic Advisors. [#4530]

CCPPP. 2011. *Public-Private Partnerships: A Guide for Municipalities*. Toronto: Canadian Council for Public-Private Partnerships [#4425]

Cebotari, Aliona. 2008. "Contingent Liabilities: Issues and Practice." IMF Working Paper WP/08/245. Washington, DC: International Monetary Fund. [#4198]

CGDev. 2014. *Publishing Government Contracts: Addressing Concerns and Easing Implementation*. Washington, DC: Center for Global Development. [#4612]

Charbonneau, France, and Renaud Lachance. 2015. *Rapport final*. Québec: Commission d'enquête sur l'octroi et la gestion des contrats publics dans l'industrie de la construction. [#4420]

CIF. Accessed March 3, 2017. "Climate Investment Funds." Washington, DC: World Bank. Website. [#4442]

CL-Panel. Accessed March 6, 2017. "Panel Técnico de Concesiones website." Website. [#4566]

CL-Proyectos. Accessed March 3, 2017. "Coordinación de Concesiones de Obras Públicas: Proyectos website." Gobierno de Chile, Ministerio de Obras Públicas. Website. [#4417]

CL. 2010a. *Historia de la Ley N.20410: Modifica la Ley de Concesiones de Obras Públicas y otras normas que indica*. Santiago: Gobierno de Chile, Ministerio de Obras Públicas. [#1575]

CL. 2010b. *Ley y Reglamento de Concesiones de Obras Públicas: Decreto Supremo MOP Nº 900*. Santiago: Gobierno de Chile, Ministerio de Obras Públicas. [#4200]

CL. 2010c. *Public Works Concession Law and Regulations*. Santiago: Government of Chile, Ministry of Public Works. [#4567]

CL. 2016. *Informe de Pasivos Contingentes 2016*. Santiago: Gobierno de Chile, Ministerio de Hacienda, Dirección de Presupuestos. [#4199]

CL. n.d. *Metodología General de Preparación y Evaluación de Proyectos*. Santiago: Gobierno de Chile, Ministerio de Planificación. [#4201]

CLIMATE-ADAPT. 2012. "Guidelines for project managers." European Climate Adaptation Platform (CLIMATE-ADAPT). Website. [#4443]

CLIMATE-ADAPT. Accessed March 3, 2017. "European Climate Adaptation Platform website." Website. [#4435]

CO. 1993. *Ley 80 de 1993*. Bogotá: Congreso de Colombia. [#2310]

CO. 1998. *Ley 448 de 1998*. Bogotá: Congreso de Colombia. [#4203]

CO. 2006. *Metodología general ajustada para la identificación, preparación y evaluación de proyectos de inversión*. Bogotá: Gobierno de Colombia, Departamento Nacional de Planeación, Dirección de Inversiones y Finanzas Públicas. [#4314]

CO. 2007. *Ley 1150 de 2007*. Bogotá: Congreso de Colombia. [#4204]

CO. 2010. *Nota Técnica: Comparador público-privado para la selección de proyectos APP (Borrador para Discusion)*. Bogotá: Gobierno de Colombia, Ministerio de Hacienda y Crédito Público. [#4245]

CO. 2011. *Decreto 4165 de 2011: Diario Oficial No. 48.242 de 3 noviembre de 2011*. Bogotá: Presidencia de la República de Colombia. [#4510]

CO. 2012a. *Ley 1508 de 10 de enero de 2012*. Bogotá: Congreso de Colombia. [#2415]

CO. 2012b. *Obligaciones Contingentes: Metodologías del caso colombiano*. Bogotá: Gobierno de Colombia, Ministerio de Hacienda y Crédito Público. [#4585]

CO. 2012c. *Decreto Ley 1467 de 2012*. Bogotá: Congreso de Colombia. [#1155]

CO. 2013. *Decreto 100 de 2013*. Bogotá: Congreso de Colombia. [#2416]

CO. 2014. *Manual de Procesos y Procedimientos para la Ejecución de Proyectos de Asociación Público-Privada*. Bogotá: Gobierno de Colombia, Ministerio de Hacienda y Crédito Público. [#4486]

Crampes, Claude, and Antonio Estache. 1996. *Regulating Water Concessions: Lessons from the Buenos Aires concession. Viewpoint Note* 91. Washington, DC: World Bank. [#4465]

Daube, Dirk, Susann Vollrath, and Hans Wilhelm Alfen. 2008. "A Comparison of Project Finance and the Forfeiting Model as Financing Forms for PPP Projects in Germany." *International Journal of Project Management* 26 (4) 376-387. [#4246]

DB. Accessed March 15, 2017. "Economy Rankings." Doing Business website. World Bank. Website. [#4384]

DE. 1998. *Gesetz gegen Wettbewerbsbeschränkungen (GWB)*. Berlin: Federal Ministry of Justice and Consumer Protection. [#4264]

DE. 2013. *Federal Budget Code of 19 August 1969 (Federal Law Gazette I, p. 1284), as last amended by Article 2 of the Act of 15 July 2013 (Federal Law Gazette I, p. 2395)*. Berlin: German Federal Ministry of Finance. [#4617]

DE. 2014. *Leitfaden Wirtschaftlichkeitsuntersuchungen (WU) bei der Vorbereitung von Hochbaumaßnahmen des Bundes*. Berlin: Federal Ministry for the Environment, Nature Conservation, Building and Nuclear Safety. [#4267]

DE. 2016. *Verordnung über die Vergabe öffentlicher Aufträge*. Berlin: Federal Ministry of Justice and Consumer Protection. [#4487]

Deep Uncertainty. Accessed March 9, 2017. "Society for Decision Making Under Deep Uncertainty website." Website. [#4445]

Delmon, Jeffrey, and Victoria Rigby Delmon, eds. 2012. *International Project Finance and Public-Private Partnerships. A Legal Guide to Key Growth Markets 2013*. Alphen aan den Rijn, Netherlands: Wolters Kluwer. [#2247]

Delmon, Jeffrey. 2010. "Understanding Options for Private-Partnership Partnerships in Infrastructure: Sorting out the forest from the trees: BOT, DBFO, DCMS, Concession, Lease...." Policy Research Working Paper 5173. Washington, DC: World Bank. [#2196]

Delmon, Jeffrey. 2015. *Private Sector Investment in Infrastructure: Project Finance, PPP Projects and PPP Frameworks*. 3rd ed. Alphen aan den Rijn, Netherlands: Wolters Kluwer. [#4528]

Deloitte. 2006. Closing the Infrastructure Gap: The Role of Public-Private Partnerships. New York: Deloitte. [#2199]

DLA Piper. 2009. *European PPP Report 2009*. London: DLA Piper. [#2242]

Dobbs, Richard, Herbert Pohl, Diaan-Yi Lin, Jan Mischke, Nicklas Garemo, Jimmy Hexter, Stefan Matzinger, Robert Palter, and Rushad Nanavatty. 2013. *Infrastructure productivity: How to save $1 trillion a year*. New York: McKinsey Global Institute. [#2223]

Duffield, Colin, and Peter Raisbeck. 2007. *Performance of PPPs and Traditional Procurement in Australia: Final Report to Infrastructure Partnerships Australia*. Melbourne: The Allen Consulting Group and University of Melbourne. [#2219]

Duffield, Colin. 2008. *Report on the performance of PPP Projects in Australia when compared with a representative sample of traditionally procured infrastructure projects: National PPP Forum – Benchmarking Study, Phase II*. Melbourne: University of Melbourne, MERIT. [#2222]

Dumol, Mark. 2000. *The Manila Water Concession: A key government official's diary of the world's largest water privatization*. Washington, DC: World Bank. [#1686]

Dutz, Mark, Clive Harris, Inderbir Dhingra, and Chris Shugart. 2006. "Public Private Partnership Units: What Are They, and What Do They Do?." Public Policy for the Private Sector Note No. 311. Washington, DC: World Bank. [#4247]

Eberhard, Anton, and Katharine Nawal Gratwick. 2010. *IPPs in Sub-Saharan Africa: Determinants of Success*. Washington, DC: World Bank. [#2244]

Eberhard, Anton, Joel Kolker, and James Leigland. 2014. *South Africa's Renewable Energy IPP Procurement Program: Success Factors and Lessons*. Washington, DC: Public-Private Infrastructure Advisory Facility. [#1943]

Eberhard, Anton, Katharine Gratwick, Elvira Morella, and Pedro Antmann. 2016. *Independent Power Projects in Sub-Saharan Africa: Lessons from Five Key Countries*. Washington, DC: World Bank. [#3549]

Eberhard, Anton. 2007. "Infrastructure Regulation in Developing Countries: An Exploration of Hybrid and Transitional Models." Working Paper No. 4. Washington, DC: Public-Private Infrastructure Advisory Facility. [#3259]

EBRD. 2007. *Law in Transition 2007: Public-private partnerships and legal reform in Russia*. London: European Bank for Reconstruction and Development. [#4595]

EBRD. 2015. *Building resilience to climate change: Investing in Adaptation*. London: European Bank for Reconstruction and Development. [#4457]

EC. 2001a. *Guidance on Environmental Impact Assessment: EIS Review*. Luxembourg: European Commission. [#4473]

EC. 2001b. *Guidance on Environmental Impact Assessment: Scoping*. Luxembourg: European Commission. [#4471]

EC. 2001c. *Guidance on Environmental Impact Assessment: Screening*. Luxembourg: European Commission. [#4470]

EC. 2013. *Evalsed Sourcebook: Method and Techniques*. Brussels: European Commission. [#4590]

EC. 2015. *Better Regulation: Guidelines on Stakeholder Consultation*. Strasbourg: European Commission. [#4414]

EG. 2007. *National Program for Public-Private Partnerships*. 2nd ed. Cairo: Government of Egypt, Public-Private Partnerships Central Unit. [#2250]

EG. 2011. *Executive Regulation of Law No. 67 of 2010, Issued through Prime Minister Decree No. 238 of 2011*. Cairo: Government of Egypt. [#4257]

Ehrhardt, David, and Timothy C. Irwin. 2004. "Avoiding Customer and Taxpayer Bailouts in Private Infrastructure Projects: Policy toward Leverage, Risk allocation, and Bankruptcy." World Bank Policy Research Working Paper 3274. Washington, DC: World Bank. [#4258]

EIB and EC. 2005. *RAILPAG: Railway Project Appraisal Guidelines*. Luxembourg: European Investment Bank and European Commission. [#4260]

EIU. 2012. *Evaluating the Environment for Public-Private Partnerships in Eastern Europe and the Commonwealth of Independent States: The 2012 Infrascope*. London: Economist Intelligence Unit. [#1078]

EIU. 2014a. *Evaluating the Environment for Public-Private Partnerships in Asia-Pacific: The 2014 Infrascope*. London: Economist Intelligence Unit. [#2400]

EIU. 2014b. *Evaluating the Environment for Public-Private Partnerships in Latin America and the Caribbean: The 2014 Infrascope*. London: Economist Intelligence Unit. [#2403]

EIU. 2015. *Evaluating the Environment for Public-Private Partnerships in Africa: The 2015 Infrascope*. London: Economist Intelligence Unit. [#2399]

Engel, Eduardo, Ronald Fischer, and Alexander Galetovic. 2002. "A New Approach to Private Roads." *Regulation* 25 (3). [#4259]

Engel, Eduardo, Ronald Fischer, and Alexander Galetovic. 2009. *Public-Private Partnerships: When and how*. Santiago: Universidad de Chile. [#2212]

Engel, Eduardo, Ronald Fischer, and Alexander Galetovic. 2014. *The Economics of*

Public-Private Partnerships: A Basic Guide. New York: Cambridge University Press. [#2470]

EP. Accessed March 6, 2017. "Equator Principles." Essex, England: The Equator Principles Association. Website. [#2285]

EPEC. 2009. *The Financial Crisis and the PPP Market: Potential Remedial Actions*. Luxembourg: European Investment Bank, European PPP Expertise Centre. [#4296]

EPEC. 2010. *Eurostat Treatment of Public-Private Partnerships: Purposes, Methodology and Recent Trends*. Luxembourg: European Investment Bank, European PPP Expertise Centre. [#4297]

EPEC. 2011a. *State Guarantees in PPPs: A guide to better evaluation, design, implementation, and management*. Luxembourg: European Investment Bank, European PPP Expertise Centre. [#1112]

EPEC. 2011b. *The Guide to Guidance: How to Prepare, Procure, and Deliver PPP Projects*. Luxembourg: European Investment Bank, European PPP Expertise Centre. [#4298]

EPEC. 2011c. *The Non-Financial Benefits of PPPs: A Review of Concepts and Methodology*. Luxembourg: European Investment Bank, European PPP Expertise Centre. [#4299]

EPEC. 2012. *France: PPP Units and related institutional framework*. Luxembourg: European Investment Bank, European PPP Expertise Centre. [#1090]

EPEC. 2013. *Termination and force majeure provisions in PPP contracts: Review of current European practice and guidance*. Luxembourg: European Investment Bank, European PPP Expertise Centre. [#1113]

EPEC. 2014a. *Establishing and Reforming PPP Units: Analysis of EPEC member Units and lessons learnt*. Luxembourg: European Investment Bank, European PPP Expertise Centre. [#1104]

EPEC. 2014b. *Managing PPPs during their contract life: Guidance for sound management*. Luxembourg: European Investment Bank, European PPP Expertise Centre. [#2926]

EPEC. 2014c. *Portugal: PPP Units and related institutional framework*. Luxembourg: European Investment Bank, European PPP Expertise Centre. [#1084]

EPEC. 2014d. *Role and Use of Advisers in Preparing and Implementing PPP Projects*. Luxembourg: European Investment Bank, European PPP Expertise Centre. [#1110]

EPEC. 2015. *A Programme Approach to PPPs: Lessons from the European experience*.

Luxembourg: European Investment Bank, European PPP Expertise Centre. [#2454]

EPEC. 2016. *A Guide to the Statistical Treatment of PPPs*. Luxembourg: European Investment Bank, European PPP Expertise Centre. [#4081]

EPEC. Accessed March 6, 2017. "European PPP Expertise Centre website." European Investment Bank, European PPP Expertise Centre. Website. [#4261]

ES. 2011. "Real Decreto Legislativo 3/20111, de 14 de noviembre, por el que se aprueba el texto refundido de la Ley de Contratos del Sector Público." *Boletín Oficial del Estado*, 276 (1) 117729-117913. Madrid: Gobierno de España, Ministerio de la Presidencia. [#2256]

Esguerra, Jude. 2003. *The Corporate Muddle of Manila's Water Concessions*. London and Teddington, England: WaterAid and Tearfund. [#4393]

ESMAP. Accessed March 15, 2017. "Hands-on Energy Adaptation: Toolkit (HEAT)." Energy Sector Management Assistance Program, Energy and Climate Adaptation Initiative. Website. [#4437]

Estache, Antonio, Omar Chisari, and Carlos Romero. 1999. "Winners and Losers from Utility Privatization in Argentina: Lessons from a General Equilibrium Model." Policy Research Working Paper 1824. Washington, DC: World Bank. [#4466]

Esty, Benjamin C., Fuaad A. Qureshi, and Mathew Mateo Millett. 1999. "Introduction to Islamic Finance." Harvard Business Review Case Study. August 6. Watertown, Massachusetts. [#4547]

Esty, Benjamin C. 2014. *Modern Project Finance: A Casebook*. Hoboken, New Jersey: John Wiley and Sons. [#4501]

Eurostat. 2010. *European System of Accounts: ESA 2010*. Luxembourg: Eurostat. [#4523]

Eurostat. 2016. *Manual on Government Deficit and Debt: Implementation of ESA 2010*. Luxembourg: Eurostat. [#4460]

Farlam, Peter. 2005. *Working Together: Assessing public-private partnerships in Africa*. NEPAD Policy Focus Series. Johannesburg: South African Institute of International Affairs. [#2237]

Farquharson, Edward, and Javier Encinas. 2010. "The U.K. Treasury Infrastructure Finance Unit: Supporting PPP financing during the global liquidity crisis." Public-Private Partnerships Solutions. Washington, DC: World Bank. [#4303]

Farquharson, Edward, Clemencia Torres de Mästle, E. R. Yescombe, and Javier Encinas. 2011. *How to Engage with the Private Sector in Public-Private Partnerships in Emerging Markets*. Washington, DC: World Bank. [#16]

Farrugia, Christine, Tim Reynolds, and Ryan J. Orr. 2008. "Public-Private Partnership Agencies: A global perspective." Working Paper #39. Stanford, California: Collaboratory for Research on Global Projects at Stanford University. [#4304]

FCM. 2008. *Innovative Mechanisms for Fiscal Transfers to Municipalities: The Canadian Experience in Municipal Financing*. Federation of Canadian Municipalities, Ottawa, Canada. [#4561]

Feldman, Robert. 2007. "Somalia: Amidst the rubble, a vibrant telecommunications infrastructure." *Review of African Political Economy* 34 (113). [#4386]

Finnery, John D. 2013. *Project Financing: Asset-Based Financial Engineering*. 3rd ed. Hoboken, New Jersey: John Wiley and Sons. [#4503]

Fischer, Ronald. 2011. "The Promise and Peril of Public-Private Partnerships: Lessons from the Chilean Experience." IGC Rwanda Policy Note Series-No. 1. London: International Growth Centre. [#2200]

Fisher, Gregory, and Suman Babbar. 1996. "Private Financing of Toll Roads." RMC Discussion Paper Series 117. Washington, DC: World Bank. [#4305]

Fitch. 2006a. "Outlook for Infrastructure Finance in Korea: Partnerships at work." International Public Finance/Project Finance Special Report. New York: Fitch Ratings. [#4306]

Fitch. 2006b. "Fitch Expects to Rate Peruvian Securitization IIRSA Norte Finance Ltd 'BB'." Press Release. Business Wire. July 21. Website. [#4400]

Flanagan, Joe, and Paul Nicholls. 2007. *Public Sector Business Cases using the Five Case Model: A toolkit*. Westchester, Illinois: Healthcare Financial Management Association. [#4307]

Flannery, Aimee, Jessica Manns, and Marie Venner. 2016. *National Cooperative Highway Research Program (NCHRP) Synthesis 494: Life-Cycle Cost Analysis for Management of Highway Assets*. Washington, DC: Transportation Research Board. [#4381]

Flyvbjerg, Bent, Mette K. Skamris Holm, and Søren L. Buhl. 2002. "Underestimating Costs in Public Works Project: Error or Lie?." *Journal of the American Planning*

Association 68(3) 279-295. [#2206]

Flyvbjerg, Bent, Mette K. Skamris Holm, and Søren L. Buhl. 2005. "How (In)accurate Are Demand Forecasts in Public Works Projects? The Case of Transportation." *Journal of the American Planning Association* 71(2) 131-146. [#2207]

Flyvbjerg, Bent, Nils Bruzelius, and Werner Rothengatter. 2003. *Megaprojects and Risk: An anatomy of ambition*. Cambridge, England: Cambridge University Press. [#4379]

Flyvbjerg, Bent. 2005. "Policy and Planning for Large Infrastructure Projects: Problems, Causes, and Cures." World Bank Policy Research Working Paper 3781. Washington, DC: World Bank. [#2208]

FONADIN. 2011. *Reglas de Operación: Fideicomiso No. 1936*. Mexico City: Fondo Nacional de Infraestructura. [#4313]

Fortea, Carlos Sorni, Emilio Gardeta Torrodellas, Sergio Herrán Vitoria, Juan Pablo Matute Tejerina, and Jorge Vitutia San Millán. 2011. "Proyecto Fin de Master: Seguimiento de una concesión." Universidad Politécnica de Madrid. Website. [#4262]

Foster, Richard. 2010. "Preserving the Integrity of the PPP Model in Victoria, Australia, during the Global Financial Crisis." Public-Private Partnerships Solutions. Washington, DC: World Bank. [#4263]

Foster, Vivien, and Cecilia Briceño-Garmendia, eds. 2010a. *Africa's Infrastructure: A time for transformation*. Washington, DC: World Bank. [#2204]

Foster, Vivien, and Cecilia Briceño-Garmendia, eds. 2010b. *Infrastructures africaines: Une transformation impérative*. Washington, DC: World Bank and Agence Française de Développement. [#4587]

FR. 2004. *Ordonnance 2004-559 sur les contrats de partenariat*. Paris: Présidence de la République française. [#4475]

FR. 2008. *Loi n° 2008-735 du 28 juillet 2008 relative aux contrats de partenariat: Version consolidée au 17 mars 2017*. Paris: Présidence de la République française. [#4476]

Frank, Jonas, and Jorge Martinez-Vazquez, eds. 2015. *Decentralization and Infrastructure in the Global Economy: From Gaps to Solutions*. Abingdon-on-Thames, England: Routledge. [#4419]

Frauendorfer, Rudolf, and Roland Liemberger. 2010. *The Issues and Challenges of Reducing Non-Revenue Water*. Manila: Asian Development Bank. [#2221]

Funke, Katja, Tim Irwin, and Isabel Rial. 2013. "Budgeting and reporting for public-private partnerships." OECD/ITF Joint Transport Research Centre Discussion Paper 2013 (07). Paris: Organisation for International Co-Operation and Development. [#2287]

Gassner, Katharina, Alexander Popov, and Nataliya Pushak. 2009. "Does Private Sector Participation Improve Performance in Electricity and Water Distribution?." Trends and Policy Options No. 6. Washington, DC: World Bank. [#1931]

GCF. Accessed March 6, 2017. "Green Climate Fund website." Website. [#4441]

GFDRR. Accessed March 7, 2017. "ThinkHazard! website." Global Facility for Disaster Reduction and Recovery, World Bank. Website. [#4444]

GIF. Accessed March 6, 2017. "Global Infrastructure Facility." World Bank. Website. [#4504]

Gifford, Jonathan, Lisardo Bolaños, and Nobuhiko Daito. 2014. "Renegotiation of Transportation Public-Private Partnerships: The U.S. Experience." Discussion Paper 2014-16. Paris: Organisation for Economic Co-operation and Development, International Transport Forum. [#4672]

GIH. 2016a. *Allocating Risks in Public-Private Partnership Contracts*. Sydney: Global Infrastructure Hub. [#3523]

GIH. 2016b. "GI Hub Launches Project Pipeline." Press release. Global Infrastructure Hub. December 6. Website. [#4554]

GIH. Accessed March 6, 2017. "Global Infrastructure Hub website." Website. [#4589]

Gilroy, Leonard. 2011. "Building a World Class Infrastructure PPP Program in Puerto Rico." Reason Foundation (blog). September 8. [#4428]

GPOBA. 2016. *Water Sector Experience of Output-Based Aid*. Report No. ACS18765. Washington, DC: Global Partnership on Output-Based Aid. [#4556]

GPOBA. Accessed March 6, 2017. "Global Partnership on Output-Based Aid website." Website. [#4538]

Gray, Stephen, Jason Hall, and Grant Pollard. 2010. *The public private partnership paradox*. Brisbane, Australia: University of Queensland. [#4270]

Grimsey, Darrin, and Mervyn K. Lewis. 2004. "Discount debates: Rates, risk, uncertainty and value for money in PPPs." *Public Infrastructure Bulletin* 1(3). [#4271]

Grimsey, Darrin, and Mervyn K. Lewis. 2005. "Are Public Private Partnerships value for money?: Evaluating alternative approaches and comparing academic and practitioner views." *Accounting Forum* 29(4) 345-378. [#2297]

Grimsey, Darrin, and Mervyn K. Lewis. 2009. "Developing a Framework for Procurement Options Analysis." In *Policy, Finance and Management for Public-Private Partnerships*, edited by Akintola Akintoye and Matthias Beck. Oxford, England: Wiley-Blackwell. [#2298]

Groom, Eric, Jonathan Halpern, and David Ehrhardt. 2006. "Explanatory Notes on Key Topics in the Regulation of Water and Sanitation Services." Water Supply and Sanitation Sector Board Discussion Paper 6. Washington, DC: World Bank. [#2078]

Guasch, José Luis. 2004. *Granting and Renegotiating Infrastructure Concessions: Doing it right*. Washington, DC: World Bank. [#2220]

Gupta, Prashant, Rajat Gupta, and Thomas Netzer. 2009. *Building India: Accelerating Infrastructure Projects*. Mumbai, India: McKinsey & Company. [#2216]

Hallegatte, Stéphane, Ankur Shah, Robert Lempert, Casey Brown, and Stuart Gill. 2012. "Investment Decision Making Under Deep Uncertainty: Application to climate change." Policy Research Working Paper 6193. Washington, DC: World Bank. [#4432]

Harris, Clive, and Sri Kumar Tadimalla. 2008. "Financing the Boom in Public-Private Partnerships in Indian Infrastructure: Trends and policy implications." Gridlines Note No. 45. Washington, DC: World Bank. [#3035]

Hartwig, Tim, Yogita Mumssen, and Andreas Schliessler. 2005. "Output-Based Aid in Chad: Using Performance-Based Contracts to Improve Roads." OBApproaches Note Number 6. Washington, DC: World Bank. [#4468]

Hassan, Kabir, and Michael Mahlknecht. 2011. *Islamic Capital Markets: Products and Strategies*. Hoboken, New Jersey: John Wiley and Sons. [#4550]

Hine, John. 2008. *The Economics of Road Investment*. Washington, DC: World Bank. [#4272]

HK. 2007. *Serving the Community By Using the Private Sector: A User Guide to Contract Management*. Hong Kong, China: Efficiency Unit. [#2275]

HK. 2008. *An Introductory Guide to Public Private Partnerships*. Hong Kong, China:

Efficiency Unit. [#4586]

Hoffman, Scott. 2007. *The Law and Business of International Project Finance: A Resource for Governments, Sponsors, Lawyers, and Project Participants*. 3rd ed. Cambridge, England: Cambridge University Press. [#4502]

ICSID-Cases. Accessed March 19, 2017. "ICSID Cases." Washington, DC: International Centre for Settlement of Investment Disputes. [#4565]

ICSID-Panels. Accessed March 6, 2017. "Database of ICSID Panels." International Centre for Settlement of Investment Disputes. Website. [#4541]

ICSID. Accessed March 6, 2017. "International Centre for Settlement of Investment Disputes website." Website. [#4540]

ID. 2005. *Peraturan Presiden Republik Indonesia Nomor 67 Tahun 2005*. Jakarta: President of the Republic of Indonesia. [#4278]

ID. 2011. *Presidential Regulation Number 56 Year 2011*. Jakarta: President of the Republic of Indonesia. [#4461]

IDB. 2014. *Sustainable infrastructure for competitiveness and inclusive growth: IDB Infrastructure Strategy*. Washington, DC: Inter-American Development Bank. [#4279]

IDB. Accessed March 6, 2017. "IDBx: Free online courses from Inter-American Development Bank." edX. Website. [#4515]

IEG. 2015. *Lao People's Democratic Republic: Poverty Reduction Fund*. Project Performance Assessment Report. Washington, DC: World Bank Group, Independent Evaluation Group. [#4413]

IFAC. 2002. *IPSAS 19-Provisions, Contingent Liabilities and Contingent Assets*. New York: International Federation of Accountants. [#4537]

IFAC. 2011. "IPSAS 32-Service Concession Arrangements: Grantor." Including amendments issued up to January 15, 2013. New York: International Federation of Accountants. [#2289]

IFAC. 2016. "Staff Questions and Answers on IPSAS 32." New York: International Federation of Accountants. [#4684]

IFAC. Accessed March 7, 2017. "International Federation of Accountants website." Website. [#4489]

IFC. 1999. "Project Finance in Developing Countries." Lessons of Experience Number

7. Washington, DC: International Finance Corporation. [#4394]

IFC. 2007. *Stakeholder Engagement: A Good Practice Handbook for Companies Doing Business in Emerging Markets*. Washington, DC: International Finance Corporation. [#2282]

IFC. 2010. *Lessons from Our Work in Infrastructure, Health and Education*. IFC Smart Lessons. Washington, DC: International Finance Corporation, Advisory Services in Public-Private Partnerships. [#2031]

IFC. 2011. "Health and PPPs." *Handshake, A Journal on Public-Private Partnerships*. Washington, DC: International Finance Corporation. [#1946]

IFC. 2012. *Performance Standards on Environmental and Social Sustainability*. Washington, DC: International Finance Corporation. [#2284]

IFC. 2013. "Saudi Arabia: Hajj Airport Terminal." Public-Private Partnership Briefs. Washington, DC: International Finance Corporation. [#2024]

IFC. 2016. *Guinea: Electricité de Guinée*. Public-Private Partnership Stories. Washington, DC: International Finance Corporation. [#4387]

IFC. Accessed March 16, 2017. "Pulkovo Airport." IFC Project Information Portal. International Finance Corporation. Website. [#4555]

IIFCL. 2015. *Takeout Finance Scheme for Financing Viable Infrastructure Projects*. New Delhi: India Infrastructure Finance Company Limited. Website. [#4275]

IIGF. Accessed March 7, 2017. "Indonesia Infrastructure Guarantee Fund website." Website. [#3758]

IMF. 2007. *Manual on Fiscal Transparency*. Washington, DC: International Monetary Fund. [#4281]

IMF. 2014a. "Update on the Fiscal Transparency Initiative." IMF Policy Paper. Washington, DC: International Monetary Fund. [#4410]

IMF. 2014b. *Government Finance Statistics Manual 2014*. Washington, DC: International Monetary Fund. [#4280]

IMF. 2014c. *Fiscal Transparency Code*. Washington, DC: International Monetary Fund. [#4673]

IMF. 2014d. *Portugal Fiscal Transparency Evaluation*. IMF Country Report No. 14/306. Washington, DC: International Monetary Fund. [#4676]

IMF. 2015a. *Making public investment more efficient*. Staff Report. Washington, DC:

International Monetary Fund. [#4671]

IMF. 2015b. *Peru Fiscal Transparency Evaluation*. IMF Country Report No. 15/294. Washington, DC: International Monetary Fund. [#4677]

IMF. 2015c. *Philippines Fiscal Transparency Evaluation*. IMF Country Report No. 15/156. Washington, DC: International Monetary Fund. [#4675]

IMF. 2016. *Kenya Fiscal Transparency Evaluation*. IMF Country Report No. 16/221. Washington, DC: International Monetary Fund. [#4674]

IMF and WB. 2016. *PPP Fiscal Risk Assessment Model (PFRAM)*. Washington, DC: International Monetary Fund and World Bank. [#2893]

IN. 2007. *Panel of Transaction Advisors for PPP Projects: A Guide for Use of the Panel*. New Delhi: Government of India, Ministry of Finance. [#4276]

IN. 2009. *Model Concession Agreements for National Highways*. New Delhi: Government of India, Planning Commission. [#4619]

IN. 2012. *Institutional Mechanism for Monitoring of PPP Projects: Guidelines*. New Delhi: Government of India, Planning Commission. [#4277]

IN. 2013a. *Scheme and Guidelines for Financial Support to Public Private Partnerships in Infrastructure*. New Delhi: Government of India, Ministry of Finance. [#2946]

IN. 2013b. *Guidelines for Formulation, Appraisal and Approval of Central Sector Public Private Partnership Projects*. New Delhi: Government of India, Ministry of Finance. [#2945]

IN. 2014a. *Public-Private Partnership Model RFP Document*. New Delhi: Government of India, Planning Commission. [#2948]

IN. 2014b. *Public-Private Partnership Request for Qualification: Model RFQ Document*. New Delhi: Government of India, Planning Commission. [#2949]

IN. 2014c. *Model Request for Proposals (RFP): Selection of Technical Consultant*. New Delhi: Government of India. [#4592]

IN. 2014d. "Public-Private Partnerships." Government of India, Planning Commission. Website. [#4618]

IN. 2017. "Public-Private Partnerships in India website." Government of India: Ministry of Finance, Department of Economic Affairs, Infrastructure Division, PPP Cell. Website. [#3869]

IN. Accessed March 15, 2017. "PPP Toolkit for Improving PPP Decision-Making

Processes." Public-Private Partnerships in India. New Delhi: Government of India, Ministry of Finance. [#4493]

Inderst, Georg, and Fiona Stewart. 2014. *Institutional Investment in Infrastructure in Emerging Markets and Developing Economies*. Washington, DC: Public-Private Infrastructure Advisory Facility. [#1918]

InfraCo Africa. Accessed March 19, 2017. "InfraCo Africa website." Private Infrastructure Development Group. [#4665]

InfraCo Asia. Accessed March 19, 2017. "InfraCo Asia website." Private Infrastructure Development Group. [#4666]

Infraventures. 2015. *IFC Infraventures: The IFC Global Infrastructure Project Development Fund.* Washington, DC: International Finance Corporation. [#4663]

Infraventures. Accessed March 19, 2017. "Infraventures website." International Finance Corporation. [#4664]

INTOSAI. 2007. *ISSAI 5220-Guidelines on Best Practice for the Audit of Public/Private Finance and Concessions*. Vienna: International Organization of Supreme Audit Institutions. [#2291]

INTOSAI. Accessed March 23, 2017. "International Organization of Supreme Audit Institutions website." Website. [#4681]

Iossa, Elisabetta, Giancarlo Spagnolo, and Mercedes Vellez. 2007. *Best Practices on Contract Design in Public-Private Partnerships*. Washington, DC: World Bank. [#4282]

IPCC. Accessed March 13, 2017. "IPCC website." Geneva: Intergovernmental Panel on Climate Change. [#4434]

Irwin, Timothy C., and Tanya Mokdad. 2010. *Managing Contingent Liabilities in Public-Private Partnerships: Practice in Australia, Chile, and South Africa.* Washington, DC: World Bank. [#1919]

Irwin, Timothy C. 2003. "Public Money for Private Infrastructure: Deciding When to Offer Guarantees, Output-Based Subsidies, and Other Fiscal Support." Working Paper No. 10. Washington, DC: World Bank. [#2274]

Irwin, Timothy C. 2007. *Government Guarantees: Allocating and Valuing Risk in Privately Financed Infrastructure Projects*. Directions in Development. Washington, DC:

World Bank. [#970]

IsDB and WBG. 2016. *Jordan: Queen Alia Airport*. Infrastructure Investment Project Briefs. Jeddah, Saudi Arabia and Washington, DC: Islamic Development Bank and World Bank Group. [#2885]

Ismail, Abdul Gahfar. 2013. "Public Private Partnerships: Lesson from Sukuk." IRTI Working Paper Series #1435-04. Jeddah, Saudi Arabia: Islamic Research and Training Institute. [#4551]

Istrate, Emilia, and Robert Puentes. 2011. "Moving Forward on Public Private Partnerships: U.S. and International Experience with PPP Units." Project On State and Metropolitan Innovation. Washington, DC: Brookings-Rockefeller. [#1109]

IT. 2006. *Decreto Legislativo 12 aprile 2006, n. 163*. Rome: Presidente della Repubblica. [#4283]

Jadresic, Alejandro. 2007. "Expert Panels in Regulation of Infrastructure in Chile." Working Paper No. 2. Washington, DC: Public-Private Infrastructure Advisory Facility. [#4284]

Jagun, Jumoke, and Isabel Marques de Sá. 2006. "The Role and Importance of Independent Advisors in PPP Transactions." PPP Resources. Washington, DC: Institute for Public-Private Partnerships. [#4408]

JM. 2012. *Shaping New Partnerships for National Development: Policy and Institutional Framework for the Implementation of a Public-Private Partnership Programme for the Government of Jamaica: The PPP Policy*. Kingston: Government of Jamaica, Ministry of Finance and Planning. [#4494]

Johnston, Judy, and Siegfried P. Gudergan. 2007. "Governance of Public-Private Partnerships: Lessons learnt from an Australian case?." *International Review of Administrative Sciences 73*. [#4285]

Jumaev, Daler. 2016. *Case 19: Tajikistan Energy Sector Pamir Private Power Project (PPPP)*. Bern, Switzerland: State Secretariat for Economic Affairs (SECO). [#4391]

Kahkonen, Satu, and Sudarshan Gooptu, eds. 2015. "Subnational Debt Management and Restructuring: Lessons from International Experience. Summaries and Presentations." Paper presented at the "Subnational Debt Summit." Nanning, China, October 22. [#4559]

Kalra, Nidhi, David G. Groves, Laura Bonzanigo, Edmundo Molina Perez, Cayo Ramos, Carter Brandon, and Iván Rodriguez Cabanillas. 2015. "Robust Decision-Making in the Water Sector: A Strategy for Implementing Lima's Long-Term Water Resources Master Plan." Policy Research Working Paper 7439. Washington, DC: World Bank. [#4447]

KAR. 2015. *Proceedings of the Government of Karnataka: Amendments to the Karnataka Infrastructure Policy 2007*. Bengaluru, India: Government of Karnataka. [#4405]

Karbani, Faizal. 2015. *Mastering Islamic Finance: A Practical Guide to Sharia-Compliant Banking, Investment and Insurance*. Upper Saddle River, New Jersey: FT Press. [#4549]

KDI. Accessed March 9, 2017. "International Cooperation." Korea Development Institute. Public and Private Infrastructure Investment Management Center. Website. [#4608]

KDIS. 2017. "KDI School of Public Policy and Management." Seoul: Korea Development Institute. Website. [#4610]

KDI Training. Accessed March 20, 2017. "PPP Training." Seoul: Korea Development Institute, Public and Private Infrastructure Investment Management Center. [#4670]

Ke, Yongjian, ShouQing Wang, and Albert P. C. Chan. 2010. "Risk Allocation in PPP Infrastructure Projects: Comparative study." *Journal of Infrastructure Systems* 16(4) 343-351. [#4286]

Kerf, Michael, R. David Gray, Timothy Irwin, Celine Levesque, Robert R. Taylor, and Michael Klein. 1998. "Concessions for Infrastructure: A guide to their design and award." World Bank Technical Paper No. 399. Washington, DC: World Bank. [#1689]

Kettell, Brian. 2011. *Introduction to Islamic Banking and Finance*. Hoboken, New Jersey: John Wiley and Sons. [#4548]

Kharas, Homi, and Deepak Mishra. 2001. *Fiscal Policy, Hidden Deficits, and Currency Crises*. In World Bank Economists' Forum: Volume 1, edited by Shantayanan Devarajan, F. Halsey Rogers, and Lyn Squire, 31-48. Washington, DC: World Bank. [#4558]

Khatib, Hisham. 2014. *Economic Evaluation of Projects in the Electricity Supply Industry*. 3rd ed. Stevenage, England: The Institution of Engineering and Technology. [#4287]

Kim, Jay-Hyung, Jungwook Kim, Sunghwan Shin, and Seungyeon Lee. 2011. *Public-Private Partnership Infrastructure Projects: Case Studies from the Republic of Korea. Volume 1, Institutional Arrangements and Performance*. Manila: Asian Development Bank. [#2251]

Klingebiel, Daniela, and Jeff Ruster. 1999. "Why Infrastructure Financing Facilities Often Fall Short of Their Objectives." Policy Research Working Papers. Washington, DC: World Bank. [#4308]

KPMG. 2010. *PPP Procurement: Review of Barriers to Competition and Efficiency in the Procurement of PPP Projects*. Sydney: KPMG Australia. [#4309]

KR. 2011. *Basic Plan for Public Private Partnerships*. Seoul: Korea Development Institute, PIMAC. [#4578]

Kulkarni, Rupal. 2008. "The Public-Private Tug-of-Water-Water Privatisation in Mumbai: An analysis of the Water Distribution Improvement Project in the K-East Ward." CCS Working Paper No. 198. New Delhi: Centre for Civil Society. [#4380]

LaRoque, Norman. 2005. "Contracting for the Delivery of Education Services: A Typology and International Examples." Paper presented at the PEPG and World Bank Conference, "Mobilizing the Private Sector for Public Education." Cambridge, MA, October 5-6. [#2245]

Latif, Qudeer. 2013. "An Introduction to Islamic Project Finance." Client Briefing. April 29. Dubai: Clifford Chance. [#4544]

Lawson, Andrew, and Gonzalo Alvarez. 2013. *Synthesis Report on the Piloting of the Subnational Open Budget Survey in Brazil, Indonesia and Tanzania*. Washington, DC: International Budget Partnership. [#4424]

Leigland, James, and Chris Shugart. 2006. "Is the public sector comparator right for developing countries? Appraising public-private projects in infrastructure." Gridlines Note No. 4. Washington, DC: Public-Private Infrastructure Advisory Facility. [#2999]

Liautaud, Gerard. 2001. "Maintaining Roads: Experience with output-based contracts in Argentina." In *Contracting for Public Services: Output-Based Aid and Its Applications*, edited by Penelope J. Brook and Suzanne M. Smith, 39-45. Washington, DC: World Bank and International Finance Corporation. [#4469]

Lindsay, Jonathan. 2012. "Compulsory Acquisition of Land and Compensation in Infrastructure Projects." *PPP Insights* 1 (3). Washington, DC: World Bank. [#1219]

Liu, Lili, and Juan Pradelli. 2012. "Financing Infrastructure and Monitoring Fiscal Risks at the Subnational Level." Policy Research Working Paper 6069. Washington, DC: World Bank. [#4310]

Maier, Thomas, and Matthew Jordan-Tank. 2014. *Accelerating Infrastructure Delivery: New Evidence from International Financial Institutions*. Geneva: World Economic Forum. [#2540]

Marin, Philippe. 2009. *Public-Private Partnerships for Urban Water Utilities: A Review of Experience in Developing Countries*. Trends and Policy Options No. 8. Washington, DC: World Bank. [#1264]

McKee, Martin, Nigel Edwards, and Rifat Atun. 2006. "Publicprivate partnerships for hospitals." *Bulletin of the World Health Organization* 84 (11) 890-896. Geneva: World Health Organization. [#4311]

Menzies, Iain, and Cledan Mandri-Perrott. 2010. "Private Sector Participation in Urban Rail: Getting the structure right." Gridlines Note No. 54. Washington, DC: Public-Private Infrastructure Advisory Facility. [#2062]

MIF. Accessed March 8, 2017. "Multilateral Investment Fund website." Washington, DC: Inter-American Development Bank. Website. [#4451]

Morrissey, Billy. 2015. "The Importance of Stakeholder and Community Engagement in Engineering Projects." Engineers Journal (blog). April 21. Website. [#4416]

Moustafa, Hoda Atia. 2011. *The Nitty Gritty of Supporting Islamic Finance, from MIGA*. Political Risk and Emerging Markets (blog). Multilateral Investment Guarantee Agency. August 1. Website. [#4553]

Mumssen, Yogita, Lars Johannes, and Geeta Kumar. 2010. *Output-Based Aid: Lessons Learned and Best Practices*. Directions in Development Finance. Washington, DC: World Bank. [#2238]

MX. 2012. *Ley de Asociaciones Público Privadas*. Mexico City: Gobierno de México, Cámara de Diputados. [#2422]

MX. 2014. *Ley de Adquisiciones, Arrendamientos y Servicios del Sector Público*. Mexico City: Gobierno de México, Cámara de Diputados. [#4312]

MY. 2009. *Garis Panduan: Kerjasama Awam-Swasta Public-Private Partnership-PPP*. Putrajaya, Malaysia: Prime Minister's Office, Public-Private Partnership Unit. [#4516]

NAO. 2001. *Managing the Relationship, to Secure Successful Partnership in PFI Projects*. Report by the Comptroller and Auditor General HC 375. London: National Audit Office. [#4336]

NAO. 2003a. *The Operational Performance of PFI Prisons*. Report by the Comptroller and Auditor General, HC 700 Session 2002-2003. London: National Audit Office. [#4532]

NAO. 2003b. PFI: Construction Performance. Report by the Comptroller and Auditor General, HC 371. London: National Audit Office. [#2217]

NAO. 2006. *A Framework for Evaluating the Implementation of Private Finance Initiative Projects: Volume 1*. London: National Audit Office. [#4170]

NAO. 2009a. *Department for Transport: The failure of Metronet*. Report by the Comptroller and Auditor General, HC 512. London: National Audit Office. [#4375]

NAO. 2009b. *Performance of PFI Construction*. London: National Audit Office. [#2218]

NAO. 2010a. *The Performance and Management of Hospital PFI Contracts*. Report by the Comptroller and Auditor General, HC 68. London: National Audit Office. [#2225]

NAO. 2010b. *From Private Finance Units to Commercial Champions: Managing Complex Capital Investment Programmes Utilizing Private Finance-A Current Best Practice Model for Departments*. London: National Audit Office and HM Treasury. [#4337]

NAO. 2011. *Lessons from PFI and other projects*. Report by the Comptroller and Auditor General, HC 920. London: National Audit Office. [#2293]

NAO. 2013a. *Review of the VFM Assessment Process for PFI: Briefing for the House of Commons Treasury Select Committee*. London: National Audit Office. [#4338]

NAO. 2013b. *Savings from Operational PFI Contracts*. NAO Report. London: National Audit Office. [#2264]

NAO. Accessed March 8, 2017. "National Audit Office website." Website. [#4411]

NEDA. 2005a. *Reference Manual on Project Development and Evaluation*. Manila: National Economic Development Authority. [#4577]

NEDA. 2005b. *ICC Project Evaluation Procedures and Guidelines*. Manila: National Economic and Development Authority. [#4320]

Nelson, Jane. 2014. *How Can Multinationals Engage with Government to Support Economic Development?*. Washington, DC: Brookings Institution. [#4383]

Ng, A., and Martin Loosemore. 2007. "Risk allocation in the private provision of public infrastructure." *International Journal of Project Management* 25(1) 66-76. [#4316]

NL. Accessed March 9, 2017. "Publiek-Private Samenwerking (PPS) bij het Rijk." Netherlands Government website. Website. [#4606]

NRW. 2007. *Leitfaden: Wirtschaftlichkeitsuntersuchungen bei PPP-Projekten*. Düsseldorf: State of North Rhine-Westphalia. [#4265]

NSW. 2006. *Auditor-General's Report Performance Audit: The Cross-City Tunnel Project*. Sydney: The Audit Office of New South Wales. [#2292]

NZ. 2013. "Standard Form Public Private Partnership Project Agreement website." The Treasury. Website. [#1076]

NZ. 2016. "Public Private Partnership (PPP) Guidance." The Treasury. Website. [#4315]

Odugbemi, Sina, and Thomas Jacobson. 2008. *Governance Reform Under Real World Conditions: Citizens, Stakeholders and Voice*. Washington, DC: World Bank. [#4418]

OECD. 2007a. *Infrastructure to 2030: Volume 2: Mapping Policy for Electricity, Water and Transport*. Paris: Organisation for Economic Co-operation and Development. [#2205]

OECD. 2007b. *OECD Principles for Private Sector Participation in Infrastructure*. Paris: Organisation for Economic Co-operation and Development. [#2229]

OECD. 2007c. *Principles for Good International Engagement in Fragile States*. Paris: Organisation for Economic Co-operation and Development. [#4382]

OECD. 2007d. *Les infrastructures à l'horizon 2030 (Volume 2): Électricité, eau et transports: quelles politiques?*. Paris: Organisation for Economic Co-Operation and Development. [#4588]

OECD. 2008a. *Public-Private Partnerships: In Pursuit of Risk Sharing and Value for Money*. Paris: Organisation for Economic Co-operation and Development. [#2288]

OECD. 2008b. *Service Delivery in Fragile Situations: Key Concepts, Findings, and Lessons*. Paris: Organisation for Economic Cooperation and Development. [#4385]

OECD. 2009. *Integrating Climate Change Adaptation into Development Co-operation: Policy Guidance*. Paris: Organisation for Economic Co-operation and Development. [#4439]

OECD. 2010. *Dedicated Public-Private Partnership Units: A Survey of Institutional and Governance Structures*. Paris: Organisation for Economic Co-operation and Development. [#2257]

OECD. 2011. *Pension Funds Investment in Infrastructure: A Survey*. Paris: Organisation for Economic Co-operation and Development. [#4397]

OECD. 2012. *Recommendation of the Council on Principles for Public Governance of Public-Private Partnerships*. Paris: Organisation for Economic Co-operation and Development. [#2228]

OECD. 2015a. *Recommendation of the Council for Budgetary Governance*. Paris: Organisation for Economic Co-operation and Development. [#3735]

OECD. 2015b. *Fostering Investment in Infrastructure: Lessons Learned from OECD Investment Policy Reviews*. Paris: Organisation for Economic Co-operation and Development. [#4402]

OECD. 2015c. *Mapping of Instruments and Incentives for Infrastructure Financing: A Taxonomy*. Paris: Organisation for Economic Co-operation and Development. [#4660]

Overly, Megan Shepston. 2010. "When Private Stakeholders Fail: Adapting Expropriation Challenges in Transnational Tribunals to New Governance Theories." *Ohio State University Law Journal* 71(2). [#4317]

PE. 2010. *Pautas para la Identificación, formulación y evaluación social de proyectos de inversión pública a nivel de perfil*. Lima: Ministerio de Economia y Finanzas. [#4319]

PE. 2014. *Ley No. 30167: Ley que Modifica el Decreto Legislativo 1012*. Lima: Presidente de la Republica del Peru. [#2419]

PE. 2015. *Decreto Supremo N° 410-2015-EF*. Lima: Presidencia de la República. [#2838]

PEGR. 2009. *Sample Contracts and Schedules*. Manila: Philippines - Australia Partnership for Economic Governance Reforms. [#4607]

PE Pasivos. Accessed March 8, 2017. "Pasivos Contingentes." Peru, Ministerio de Economía y Finanzas. Website. [#4318]

PH. 2006. *The Philippine BOT Law R.A. 7718 and its Implementing Rules and Regulations*. Revised 2006. Manila: Public-Private Partnership Center. [#2270]

PH. 2010. *Executive Order No. 8, S. 2010*. Manila: President of the Philippines. [#2253]

PH. 2013. *Executive Order No. 136, s. 2013*. Manila: President of the Philippines. [#4464]

PH. Accessed March 10, 2017. "Training Modules: Capacity Building Program." Republic of the Philippines, Public-Private Partnership Center. Website. [#4609]

PIAPPEM. Accessed March 6, 2017. "Leyes y Reglamentos." Programa para el Impulso de Asociaciones Público-Privadas en Estados Mexicanos. Website. [#4560]

PIDG. Accessed March 19, 2017. "Private Infrastructure Development Group website." London. [#4667]

Pierris, Luigi de. 2012. "Risk Mitigation Instruments in PPP Projects." Presentation prepared for a PPP Conference, Dakar, June 5. [#4449]

Polackova, Hana. 1998. "Contingent Government Liabilities: A Hidden Risk for Fiscal Stability." Policy Research Working Paper 1989. Washington, DC: World Bank. [#4321]

Posner, Paul L., Shin Kue Ryu, and Ann Tkachenko. 2009. "Public-Private Partnerships: The relevance of budgeting." *OECD Journal on Budgeting* 2009 (1). [#4322]

PPIAF-Resources. Accessed March 7, 2017. "Resources." Public-Private Infrastructure Advisory Facility. Website. [#4491]

PPIAF-Work. Accessed March 9, 2017. "Our Work." Public-Private Infrastructure Advisory Facility. Website. [#4421]

PPIAF. 2001. *A Guide for Hiring and Managing Advisors for Private Participation in Infrastructure*. Washington, DC: Public-Private Infrastructure Advisory Facility. [#2070]

PPIAF. 2006. *Approaches to Private Sector Participation in Water Services: A Toolkit*. Washington, DC: Public-Private Infrastructure Advisory Facility. [#2068]

PPIAF. 2009. *Toolkit for Public-Private Partnerships in Roads and Highways: N4 Toll Road from South Africa to Mozambique*. Washington, DC: Public-Private Infrastructure Advisory Facility. [#4531]

PPIAF. 2014. *Unsolicited Proposals—An Exception to Public Initiation of Infrastructure PPPs: An Analysis of Global Trends and Lessons Learned*. Washington, DC: Public-Private Infrastructure Advisory Facility. [#1097]

PPIAF. Accessed March 6, 2017. "Public-Private Infrastructure Advisory Facility website." Website. [#4525]

PPIDB. Accessed March 7, 2017. "Private Participation in Infrastructure Database." The World Bank. Website. [#4573]

PPPIRC-Types. Accessed March 13, 2017. "PPP Arrangements / Types of Public-Private Partnership Agreements." Public-Private Partnership in Infrastructure Resource Center. Website. [#2300]

PPPIRC. 2016. "India: State Sub-National PPP Policies." Public-Private Partnership in Infrastructure Resource Center. Website. [#4423]

PPPIRC. Accessed March 9, 2017. "Public-Private Partnerships in Infrastructure Resource Center website." Website. [#2974]

PR. 2009. Act No. 29. San Juan: Commonwealth of Puerto Rico. [#2254]

PRIF. 2013. *Infrastructure Maintenance in the Pacific: Challenging the Build-Neglect-Rebuild Paradigm*. Sydney: Pacific Region Infrastructure Facility, Pacific Infrastructure Advisory Center. [#4683]

PRIF. Accessed March 19, 2017. "Pacific Region Infrastructure Facility website." Sydney, Australia. [#4668]

PURC. 2012. "Body of Knowledge on Infrastructure Regulation." University of Florida, Public Utility Research Center. Website. [#2236]

PWC. 2005. *Delivering the PPP Promise: A Review of PPP Issues and Activity*. New York: PriceWaterhouseCoopers. [#2198]

Qiang, Christine. 2017. "Investment Climate Brief." World Bank. Website. [#4392]

Quick, Roger. 2003. "Long-Term Ties: Managing PPP contracts." *Public Infrastructure Bulletin* 1 (2). [#4323]

Rajaram, Anand, Tuan Minh Le, Kai Kaiser, Jay-Hyung Kim, and Jonas Frank, eds. 2014. *The Power of Public Investment Management: Transforming Resources into Assets for Growth*. Directions in Development. Washington, DC: World Bank. [#2375]

Rebollo, Andres, ed. 2009. *Experiencia española en concesiones y asociaciones público-privadas para el desarrollo de infraestructuras públicas: Marco general*. Research for Programa para el Impulso de Asociaciones Público-Privadas en Estados Mexicanos (PIAPPEM). Madrid: Deloitte España. [#4187]

Rede PPP. Accessed March 6, 2017. "Rede Intergovernamental PPP." Brazil: Rede Parceria Público-Privada. Website. [#4517]

Reyes-Tagle, Gerardo, and Karl Garbacik. 2016. *Policymakers' Decisions on Public-Private Partnership Use: The Role of Institutions and Fiscal Constraints.* Washington, DC: Inter-American Development Bank. [#4485]

RJ. 2008. *Manual de Parcerias Público-Privadas-PPPs.* Conselho Gestor do Programa Estadual de Parcerias Público-Privadas. Rio de Janeiro: Governo do Estado do Rio de Janeiro. [#4193]

Sanghoon, Ahn. n.d. *PPP Legal and Regulatory Framework in Korea.* Seoul: Korea Development Institute. [#4462]

Schwartz, Gerd, Ana Corbacho, and Katja Funke, eds. 2008. *Public Investment and Public-Private Partnerships: Addressing infrastructure challenges and managing fiscal risks.* Washington, DC: International Monetary Fund. [#2248]

Schweikert, Amy, Paul Chinowsky, Xavier Espinet, and Michael Tarbert. 2014. "Climate Change and Infrastructure Impacts: Comparing the Impact on Roads in Ten Countries through 2100." *Procedia Engineering* 78, 306-316. [#4438]

SCT. 2004. *Output Specification-Building our Future: Scotland's School Estate.* Edinburgh: Scottish Executive. [#2276]

SCT. 2007. *Bricfing Note 1: Payment Mechanisms in Operational PPP Projects.* Edinburgh: Scottish Government. [#4339]

SG. 2012. *Public Private Partnership Handbook. Version 2.* Singapore: Government of Singapore, Ministry of Finance. [#4492]

Shugart, Chris. 2006. *Quantitative Methods for the Preparation, Appraisal, and Management of PPI projects in Sub-Saharan Africa.* Midrand, South Africa: NEPAD. [#2979]

SN. 2015. *Loi Relative aux Contrats de Partenariat (PPP) et Decret d'Application. Loi 2014-09 du 20/02/2014 et Décret 2015-386 du 20/03/2015.* Dakar: Gouvernement du Sénégal. [#3632]

Sousa, Mariana Abrantes de. 2011. "Managing PPPs for Budget Sustainability: The Case of PPPs in Portugal, from Problems to Solutions." *PPP Lusofonia* (blog). October 30. [#2213]

SP. 2004a. *Lei No. 11.688 de 19 de maio de 2004.* São Paulo: Governo do Estado de São Paulo. [#2231]

SP. 2004b. *Decreto No. 48.867 de 10 de agosto de 2004.* São Paulo: Governo do Estado de São Paulo. [#4194]

Syed Ali, Salman. 2014. "Islamic Finance and Economic Development: Lessons from the Past, Prospects for the Future." Occasional Paper No. 370. Jeddah, Saudi Arabia: Islamic Research and Teaching Institute. [#4545]

Tanzi, Vito, and Hamid Davoodi. 1998. "Roads to Nowhere: How corruption in public investment hurts growth." *Economic Issues* 12. Washington, DC: International Monetary Fund. [#2209]

TL. 2016. "State-of-the-Art Tibar Bay Port Brings Largest Ever Private Investment to Timor-Leste." Timor-Leste Ministry of Finance (blog). June 3. Website. [#4520]

Toro Cepeda, Julio. 2009. *Experiencia Chilena en Concesiones y Asociaciones Público-Privadas para el desarrollo de Infraestructura y la Provisión de Servicios Públicos: Informe Final.* Research for Programa para el Impulso de Asociaciones Público-Privadas en Estados Mexicanos (PIAPPEM). Santiago, Chile. [#4186]

Triantafilou, Epaminontas E. 2009. "No Remedy for an Investor's own Mismanagement: The Award in the ICSID Case Biwater Gauff v. Tanzania." *White & Case International Disputes Quarterly* Winter 2009, 6-9. [#4325]

TZ. 2010. *Bill Supplement No. 0: The Public-Private Partnership Act, 2010.* Dar es Salaam: Government of Tanzania. [#1073]

TZ. 2014. Accessed March 19, 2017. *City Creditworthiness Academy in Arusha.* Video on the Academy organized by the World Bank's City Creditworthiness initiative, in Arusha, Tanzania, August 4-8, 2014. [#4669]

UK. 2006a. *Operational Taskforce Note 1: Benchmarking and market testing guidance.* London: UK Government, HM Treasury. [#4329]

UK. 2006b. *Benchmarking and Market Testing in NHS PFI projects: Code of Best Practice.* London: National Health Service. [#4328]

UK. 2007. *Standardization of PFI Contracts: Version 4.* London: UK Government, HM Treasury. [#4330]

UK. 2008. *Competitive Dialogue in 2008: OGC/HMT joint guidance on using the procedure.* London: UK Government, HM Treasury. [#1045]

UK. 2009. *Government Response to Report on Private Finance Projects and Off-Balance Sheet Debt.* London: House of Lords, Economic Affairs Committee. [#2215]

UK. 2010a. *Output-Based Specifications for PFI/PPP Projects: Version 0.2 Consultation Draft*. London: Ministry of Defence. [#2277]

UK. 2010b. *Financing PFI Projects in the Credit Crisis and the Treasury's Response, Ninth Report of Session 2010-11*. London: House of Commons. [#4335]

UK. 2011a. *The Green Book: Appraisal and Evaluation in Central Government*. London: UK Government, HM Treasury. [#2203]

UK. 2011b. *Quantitative assessment: User Guide*. London: UK Government, HM Treasury. [#4331]

UK. 2011c. *Lessons from PFI and Other Projects: Forty-fourth Report of Session 2010-2012. HC 1201*. London: House of Commons. [#4685]

UK. 2012a. *A New Approach to Public Private Partnerships*. London: UK Government, HM Treasury. [#1001]

UK. 2012b. *Adapting to Climate Change: Helping Key Sectors to Adapt to Climate Change*. London: UK Government, Department for Environment, Food and Rural Affairs. [#4456]

UK. 2012c. *Standardisation of PF2 Contracts: Draft*. London: UK Government, HM Treasury. [#1258]

UK. 2012d. "Operational Taskforce website." Infrastructure. HM Treasury Website Archives. Website. [#4524]

UK. 2013. *Green Book Supplementary Guidance: Optimism Bias*. London: HM Treasury. [#4604]

UK. 2014a. *Private Finance 2: Tenth Report of Session 2013-2014. Volume 1, HC97*. London: House of Commons. [#4452]

UK. 2014b. *Contracting out Public Services to the Private Sector*. London: House of Commons, Committee of Public Accounts. [#4605]

UK. 2015a. *Valuing Infrastructure Spend: Supplementary Guidance to The Green Book*. London: UK Government, HM Treasury. [#3214]

UK. 2015b. *Consideration of Consultation Responses*. Report addressing the expansion options for Heathrow and Gatwick airports. London: UK Government, Airports Commission. [#4415]

UN-Habitat/IDB. 2016. *Financing the New Urban Agenda: The Challenges of Financing Sustainable Urban Infrastructure Concept Note*. Draft for Discussion Purposes. Washington, DC: United Nations Human Settlements Programme and Inter-American Development Bank. [#4518]

UN. 2015. *Addis Ababa Action Agenda of the Third International Conference on Financing for Development*. New York: United Nations. [#4403]

UN. 2016. "Closing the Infrastructure Gap: The World Bank Group." Issue Brief Series. New York: United Nations, Inter-Agency Task Force on Financing for Development. [#4378]

UNCITRAL. 2001. *Legislative Guide on Privately Financed Infrastructure Projects*. Vienna: United Nations Commission on International Trade Law. [#1676]

UNCITRAL. 2004. *Model Legislative Provisions on Privately Financed Infrastructure Projects*. Vienna: United Nations Commission on International Trade Law. [#1675]

UNECE. 2008. *Guidebook on Promoting Good Governance in Public-Private Partnerships*. Geneva: United Nations Economic Commission for Europe. [#1682]

UNESCAP. 2011. *A Guidebook on Public-Private Partnership in Infrastructure*. Bangkok: United Nations Economic and Social Commission for Asia and the Pacific. [#1670]

UNESCAP. Accessed March 10, 2017. *Qualitative Value-For-Money Toolkit*. Bangkok: United Nations Economic and Social Commission for Asia and the Pacific. [#3793]

UN SDG. Accessed March 10, 2017. "Sustainable Development Goals webpage." New York: United Nations. [#4377]

US. 2007. *Case Studies of Transportation Public-Private Partnerships Around the World*. Washington, DC: United States Government, Department of Transportation, Federal Highway Administration. [#2243]

US. 2009. *Public Policy Considerations in Public-Private Partnership*. Washington, DC: United States Government, Department of Transportation, Federal Highway Administration. [#4342]

US. 2010. *Project Finance Primer*. Washington, DC: United States Government, Department of Transportation, Federal Highway Administration. [#1389]

US. 2011. *Key Performance Indicators in Public-Private Partnerships: A State-of-the-Practice Report*. Washington, DC: United States Government, Department of Transportation, Federal Highway Administration. [#2280]

USAID. 2008. *Kazakhstan: PPP Opportunities in a Young Country: The Challenge is Around the Corner*. Washington, DC: United States Agency for International Development. [#4340]

USAID. 2009. *Enabling Sub-Sovereign Bond Issuances: Primer and Diagnostic Checklist. FS Series #1*. Washington, DC: United States Agency for International Development. [#4401]

UY. 2011. *Ley N° 18.786: Contratos de Participación Público-Privada para la Realización de Obras de Infraestructura y Prestación de Servicios Conexos*. Montevideo: Gobierno de la República Oriental del Uruguay, Poder Legislativo. [#4343]

VA. 2005. *Public-Private Transportation Act Guideline*. Richmond: Commonwealth of Virginia, Virginia Department of Transportation. [#4341]

Vagliasindi, Maria. 2013. *Revisiting Public-Private Partnerships in the Power Sector*. Washington, DC: World Bank. [#2118]

Varma, H.K., A.S. Dhingra, and D.T.V. Raghu Rama Swamy. 2012. *Exploring public–private partnership in the irrigation and drainage sector in India*. Manila: Asian Development Bank. [#2239]

Vassallo, José Manuel, Alejandro Ortega, and María de los Ángeles Baeza. 2012. "Risk Allocation in Toll Highway Concessions in Spain: Lessons from Economic Recession." *Transportation Research Record* 2297 80-87. Washington, DC: The National Academies of Sciences, Engineering, and Medicine. [#4344]

VIC-GPB. 2016. "Victorian Government Purchasing Board website." Melbourne, Australia: State of Victoria, Department of Treasury and Finance. [#4182]

VIC. 2001. *Practitioners' Guide*. Melbourne, Australia: Victorian Department of Treasury and Finance, Partnerships Victoria. [#4180]

VIC. 2003. *Partnerships Victoria Guidance Material: Contract Management Guide*. Melbourne, Australia: State of Victoria, Partnerships Victoria. [#2377]

VIC. 2005. *Franchising Melbourne's Tram and Train System*. Melbourne, Australia: Victoria Auditor General. [#1311]

VIC. 2006. *Report on Private Investment in Public Infrastructure*. Seventy First Report to the Parliament. Melbourne, Australia: Parliament of Victoria. [#4179]

VIC. 2015. *Victorian Government Risk Management Framework*. Melbourne, Australia: Victorian Government, Secretary Department of Treasury and Finance. [#4584]

VIC. 2016. *Partnership Victoria Requirements*. Melbourne, Australia: State of Victoria, Department of Treasury and Finance. [#4176]

WB-Climate. Accessed March 3, 2017. "World Bank Climate Change." Washington, DC: World Bank. Website. [#1357]

WB-PIM. Accessed March 10, 2017. "Public Investment Management." Washington, DC: World Bank, Governance and Public Sector Management. Website. [#4613]

WB-Risk. Accessed March 15, 2017. "Climate, and Disaster Risk Screening Tools." Washington, DC: World Bank. Website. [#4440]

WB-Safeguards. Accessed March 17, 2017. "World Bank Board Approves New Environmental and Social Framework." Washington, DC: World Bank. Website. [#4659]

WB. 1998. *Handbook on Economic Analysis of Investment Operations*. Washington, DC: World Bank. [#4189]

WB. 2006a. *India: Building Capacities for Public-Private Partnerships*. Washington, DC: World Bank. [#2132]

WB. 2006b. "Urban Water Sector Reform in Senegal: Innovative Contract Design to Expand Services to the Poor." Water Feature Stories 7. Washington, DC: World Bank. [#4345]

WB. 2006c. *Procurement of works and services under output-and performance-based road contracts and sample specifications. Sample bidding documents*. Washington, DC: World Bank. [#4346]

WB. 2007a. *Port Reform Toolkit*. 2nd ed. Washington, DC: World Bank. [#1381]

WB. 2007b. *Public-Private Partnership Units: Lessons for their Design and Use in Infrastructure*. Washington, DC: World Bank. [#2262]

WB. 2008. "Deterring Corruption and Improving Governance in the Urban Water Supply & Sanitation Sector: A Sourcebook." Water Working Notes, Note No. 18. Washington, DC: World Bank. [#4350]

WB. 2009a. "Toolkit for Public-Private Partnerships in Roads and Highways." World Bank. Website. [#2066]

WB. 2009b. *Deterring Corruption and Improving Governance in the Electricity Sector*. Washington, DC: World Bank. [#4351]

WB. 2009c. *Deterring Corruption and Improving Governance in Road Construction and Maintenance*. Transport Papers. Washington, DC: World Bank. [#4352]

WB. 2010. "The Costs of Adapting to Climate Change for Infrastructure." Discussion Paper No. 2. Washington, DC: World Bank. [#4433]

WB. 2011a. *Catastrophe Deferred Drawdown Option.* Treasury Product Note. Washington, DC: World Bank. [#4436]

WB. 2011b. *Guidelines: Procurement of Goods, Works, and Non-Consulting Services under IBRD Loans and IDA Credits and Grants by World Bank Borrowers.* Washington, DC: World Bank. [#2271]

WB. 2011c. *Guidelines Procurement of Goods, Works, and Non-Consulting Services under IBRD Loans and IDA Credits and Grants by World Bank Borrowers.* Washington, DC: World Bank. [#4593]

WB. 2012a. *Best Practices in Public-Private Partnerships Financing in Latin America: The Role of Subsidy Mechanisms.* Washington, DC: World Bank. [#3750]

WB. 2012b. *The First Public-Private Energy Sector Partnership in Tajikistan: Providing Reliable Electricity in the Pamir Mountains.* Washington, DC: World Bank. [#4390]

WB. 2013a. *Value-for-Money Analysis-Practices and Challenges: How Governments Choose When to Use PPP to Deliver Public Infrastructures and Services.* Washington, DC: World Bank. [#1922]

WB. 2013b. "Implementing a Framework for Managing Fiscal Commitments from Public Private Partnerships." Operational Note. Washington, DC: World Bank. [#2290]

WB. 2013c. *Disclosure of Project and Contract Information in Public-Private Partnerships.* Washington, DC: World Bank. [#2294]

WB. 2014. "Mitigating the Impact of Drought on Energy Production and Fiscal Risk in Uruguay." Treasury Case Study. Washington, DC: World Bank. [#4450]

WB. 2015a. *A Framework for Disclosure in Public-Private Partnerships.* Washington, DC: World Bank. [#2906]

WB. 2015b. "Philippines: Urban Passenger Rail." Public-Private Partnerships Briefs. Washington, DC: World Bank. [#4429]

WB. 2015c. "Innovation." *Handshake, A Journal on Public-Private Partnerships.* Washington, DC: World Bank. [#4490]

WB. 2015d. *Public-Private Partnerships: How can PPPs help deliver better services?.* A World Bank Group MOOC. YouTube video playlist. Posted by OLC WBG June 1, 2015. Website. [#2457]

WB. 2016a. *Country Readiness Diagnostic for Public-Private Partnerships*. Washington, DC: World Bank. [#3553]

WB. 2016b. *Benchmarking Public-Private Partnerships Procurement 2017: Assessing Government Capability to Prepare, Procure, and Manage PPPs*. Washington, DC: World Bank. [#3751]

WB. 2016c. *Environmental and Social Framework: Setting Environmental and Social Standards for Investment Project Financing*. Washington, DC: World Bank. [#4430]

WB. 2016d. "Toward Climate-Resilient Hydropower in South Asia." LiveWire. Washington, DC: World Bank. [#4448]

WB. 2016e. "Climate and Disaster Resilience." Pacific Possible. Washington, DC: World Bank. [#4458]

WB. 2016f. *PPPs in Infrastructure Toolkit*. Washington, DC: World Bank. [#4163]

WB. 2016g. *Les Partenariats Public-Privé (PPP): Comment Offrir de Meilleures Infrastructures pour les Services Publics*. A World Bank Group MOOC. Created by OLC WBG. Website. [#4409]

WB. 2016h. *World Bank Group Guarantee Products*. Washington, DC: World Bank. [#4658]

WB. 2017a. "City Creditworthiness Self-Assessment & Planning Toolkit." World Bank. Website. [#4422]

WB. 2017b. *Infrastructure Finance in Latin America and the Caribbean: Challenges and Opportunities*. Washington, DC: World Bank and Public-Private Infrastructure Advisory Facility. [#4505]

WB. 2017c. *World Development Report 2017: Governance and the Law*. Washington, DC: World Bank. [#4682]

WB. 2017d. *Guidelines for the Development of a Policy for Managing Unsolicited Proposals in Infrastructure Projects*. Washington, DC: World Bank and Public-Private Infrastructure Advisory Facility. [#4580]

WB. 2017e. *Report on Recommended PPP Contractual Provisions*. Washington, DC: World Bank. [#4571]

WB. 2017f. "New Procurement Framework and Regulations for Projects After July 1, 2016." World Bank. Website. [#4459]

WEF. 2016. *Risk Mitigation Instruments in Infrastructure: Gap Assessment.* Geneva: World Economic Forum. [#4661]

Woetzel, Jonathan, Nicklas Garemo, Jan Mischke, Martin Hjerpe, and Robert Palter. 2016. *Bridging Global Infrastructure Gaps*. New York: McKinsey Global Institute. [#4376]

Yescombe, E.R. 2007. *Public-Private Partnerships: Principles of Policy and Finance.* Oxford: Butterworth-Heinemann. [#2258]

Yescombe, E.R. 2017. *PPPs in Sub-Saharan Africa: Case Studies for Policymakers.* Dar es Salaam, Tanzania: Uongozi Institute. [#4498]

Yong, H.K., ed. 2010. *Public-Private Partnerships Policy and Practice: A Reference Guide.* London: Commonwealth Secretariat. [#2227]

ZA. 1999a. *Policy of the South African National Roads Agency in Respect of Unsolicited Proposals.* Pretoria: The South African National Roads Agency. [#1672]

ZA. 1999b. *Public Finance Management Act No. 1 of 1999.* Pretoria: South African Government, National Treasury. [#4406]

ZA. 2003. *Public Finance Management Act, 1999: Gazette of Final Amended Version of Treasury Regulation 16.* Pretoria: South African Government, National Treasury. [#4407]

ZA. 2004a. *Public Private Partnership Manual.* Pretoria: South African Government, National Treasury. [#2255]

ZA. 2004b. *Annual Report 2004.* Pretoria: The South African National Roads Agency. [#2224]

ZA. 2004c. *Standardised Public-Private Partnership Provisions.* Pretoria: South African Government, National Treasury. [#1075]

ZA. Accessed March 10, 2017. "Public Private Partnership: Training and Workshops." PPP Unit, National Treasury, Republic of South Africa. Website. [#4611]

Zawawi, Abdullah, Noor Amila Wan, Mahadi Ahmad, Abdullahi A. Umar, Mohd Faris Khamidi, and Arazi Idrus. 2013. "Financing PF2 Projects: Opportunities for Islamic Project Finance." Paper presented at the Fourth International Symposium on Infrastructure Engineering in Developing Countries. Karachi, Pakistan, December 11-13. [#4552]

역자 소개

황성택 Ph.D.

한국자산관리공사, 한국관광공사, 한국테크노파크, 성남개발공사, 포천개발공사, 양평개발공사 등 다수 기관의 국, 공유재산에 관한 효율적 관리 및 유휴부지 개발방안 연구를 수행하였으며, 현대중공업, 현대산업개발, 차병원그룹 등 다수의 기업 보유자산 활용방안을 연구하였다. 또한, PPP(Public-Private Partnership)의 실질적인 실행을 위하여, 공유재산을 활용한 마이스(MICE) 산업 개발방안, 사회주택(Share House) 건립방안을 수립하였고 이어서 지역활성화 및 관광인프라 확충을 위한 더블트리 바이 힐튼(DoubleTree by Hilton) 서울 판교 호텔을 건립하였다. 현재는 숭실대학교 경영학부, 경영대학원 겸임교수 및 도시경영정책(UMP) 수석연구원으로 재직하고 있으며, The 7th IEEE/ACIS Best paper Award을 수상하는 등, 도시경영정책 부문의 전문가로 활동하고 있다.

김혜정 Ph.D.

문화체육관광부, 한국관광공사, 한국가스공사 등 다수 기관의 콘텐츠 개발 및 공익성 증진에 관한 연구를 수행하였으며, PPP(Public-Private Partnership)의 광범위한 거버넌스 부문 전문가로 활동하고 있다. 현재는 숭실대학교 경영학부 겸임교수 및 더블트리 바이 힐튼(DoubleTree by Hilton) 서울 판교 호텔의 대표이사로 활동하고 있으며, 2024 한국품질경영학회 여성최초 최고품질경영인상(CQO,Chief Quality Officer)을 수상한 바 있다.

Public-Private Partnerships Reference Guide Version 3

초판발행 2025년 5월 20일

지은이 The World Bank Group
옮긴이 황성택 · 김혜정
펴낸이 노 현

편 집 김다혜
기획/마케팅 허승훈
표지디자인 이영경
제 작 고철민 · 김원표

펴낸곳 ㈜ 피와이메이트
서울특별시 금천구 가산디지털2로 53, 210호(가산동, 한라시그마밸리)
등록 2014. 2. 12. 제2018-000080호
전 화 02)733-6771
f a x 02)736-4818
e-mail pys@pybook.co.kr
homepage www.pybook.co.kr
ISBN 979-11-7279-132-2 93530

정 가 28,000원